Modellierung von digitalen Systemen mit SystemC

Von der RTL- zur Transaction-Level-Modellierung

von

Prof. Dr.-Ing. Frank Kesel

Oldenbourg Verlag München

Prof. Dr.-Ing. Frank Kesel ist seit 1999 Professor für Integrierte Schaltungstechnik an der Hochschule Pforzheim und vertritt dort das Thema Entwurf von digitalen Systemen. Zuvor war er zehn Jahre in der Entwicklung von integrierten Schaltungen bei Philips Semiconductors und der Robert Bosch GmbH tätig.

Bibliografische Information der Deutschen Nationalbibliothek

Die Deutsche Nationalbibliothek verzeichnet diese Publikation in der Deutschen Nationalbibliografie; detaillierte bibliografische Daten sind im Internet über http://dnb.d-nb.de abrufbar.

© 2012 Oldenbourg Wissenschaftsverlag GmbH
Rosenheimer Straße 145, D-81671 München
Telefon: (089) 45051-0
www.oldenbourg-verlag.de

Lektorat: Dr. Gerhard Pappert, Johannes Breimeier
Herstellung: Constanze Müller
Einbandgestaltung: hauser lacour
Gesamtherstellung: freiburger graphische betriebe GmbH & Co. KG, Freiburg

Dieses Papier ist alterungsbeständig nach DIN/ISO 9706.

ISBN   978-3-486-70581-2
eISBN   978-3-486-71895-9

Vorwort

Die stetig wachsende Komplexität von integrierten Schaltungen, welche als ASICs, FPGAs oder „Off-The-Shelf"-Standardprodukte entwickelt werden, erfordert auch eine entsprechende Weiterentwicklung der Entwurfsmethodiken und -verfahren, um integrierte Schaltungen in annehmbarer Zeit und mit guter Qualität entwickeln zu können. War in den neunziger Jahren der Entwurf von digitalen Schaltungen auf Register-Transfer-Ebene mit Hardwarebeschreibungssprachen wie VHDL oder Verilog vorherrschend, so steht nun die Entwicklung von kompletten Rechnersystemen auf einem Chip im Fokus. Hierzu ist es insbesondere notwendig, dass solche Systeme simuliert werden können, bevor noch das erste Silizium des Chips vorliegt. Dabei möchte man in der Lage sein, auch die Ausführung von Programmen bis hin zur Ausführung von Betriebssystemen auf dem so genannten „virtuellen Prototyp" des Rechnersystems simulieren zu können. Ferner möchte man auch die Architektur des Systems schnell ändern können, um beispielsweise Optimierungen in der Aufteilung der Anwendung auf Hardware und Software vorzunehmen. Register-Transfer-Modelle des Rechnersystems sind für solche Zwecke zu aufwändig und können keine ausreichende Simulationsleistung erzielen. Bereits in den neunziger Jahre wurde daher versucht, Programmiersprachen wie C oder C++ für die Modellierung der Hardware einzusetzen. SystemC, welches ebenfalls auf C++ beruht, hat sich in den letzten zehn Jahren zu einer der wesentlichen Sprachen für die Modellierung von Systemen entwickelt. Die starke Unterstützung der EDA- und Halbleiterfirmen sowie die Normierung durch den IEEE haben dafür gesorgt. Gegenüber VHDL oder Verilog ist es mit SystemC möglich, die Systeme in der Modellierung stärker zu abstrahieren – beispielsweise auf der System- oder Transaktionsebene –, um damit Änderungen schneller vornehmen und Modelle mit erheblich höherer Simulationsperformanz entwickeln zu können.

Um SystemC erfolgreich für die Modellierung einsetzen zu können, wird eine entsprechende Schulung erforderlich sein; wobei es hier, neben C++ und der SystemC-Bibliothek, insbesondere auch um ein Verständnis der gegenüber der RTL-Modellierung stärkeren Abstraktion auf Transaktionsebene und der hierfür notwendigen Mechanismen geht. Auch an den Hochschulen und Universitäten sollte SystemC Eingang in die Curricula von Studiengängen finden. Ich konnte in den letzten Jahren Erfahrungen mit SystemC in Projekten mit der Industrie und beim Einsatz in der Lehre im Rahmen eines Master-Studiengangs sammeln. Ein wesentliches Problem in der Lehre war es dabei, dass es derzeit zum Thema SystemC nur wenige Lehrbücher gibt, die insbesondere auch den aktuellen Stand von SystemC im Hinblick auf die Modellierung auf der Transaktionsebene darstellen. So war ich der Ansicht, dass es sich lohnen würde, ein Lehrbuch über SystemC zu schreiben, welches für die Lehre an Hochschulen und Universitäten aber auch für die Schulung von Praktikern in der Industrie eingesetzt werden kann.

Der Inhalt des vorliegenden Buches deckt im Prinzip die im IEEE Standard 1666-2011 beschriebene SystemC-Bibliothek sowie die ebenfalls dort beschriebene TLM-2.0-Bibliothek für die Modellierung auf Transaktionsebene ab. Da es sich beim SystemC-Standard selbst um ein Dokument von etwas mehr als 600 Seiten handelt, war mir bei der Konzeption des Buches klar, dass es nicht das Ziel des Buches sein kann – bei beschränktem Umfang –, den Standard und die damit verbundenen C++-Bibliotheken tatsächlich vollständig darstellen zu können. Ich habe mich daher bewusst darauf beschränkt, im Sinne eines Lehrbuchs die wesentlichen Zusammenhänge zu vermitteln und diese durch viele Quellcode-Beispiele auch zu illustrieren. Damit soll dem Lernenden eine solide Grundlage für eigene SystemC-Projekte vermittelt werden.

Das Konzept des Buches folgt der Art und Weise, wie ich SystemC auch in meinen Vorlesungen an der Hochschule oder in Seminaren vermittle: Ich gehe davon aus, dass ein größerer Teil der Leser schon Kenntnisse im Hardware-Entwurf mit „klassischen" Hardwarebeschreibungssprachen auf Register-Transfer-Ebene hat. Daher wollte ich zunächst zeigen, dass man mit SystemC auch Hardware auf RT-Ebene modellieren kann und in SystemC auch die gleichen Mechanismen wie in VHDL oder Verilog vorhanden sind – beispielsweise nebenläufige Prozesse oder Signale. Somit können sich vermutlich die meisten Leser auf vertrautem Terrain bewegen. Anschließend wollte ich verschiedene Mechanismen einführen, wie beispielsweise die Interfaces mit ihren Ports und Methoden, die über die Mechanismen von VHDL oder Verilog hinausgehen und erst eine abstraktere Modellierung ermöglichen. Es erschien mir auch wichtig, den SystemC-Simulationsalgorithmus genauer zu besprechen, um dem Leser ein tieferes Verständnis für die Simulation von nebenläufigen Systemen zu vermitteln. Schließlich wollte ich die Möglichkeiten der Modellierung auf Transaktionsebene mit der SystemC-TLM-Bibliothek zeigen. Im Zusammenhang mit SystemC und dem Entwurfsablauf hätte man natürlich noch weitere Aspekte beleuchten können, wie beispielsweise die Verifikation oder die Hardware-Synthese. Dies hätte allerdings das Konzept und den Rahmen des Buches gesprengt, so dass ich darauf verzichtet habe. Zum Thema „Electronic System Level Design" sind auch eine Reihe von Büchern auf dem Markt verfügbar, welche den gesamten Entwurf von elektronischen Systemen beschreiben. Das vorliegende Buch fokussiert auf SystemC und die „Transaction-Level"-Modellierung.

Für die Qualität eines Buches ist die Durchsicht von kritischen Rezensenten wichtig. An dieser Stelle möchte ich mich bei einigen Personen aus der Industrie und dem Hochschulbereich bedanken, welche die Mühe auf sich genommen haben, das Buch Korrektur zu lesen, und die mir wertvolle Hinweise zur Verbesserung des Buches geben konnten. Namentlich erwähnt seien hier insbesondere Joan Drenth, Manuel Gaiser, Prof. Dr. Joachim Gerlach, Dr. Christian Sebeke sowie Dr. Martin Vaupel. Selbstverständlich gilt auch dem Oldenbourg Verlag mein besonderer Dank für die Möglichkeit, dieses Buch zu veröffentlichen. Gedankt sei auch den Studierenden der Hochschule Pforzheim, welche durch Diskussionen und Anregungen im Rahmen von Vorlesungen, Laboren sowie Projekt- und Abschlussarbeiten auch zum Buch beigetragen haben. Nicht zuletzt gebührt auch meiner Familie mein Dank für das Verständnis und die Unterstützung

Bei der ersten Auflage eines neuen Buches schleichen sich trotz Sorgfalt und Korrekturlesens meistens doch noch Fehler ein. Hierfür möchte ich mich im Voraus entschuldigen. Für entsprechende Hinweise und auch andere Anmerkungen zum Buch bin ich immer dankbar. Senden Sie diese am besten per E-Mail an mich (frank.kesel@hs-pforzheim.de). Zum Schluss wünsche ich Ihnen Freude beim Lesen des Buches und hoffe, Sie für die Arbeit mit SystemC motivieren zu können.

Frank Kesel
Pforzheim, im Juli 2012

Inhaltsverzeichnis

1 Einleitung

Dieses erste Kapitel soll dazu dienen, dem Leser eine Einordnung von SystemC im Entwurf von integrierten elektronischen Systemen zu ermöglichen. Wir beschreiben zunächst, was man unter integrierten elektronischen Systemen versteht und gehen anschließend darauf ein, welche Funktion die Abstraktion im Entwurf der mikroelektronischen Hardware erfüllt. Anschließend skizzieren wir den Ablauf im Entwurf elektronischer Systeme und beleuchten die Rolle von SystemC, wobei wir auch auf die historische Entwicklung von SystemC eingehen. Einer der wesentlichen Vorteile von SystemC gegenüber traditionellen Hardwarebeschreibungssprachen wie VHDL oder Verilog ist die Möglichkeit, durch abstrakte Modellierung zu erheblich leistungsfähigeren Simulationsmodellen zu kommen. Wir werden daher in diesem Kapitel definieren, wie man die Leistung von Simulationsmodellen messen und beurteilen kann. Des Weiteren wird die Modellierung auf der so genannten Transaktionsebene ein Schwerpunkt des Buches sein; diese beschäftigt sich inbesondere mit der Modellierung von Bussystemen. Wir möchten daher beispielhaft in diesem Kapitel ein typisches Bussystem für integrierte elektronische Systeme vorstellen, um dem Leser eine Motivation für die Modellierung auf Transaktionsebene zu geben. Das Kapitel schließt dann mit einer Übersicht über den weiteren Aufbau des Buches.

1.1 Integrierte Elektronische Systeme

Integrierte Elektronische Systeme bestehen aus mikroelektronischer Hardware und dazugehöriger Software. Die Hardware wird in Form von integrierten Schaltungen realisiert, die als ICs (für „Integrated Circuit") oder umgangssprachlich als „Chips" bezeichnet werden. Werden ICs anwendungsspezifisch realisiert, so sind dies so genannte ASICs (Application-Specific Integrated Circuit). Häufig werden ein oder mehrere Mikroprozessoren, Speichermodule sowie verschiedene Peripherieeinheiten auf dem Chip integriert. Diese Komponenten werden über Bussysteme verbunden; Abbildung 1.1 zeigt ein beispielhaftes System. Man spricht bei einer solchen Systemintegration auf einem Chip von einem „System-on-Chip" (SOC, auch „System-on-a-Chip"). Im Kern handelt es sich um ein digitales Rechnersystem, wobei aber auch analoge Schaltungen, wie beispielsweise Analog-Digital-Wandler, auf dem Chip integriert werden können. Ferner befinden sich in der Regel noch Schaltungen für die Takterzeugung und die Spannungsversorgung sowie für die Implementierung von Energiesparmodi auf dem Chip. Eingesetzt werden SOCs insbesondere auch in eingebetteten Systemen (engl.: embedded systems) – also Rechnersysteme, die in einem technischen System arbeiten, aber für den Benutzer nicht in Erscheinung treten –, die ihre Anwendung in Geräten wie Smartphones, DVD-Playern, Tablet-PCs, Haushaltsgeräten aber auch in der Automobiltechnik, der Medizintechnik oder in Maschinensteuerungen finden.

SOCs können eine enorme Komplexität aufweisen: Ein modernes Smartphone mit dem auf Linux basierenden Android-Betriebssystem verfügt über einen leistungsfähigen Doppelkern-

Prozessor, beispielsweise ein ARM Cortex-A9 mit 1.2 GHz Taktfrequenz [5], einen Grafikprozessor zur Ansteuerung des Touchscreen-Displays und über eine Vielzahl von Kommunikationsschnittstellen wie UMTS/GSM, WLAN, Bluetooth und USB. Neben dem Cache-Speicher des Prozessors, welcher sich auf dem Chip befindet, wird an das SOC externer DRAM- und Flash-Speicher im Umfang von einigen Gigabyte angeschlossen. Zusätzlich zum Internet-Zugang über WLAN oder UMTS/GSM sind in der Regel eine oder zwei Digitalkameras mit Videofunktion und ein MP3-Player zu bedienen. Darüber hinaus sind eine Vielzahl von weiteren Programmen wie Office- oder Entertainment-Anwendungen verfügbar, die auf dem System zur Ausführung kommen können.

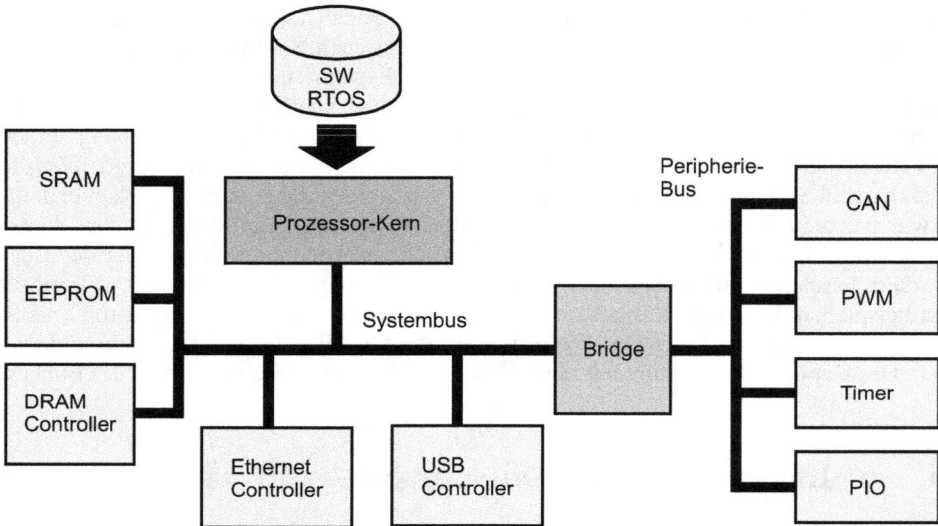

Abb. 1.1: *Exemplarisches Beispiel für ein „System-on-Chip" mit Prozessor-Kern und Bussystem (Systembus und Peripheriebus über Bridge verbunden). Das System integriert Daten- und Programm-Speicher on-chip (SRAM, EEPROM) und es kann externer DRAM-Speicher angeschlossen werden. Ferner sind verschiedene Peripherieeinheiten vorhanden (Ethernet, USB, CAN, PWM, Timer, PIO). Auf dem System läuft ein Echtzeit-Betriebssystem (RTOS), welches die Anwendungssoftware (SW) ausführt.*

Zunehmend verbreitet ist auch die Realisierung von SOCs auf anwenderprogrammierbaren FPGAs (Field-Programmable Gate Array), man spricht dann vom SOPC („System-on-a-Programmable-Chip"). FPGAs werden häufig auch benutzt, um Prototypen für ein ASIC zu implementieren. Die Hersteller von FPGAs, wie Altera [3] oder Xilinx [44], bieten für die Entwicklung von SOPCs vorentwickelte Designinformationen an, die als „IP-Cores" bezeichnet werden (IP steht für „Intellectual Property", im deutschen als „geistiges Eigentum" bezeichnet). Als IP-Cores sind beispielsweise Komponenten wie Prozessor-Kerne, Speicher, Peripherieeinheiten oder Bussysteme verfügbar. Mit Hilfe einer entsprechenden Entwurfssoftware kann die Hardware für ein SOPC in kurzer Zeit durch Auswahl und Konfiguration der IP-Cores entwickelt werden. Obgleich es auch Hersteller gibt, die vorentwickelte IP-Cores für den ASIC-Entwurf anbieten, so ist die Entwicklung von ASICs erheblich aufwändiger als die Entwicklung eines FPGAs. Dies liegt im Wesentlichen daran, dass für die Herstellung des ICs ein Satz von Belichtungsmasken notwendig wird (siehe z.B. [18]), wofür wiederum die Layoutdaten notwendig sind. Die Entwicklung dieser Layoutdaten für ein ASIC in einer modernen Submikrometer-IC-Technologie – die Strukurgrößen liegen heute im Bereich von 20 Nanometer – erfordert teure Entwurfssoftware sowie ein größeres Entwicklungsteam. Zusammen mit den Kosten für die Belichtungsmasken können daher die Fixkosten für die ASIC-Entwicklung schon einige Millionen Euro betragen, so dass sehr hohe Stückzahlen für ein rentables Produkt benötigt werden. FPGAs sind demgegenüber vorgefertigte Standardbauelemente und müssen nur programmiert werden – eine Layoutentwicklung ist nicht notwendig. Dies spart für den Anwender gegenüber ASICs erhebliche Fixkosten, so dass FPGAs insbesondere bei kleinen Stückzahlen eingesetzt werden können. FPGAs benötigen aber durch die Programmierbarkeit im Vergleich zu ASICs mehr Chipfläche bei gleicher Funktionalität, so dass die Stückkosten von FPGAs höher sind.

Neben der mikroelektronischen Hardware ist für ein SOC oder SOPC entsprechende Software notwendig. In der Regel wird die Anwendungssoftware unter Kontrolle eines Betriebssystems ausgeführt, welches häufig auch Echtzeitanforderungen erfüllen muss (RTOS: Real-Time Operating System). Vielfach werden auch Betriebssysteme wie Linux oder Windows, die aus dem Desktop- oder Workstationbereich stammen, auf eingebettete Systeme portiert. Für die Peripherieinheiten sind entsprechende Treiber erforderlich und für die Ansteuerung komplexerer Schnittstellen wie USB, CAN oder Ethernet sind entsprechende Software-„Protokoll-Stacks" notwendig. Der zeitliche und damit finanzielle Aufwand für die Softwareentwicklung – die häufig in C oder C++ erfolgt – eines SOCs oder SOPCs kann dabei den Aufwand für die Entwicklung der Hardware deutlich übersteigen. Ein wesentliches Aufgabengebiet in der Entwicklung eines SOCs ist die Verifikation von Hardware und Software und des Zusammenspiels von Hardware und Software, wobei nicht vergessen werden darf, dass das SOC auch nur ein Teil eines Gesamtsystems ist und beispielsweise auch das Zusammenspiel mit mechanischen Komponenten getestet und verifiziert werden muss – insbesondere in der Automobilelektronik, wo es auch um sicherheitskritische Anwendungen geht. Wir konzentrieren uns im Folgenden hauptsächlich auf den Entwurf der Hardware; eine Übersicht über die Gesamtproblematik des Entwurfs von SOCs und der Verifikation findet sich beispielsweise in [9].

1.2 Entwurf der mikroelektronischen Hardware: Modellierung und Abstraktion

Wenn wir die mikroelektronische Hardware – also die ICs – eines elektronischen Systems betrachten, so steigt die Anzahl der auf einem IC integrierbaren Transistoren nach dem *Moore'schen Gesetz* seit den Anfängen der integrierten Schaltungstechnik in den sechziger Jahren exponentiell an – mit einer Verdopplung der Anzahl der Transistoren etwa alle zwei Jahre. Heute beträgt die Transistordichte ungefähr 5 Millionen MOS-Transistoren pro Quadratmillimeter Chipfläche, so dass man je nach Größe des Chips einige 100 Millionen bis 1 Milliarde Transistoren auf einem Chip unterbringen kann. Während einerseits die Anzahl der integrierbaren Transistoren mit einer Rate von ungefähr 40–50 % pro Jahr wächst, kann andererseits die Entwicklungsproduktivität mit diesem Wachstum nicht mithalten. Eine einfache Möglichkeit, die Entwicklungsproduktivität anzugeben, ist die Anzahl der entwickelten Transistoren pro Monat und pro Entwicklungsingenieur („Personenmonat", wobei diese Metrik allerdings umstritten ist). Man kann davon ausgehen, dass die Entwicklungsproduktivität derzeit bei etwa 20.000

Transistoren pro Personenmonat liegt und sie erhöht sich nur mit etwa 20% pro Jahr. Für einen komplett neu zu entwickelnden Chip mit einer Komplexität von 100 Millionen Transistoren würde man also 5.000 Personenmonate oder 416 Personenjahre benötigen. Wollte man den Chip in einem Jahr entwickeln, so wäre ein Team von 416 Entwicklern notwendig, was nicht mehr vernünftig handhabbar wäre. Daher wird in der Hardwareentwicklung versucht, möglichst viele Komponenten des Gesamtsystems über die schon erwähnten IP-Cores abzudecken; also beispielsweise die Mikroprozessoren, die Speicherblöcke oder das Bussystem. Dennoch tut sich seit geraumer Zeit eine Lücke zwischen den technologisch möglichen Chip-Komplexitäten und den tatsächlich entwickelbaren Design-Komplexitäten auf – dies wird als „Entwurfslücke" oder im Englischen als „design gap" bezeichnet. Die Schließung der Lücke muss durch eine Weiterentwicklung der Entwurfsverfahren erreicht werden.

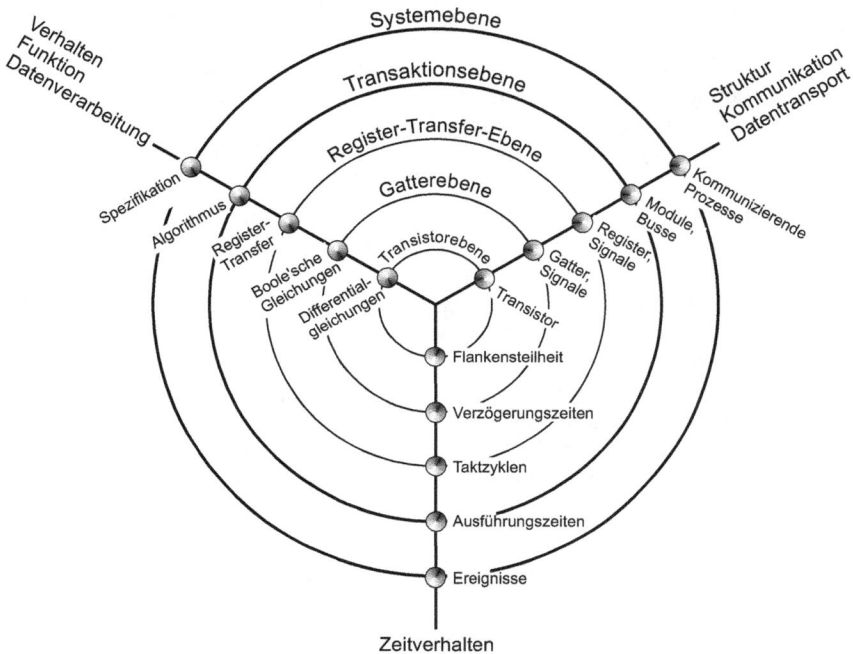

Abb. 1.2: *Modifiziertes Y-Diagramm zur Veranschaulichung der Abstraktionsebenen. Das Diagramm wurde ursprünglich von Gajski [13] und Walker [35] vorgeschlagen.*

Ein zentraler Begriff im Zusammenhang mit Entwurfsverfahren ist die *Abstraktion*. Blickt man etwas weiter in der Elektronik-Entwicklung zurück – speziell die Entwicklung digitaler Elektronik – so wurde Hardware in den sechziger und siebziger Jahren entwickelt, indem man aus Funktionstabellen boole'sche Gleichungen und daraus die Verschaltung von Logik-Gattern ableitete, welche man mit TTL-Bausteinen oder programmierbaren Schaltungen, wie beispielsweise PLAs, realisieren konnte. In den achtziger Jahren wurde mit der Einführung von *Hardwarebeschreibungssprachen*, wie VHDL oder Verilog, ein Abstraktionsschritt vorgenommen: Man beschreibt nicht mehr die Verschaltung von Logik-Gattern und Flipflops einer bestimmten Technologie, sondern beschreibt die Struktur und das Verhalten der Hardware auf der so genannten „Register-Transfer-Ebene" (engl.: Register-Transfer-Level, RTL, vgl. [18]). Die Abstraktion in der Hardwareentwicklung ist vergleichbar mit dem Übergang in der Softwareentwicklung von der Assemblerprogrammierung zur Programmierung in einer höheren Programmiersprache wie C oder C++. Durch die RTL-Methodik konnte man Anfang der neunziger Jahre erhebliche Fortschritte in der Produktivität der Entwicklung erzielen und diese Methodik ist auch heute noch gerade im FPGA-Entwurf vorherrschend, allerdings ist die Produktivität dieser Methodik für moderne SOCs nicht mehr ausreichend.

Die Abstraktion im Hardware-Entwurf wird häufig mit Hilfe des in Abbildung 1.2 gezeigten „Y-Diagramms" veranschaulicht, welches ursprünglich von Gajski und Walker benutzt wurde und welches wir für die folgende Diskussion etwas modifiziert haben. Das Diagramm weist drei Äste oder Achsen auf, die als „Beschreibungs-Domänen" eines Entwurfs bezeichnet werden; die konzentrischen Kreise werden als *Abstraktionsebenen* bezeichnet. Wir modifizieren das Y-Diagramm dahingehend, dass die ursprünglich verwendete „Geometrie"-Domäne durch eine Achse für das Zeitverhalten ersetzt wird. Eine zu entwickelnde Hardware kann auf unterschiedlichen Abstraktionsebenen beschrieben oder modelliert werden – man spricht dann auch von einem *Modell* des Chips. Bei der *Modellierung* oder Modellbildung wird immer eine mehr oder weniger starke Abstraktion der physikalischen Gegebenheiten vorgenommen. Die Abstraktion im Hardwareentwurf wird im Wesentlichen bezüglich der drei in Abbildung 1.2 gezeigten Domänen vorgenommen. Die Struktur beschreibt die Verbindung oder allgemeiner die Kommunikation und den Datentransport zwischen Komponenten auf einer Abstraktionsebene. Auf Gatterebene ist dies die Verschaltung von Gattern und Flipflops und auf Register-Transfer-Ebene werden komplexere Komponenten wie ALUs oder Register durch VHDL-Strukturbeschreibungen verschaltet. In beiden Fällen werden Signale und Komponenten-Ports zur Verbindung der Komponenten benutzt und man spricht dann bei einer Strukturbeschreibung auch von einer Netzliste. Das Verhalten beschreibt die Funktionalität der Komponenten oder die Datenverarbeitung: Auf Gatterebene sind dies die Boole'schen Gleichungen der Gatter oder die Funktionen der Flipflops. Auf Register-Transfer-Ebene wird die Funktionalität der Komponenten mit Hilfe von Programmiersprachen-Konstrukten, wie Verzweigungen (IF, CASE) oder Schleifen (LOOP), beschrieben.

In einem RTL-Modell wird die so genannte „Mikroarchitektur" der Hardware beschrieben. Dies ist der Aufbau der Hardware aus getakteten Flipflops und Registern sowie der ungetakteten kombinatorischen Logik, die sich zwischen den Registern befindet. Neben der Struktur und dem Verhalten wird insbesondere auch das Zeitverhalten abstrahiert: Auf der Gatterebene werden die Verzögerungszeiten der Gatter modelliert und man kann beispielsweise die kritischen Pfade in der kombinatorischen Logik und damit die maximale Taktfrequenz der Schaltung bestimmen (vgl. auch [18]). Auf RT-Ebene werden die Verzögerungszeiten der Kombinatorik nicht mehr modelliert, sondern nur noch die Taktänderungszeitpunkte und damit die Zeitpunkte zu welchen die Register Daten übernehmen. Ein RTL-Modell ist daher „taktzyklengenau" (engl.: cycle accurate); dies bedeutet, dass die reale Chip-Hardware die gleiche Anzahl von Taktschritten für die Abarbeitung benötigen wird wie das RTL-Modell. Ein Modell der Hardware auf Gatterebene ist ebenfalls taktzyklengenau, aber darüber hinaus auch Verzögerungszeit-genau. Der große Vorteil eines RTL-Modells besteht darin, dass es unabhängig von einer Zieltechnologie ist und damit auf beliebige Zieltechnologien „portiert" werden kann – genauso wie ein C/C++-Code in der Softwareentwicklung portierbar ist. Eine Beschreibung auf Gatterebene ist nicht portierbar. Ein RTL-Modell, welches auf einem FPGA verifiziert wurde, kann daher ebenfalls für die Implementierung in einem ASIC benutzt werden.

Durch Abstraktion verliert man also auf der einen Seite an *Detaillierung* oder *Genauigkeit*, wie beispielsweise die Verzögerungszeiten von Gattern beim Übergang von der Gatterebene auf die RT-Ebene, man gewinnt aber Verständnis über sowie Einsicht in das zu entwickelnde System, so dass man letzten Endes produktiver wird und weniger Fehler in der Entwicklung macht. Wichtig ist insbesondere, dass abstraktere Modelle auch zu einer schnelleren Simulation führen. Nun wird für die physikalische Realisierung der Hardware auf einem Chip aber eine Implementierung mit Logikgattern erforderlich und für eine ASIC-Implementierung werden auch die Verschaltungen der Transistoren und das daraus resultierende Layout benötigt (vgl. [18]). Die Schritte von einer hohen Abstraktionsebene hin zur physikalischen Realisierung nennt man *Verfeinerung* oder auch *Transformation*. Bei jedem Verfeinerungsschritt sind Entwurfsentscheidungen zu treffen: Für ein VHDL-RTL-Modell gibt es eine Vielzahl von möglichen Implementierungen auf der Gatterebene, die alle die durch den VHDL-Code spezifizierte Funktion darstellen, sich aber im Ressourcenaufwand (Anzahl der Gatter und Flipflops, Flächenbedarf des ASICs) und im Zeitverhalten und damit der Leistungsfähigkeit (maximale Taktfrequenz) der Schaltung unterscheiden können. Es ist daher sinnvoll und wünschenswert, diese Verfeinerung nicht manuell durchführen zu müssen, sondern durch entsprechende Entwurfssoftware, um in annehmbarer Zeit verschiedene Alternativen untersuchen zu können. Die Verfeinerung oder Transformation von der RT-Ebene zur Gatterebene wird durch die so genannte „Logiksynthese" (vgl. [18]) vorgenommen und die anschließende Umsetzung der Gatternetzliste in das Layout eines ASICs oder in die Programmierung eines FPGAs durch weitere Werkzeuge des physikalischen Entwurfs (beispielsweise „Place&Route", vgl. [18]). Für die Transformation einer RTL-Beschreibung in eine physikalische Realisierung existiert also ein vollautomatischer Weg. Die Auswahl verschiedener Realisierungsalternativen wird dabei über „Randbedingungen" (engl.: constraints) vom Entwickler gesteuert. In der Softwaretechnik sind diese Schritte vergleichbar mit der Anwendung von Compiler und Linker auf den Quellcode.

Die Weiterentwicklung der Entwurfsmethoden in den vergangenen zehn Jahren wurde durch eine weitere Erhöhung des Abstraktionsniveaus erreicht und kann eingeteilt werden in die weiteren, in Abbildung 1.2 gezeigten Abstraktionsebenen *Transaktionsebene* und *Systemebene*, wobei wieder die drei schon erwähnten Domänen Verhalten, Struktur und Zeitverhalten berücksichtigt werden. Es sind noch weitere Beschreibungs-Domänen denkbar, wie beispielsweise die Repräsentation der Daten, welche vom Rechnersystem verarbeitet werden: Auf RT-Ebene und Gatterebene werden die Daten in der Regel bitgenau dargestellt; man denke beispielsweise an den in VHDL verwendeten binären Datentyp `std_logic_vector`, welcher die genaue Bitbreite spezifiziert. Bei abstrakterer Modellierung würde man die in Programmiersprachen üblichen Datentypen wie beispielsweise die C-Datentypen **int**, **float** oder **double** benutzen. In der Signalverarbeitung kann man beispielsweise so vorgehen, dass man einen Algorithmus zunächst mit Gleitpunktzahlen entwirft und erst später zu ganzen Zahlen oder Fixpunktzahlen übergeht und dann den Einfluss der Zahlendarstellung auf den Algorithmus untersucht. Wir möchten uns im Folgenden aber auf die drei Domänen Verhalten, Struktur und Zeitverhalten konzentrieren.

Die Modellierung auf Transaktionsebene wird im Englischen als „Transaction Level Modeling" (TLM) bezeichnet; dieser Begriff wurde vor etwas mehr als 10 Jahren durch die EDA-Firmen geprägt (EDA: Electronic Design Automation, also die Hersteller der Entwurfssoftware). Der Begriff „Level" in TLM ist dabei irreführend: Bei RTL handelt es tatsächlich um *eine* Abstraktions-*Ebene*, die klar definiert ist (vgl. [18]). TLM ist nicht im gleichen Maße genau definiert und häufig wird mit TLM alles bezeichnet, was abstrakter ist als RTL. Es ist insbesondere im Hinblick auf das Zeitverhalten so, dass TLM mehrere Genauigkeitstufen bei der Modellierung des Zeitverhaltens ermöglicht, so dass man nicht von *einer* Ebene sprechen kann. Dass es als „Transaction Level" bezeichnet wurde, liegt daran, dass man bei der Einführung dieser Modellierungstechnik um das Jahr 2000 herum den Vergleich zur etablierten RTL-Modellierung anhand der Abstraktions-"Ebene" ziehen wollte. Es ist allerdings besser im Zusammenhang mit TLM von einer Modellierungstechnik zu sprechen. Da SystemC sich zu einer der wichtigsten Sprachen für TL-Modelle entwickelt hat, trägt auch der IEEE Standard 1666-2011 [21] für SystemC zu einer Klärung bei, was man unter TLM verstehen kann.

TLM zielt insbesondere darauf ab, die Hardware von elektronischen Systemen effizient zu modellieren. Der Fokus liegt dabei auf den Kommunikationseinrichtungen des Systems, also insbesondere den Bussystemen. Eine wesentliche Idee von TLM ist es, bei der Modellierung die Kommunikation (engl.: communication) oder Datenübertragung von der Datenverarbeitung (engl.: computation) zu trennen [12]. Wenn wir also ein typisches SOC wie in Abbildung 1.1 betrachten, so können wir es aufteilen in die datenverarbeitenden oder -speichernden Komponenten, wie Prozessor, Speicher und Peripherieeinheiten, und in die Komponenten, welche für den Datentransport zuständig sind, im Beispiel die beiden Teilbussysteme und die Bridge. Wenn ein synchrones Bussystem auf RT-Ebene modelliert wird, so erfolgt dies durch die Signale für Takt, Steuerleitungen, Adressen und Daten und die entsprechenden Zeitverläufe der Signale, welche durch das Busprotokoll vorgegeben sind. Ein RTL-Modell ist daher taktzyklengenau und modelliert auch alle Signale des Bussystems („Pin-genau"). In einem TLM-Modell verzichtet man dagegen vollständig auf Signale und auch auf die Angabe eines Taktes. Die Busse oder Kommunikationseinrichtungen des Systems werden als abstrakte „Kanäle" (engl.: channel) modelliert und die Bus-Transaktionen (daher der Name „Transaktionsebene") durch den Aufruf von so genannten „Interface-Methoden" der Kanäle. Die TLM-Schnittstellen der Komponenten entsprechen im Grunde den später auf RT-Ebene zu implementierenden Busschnittstellen. Durch ein TL-Modell wird sowohl die Struktur des Busses, im Sinne der einzelnen Signale des Bussystems, als auch das Zeitverhalten, im Sinne von einzelnen Taktschritten für eine Transaktion, gegenüber einem RTL-Modell abstrahiert. Damit kann man insbesondere einen erheblichen Zuwachs in der Leistungsfähigkeit des Simulationsmodells gewinnen. Es wird somit möglich, auf einem TL-Modell der Hardware die Software zu entwickeln oder man kann die Architektur auf ihre Leistungsfähigkeit und andere Merkmale hin bewerten. Darüber hinaus sind Änderungen in der Architektur erheblich schneller durchführbar, verglichen mit einem RTL-Modell. Man spricht in diesem Zusammenhang auch von einem „virtuellen Prototyp" des Systems.

Ein TL-Modell ist also nicht mehr Pin- und taktzyklengenau wie ein RTL-Modell. Allerdings werden die User-Register in den Peripherieeinheiten modelliert, so dass die Software auf dem Modell entwickelt werden kann. Dies wird im Englischen auch als „Programmer's View" bezeichnet. Die Funktionalität in den Komponenten – also den datenverarbeitenden Teilen – wird man ebenfalls nicht als RTL-Mikroarchitektur modellieren, sondern hier wird das Verhalten der Komponente abstrakter im Sinne einer Softwarefunktion beschrieben; man spricht dann auch von einem „algorithmischen" Modell. Im Hinblick auf die Genauigkeit des Zeitverhaltens gibt es in einem TL-Modell mehrere Genauigkeitsstufen, wobei es hier hauptsächlich um die Modellierung des Busprotokolls geht: Man kann ein spezifisches Busprotokoll buszyklengenau modellieren, welches schon annähernd taktzyklengenau ist, oder man modelliert das Busprotokoll etwas abstrakter, so dass bei den Schreib- und Lesetransaktionen auf dem Bus nur die Auswahl der Bus-Targets (auch: Slaves) über die Dekodierung der vom Initiator (auch: Master) gelieferten Transaktions-Adressen und das Übertragen der Daten modelliert wird, ohne auf die Spezifika eines bestimmten Busprotokolls einzugehen.

Eine gegenüber der Transaktionsebene noch stärkere Abstraktion findet auf der Systemebene statt. Hier geht es allerdings nicht mehr darum, nur ein Modell der Hardware darzustellen. Systemmodelle werden in einer sehr frühen Phase eingesetzt, wo die Aufteilung in Hardware und Software noch nicht festgelegt ist. Man möchte hier im Wesentlichen die Spezifikation in ein Modell übersetzen, welches auf dem Computer ausgeführt werden kann (engl.: executable specification) und welches bewusst frei von Implementierungsdetails ist. In der Signalverarbeitung kann man beispielsweise MATLAB/Simulink [41] einsetzen, um Simulationsmodelle zu entwickeln. In der Regel geht es aber in dieser Phase auch darum, potentielle Parallelitäten oder Nebenläufigkeiten zu entdecken und diese auch modellieren zu können, beispielsweise durch entsprechende nebenläufige Prozesse. Das Zeitverhalten wird ebenfalls noch stärker abstrahiert, so dass man einen zeitlichen Verlauf unter Umständen auch gar nicht mehr modelliert (engl.: untimed) und die Ausführung der Prozesse über abstrakte Ereignisse steuert.

1.3   Electronic System Level Design

Die Entwicklung von elektronischen Systemen wurde in den achtziger und neunziger Jahren so vorgenommen, dass zunächst die mikroelektronische Hardware und dann in einer späteren Phase die zugehörige Software auf speziellen Entwicklungsversionen oder Emulatoren der Hardware entwickelt wurde. Seit den neunziger Jahren werden auch vermehrt FPGAs als Hardware-Prototypen eingesetzt. Diese Vorgehensweise hat zwei Nachteile: Zum einen kann die Softwareentwicklung erst in einer relativ späten Phase erfolgen und zum zweiten werden hinsichtlich der Hardware-Architektur möglicherweise Entscheidungen getroffen, die sich bei der späteren Integration von Hardware und Software als nicht optimal herausstellen.

Für die Entwicklung moderner SOCs oder SOPCs hat sich der Begriff „Electronic System Level Design" (oder kurz: ESL-Design) etabliert [9]. Darunter versteht man die Methoden, Vorgehensweisen und Werkzeuge, die heute für die Entwicklung von komplexen elektronischen Systemen benutzt werden (siehe Abbildung 1.3). Wesentlich dabei ist es, dass Hardware und Software zusammen entwickelt werden, um mögliche Probleme bei der Integration von Hardware und Software schon in einer frühen Phase entdecken zu können – man spricht auch vom so genannten „Hardware/Software-Codesign". Ferner wird der Abstraktionsgrad gegenüber dem Entwurf auf RT-Ebene auf die Transaktionsebene (oder die Systemebene) angehoben, wodurch die Produktivität erhöht werden kann. Man geht davon aus, dass man hierdurch etwa einen Faktor 10 in der Produktivität gewinnt [8].

Ausgehend von einer Spezifikation kann das System zunächst mit entsprechenden Werkzeugen und Modellierungssprachen, wie beispielsweise MATLAB/Simulink, UML/SysML oder C++/SystemC, modelliert werden, ohne zunächst eine konkrete Aufteilung in Hardware und Software vorzunehmen – man erhält die schon erwähnte „ausführbare Spezifikation". Im einfachsten Fall kann es sich um ein C++-Programm handeln, welches den zu implementierenden Algorithmus beschreibt. Anhand dieses Modells können beispielsweise Entscheidungen über die zu verwendenden Algorithmen aufgrund von Analysen getroffen werden. Hierzu zählen beispielsweise Untersuchungen der Qualität der Algorithmen (z.B. Bitfehlerraten) oder des Zahlenformats in der digitalen Signalverarbeitung (Fixpunkt- oder Gleitpunktzahlen, Bitbreite etc.), aber auch Untersuchungen hinsichtlich des Aufwands oder Abschätzungen des Energieverbrauchs. Die darauf folgenden und in Abbildung 1.3 gezeigten Entwurfsschritte dienen dazu, das abstrakte Systemmodell durch schrittweise Verfeinerungen in eine Implementierung zu überführen. Diese besteht zum einen aus der mikroelektronischen Hardware und zum anderen aus der auf den integrierten Prozessoren laufenden Software.

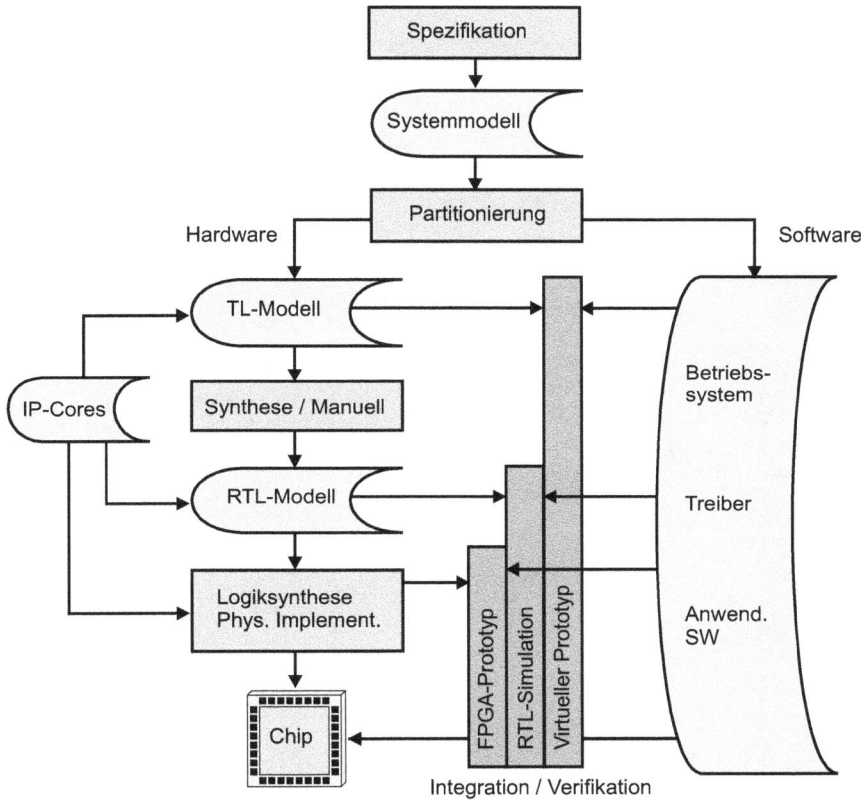

Abb. 1.3: Entwurfsablauf im ESL-Design.

Der in Abbildung 1.3 gezeigte „Top-Down"-Ablauf ist idealisiert und wird in der realen, industriellen Entwicklung zumeist nicht streng verfolgt. Möglicherweise liegt schon ein existierendes Produkt oder eine so genannte „Plattform" vor, welche abgewandelt wird, oder es sind bestimmte Komponenten vorhanden, die wieder verwendet werden sollen. Auch ist es in der Regel kein linearer Ablauf von der Spezifikation bis zum fertigen Produkt. Häufig sind Änderungen durchzuführen, die bis zu (wiederholten) Änderungen der Spezifikation reichen können, so dass möglicherweise mehrere Schleifen in diesem Ablauf vorhanden sind. Wir möchten den in Abbildung 1.3 gezeigten, idealisierten Ablauf jedoch benutzen, um den Einsatz von SystemC im Entwurf von elektronischen Systemen einordnen und abgrenzen zu können. Wir können allerdings an dieser Stelle nur einen kurzen Einblick in die ESL-Methodik geben, für eine weitergehende Behandlung des Themas sei beispielsweise auf [9] verwiesen.

Die Entwurfsentscheidungen im Zuge der Verfeinerungen sind Entscheidungen über die Architektur der nächst tiefer liegenden Ebene, wobei es sich dabei sowohl um die Architektur der Hardware wie auch der Software handelt – wir konzentrieren uns im Folgenden hauptsächlich auf die Hardware. Eine erste Entscheidung muss über die Aufteilung des Systems in Hardware und Software getroffen werden, dies wird als *Partitionierung* bezeichnet. Hierfür ist zuvor eine Analyse notwendig, um die Nebenläufigkeiten und Parallelitäten in der Anwendung zu finden und im Sinne einer höheren Leistungsfähigkeit des Systems ausnutzen zu können. Dies wird als „funktionale Dekomposition" bezeichnet (vgl. [9]) und kann beispielsweise durch ein SystemC-Systemmodell erfolgen, in welchem die Nebenläufigkeiten durch Prozesse modelliert werden.

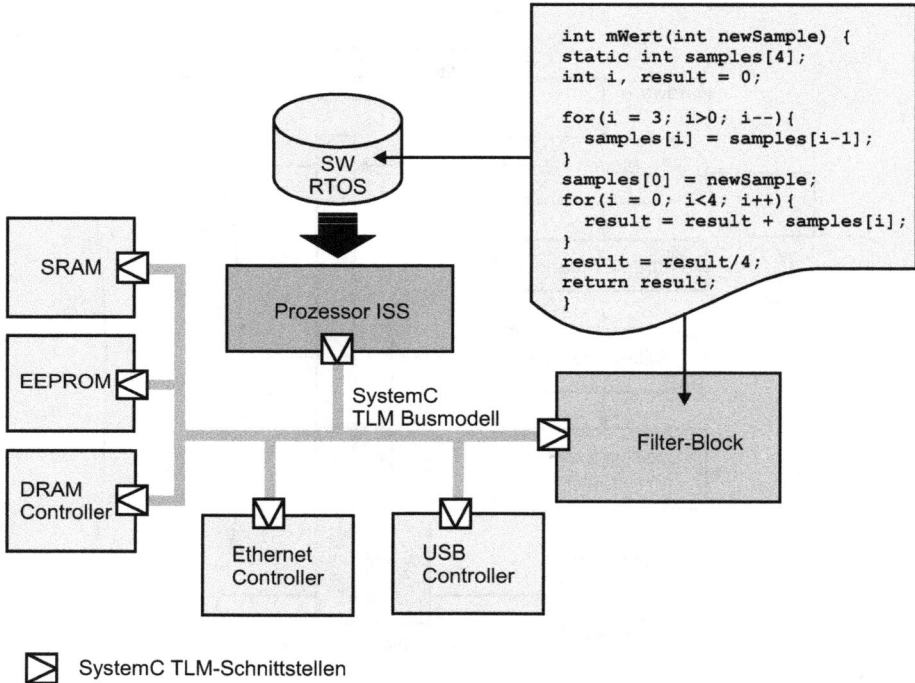

```
int mWert(int newSample) {
static int samples[4];
int i, result = 0;

for(i = 3; i>0; i--){
    samples[i] = samples[i-1];
}
samples[0] = newSample;
for(i = 0; i<4; i++){
    result = result + samples[i];
}
result = result/4;
return result;
}
```

SW RTOS

SRAM

EEPROM

DRAM Controller

Prozessor ISS

SystemC TLM Busmodell

Ethernet Controller

USB Controller

Filter-Block

SystemC TLM-Schnittstellen

Abb. 1.4: *Beispiel zur Partitionierung und TL-Modellierung. ISS ist ein Instruktionssatzsimulator für einen gewählten Prozessorkern. Die Komponenten des Systems sind mit SystemC-TLM-Schnittstellen versehen und werden über ein TL-Modell des Bussystems gekoppelt. Für die Mittelwertfilter-Funktion kann beispielsweise entschieden werden, ob sie in Software auf dem Prozessor laufen soll oder ob sie als Systemkomponente in Hardware implementiert werden soll.*

Anschließend muss eine Architektur für die Hardware definiert werden und entschieden werden, welche Teile des Systems in Software auf den Prozessoren laufen und welche als Hardware-Module implementiert werden. Abbildung 1.4 zeigt ein Beispiel für ein SystemC-Modell eines Rechnersystems auf Transaktionsebene. Beispielsweise könnte man mit Hilfe dieses Modells untersuchen, ob eine Mittelwertfilterfunktion besser als Software-Funktion oder als spezielle Peripherieeinheit und damit in Hardware implementiert wird. Ist eine Partitionierung und eine Hardware-Architektur gefunden, so ist es notwendig, diese bewerten zu können. Ferner möchte man in dieser frühen Phase auch schon mit der Software-Entwicklung und deren Integration mit der Hardware beginnen können. Hierzu wird ein Simulationsmodell für die Hardware benötigt, welches eine schnelle Simulation ermöglicht und auch so flexibel ist, dass Änderungen schnell vorgenommen werden können. Hierfür ein VHDL-Modell auf RT-Ebene benutzen zu wollen, verbietet sich aus den schon im letzten Abschnitt erläuterten Gründen, so dass für diese Entwurfsphase virtuelle Prototypen eingesetzt werden, welche auf Transaktionsebene mit SystemC modelliert werden.

Die Modellierung auf Transaktionsebene fokussiert auf die Kommunikationseinrichtungen des Systems. Für die Komponenten des Systems, die über diese Kommunikationseinrichtungen verbunden werden, gibt es verschiedene Möglichkeiten, diese zu modellieren. Um ein leistungsfähiges Simulationsmodell zu erhalten, wird man sich natürlich bemühen, auch die Komponenten auf einer möglichst hohen Abstraktionsebene zu modellieren. Für die Prozessorkerne werden üblicherweise so genannte „Instruktionssatzsimulatoren" (ISS, engl.: instruction set simulator) verwendet, welche den Binärcode der kompilierten Software ausführen können und darüber hinaus auch an so genannte „Debugger" angebunden werden können, um Fehler in der Software analysieren zu können. ISS sind von den Herstellern der Prozessoren oder von Drittanbietern erhältlich, häufig auch in C oder C++. Zumeist wird noch ein SystemC-„Wrapper" benötigt, welcher den ISS an den Bus anbindet, so dass entsprechend der Befehlsausführung des Prozessors TLM-Transaktionen erzeugt werden. Die Firma OVP [31] bietet beispielsweise ISS mit SystemC-Schnittstellen für viele bekannte Prozessoren an, die in SOCs eingesetzt werden. Für die anderen Komponenten des Systems müssen gegebenenfalls Simulationsmodelle mit TLM-Schnittstellen geschrieben werden, wobei das Verhalten der Komponente ebenfalls möglichst abstrakt mit SystemC/C++ modelliert werden sollte. Mittlerweile sind auch für viele IP-Cores von Peripherie-Komponenten und Bussystemen entsprechende SystemC-Modelle verfügbar.

Ist man mit der gefundenen Hardware-Architektur zufrieden, so stellt sich Frage nach der Umsetzung in die physikalische Implementierung. Wie in Abbildung 1.3 gezeigt, muss dazu die Transformation vom TL-Modell zum RTL-Modell erfolgen. Der weitere in Abbildung 1.3 gezeigte Weg von der RT-Ebene mittels Logiksynthese zur physikalischen Implementierung soll hier nicht weiter diskutiert werden, wir verweisen hierzu beispielsweise auf [18]. Für die Komponenten und das Bussystem muss also entweder eine synthesefähige RTL-Beschreibung in VHDL oder Verilog gefunden werden oder gleich eine Implementierung als Netzliste oder Layout in der gewünschten Zieltechnologie. Hat man die Komponenten als IP-Blöcke eines Herstellers vorliegen, so sind diese Informationen in der Regel auch vorhanden. Für eigenentwickelte Komponenten muss man selbst eine synthesefähige RTL-Beschreibung erstellen. Wünschenswert ist eine automatische Umsetzung des TL-Modells in eine RTL-Architektur und letztlich in eine physikalische Implementierung.

Will man eine Komponente, wie in unserem Beispiel der Filter-Block aus Abbildung 1.4, in eine RTL-Beschreibung umsetzen, so sind zwei Aufgaben zu lösen (Abbildung 1.5): Erstens muss für das algorithmische Modell – hier die C-Funktion des Mittelwertfilters – eine Mikroarchitektur gefunden werden und zweitens muss für die abstrakte TLM-Schnittstelle eine Implementierung einer Busschnittstelle für ein konkretes Busprotokoll gefunden werden. Die erste Aufgabe kann automatisiert durch die so genannte „High-Level Synthese" (HLS) erledigt werden (vgl. z.B. [27]). Die HLS, welche auch als Architektur- oder Verhaltenssynthese (engl.: be-

havioral synthesis) oder als algorithmische Synthese bezeichnet wird, kann für eine algorithmische Beschreibung, die beispielsweise als C/C++-Funktion vorliegt, eine Mikroarchitektur auf
RT-Ebene finden, welche den Algorithmus in Hardware implementiert. Die Mikroarchitektur
besteht im Wesentlichen aus einem Steuerwerk, einem Datenpfad und Registern. Über entsprechende Randbedingungen kann der Syntheseprozess vom Benutzer gesteuert werden und damit
die entstehende Mikroarchitektur beeinflusst werden. Die wichtigsten Parameter sind dabei die
Leistungsfähigkeit der Hardware – beispielsweise die Frage, welche Anzahl von Taktschritten
für die Abarbeitung benötigt wird – und der Ressourcenverbrauch. Während sich erste Softwa-
rewerkzeuge zur HLS, wie der „Behavioral Compiler" von Synopsys, in den neunziger Jahren
nicht in der industriellen Anwendung durchsetzen konnten, so sind in den letzten Jahren einige neue HLS-Werkzeuge auf den Markt gekommen, die im Kontext des ESL-Designs größere
Chancen auf Anwendung haben. Zu nennen wäre hier beispielsweise „C-to-Silicon" von Cadence (vgl. [8]) oder „Catapult" von Mentor Graphics (vgl. [30]). Auch für den FPGA-Entwurf
werden mittlerweile HLS-Werkzeuge angeboten, beispielsweise das „AutoESL"-Werkzeug von
Xilinx.

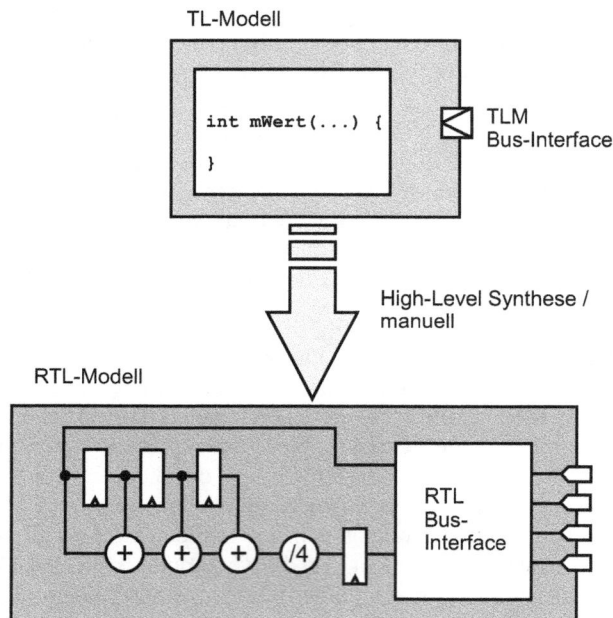

Abb. 1.5: *Transformation vom TL-Modell zum RTL-Modell am Beispiel des Mittelwertfilters. Für die
Funktion des Mittelwertfilters muss eine RTL-Architektur gefunden werden und für die TLM-Schnittstelle
eine RTL-Implementierung einer Busschnittstelle für das spezifische Busprotokoll. Dies kann entweder
automatisiert durch ein Synthesewerkzeug erfolgen oder manuell.*

Für die zweite Aufgabe, der Umsetzung der TLM-Schnittstelle in ein RTL-Bus-Interface, benötigt man entsprechende IP-Blöcke, welche die datenverarbeitende Einheit (im Beispiel das Mittelwertfilter) an den Bus anbindet – beispielsweise an einen AMBA-AHB- oder AXI-Bus. In
diesem Bus-Interface können sich auch die User-Register befinden. Darüber hinaus muss das

Bus-Interface das entsprechende Busprotokoll behandeln können und eine Pin-genaue Schnittstelle für die Anbindung an den Bus liefern. Gegebenenfalls müssen auch Daten für die datenverarbeitende Einheit über FIFOs gepuffert werden können. Auch dieser Schritt sollte von den EDA-Werkzeugen übernommen werden können.

1.4 SystemC als Modellierungssprache

In den neunziger Jahren stellte sich die Situation im Systementwurf so dar, dass die digitale Hardware mit Hardwarebeschreibungssprachen wie VHDL [24] oder Verilog [22] entwickelt wurde und die Software mit höheren Programmiersprachen, wie C oder C++. Da man zunehmend dazu überging, Software und Hardware gemeinsam zu entwickeln, kam der Wunsch auf, möglichst nur noch eine Sprache sowohl für die Hardware- als auch für die Softwareentwicklung benutzen zu können. Insbesondere gab es ein ganze Reihe von Ansätzen, C oder C++ hierfür einzusetzen, wobei hiermit in der Regel auch eine abstraktere Modellierung der Hardware – im Vergleich zur RTL-Modellierung mit VHDL oder Verilog – verbunden war. Ferner war mit diesen Ansätzen zumeist auch die automatische Transformation eines C-Modells in eine physikalische Implementierung durch ein Synthesewerkzeug verknüpft. Wesentliche Vorarbeiten zur TL-Modellierung wurden insbesondere von der Forschungsgruppe um Daniel Gajski an der University of California in Irvine geleistet und mündeten in die Sprache SpecC, welche wie SystemC auf C/C++ basiert [14]. Als weiteres Beispiel sei „Handel-C" erwähnt, welches an der Universität von Oxford in den neunziger Jahren entwickelt wurde und später von den Firmen Celoxica und Agility und schließlich von Mentor Graphics kommerzialisiert wurde [2]. Handel-C implementiert eine Untermenge von C und fügt einige Erweiterungen hinzu, die aus der Programmiersprache Occam kommen. Wie in SpecC und auch in SystemC dienen diese Erweiterungen im Wesentlichen dazu, Eigenschaften der Hardware beschreiben zu können – insbesondere die in der Hardware vorhandenen Parallelitäten und die Kommunikation über die schon erwähnten Kanäle.

Die Ursprünge von SystemC liegen in verschiedenen Vorarbeiten, die in den neunziger Jahren von EDA-Firmen, Universitäten und Instituten geleistet wurden (vgl. auch [43]). Die schon genannten Arbeiten von Daniel Gajski zu SpecC haben die Entwicklung von SystemC maßgeblich beeinflusst. Insbesondere wurde die Entwicklung von SystemC durch das Vorläufer-Projekt Scenic (Synopsys und Universität von Kalifornien in Irvine [37], 1997) beeinflusst, in welchem eine Entwurfsumgebung für die Modellierung von Hardware und Software eines Systems entwickelt wurde. Im Vordergrund stand dabei die Simulation des Systems, es wurde aber auch die automatisierte Transformation von Scenic-Modellen in Hardware-Implementierungen angedacht. Die Basis für Scenic war die Programmiersprache C++. Neben speziellen Hardware-Datentypen wurde in Scenic insbesondere das aus Hardwarebeschreibungssprachen wie VHDL oder Verilog bekannte Konzept der nebenläufigen Prozesse und deren Steuerung über Ereignisse implementiert, um die Parallelitäten der Hardware modellieren zu können. Diese Mechanismen wurden als C++-Klassenbibliothek implementiert.

Da SystemC aus dem Vorläufprojekt Scenic heraus entstand, ist auch SystemC keine neue Programmiersprache, sondern besteht ebenfalls aus C++-Klassenbibliotheken. Um ein SystemC-Modell simulieren zu können wird – wie in VHDL oder Verilog – ein Simulator benötigt, welcher nach dem Prinzip der diskreten, ereignisgesteuerten Simulation arbeitet (vgl. beispielsweise [18]). Im Unterschied zu VHDL oder Verilog ist der Simulator-Kern aber Bestandteil der Klassenbibliothek, so dass zur Simulation eines SystemC-Modells kein spezielles Simulationswerkzeug benötigt wird – der Simulator-Kern ist Bestandteil des ausführbaren Programms. Weitere wesentliche Bestandteile der SystemC-Bibliothek sind Module, um ein Modell strukturieren zu können, sowie Ports und Kanäle, um die Module und Prozesse miteinander verbinden zu können. Der Mechanismus der Kanäle verallgemeinert die von VHDL oder Verilog bekannten Signale und ist eine wesentliche Grundlage für die Modellierung auf Transaktionsebene. Darüber hinaus sind in der Bibliothek ebenfalls spezielle Hardware-Datentypen vorhanden und Mechanismen für die Modellierung des Zeitverlaufs eines Modells.

Die Arbeiten an SystemC wurden ab 1999 durch die OSCI (Open SystemC Initiative) koordiniert. OSCI war ein Konsortium von EDA-Firmen wie Mentor Graphics, Cadence oder Synopsys, von Halbleiterfirmen wie NXP, TI, ST, AMD, Renesas, Freescale oder Intel und von weiteren Firmen wie ARM oder Qualcomm. Dies gab SystemC den nötigen Schwung, um sich als die wesentliche Sprache für die Systemmodellierung zu etablieren. Die erste Version 1.0 der Klassenbibliothek wurde im Jahr 2000 kostenfrei zur Verfügung gestellt. Während diese erste Version im Prinzip ein „Nachbau" der schon aus VHDL oder Verilog bekannten Mechanismen war, so wurde SystemC in der Version 2.0 (Veröffentlichung im Jahr 2002) weiterentwickelt, um eine abstraktere Modellierung auf System- oder Transaktionsebene zu ermöglichen. Darüber hinaus wurde ein so genanntes „Language Reference Manual" (LRM) geschrieben, welches die Grundlage für die Standardisierung von SystemC durch den IEEE im Jahr 2005 war (IEEE Standard 1666-2005 [23]). Im Jahr 2007 wurde die letzte Version 2.2 der Bibliothek veröffentlicht, welche den IEEE Standard 1666-2005 implementiert.

Neben den Arbeiten an der eigentlichen SystemC-Bibliothek entstanden bei der OSCI weitere Arbeitsgruppen, die sich um zusätzliche Aspekte im Zusammenhang mit SystemC kümmern. Zu nennen sind hier beispielsweise die Arbeitsgruppe „SystemC Synthesis", die sich um die Definition der synthesefähigen SystemC-Konstruktionen kümmert, die Arbeitsgruppe „SystemC Verification", die sich um Erweiterungen von SystemC für die Verifikation kümmert, und die Arbeitsgruppe „SystemC Analog/Mixed-Signal", die sich um die Modellierung von analogen oder gemischt analog/digitalen Systemen kümmert. Eine der wichtigsten Arbeitsgruppen für die Systemmodellierung ist „SystemC Transaction Level Modeling", in welcher eine weitere Klassenbibliothek für die Modellierung auf Transaktionsebene entwickelt wurde. Diese Bibliothek baut auf der eigentlichen SystemC-Bibliothek auf und fokussiert sich auf die effiziente Modellierung von On-Chip-Bussystemen und damit der Kommunikationseinrichtungen des Systems im Sinne der in den vorangegangenen Abschnitten besprochenen TLM-Methodik. Die erste Version wurde im Jahre 2005 als TLM 1.0 veröffentlicht und zur aktuellen Version TLM 2.0.1 aus dem Jahre 2009 weiterentwickelt; diese wird als TLM-2.0-Bibliothek bezeichnet. Begleitend dazu wurde auch ein „Language Reference Manual" geschrieben. Ein wesentliches Ziel dieser TLM-2.0-Bibliothek ist die so genannte „Interoperabilität": Die TLM-Schnittstellen der Komponenten sind so ausgelegt, dass Komponenten-Modelle von verschiedenen Herstellern problemlos zu einem Gesamtsystem verbunden werden können. Neben standardisierten Schnittstellen und Interface-Methoden definiert die TLM-2.0-Bibliothek auch ein Basisprotokoll für das Bussystem, welches erweiterbar ist. Ferner werden zwei Modellierungsstile für die Modellierung des Zeitverhaltens des Bussystems unterstützt, welche mit unterschiedlicher Genauigkeit hinsichtlich der Modellierung der einzelnen Bustransaktionen arbeiten. Neben der Interoperabilität war es insbesondere auch ein Ziel, eine möglichst hohe Leistungsfähigkeit in der Simulation von TLM-Modellen zu erzielen. Zwei weitere wesentliche Schritte in der Entwicklung des SystemC-Standards erfolgten im Jahr 2011: Zum einen vereinigten sich OSCI und

Accellera zur „Accellera Systems Initiative" [1], so dass die SystemC-Aktivitäten in dieser neuen Organisation weitergeführt werden. Die oben erwähnten SystemC-Arbeitsgruppen werden ebenfalls von Accellera weitergeführt und es ist nach wie vor möglich, die entsprechenden Dokumente und C++-Bibliotheken von der Website der Organisation herunterzuladen. Eine weitere wesentliche Neuerung besteht darin, dass es eine neue Version des SystemC-IEEE-Standards gibt (IEEE 1666-2011, [21]). Neben einigen wenigen neuen Mechanismen und Ergänzungen für SystemC wurde insbesondere das TLM-2.0-LRM in den Standard integriert, so dass TLM-2.0 nun Bestandteil des Standards IEEE 1666-2011 ist. Im Juli 2012 wurde daher die Version 2.3 der SystemC-Bibliothek veröffentlicht, die nun auch die TLM-2.0-Bibliothek enthält.

Wie wir schon im vorangegangenen Abschnitt ausgeführt haben, liegt der wesentliche Einsatzbereich von SystemC in der Systemmodellierung und – unter Verwendung der TLM-Bibliothek – in der Modellierung auf Transaktionsebene. Wie wir im Verlauf des Buches noch zeigen werden, kann man mit SystemC aber auch Modelle auf RT-Ebene schreiben und simulieren; dennoch ist die RTL-Modellierung eher die Domäne der „klassischen" Hardwarebeschreibungssprachen wie VHDL oder Verilog. SystemC bietet auf der anderen Seite, neben der Objektorientierung durch C++, eine Reihe von Mechanismen für die Modellierung auf System- und Transaktionsebene an, wie beispielsweise die Kanäle, welche in VHDL oder Verilog nicht vorhanden sind. SystemC ist also für die neuen ESL-Entwurfsverfahren, die sich eine stärkere Abstraktion zu Nutze machen, besser geeignet, als die traditionellen Hardwarebeschreibungssprachen. Der Fokus von SystemC liegt insbesondere auch darin, die Modellierung von virtuellen Prototypen des Systems zu ermöglichen, die eine deutlich höhere Simulationsleistung aufweisen als dies mit VHDL- oder Verilog-Modellen auf RT-Ebene möglich wäre. Obwohl zunächst die Simulation im Vordergrund steht, so sind doch zunehmend Ansätze erkennbar, SystemC-Modelle auf Transaktionsebene mit Hilfe von Synthesewerkzeugen anschließend automatisch in eine physikalische Implementierung umzusetzen.

1.5 Leistungsfähigkeit von Simulationsmodellen

Die Leistungsfähigkeit eines Simulationsmodells kann beurteilt und verglichen werden, indem man die Ausführungszeit der Simulation auf dem Computer misst. Da das Simulationsprogramm auf einem Computer mit einem Betriebssystem läuft, können neben dem Simulationsprogramm noch weitere Anwendungen oder Prozesse während der Messung ausgeführt werden. Man unterscheidet daher zwischen der Ausführungszeit, die zwischen Beginn und Ende der Simulation verstreicht (im Englischen als „elapsed time" oder „wall clock time" bezeichnet), und der Zeit, welche der Computer tatsächlich für das Simulationsprogramm benötigt (im Englischen als „CPU time" bezeichnet). Will man beispielsweise einen fairen Vergleich von verschiedenen Computern mit einem Benchmark-Programm durchführen, so sollte man die CPU-Zeit hierzu benutzen. Allerdings ist die Ermittlung der CPU-Zeit für den Anwender, je nach Betriebssystem, nicht immer ganz einfach. Für unsere Zwecke genügt es, wenn wir im Folgenden die Ausführungszeit als „elapsed time" betrachten. Wir bezeichnen diese gemessene Ausführungszeit mit T_A. Da wir ein Modell der Hardware simulieren, ist es für eine Beurteilung der Simulationsleistung auch wichtig, welche Dauer der Modellzeit oder der simulierten Zeit simuliert wird. Dies ist die Zeitdauer, welche die Hardware später tatsächlich für den simulierten Ablauf benötigen wird; wir bezeichnen diese Zeit mit T_S. Ein Maß für die Leistungsfähigkeit eines Simulationsmodells der Hardware könnte nun beispielsweise der Quotient T_A/T_S sein, wobei ein geringerer Wert eine höhere Simulationsleistung bedeutet. Beträgt dieser beispiels-weise $T_A/T_S = 100.000$, so bedeutet dies, dass wir für eine Sekunde simulierte Zeit eine Ausführungszeit von 100.000 s $= 27{,}8$ h benötigen.

Wie schon erwähnt wurde, hängt die Simulationsleistung vom Abstraktionsgrad des Modells ab. Je abstrakter und damit ungenauer das Modell ist, desto kleiner wird die Ausführungszeit T_A des Modells sein (bei gleicher simulierter Zeit T_S) und damit eine höhere Simulationsleis-tung erzielen. Für die Beurteilung der TL-Modellierungstechnik wird sehr häufig ein Vergleich zu einem entsprechenden RTL-Modell gezogen. Wie wir schon erwähnt haben, wird sowohl für die Simulation eines TL-Modells als auch eines RTL-Modells im Grunde der gleiche Simulati-onsalgorithmus benutzt – die diskrete, ereignisgesteuerte Simulation. Die Ausführungszeit T_A eines Simulationsmodells für einen solchen Simulator hängt dabei im Wesentlichen davon ab, wie viele Ereignisse in der zu simulierenden Zeit T_S auftreten. Ereignisse sind bei einem RTL-Modell Änderungen von Signalwerten (vgl. auch [18]). Wir können bei den zu simulierenden elektronischen Systemen davon ausgehen, dass diese synchron sind und im einfachsten Fall mit einem Takt mit einer Taktfrequenz f_c betrieben werden. Die Anzahl N der zu simulierenden Taktzyklen ist dabei durch $N = T_S \times f_c$ bestimmt. Bei einer Taktfrequenz von $f_c = 100$ MHz und einer simulierten Zeit von $T_S = 1$ s ergeben sich also 100 Millionen zu simulierende Taktzyklen. Wir können davon ausgehen, dass die Anzahl der Ereignisse und damit auch die Ausführungszeit eines RTL-Modells proportional zur Anzahl der Taktzyklen ist. Wenn wir also eine geringere Taktfrequenz von beispielsweise $f_c = 100$ kHz simulieren, so können wir davon ausgehen, dass die Ausführungszeit T_A – bei gleicher simulierter Zeit T_S – um einen Faktor 1000 niedriger sein wird, da wir eine um den gleichen Faktor geringere Anzahl von Taktzyklen simulieren müssen. Der Quotient T_A/T_S wird also kleiner – und damit die Simulationsleistung größer – wenn die simulierte Taktfrequenz des RTL-Modells verringert wird. Wenn wir also die Simulationsleistung über den Quotienten T_A/T_S beurteilen möchten, so sollten wir wissen für welche modellierte Taktfrequenz f_c dies ermittelt wurde.

$$P = f_{sim} = N/T_A = \frac{T_S}{T_A} \times f_c \qquad (1.1)$$

Man geht daher häufig dazu über, als Metrik für die Simulationsleistung P nach Gleichung 1.1 die Anzahl N der simulierten Taktzyklen pro Sekunde Ausführungszeit anzugeben. Wie man erkennen kann, handelt es sich auch um eine Frequenz und sie wird daher auch als *Simula-tionsfrequenz* f_{sim} bezeichnet. Die Einheit ist Hertz, sie wird im Englischen aber häufig als „cycles-per-second" (cycles/s oder „cps") angegeben, um sie von der Taktfrequenz des Systems zu unterscheiden. Wir geben die Simulationsfrequenz daher im Folgenden ebenfalls in Zyklen/s an. Die Simulationsfrequenz ist ein Charakteristikum für die Leistungsfähigkeit des Modells und sie ist unabhängig von der simulierten Taktfrequenz f_c und eignet sich daher gut für den Vergleich von Simulationsmodellen. Da aber $N = T_S \times f_c$ ist, können wir nach Gleichung 1.1 auch einen Zusammenhang zwischen Simulationsfrequenz, Taktfrequenz, Ausführungszeit und simulierter Zeit herstellen. Daraus lässt sich erkennen, dass gilt: $T_S/T_A = f_{sim}/f_c$. Das Verhältnis von simulierter Zeit zu Ausführungszeit entspricht also dem Verhältnis von Simulati-onsfrequenz zu simulierter Taktfrequenz. Bei einem RTL-Modell eines elektronischen Systems, wie es in Abbildung 1.1 zu sehen ist, kann man davon ausgehen, dass $f_{sim} \approx 1$ kZyklen/s ist und wir somit in einer Sekunde Ausführungszeit ungefähr tausend Taktzyklen simulieren können. Bei einer Taktfrequenz von beispielsweise $f_c = 100$ MHz und einer zu simulierenden Zeit von $T_S = 1$ s ergibt sich nach Gleichung 1.1 eine Ausführungszeit von $T_A = T_S \times \frac{f_c}{f_{sim}} = 100.000$ s $= 27,8$ h. Wir müssen also mehr als einen Tag warten, bis die Simulation beendet ist, da das Verhältnis von Ausführungszeit zu simulierter Zeit 100.000 beträgt. An diesem – durchaus realistischen – Zahlenbeispiel ist nochmals deutlich erkennbar, dass RTL-Modelle nicht sinnvoll als virtuelle Prototypen für die Entwicklung der Systemarchitektur oder die Entwicklung von Software eingesetzt werden können.

Mit Modellen auf Transaktionsebene können Simulationsfrequenzen von $f_{sim} \approx 1$ MZyklen/s und damit eine um den Faktor tausend höhere Simulationsleistung gegenüber RTL-Modellen erreicht werden. Somit verringert sich das Verhältnis von Ausführungszeit zu simulierter Zeit im obigen Zahlenbeispiel auf einen Wert von 100, so dass für eine Sekunde simulierter Zeit nur noch 100 Sekunden Ausführungszeit notwendig werden. Um hohe Simulationsleistungen für das Modell des Gesamtsystems erzielen zu können, müssen neben den TLM-Schnittstellen und TLM-Busmodellen auch die Komponentenmodelle im Hinblick auf die Ausführungszeiten optimiert werden. Dies betrifft in erster Linie die Modelle für die Mikroprozessoren, also die Instruktionssatzsimulatoren. Ein ISS muss den vom Compiler erzeugten Binärcode der Software ausführen. Dies kann beispielsweise dadurch erfolgen, dass man den Binärcode in einem C++-Modell des Prozessors interpretiert und die Befehle ausführt. Wesentlich höhere Simulationsleistungen können erzielt werden, indem man den Binärcode des zu simulierenden Prozessors in Befehle des Prozessors des Host-Rechners (beispielsweise ein x86-PC) während der Laufzeit übersetzt (engl.: dynamic binary translation, siehe beispielsweise [31]). In Verbindung mit leistungsfähigen Host-Rechnern können damit für 32-Bit RISC-Prozessormodelle Ausführungszeiten erreicht werden, welche in der Größenordnung der simulierten Zeit liegen oder sogar noch darunter. Die Modelle weisen Simulationsfrequenzen von einigen hundert MZyklen/s auf.

Um solche extrem hohen Simulationsleistungen für das Gesamtsystem zu erzielen, ist es bei einem Modell eines eingebetteten Systems, welches typischerweise auch sehr viele Peripherieeinheiten aufweist, auch notwendig, die Simulationsleistung der Peripherie-Modelle zu optimieren. Hierzu sollte man sich von zyklengenauen Modellen, wie sie für die RTL-Modellierung typisch sind, lösen und versuchen, die zeitlichen Abläufe abstrakter zu modellieren. Je nach Funktionalität einer Peripherieeinheit wird man aber möglicherweise um eine genauere zeitliche Modellierung, die nahe an einer Zyklengenauigkeit ist, nicht herumkommen. Es hängt daher auch von der Funktionalität des Modells ab, welche Simulationsleistungen erzielt werden können. Darüber hinaus muss auch auf eine effiziente Codierung der SystemC/C++-Modelle und eine optimierte Compilierung geachtet werden.

1.6 Bussysteme für SOCs

Wie wir schon in den vorangegangenen Abschnitten erwähnt haben, zielt die TL-Modellierung mit der SystemC-TLM-2.0-Bibliothek im Wesentlichen darauf ab, SOC-Bussysteme effizient und interoperabel modellieren zu können. Wir werden im Verlauf des Buches auf die TL-Modellierung mit der TLM-2.0-Bibliothek noch genauer eingehen. Aus diesem Grund möchten wir an dieser Stelle schon einige wesentliche Merkmale von SOC-Bussystemen darstellen, die wir für das Verständnis der TLM-2.0-Bibliothek benötigen. Die Erläuterungen illustrieren wir anhand des AMBA-Bussystems, welches von der Firma ARM entwickelt wurde und die typischen Eigenschaften eines SOC-Bussystems aufweist. Die sehr gut lesbare und verständli-

che Dokumentation des AMBA-Bussystems [4] kann von der Website der Firma ARM bezogen werden [5]; wir können an dieser Stelle keine vollständige Beschreibung des AMBA-
Bussystems geben.

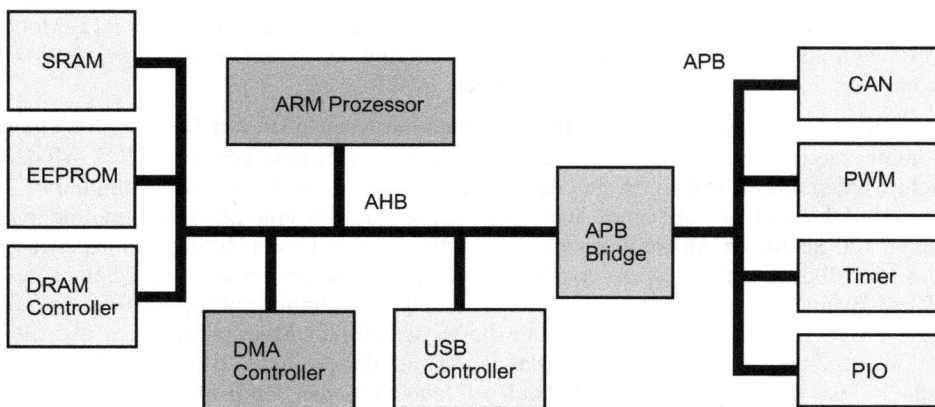

Abb. 1.6: *Beispiel für ein Prozessorsystem mit AMBA-Bussystem, bestehend aus AHB-Systembus und APB-Peripheriebus.*

Das Akronym AMBA steht für „Advanced Microcontroller Bus Architecture" und der AMBA-
Bus wurde von der Firma ARM entwickelt, um Systeme mit ARM-Mikroprozessoren aufbau-
en zu können. Das Bussystem ist auf SOCs zugeschnitten und daher ein typisches On-Chip-
Bussystem. Viele Merkmale des AMBA-Bussystems wurden jedoch von Off-Chip-Bussys-
temen übernommen, wie beispielsweise dem aus den PCs bekannten PCI-Bussystem (Peripheral Component Interconnect).

Die AMBA-Spezifikation mit der Versionsnummer 2.0 aus dem Jahr 1999 [4] spezifiziert drei
Teilbussysteme: AHB (Advanced High-performance Bus), ASB (Advanced System Bus) und
APB (Advanced Peripheral Bus). Bei allen drei Teilbussen handelt es sich um synchrone Bus-
systeme, so dass die Transaktionen auf den Bussen synchron zu einem Bustakt stattfinden.
Ferner handelt es sich um so genannte „Shared-Bus"-Systeme, so dass pro Zeitschritt genau
eine Transaktion auf dem gemeinsamen Busmedium stattfinden kann. Da solche Systeme nur
eine vergleichsweise geringe Busbandbreite aufweisen, wurden in späteren Erweiterungen des
AMBA-Systems mit dem „Multi-Layer AHB" und dem AXI-Protokoll (Advanced eXtensible
Interface) die möglichen Bandbreiten erhöht. Wir werden darauf nicht eingehen, sondern beschränken uns auf die Diskussion des AHB-Busses.

Eine typische Konfiguration eines Systems mit dem AMBA-Bus zeigt Abbildung 1.6: Das gesamte Bussystem wird hier in die beiden Teilbusse AHB und APB aufgeteilt. Über den schnellen AHB-Systembus wird der ARM-Prozessor mit den On-Chip- und Off-Chip-Speichern sowie schnellen Peripherieeinheiten verbunden; langsamere Peripherieeinheiten werden über den
APB-Bus und eine so genannte „Bridge" mit dem AHB-Bus verbunden. Lese- oder Schreib-
Transaktionen auf dem Bus können nur von einem Master ausgeführt werden, wobei ein Master
durch eine Adresse einen Slave anspricht. Das AMBA-System ist speziell für 32-Bit-RISC-
Prozessoren entwickelt worden, bei denen die Adressbreite 32 Bit beträgt und somit maximal

2^{32} Byte = 4 GB adressiert werden können. Die Adressen der Peripherieeinheiten liegen im Adressraum des Hauptspeichers (so genanntes „memory mapped I/O"). Die Datenbreite des Busses ist typischerweise ebenfalls 32 Bit, diese kann jedoch für eine höhere Busbandbreite erhöht werden.

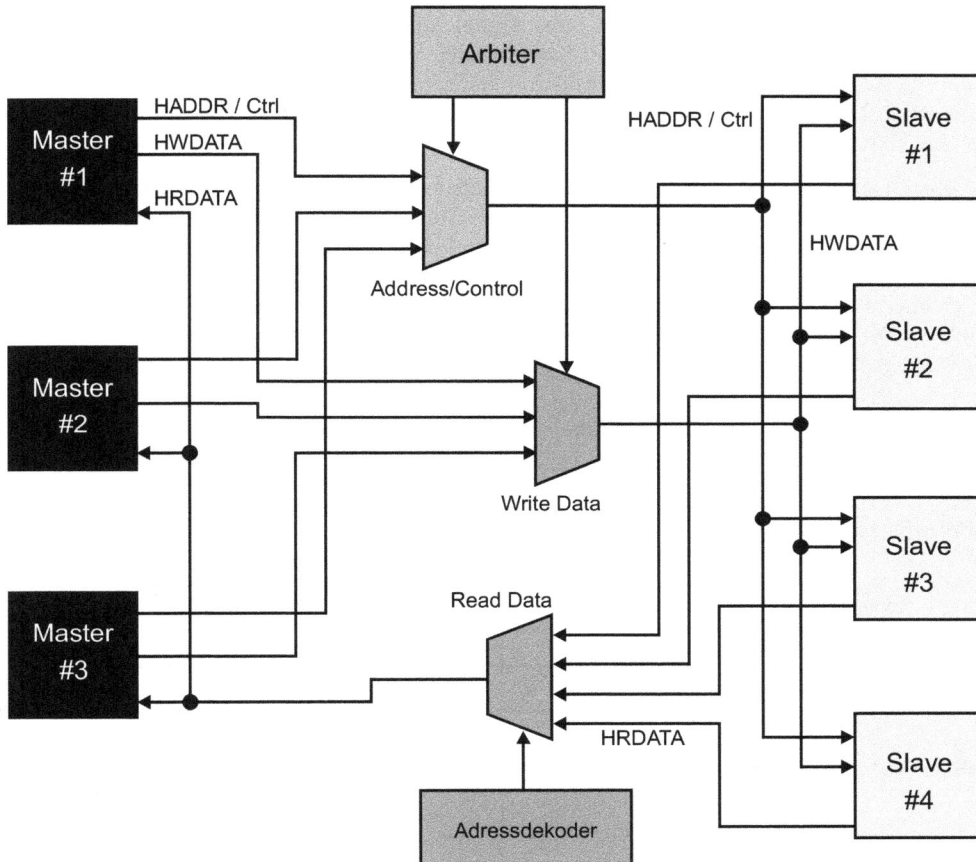

Abb. 1.7: AHB-Bussystem. Die Abbildung zeigt schematisch die Multiplexer-Struktur des Bussystems (Quelle: ARM [4]). Die Adressen (HADDR) und Steuersignale (Ctrl) sowie die Schreibdaten (HWDATA) müssen über entsprechende Multiplexer, welche vom Arbiter gesteuert werden, auf die Slaves aufgeschaltet werden. Die Lesedaten (HRDATA) müssen über Multiplexer auf den Master aufgeschaltet werden. Die Abbildung zeigt nicht alle notwendigen Signale des AMBA-Busses, insbesondere nicht die einzelnen Steuersignale.

Der AHB-Bus ist ein so genannter „Multi-Master"-Bus; dies bedeutet, dass mehr als nur ein Master Transaktionen initiieren kann. Im Beispiel von Abbildung 1.6 wäre beispielsweise eine DMA-Einheit (DMA: Direct Memory Access) als zweiter Bus-Master vorhanden. Für die Verwaltung mehrerer Master wird ein so genannter „Arbiter" (dt.: Schiedsrichter) benötigt, welcher aus den Transaktionsanforderungen der verschiedenen Master den Master bestimmt, welcher als nächstes den Zugriff auf den Bus erhält. Während Off-Chip-Bussysteme in der Regel als „Tristate-Busse" implementiert werden, so werden On-Chip-Bussystemen zumeist als so genannte „Multiplexer-Busse" ausgelegt. Abbildung 1.7 zeigt die Multiplexer-Struktur des AHB-Busses. Die einzelnen Bus-Master treiben ihre Adress- und Steuersignale und signalisieren dem Arbiter ihren Transaktionswunsch. Der Arbiter wählt einen Master aus und steuert die Multiplexer, so dass die Adressen, die Steuersignale und die vom Master zu schreibenden Daten auf die Slaves aufgeschaltet werden. Ein zentraler Adressdekoder dekodiert die vom Master gelieferte Adresse für die aktuelle Transaktion und erzeugt für den zugehörigen Slave ein Auswahlsignal. Des Weiteren steuert der Adressdekoder auch die Multiplexer, um die Lesedaten auf den Master aufzuschalten.

Bei einer Transaktion können Daten in verschiedenen Größen übertragen werden, üblicherweise 1, 2 oder 4 Byte; dies wird durch entsprechende Steuersignale vom Master angezeigt. Neben einzelnen Transaktionen (engl.: single transfer) auf dem Bus ist es auch möglich, eine Folge von Transaktionen mit aufeinander folgenden Adressen durchzuführen; dies wird als „Burst" bezeichnet. Ein Burst besteht wiederum aus Einzel-Transaktionen, diese werden als „Beat" bezeichnet. Die Adresse des nächsten Beats wird aus der Adresse des vorhergehenden Beats plus der Datengröße berechnet. Der AHB-Bus lässt Bursts zu, die aus 4, 8 oder 16 Beats bestehen.

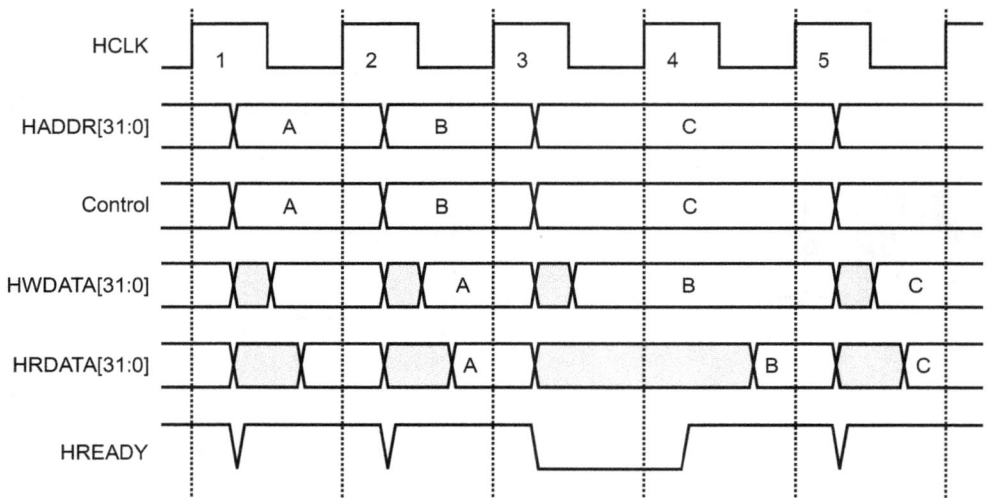

Abb. 1.8: *Timing-Diagramm für Einzel-Transaktionen auf dem AHB-Bussystem (vgl. auch [4]). Die Abbildung zeigt drei Transaktionen für die Adressen A, B und C. Für jede Transaktion sind jeweils die beiden Fälle einer Schreib- und einer Lesetransaktion im gleichen Diagramm gezeigt mit den zugehörigen Steuersignalen (Control) sowie den Schreib- (HWDATA) und Lesedaten (HRDATA). In einer realen Transaktion findet entweder eine Schreib- oder eine Lesetransaktion statt; dies wird durch die Steuersignale angezeigt. In den grauen Bereichen liegen keine gültigen Daten vor. Bei der Transaktion B wird vom Slave durch deaktivieren des HREADY-Signals ein „Wait-State" eingefügt.*

Abbildung 1.8 zeigt eine Folge von drei Einzel-Transaktionen auf dem AHB-Bus. Grundsätzlich übernehmen sowohl die Master als auch die Slaves Daten mit der steigenden Taktflanke des Taktes HCLK. Der Bus arbeitet also wie eine synchrone Schaltung, wobei die steigende

Flanke die aktive Taktflanke ist. Die Einzel-Transaktionen oder die Beats eines Bursts werden so durchgeführt, dass sie mit der so genannten „Adress-Phase" beginnen. In dieser Phase treibt der Master, welchem der Bus zugeteilt wurde, die Adresse und die entsprechenden Steuersignale nach der steigenden Taktflanke auf den Bus. Mit der nächsten steigenden Taktflanke muss der adressierte Slave die Adresse und die Steuersignale speichern. Im auf die Adress-Phase folgenden Taktzyklus beginnt die Daten-Phase der Transaktion. Handelt es sich um eine Schreib-Transaktion, so muss der Master nun die zu schreibenden Daten auf den Bus legen, welche der Slave mit der nächsten Taktflanke übernehmen kann. Im Fall einer Lese-Transaktion wird der Slave die vom Master zu lesenden Daten so auf den Bus legen, dass der Master diese mit der nächsten Taktflanke übernehmen kann. Der Slave zeigt durch das HREADY-Signal an, dass er die zu schreibenden Daten übernommen hat oder dass die zu lesenden Daten gültig sind.

Der AHB-Bus implementiert ein so genanntes „Pipelining", um einen höheren Durchsatz zu erzielen. Dies bedeutet, dass die Adress-Phase der folgenden Transaktion sich mit der Daten-Phase der vorhergehenden Transaktion überlappt. Dieses Pipelining ist in Abbildung 1.8 anhand der drei Transaktionen gezeigt; wir identifizieren diese Transaktionen durch ihre (beliebigen) Adressen A, B und C. Im Taktzyklus 1 findet die Adress-Phase der Transaktion A statt. Taktzyklus 2 ist daher die Daten-Phase von Transaktion A und gleichzeitig auch die Adress-Phase von Transaktion B. Durch dieses Überlappen von Adress- und Daten-Phase kann ein Taktzyklus eingespart werden. Grundsätzlich ist es möglich, dass ein Slave nicht in der Lage ist, innerhalb von einem Taktzyklus Daten zu übernehmen oder Daten zu liefern. In diesem Fall hat der Slave die Möglichkeit, die Daten-Phase durch deaktivieren des HREADY-Signals zu verlängern. Dies wird als so genannter „Wait-State" bezeichnet. Abbildung 1.8 zeigt diesen Fall für die Transaktion B: Der Slave deaktiviert im Taktzyklus 3 das HREADY-Signal und signalisiert so dem Master, dass er nicht in der Lage ist, die Daten-Phase von Transaktion B in diesem Taktzyklus zu beenden. Daraufhin muss nun der Master seinerseits die Adress-Phase von Transaktion C verlängern, bis der Slave im Taktzyklus 4 das HREADY-Signal aktiviert und somit dem Master das Ende der Daten-Phase von Transaktion B signalisiert. Der Master kann nun in Taktzyklus 5 die nächste Transaktion beginnen. Der Slave beendet die Daten-Phase von Transaktion C ohne „Wait-State".

Die Spezifikation [4] des AMBA-Busses definiert das so genannte „Busprotokoll". Wir konnten hier nur ansatzweise in aller Kürze einige grundlegende Regeln für die Durchführung von Transaktionen beschreiben; das gesamte Spezifikationsdokument umfasst 230 Seiten. Eine entsprechende Busschnittstelle für einen Master oder einen Slave muss die Protokoll-Regeln in entsprechender Hardware implementieren. Der eigentliche Bus besteht dann gemäß Abbildung 1.7 aus den Multiplexer-Strukturen, dem Arbiter und dem Adressdekoder, für welche ebenfalls Hardware zu implementieren ist. Für die Busschnittstellen und die Bus-Hardware werden daher entsprechende IP-Blöcke angeboten, so dass diese vom Anwender in der Regel nicht selbst entwickelt werden müssen.

1.7   Ziele und Aufbau des Buches

SystemC ist auf dem Weg, eine wesentliche Rolle im ESL-Design und in der Modellierung von elektronischen Systemen zu spielen. Wichtig für die Verbreitung von SystemC ist auch die Schulung von Entwicklern in der Industrie und von Studierenden an Hochschulen. Die erwähnte Methodik der Hardwareentwicklung auf RT-Ebene mit VHDL oder Verilog ist in der Industrie und auch in der Hochschulausbildung weit verbreitet – dies gilt aber nicht im gleichen Maße für SystemC und die Modellierung auf Transaktionsebene. Insbesondere die TL-Modellierung hat erst in jüngster Zeit Eingang in die Standardisierung gefunden. Es handelt sich also um ein recht neues Thema, welches ein gewisses Umdenken gegenüber der Entwicklung mit VHDL oder Verilog erfordert. Das vorliegende Buch setzt sich zum Ziel, eine verständliche Einführung in die Modellierung von digitalen Systemen mit SystemC nach dem IEEE Standard 1666-2011 zu geben. Ein spezieller Fokus soll dabei auf der stärkeren Abstraktion bei der Modellierung der Hardware auf Transaktionsebene liegen. Das vorliegende Buch ist allerdings kein Buch über die schon angesprochene ESL-Designmethodik. Im Fokus des Buches stehen die *Modellierung* auf Transaktionsebene und auch auf RT-Ebene mit SystemC und die *Simulation* dieser Modelle. Die in den vorangegangenen Abschnitten angesprochenen Entwurfswerkzeuge, wie High-Level-Synthese, und die Entwurfsmethodik des ESL-Design bleibt anderen Büchern vorbehalten. Ebenso werden wir auch nicht das Thema Verifikation und die SCV-Bibliothek für SystemC oder das Thema SystemC-AMS behandeln.

Das Buch soll in erster Linie ein Lehrbuch für SystemC sein, verbunden mit einer Einführung in den IEEE Standard 1666-2011. Erfahrungsgemäß lernt man am besten anhand von Beispielen, wobei die Beispiele einfach genug sein müssen, um verständlich zu sein. Wir werden daher die Modellierungstechniken von SystemC anhand von vielen Code-Beispielen illustrieren, die überschaubar und nachvollziehbar sind. Ein Lehrbuch muss in erster Linie gut verständlich sein und dem Leser einen anregenden Einstieg in ein neues Thema bieten. Man sollte sich auf die zentralen und möglicherweise auch schwierig zu verstehenden Probleme konzentrieren und auf nebensächliche Themen für einen besseren Überblick eher verzichten. Es ist daher eine schwierige Gratwanderung für ein Lehrbuch, auch gleichzeitig noch ein vollständiges Nachschlagewerk zu sein. Da der IEEE-Standard 1666-2011 (siehe [21]) selbst schon über 600 Seiten umfasst, ist es verständlich, dass dieses Buch – bei begrenztem Seitenumfang – nicht den kompletten Standard ausführlich darstellen und damit ein vollständiges Nachschlagewerk sein kann. Das Ziel war es, die aus Sicht des Autors wesentlichen Mechanismen der SystemC- und der TLM-2.0-Bibliothek detailliert und verständlich zu behandeln. Mit diesem erworbenen Wissen sollte es dem Leser möglich sein, anhand von zusätzlichem Material auch die nicht behandelten Inhalte der Bibliotheken zu verstehen. Empfehlenswert ist in diesem Zusammenhang beispielsweise die Doulos-Website [17]. Ferner kann auch das IEEE-Standard-Dokument zum 1666-Standard [21] als Nachschlagewerk und Referenz benutzt werden; es war dem Autor beim Schreiben des Buches auch häufig eine wertvolle Hilfe. Das Dokument kann über die Accellera-Website [1] bezogen werden.

Idealerweise bringt der Leser dieses Buches ein gewisses Verständnis für den „klassischen" Entwurf von digitalen Systemen mit VHDL oder Verilog mit (siehe beispielsweise [18]). Ferner wäre es sinnvoll, wenn Programmierkenntnisse in C++ vorhanden wären. Für den Lernerfolg wichtig ist es, dass der Leser SystemC auch von der praktischen Seite kennen lernt. Es ist empfehlenswert, die Beispiele begleitend zur Lektüre zu kompilieren und zu simulieren und dann auch zu verändern oder zu erweitern. Ferner sind am Ende der Kapitel Kontrollfragen und

Übungsaufgaben angegeben, die der Überprüfung des Wissenstandes und der praktischen Arbeit mit SystemC dienen. Einige Quellcodes in den Beispielen wurden aus Platzgründen auf die wesentlichen Zeilen gekürzt; die vollständigen Quellcodes der Beispiele sowie die Lösungen der Übungsaufgaben können vom Autor oder über die Website des Verlags bezogen werden. In den im Buch abgedruckten Quellcode-Listings ist jeweils vermerkt, in welcher Datei der Quellcode zu finden ist.

Für die Simulation der Beispiele benutzen wir den in der SystemC-Bibliothek vorhandenen Simulator – außer einem C-Compiler werden keine weiteren Werkzeuge benötigt. Die Beispiele wurden mit Visual Studio 2008 unter Windows XP bzw. Windows 7 entwickelt; eine Anleitung für die Einrichtung von SystemC-Projekten und der Installation der Bibliotheken findet sich im Anhang des Buches. Wir gehen davon aus, dass die Beispiele auch unter Linux mit einem GNU-C++-Compiler übersetzt werden können, obgleich wir dies nicht geprüft haben. Eine Anleitung, wie die SystemC-Bibliotheken unter Linux installiert werden können findet sich in der Dokumentation der Bibliotheken. SystemC-Modelle können auch von speziellen Simulationswerkzeugen, wie beispielsweise „Modelsim" von Mentor Graphics, ausgeführt werden. Obgleich dies vom Autor mit einzelnen Beispielen getestet wurde, so haben wir eine entsprechende Anleitung nicht in das Buch aufgenommen. Hierzu sei auf die Dokumentation der Werkzeuge verwiesen.

Da die Entwicklung von SystemC-Modellen bedeutet, in C++ zu programmieren, geben wir im zweiten Kapitel eine Zusammenfassung der wichtigsten Konstruktionen von C++, die für die Programmierung mit den SystemC-Bibliotheken wichtig sind. Dies ist zunächst das zentrale Konzept der Klassen und Objekte in der objektorientierten Programmierung und wie dies in C++ realisiert ist. Anschließend stellen wir die Strukturierung des Codes durch einen hierarchischen Klassenaufbau vor und stellen dem das Konzept der Vererbung in C++ gegenüber. Neben der Instanzierung von Objekten zur Laufzeit besprechen wir dann die virtuellen Funktionen und abstrakten Basisklassen; dies ist insbesondere eine wichtige Grundlage für die Modellierung auf Transaktionsebene. Schließlich werden noch Template-Klassen und die Übergabe von Funktionsargumenten durch Referenzen behandelt; von letzterem wird ebenfalls in TLM regen Gebrauch gemacht. Die Leser, welche über solide C++-Kenntnisse verfügen, können dieses Kapitel überspringen. Für Leser, die über wenige oder keine C++-Kenntnisse verfügen, kann das Kapitel eine Übersicht liefern, welche Kenntnisse für das Verständnis der folgenden Kapitel benötigt werden. Das zweite Kapitel kann natürlich kein C++-Lehrbuch ersetzen. Sollte der Leser über keine C++-Kenntnisse verfügen, so wäre zunächst das Erlernen von C++ sinnvoll, beispielsweise mit entsprechenden Lehrbüchern ([10], [20] oder [25]).

Obgleich die Schwerpunkte von SystemC eher in der Transaction-Level- oder System-Modellierung liegen, kann SystemC auch für die Modellierung auf Register-Transfer-Ebene genutzt werden und damit wie eine „klassische" Hardwarebeschreibungssprache. Als Einstieg in SystemC haben wir daher im dritten Kapitel die Modellierung auf RT-Ebene gewählt, so dass sich der in VHDL oder Verilog erfahrene Leser zunächst auf vertrautem Terrain bewegen kann und sich mit dem C++-Wissen aus dem zweiten Kapitel leicht zurecht finden können sollte. Für Leser, die noch keine Erfahrungen in der RTL-Modellierung haben, sollte dieses Kapitel eine Übersicht darüber liefern können. Wir geben in diesem Kapitel auch einen Überblick über die SystemC-Bibliothek und zeigen dann, vergleichend zu einem VHDL-Modell, die RTL-Modellierung mit SystemC. Anschließend werden wir die wesentlichen Konstruktionen für die RTL-Modellierung wie Module, Prozesse, Ports und Signale noch etwas ausführlicher diskutieren. Wir zeigen auch anhand von Beispielen, was neben dem SystemC-Modell noch benötigt wird, um das Modell simulieren zu können. Dabei diskutieren wir auch die Modellierung der Zeit und wie wir Simulationsergebnisse betrachten können. Das Kapitel schließt dann mit einer Darstellung der von SystemC bereitgestellten „hardwarenahen" Datentypen.

Im vierten Kapitel werden wir die SystemC-Ports, welche in der RTL-Modellierung der Verbindung von Modulen über Signale dienen, etwas genauer betrachten. Die Kanäle stellen eine Verallgemeinerung der auch aus VHDL oder Verilog bekannten Signale dar. Wir werden daher in diesem Kapitel die primitiven und hierarchischen Kanäle einführen und zeigen, was unter der Bindung von Ports und Kanälen zu verstehen ist. Sind Ports und Kanäle gebunden, so können aus einem Modul heraus über den Port so genannte Interface-Methoden des Kanals aufgerufen werden. Mit Hilfe dieser Interface-Methoden können dann beispielsweise Daten vom Modul an den Kanal übertragen werden. Die Mechanik der Ports mit ihren „Interfaces" und den Bindungen an die Kanäle führt über das hinaus, was aus VHDL oder Verilog bekannt ist und ist auch eine wesentliche Grundlage für die Transaction-Level-Modellierung. Wir verlassen daher im vierten Kapitel schon die RT-Ebene, so dass auch die Beispiele schon deutlich abstrakter sein werden als im dritten Kapitel. Ergänzend werden auch hierarchische und mehrfache Bindungen und die für hierarchische Bindungen notwendigen Exports besprochen.

Um fehlerfreie SystemC-Modelle schreiben zu können, ist ein Verständnis der Arbeitsweise des SystemC-Simulators unerlässlich. Dies gilt sowohl für RTL-Modelle und in noch stärkerem Maß für Transaction-Level-Modelle. Der SystemC-Simulator ist die zentrale Instanz, welche für die Ausführung der Prozesse verantwortlich ist. Wir möchten daher im fünften Kapitel den Simulationsalgorithmus und die damit zusammenhängenden Mechanismen darstellen. In diesem Kontext sollen dann auch die verschiedenen Möglichkeiten der Steuerung der Prozessausführung durch statische oder dynamische Sensitivitäten und mit Hilfe von Ereignisobjekten besprochen werden. Für die Ereignisobjekte gibt es keine Entsprechung in der RTL-Modellierung mit VHDL oder Verilog, dort sind Ereignisse immer an Signale gebunden. Die Ereignisobjekte werden im Wesentlichen für die abstraktere Modellierung auf Transaktions- und Systemebene benötigt, da man dort keine Signale mehr benutzt. Spezielle Themen im Zusammenhang mit der Simulation und der Ausführung von Prozessen sind „Event Finder", „Event Queues" oder dynamische Prozesse. Des Weiteren ist es für den Anwender möglich, so genannte „Callback-Funktionen" zu schreiben, welche vom Simulator aufgerufen werden. Die Ausgabe von Fehler- und Diagnosemeldungen kann mit dem SystemC-Report-Handler erfolgen, welcher in diesem Kapitel ebenfalls besprochen wird.

Das sechste Kapitel beschäftigt sich mit den Grundlagen der Transaction-Level-Modellierung. Wir werden zunächst, ohne Benutzung der TLM-2.0-Bibliothek, anhand der Modellierung eines einfachen Bussystems zeigen, was die TL-Modellierung im Wesentlichen von der RTL-Modellierung unterscheidet. Anschließend geben wir eine Übersicht über die TLM-2.0-Bibliothek. Der Kern dieser Bibliothek besteht aus den Sockets, die eine Erweiterung der Ports darstellen, und zugehörigen Interface-Methoden. Durch Bindung von Sockets von Modulen oder Kanälen können wiederum die Interface-Methoden über die Sockets aufgerufen werden. Für den Transport von Daten bei der Modellierung von Bustransaktionen wird den Interface-Methoden ein so genanntes Transaktionsobjekt übergeben. Neben den zu transportierenden Daten sind in diesem Transaktionsobjekt weitere Merkmale der Transaktion gespeichert, wie beispielsweise die Startadresse oder die Datenlänge. Wir stellen in diesem Kapitel die Sockets und die Interface-Methoden sowie das Transaktionsobjekt der TLM-2.0-Bibliothek vor. Anhand eines einfachen Beispielsystems, bestehend aus einem Mikroprozessor, Speicher und einer Peripherieeinheit zeigen wir den praktischen Einsatz der TLM-2.0-Bibliothek. Ferner wird gezeigt, wie man die Simulationsleistung ermitteln kann.

Im siebten Kapitel gehen wir genauer auf die Modellierung der zeitlichen Abläufe auf der Transaktionsebene ein. In der TLM-2.0-Bibliothek werden hierzu die beiden Modellierungstile „Loosely-Timed" (LT) und „Approximately-Timed" (AT) vorgeschlagen. Der LT-Stil, den wir als ersten besprechen, modelliert den zeitlichen Ablauf einer Transaktion sehr einfach und ermöglicht eine zeitliche Entkopplung von Prozessen, so dass eine höhere Simulationsleistung erzielt werden kann. Mit dem AT-Stil kann der zeitliche Ablauf von Transaktionen genauer modelliert werden, so dass beispielsweise auch das im Abschnitt 1.6 angesprochene Pipelining modelliert werden kann. Allerdings erfordert der AT-Stil einen höheren Simulationsaufwand. Im Zusammenhang mit dem AT-Stil werden wir noch die Verwendung eines „Memory-Managers" für die Transaktionsobjekte und von „Payload Event Queues" besprechen.

Noch ein Hinweis zum Schluss: Obgleich dieses Buch in deutscher Sprache geschrieben ist, benutzen wir für viele Begriffe die englischen Bezeichnungen. Zum einen lassen sich viele technische Begriffe nur sperrig in die deutsche Sprache übersetzen und zum anderen ist dann im Vergleich mit der umfangreichen englischsprachigen Literatur eher klar, was gemeint ist.

2 C++-Grundlagen

Wie im vorangegangenen Kapitel erläutert wurde, ist SystemC eine Klassenbibliothek für die Programmiersprache C++. Obwohl wir für die Arbeit mit dem Buch entsprechende Programmierkenntnisse in C++ voraussetzen, wollen wir in diesem Kapitel einige wesentliche Konstruktionen von C++ besprechen, welche wir in den folgenden Kapiteln für die SystemC-Beispiele benötigen werden. Da wir dieses Kapitel aus Platzgründen knapp halten müssen, kann es naturgemäß keine vollständige und tiefgehende Einführung in C++ sein. Zu C++ gibt es eine Fülle von Büchern und Internetseiten, wir verweisen hier beispielsweise auf [10], [20], [25] oder [6].

Die folgenden Abschnitte besprechen zunächst das zentrale Konzept der Klassen und Objekte aus der objektorientierten Programmierung und wie dies in C++ realisiert ist. Anschließend stellen wir die Strukturierung des Codes durch einen hierarchischen Klassenaufbau vor und stellen dem das Konzept der Vererbung in C++ gegenüber. Neben der Instanzierung von Objekten zur Laufzeit besprechen wir dann die virtuellen Funktionen und abstrakten Basisklassen. Schließlich werden noch Template-Klassen und die Übergabe von Funktionsargumenten durch Referenzen behandelt. Wir werden dabei die wichtigsten Zusammenhänge immer anhand von Beispielen erklären, welche schon auf die Modellierung von Hardware hinführen und unter anderem zeigen sollen, wie man die Objektorientierung von C++ für die Strukturierung eines Hardware-Modells benutzen kann. Für die Quellcodes in diesem und den folgenden Kapiteln benutzen wir einen möglichst einfachen Kodierstil, welcher im Anhang A.1 erläutert ist.

2.1 Klassen und Objekte

Wer sich schon mit der Modellierung von Hardware mit einer Hardwarebeschreibungssprache (engl.: *Hardware Description Language*, HDL), wie z.B. VHDL [18], beschäftigt hat, der weiß, dass ein Hardwaremodell hierarchisch aus Komponenten aufgebaut wird. Jede Komponente weist dabei eine Schnittstelle nach außen auf; in VHDL ist dies die so genannte „Entity" [18]. Dabei ist das „Innenleben" der Komponente – in VHDL die so genannte „Architecture" – von außen nicht zugänglich.

In der objektorientierten Programmierung (OOP) verfolgt man ein ähnliches Ziel, wie bei der Hardwaremodellierung mit HDLs. Eine wesentliche Idee der OOP ist es, Daten und Funktionen in einer gemeinsamen Datenstruktur, der so genannten *Klasse*, zusammenzufassen [10, 20]. In C++ ist es auch tatsächlich so, dass die aus C bekannten Strukturen („struct", [10]) so erweitert wurden, dass nicht nur Variablen unterschiedlichen Datentyps Elemente einer Struktur sein können, sondern auch Funktionen. In der Regel kann auf die Variablen einer Klasse – diese werden auch als „Member-Variablen", „Element-Variablen" oder „Attribute" bezeichnet – von außen nicht zugegriffen werden; sie sind durch Voreinstellung oder durch das Schlüsselwort „private" geschützt.

Für den Zugriff auf die geschützten Element-Variablen werden mit dem Schlüsselwort „public" *öffentliche* Funktionen definiert; sie werden auch als „Member-Funktionen", „Element-Funktionen" oder *Methoden* bezeichnet. Diese Methoden stellen die *Schnittstelle* oder das *Interface* der Klasse dar und wären nun vergleichbar mit der „Entity" in VHDL, wo der Zugriff auf das ebenfalls geschützte „Innenleben" der Architecture über die „Ports" erfolgt [18]. Der Anwender einer Klasse muss sich daher nicht um den inneren Aufbau der Klasse, insbesondere der Datenstruktur und der Implementierung der Funktionen oder Methoden, kümmern, sondern erhält durch die Funktionsaufrufe eine definierte Schnittstelle. Dies wird auch als *Datenkapselung* bezeichnet.

Man spricht bei einer Klasse in der OOP von einem so genannten *abstrakten Datentyp* (ADT). Eine Klasse ist also wie die Definition eines neuen Datentyps zu sehen. Bildet man nun eine „Variable" einer solchen Klasse, so spricht man von einem *Objekt*. Dieser Vorgang wird auch als *Instanzierung* (auch „Instantiierung") bezeichnet und ein Objekt ist also eine *Instanz* einer Klasse. In Listing 2.1 ist ein erstes Beispiel einer Klassendefinition gezeigt.

Listing 2.1: Beispiel Zähler (Datei „k2b1counter.h")

```
 1  class Counter {
 2     int value;
 3  public:
 4     void reset() { value = 0;}
 5     void inc() { value++;}
 6     int read() { return value;}
 7
 8     Counter() {
 9       cout <<"Standard constructor of class Counter"<<endl;
10       value = 0;
11     }
12     Counter(int arg){
13       value = arg;
14       cout <<"Advanced constructor of class Counter"<<endl;
15     }
16  };
```

Mit dem Schlüsselwort **class** wird eine Klasse Counter definiert. Die Voreinstellung ist „private" und daher ist die Element-Variable value geschützt. Der Zugriff auf diese Variable erfolgt über die Methoden reset(), inc() und read(). Die Methode reset() setzt die Variable auf 0 zurück. Die Methode inc() inkrementiert die Variable und die Methode read() gibt den Wert der Variablen zurück. Mit dieser Klasse haben wir also einen Zähler beschrieben, der sich rücksetzen und inkrementieren lässt und dessen Wert ausgelesen werden kann. Im Übrigen kann eine C++-Klasse auch mit dem Schlüsselwort **struct** statt **class** deklariert werden. Der einzige Unterschied besteht darin, dass dann die Voreinstellung „public" ist und nicht „private".

Von Interesse sind noch die beiden Funktionen, welchen den gleichen Namen wie die Klasse selbst tragen. Es handelt sich hierbei um den so genannten *Konstruktor* der Klasse. Dies ist eine spezielle Funktion, welche bei der Instanzierung des Objektes aufgerufen wird. Er dient hauptsächlich der Initialisierung von Member-Variablen; in unserem Beispiel ist dies die Variable value. Der Konstruktor muss den gleichen Namen wie die Klasse tragen und liefert kein Ergebnis zurück – was eine Funktion normalerweise tut. Allerdings ist die Übergabe von Argumenten möglich. Wir können auf diesem Weg im zweiten Konstruktor unseres Beispiels einen Wert übergeben, mit dem die Variable `value` gesetzt wird. Wenn vom Programmierer kein Konstruktor angelegt wird, so implementiert der Compiler einen so genannten *Standard-konstruktor* (engl.: default constructor), der keine Argumente hat.

In unserem Beispiel existieren sogar zwei Konstruktoren für die Klasse. Dies ist in C++ zulässig und wird als *Überladen* bezeichnet [10, 20]. Der Compiler kann dann bei der Instanzierung des jeweiligen Objekts aufgrund der unterschiedlichen Argumentliste feststellen, welcher Konstruktor aufzurufen ist. Zu bemerken ist noch, dass es sich beim ersten Konstruktor in Zeile 8 von Listing 2.1 ebenfalls um den Standardkonstruktor handelt, da keine Argumente übergeben werden. Dass wir hier auch den Standardkonstruktor aufschreiben hat folgenden Grund: Sobald der Programmierer einen eigenen Konstruktor schreibt, wird vom Compiler kein Standardkonstruktor mehr eingefügt. Will man nun bei der Instanzierung eines Objektes doch keine Argumente an den Konstruktor übergeben, so wird ein Standardkonstruktor benötigt. Der Compiler meldet daher an dieser Stelle den Fehler, dass er keinen geeigneten (Standard-)Konstruktor finden kann. Als Regel sollte man daher auch immer einen Standardkonstruktor schreiben. Wir werden in den Beispielen dieses Buches allerdings diese Regel meist verletzen, um die Beispiele im Quellcode möglichst kompakt und übersichtlich halten zu können.

Listing 2.2: „Main"-Funktion für den Zähler (Datei „k2b1_1.cpp")

```
1   #include <iostream>
2   using namespace std;
3   #include "k2b1counter.h"
4
5   int main () {
6      Counter ctr1, ctr2(10);
7
8      cout <<"ctr1 = "<< ctr1.read() <<endl;
9      cout <<"ctr2 = "<< ctr2.read() <<endl;
10     for (int i=0; i<10; i++){
11        ctr1.inc();
12     }
13     ctr2.reset();
14     cout <<"ctr1 = "<< ctr1.read() <<endl;
15     cout <<"ctr2 = "<< ctr2.read() <<endl;
16
17     return 0;
18  }
```

Listing 2.2 zeigt die Verwendung der Klasse `Counter` in der `main()`-Funktion des Programms. In Zeile 6 werden zwei Objekte der Klasse instanziert und damit deren Konstruktoren aufgerufen. Bei `ctr1` wird der Standardkonstruktor aufgerufen, da bei der Instanzierung kein Argument übergeben wird, wohingegen bei dem Objekt `ctr2` der zweite Konstruktor aus Listing 2.1 aufgerufen wird, da ein Argument angegeben wurde. Somit wird die Member-Variable `value` von `ctr2` bei der Instanzierung des Objekts auf den Wert 10 gesetzt, wohingegen `ctr1` auf 0 gesetzt wird.

Dass die beiden unterschiedlichen Konstruktoren zu Beginn des Programms tatsächlich aufgerufen werden, kann mit Hilfe der durch `cout` erzeugten Textausgabe der Konstruktoren in
der Ausgabe des Programms nach Abbildung 2.1 überprüft werden. Bei `cout` handelt es sich
um das „Stream"-Objekt aus C++, mit dem Zeichenketten und Werte über den <<-Operator auf
die Standardausgabe – das ist normalerweise die so genannte „Konsole" – ausgegeben werden
können [10, 20]. Hierzu muss die „Header"-Datei `iostream` in das Programm eingebunden
werden und der *Namensraum* (engl.: namespace) `std` (standard) geöffnet werden. Wir ersparen
uns aus Platzgründen eine Darstellung des Konzepts der Namensräume in C++ und der verschiedenen Möglichkeiten, wie die Header-Dateien der C++-Bibliotheken eingebunden werden
können. Eine gute Darstellung findet sich beispielsweise in [10].

Die Funktion des Programms aus Listing 2.2 besteht zunächst darin, dass in den Zeilen 8 und
9 beide Zähler durch den jeweiligen Aufruf der Methode `read()` ausgelesen und die Werte
mit `cout` an die Konsole ausgegegeben, vgl. Abbildung 2.1. Dabei ist z.B. `ctr1.read()` so
zu verstehen, dass die Methode `read()` des Objekts `ctr1` aufgerufen wird. In der folgenden
for-Schleife wird dann der Zähler `ctr1` zehnmal inkrementiert. Schließlich wird der Zähler
`ctr2` wieder rückgesetzt und beide Zählerstände wieder auf der Konsole ausgegeben.

```
Standard constructor of class Counter
Advanced constructor of class Counter
ctr1 = 0
ctr2 = 10
ctr1 = 10
ctr2 = 0
```

Abb. 2.1: *Ausgabe des Beispielprogramms aus Listing 2.2*

2.2   Hierarchischer Aufbau eines C++-Modells

Wie schon im vorangegangenen Abschnitt erwähnt, ist der hierarchische Aufbau des Gesamt-
modells aus einzelnen Komponenten ein wesentliches Prinzip bei der Modellierung von Hardware mit VHDL [18]. Dies folgt der Idee, dass man ein komplexes technisches System aus
vielen Einzelkomponenten aufbaut und damit die hohe Systemkomplexität beherrschen kann.
In der Informatik wird das Prinzip auch als „Teile-und-Herrsche" (lat.: „divide-et-impera") bezeichnet.

Dieses Prinzip lässt sich nun auch auf den Aufbau eines C++-Modells übertragen, indem wir
ein Objekt hierarchisch aus mehreren Teilobjekten aufbauen – dies wird als *Zusammensetzung* oder *Komposition* bezeichnet (engl.: composition, vgl. [10]). Betrachten wir das Beispiel des Modulo-Zählers in Listing 2.3: Der schon aus Listing 2.1 bekannte Zähler wird in
Zeile 2 als privates Objekt `ctr` instanziert, neben einer weiteren privaten Member-Variablen
`moduloValue`. Die Methode `reset()` ruft in Zeile 5 die Methode `reset()` des Objekts `ctr`
auf und setzt damit die eigentliche Zähler-Variable `value` im Objekt `ctr` zurück. In gleicher
Weise wird auch ein Aufruf der Methode `read()` in einen Aufruf der Methode `read()` des
Objekts `ctr` umgesetzt und damit der Wert der Zähler-Variablen ausgelesen.

Listing 2.3: Beispiel Modulo-Zähler (Datei „k2b1modulo.h")

```
1  class ModuloCounter {
2    Counter ctr;
3    int moduloValue;
4  public:
5    void reset() {ctr.reset();}
6    void inc(){
7      if(ctr.read() < moduloValue-1) {
8        ctr.inc();
9      }
10     else {
11       ctr.reset();
12     }
13   }
14   int read() {return ctr.read();}
15   ModuloCounter(int mv) : ctr(0), moduloValue(mv) {
16     cout<<"Constructor of class ModuloCounter"<<endl;
17   }
18 };
```

Beim Aufruf der Methode `inc()`, wird überprüft, ob die Zähler-Variable schon den vorzugebenden Wert der Variablen `moduloValue-1` erreicht hat. In diesem Fall wird die Zählervariable des Objekts `ctr` zurückgesetzt, anderenfalls inkrementiert. Damit wird ein Zählzyklus modelliert, der beim Erreichen des Werts von `moduloValue` auf 0 umbricht; dies wird als *Modulo-Zähler* bezeichnet. Da der Wert von `moduloValue` beim Aufruf des Konstruktors der Klasse `ModuloCounter` auf einen beliebigen Wert N initialisiert werden kann, können wir verschiedene Instanzen von `ModuloCounter` bilden, die jeweils einen unterschiedlichen *Modulo-N-Zähler* implementieren.

Was noch besprochen werden muss, ist die Funktion des Konstruktors ab Zeile 15 in Listing 2.3. Bei dem Teil `ctr(0)`, `moduloValue(mv)` zwischen dem Doppelpunkt und der Öffnungsklammer des Konstruktorkörpers handelt es sich um die so genannte *Initialisierungsliste* des Konstruktors [10]. Im Hinblick auf das Objekt `ctr` ist dies so zu verstehen, dass wir an dieser Stelle den Aufruf des Konstruktor `ctr(0)` des Objekts `ctr` vornehmen. Dies ist notwendig, damit bei Aufruf des Konstruktors von `ModuloCounter` auch der Konstruktor des hierarchisch tiefer stehenden Objekts `ctr` aufgerufen wird. Die Initialisierungsliste ist de facto die einzige Möglichkeit, den Konstruktor von `ctr` aufzurufen und es ist zwingend, dass ein Konstruktor des Objekts aufgerufen wird [10]. Würden wir hier nicht explizit den Konstruktor aufrufen, so würde der Compiler an dieser Stelle implizit den Standardkonstruktor aufrufen. Bei nicht vorhandenem Standardkonstruktor resultiert dann ein Compiler-Fehler, wie im vorangegangenen Abschnitt ausgeführt wurde. Wichtig ist hier auch die Reihenfolge der Konstruktoraufrufe in der Hierarchie: Da der Konstruktor des hierarchisch tiefer stehenden Objekts – in unserem Fall das Objekt `ctr` – vor dem Beginn des *Körpers* des Konstruktors des hierarchisch höher stehenden Objekts – in unserem Fall die Klasse `ModuloCounter` – aufgerufen wird, ist immer sichergestellt, dass das jeweils tiefer stehende Objekt initialisiert ist und im Körper des Konstruktors des höher stehenden Objekts benutzt werden kann [10]. Diese hierarchische Reihenfolge der Konstruktoraufrufe kann der Ausgabe des Programms aus Listing 2.4 in Abbildung 2.2 entnommen werden.

Neben den Konstruktoraufrufen können in der Initialisierungsliste auch Member-Variablen der Klasse initialisiert werden. Im Beispiel aus Listing 2.3 wird in Zeile 15 durch die Konstruktion `moduloValue(mv)` die Variable `moduloValue` mit dem Wert des Arguments `mv` des Konstruktors initialisiert. Was auf den ersten Blick etwas verwirrt, ist die Tatsache, dass hier die gleiche Syntax wie für den Aufruf eines Konstruktors verwendet wird [10]. Obwohl es sich um den „eingebauten" Datenyp **int** handelt, wird also so getan, als würde es sich bei **int** um eine Klasse mit einem Konstruktor handeln. Alternativ dazu hätten wir die Variable `moduloValue` auch im Körper des Konstruktors durch die Anweisung `moduloValue = mv;` initialisieren können.

Listing 2.4: „Main"-Funktion für den Modulo-Zähler (Datei „k2b1_2.cpp")

```
1   #include <iostream>
2   using namespace std;
3   #include "k2b1counter.h"
4   #include "k2b1modulo.h"
5
6   int main () {
7      ModuloCounter ctr1(5);
8
9      for(int i=0;i<6;i++){
10        cout <<"ctr1 = "<< ctr1.read() <<endl;
11        ctr1.inc();
12     }
13
14     return 0;
15  }
```

Das Programm für dieses Beispiel findet sich in Listing 2.4. In Zeile 7 wird das Objekt `ctr1` instanziert und dabei der Konstruktor der Klasse `ModuloCounter` aufgerufen. Wie schon besprochen wurde, wird dadurch auch der Konstruktor der Klasse `Counter` aufgerufen und die Member-Variable `moduloValue` des Objekts mit dem Wert 5 initialisiert.

```
Advanced constructor of class Counter
Constructor of class ModuloCounter
ctr1 = 0
ctr1 = 1
ctr1 = 2
ctr1 = 3
ctr1 = 4
ctr1 = 0
```

Abb. 2.2: Ausgabe des Beispielprogramms aus Listing 2.4

Die Funktion des Programms ergibt sich aus den Zeilen 9 bis 12 von Listing 2.4; hier wird der Modulo-Zähler in einer Schleife inkrementiert und der Zählerinhalt auf der Konsole ausgegeben. Abbildung 2.2 zeigt die Ausgabe des Programms, aus der hervorgeht, dass es sich um einen Modulo-5-Zähler handelt.

2.3   Modellaufbau durch Vererbung

Während wir den hierarchischen Aufbau durch Zusammensetzung eines Modells aus Objekten in C++ ganz ähnlich wie in einer HDL vornehmen können, bietet C++ aufgrund seiner Objektorientierung die Möglichkeit, eine Klassenhierarchie auch durch die so genannte *Vererbung* aufbauen zu können. Diese Möglichkeit ist in VHDL nicht gegeben und kann als klarer Vorteil von C++ gesehen werden, wenn man an die Modellierung großer Systeme denkt. Beide Methodiken können für die Modellierung von Systemen ergänzend eingesetzt werden und unterstützen auch insbesondere die Idee der Wiederverwendbarkeit (engl.: reuse). Hierdurch können einmal entwickelte Komponenten in späteren Projekten wieder verwendet und auch komplexe Systeme in kurzer Zeit entwickelt werden.

Vererbung bedeutet, eine neue Klasse von einer so genannten *Basisklasse* ableiten zu können. Dabei erbt die abgeleitete Klasse die „Eigenschaften" der Basisklasse – das sind die Member-Variablen und Methoden. Da die Vererbung mit der im letzten Abschnitt besprochenen Zusammensetzung nicht zuletzt auch syntaktisch einiges gemeinsam hat, ist die erste Frage, was beide Methodiken eigentlich unterscheidet? Die Unterschiede können mit den Beziehungen zwischen den Klassen, die bei der Zusammensetzung oder Vererbung beteiligt sind, erläutert werden. Bei der Zusammensetzung oder Komposition besteht eine so genannte „hat-ein"-Beziehung (engl.: „has-a", vgl. [10]) zwischen dem hierarchisch höher stehenden und den tiefer stehenden Objekten. Denken wir an ein elektronisches System, so setzt sich dieses beispielsweise zusammen aus einem Mikroprozessor, einem Bussystem, einem Speicher und einer Peripherieeinheit. Dies wäre eine „hat-ein"-Beziehung.

Listing 2.5: Beispiel Modulo-Zähler mit Vererbung (Datei „k2b1modulo_inherit.h")

```
 1  class ModuloCounterInherit : public Counter {
 2    int moduloValue;
 3  public:
 4    void inc(){
 5      if(read() < moduloValue-1) {
 6        Counter::inc();
 7      }
 8      else {
 9        reset();
10      }
11    }
12    ModuloCounterInherit(int mv) :
13      Counter(0), moduloValue(mv) {
14      cout<<"Constructor ModuloCounterInherit"<<endl;
15    }
16  };
```

Bei der Vererbung besteht dagegen eine „ist-ein"-Beziehung (engl.: „is-a", vgl. [10]) im Sinne einer stärkeren Spezialisierung der abgeleiteten Klasse gegenüber der Basisklasse. In der C++-Literatur wird dies häufig durch Analogien aus dem Tierreich erläutert: Eine Katze ist ein Säugetier. Die Katze erbt also alle Eigenschaften des Säugetiers und es werden zusätzliche Eigenschaften hinzugefügt. Auf diese Weise kann also ebenso eine Klassenhierarchie entstehen, die aber – im Gegensatz zur Zusammensetzung – auf einer Systematisierung mit zunehmender

Spezialisierung beruht. Wenn wir unseren Modulo-Zähler aus dem letzten Abschnitt betrachten, so wäre hier eine Lösung durch Vererbung wohl besser gewesen: Ein Modulo-Zähler ist ein Zähler. Wir wollen daher im folgenden den Modulo-Zähler durch Vererbung realisieren.

Listing 2.5 zeigt die Implementierung des Modulo-Zählers mit Vererbung von der Basisklasse `Counter` aus Listing 2.1. Die Vererbung wird in der ersten Zeile zwischen dem Doppelpunkt und der Öffnungsklammer des Klassenkörpers definiert, wodurch alle Elemente der Basisklasse vererbt werden [10]. Die abgeleitete Klasse kann allerdings nur auf die öffentlichen Elemente der Basisklasse zugreifen. Die privaten Elemente der Basisklasse, das ist hier die Zählervariable `value`, sind auch für die abgeleitete Klasse nur indirekt über die öffentlichen Methoden erreichbar.

Das Schlüsselwort **public** definiert bei der Ableitung in Zeile 1 von Listing 2.5, dass alle öffentlichen Elemente weiterhin öffentlich sind. In unserem Beispiel sind dies die Methoden `reset()`, `inc()` und `read()` sowie die Konstruktoren der Basisklasse `Counter`. Würde man **public** weglassen oder durch **private** ersetzen, so wären die öffentlichen Elemente der Basisklasse in der abgeleiteten Klasse privat – dies wird man aber in aller Regel nicht wollen, da man sonst bei einer Instanz der Klasse nicht darauf zugreifen kann.

Es sei an dieser Stelle betont, dass ein Objekt der abgeleiteten Klasse tatsächlich alle Elemente der Basisklasse, inklusive der privaten Elemente und der Konstruktoren, sowie natürlich alle zusätzlichen Elemente der abgeleiteten Klasse enthält. Die Lösung aus Listing 2.5 zeigt aber im Unterschied zur Lösung durch Zusammensetzung aus Listing 2.3 den deutlichen Vorteil, dass wir die Methoden `reset()` und `read()` nicht nochmals schreiben müssen, da sie vererbt wurden. Insofern war die Lösung durch Vererbung für dieses Problem tatsächlich die bessere Lösung.

Listing 2.6: „Main“-Funktion für den Modulo-Zähler mit Vererbung (Datei „k2b1_3.cpp“)

```
1   #include <iostream>
2   using namespace std;
3   #include "k2b1counter.h"
4   #include "k2b1modulo_inherit.h"
5
6   int main () {
7      ModuloCounterInherit ctr1(5);
8
9      for(int i=0;i<6;i++){
10        cout <<"ctr1 = "<< ctr1.read() <<endl;
11        ctr1.inc();
12     }
13
14     return 0;
15  }
```

Wenn wir nun den Modulo-Zähler lesen oder zurücksetzen möchten, so können wir dies weiterhin durch `ctr1.read()` oder `ctr1.reset()` tun, wie in Listing 2.6 gezeigt. Im Unterschied zum ersten Modulo-Zähler nach Listing 2.3, welcher hierarchisch zusammengesetzt war, werden aber die Methoden der Basisklasse aufgerufen. Im hierarchischen Modulo-Zähler können die Methoden des instanzierten Objekts `ctr` nicht von außerhalb der Klasse `ModuloCounter` aufgerufen werden, da `ctr` privat ist. Eine Besonderheit ergibt sich für die Methode `inc()` der abgeleiteten Klasse in Listing 2.5 und soll etwas genauer betrachtet werden. Damit eine Funktion überladen werden kann, müssen sich verschiedene Varianten durch die so genannte *Signatur* unterscheiden. Unter der Signatur einer Funktion versteht man den Funktionsnamen, die Argumente mit ihren Datentypen und der Datentyp des Rückgabewerts. Bei einer Überladung behält man zwar den gleichen Funktionsnamen bei, kann die Varianten jedoch aufgrund der Argumente oder des Rückgabewerts unterscheiden. Wird eine Funktion also aufgerufen, so kann der Compiler aus der unterschiedlichen Signatur schließen, welche Variante gemeint ist. In unserem Beispiel haben wir nun den Fall, dass die Methode `inc()` der Basisklasse exakt die gleiche Signatur wie die Methode der abgeleiteten Klasse besitzt. In diesem Fall sagt man, dass die Methode der abgeleiteten Klasse diejenige der Basisklasse *überschreibt* (engl.: overriding, [10]). Dies bedeutet, dass wir für die Methode die Signatur beibehalten, aber die Implementierung und damit das Verhalten der Methode in der abgeleiteten Klasse verändern.

Eine Konsequenz aus dem Überschreiben der Methode `inc()` betrifft die Zeile 6 in Listing 2.5. Hier soll die Methode `inc()` der Basisklasse aufgerufen werden. Würden wir nur `inc()` statt `Counter::inc()` schreiben, so würde die Methode `inc()` der abgeleiteten Klasse aufgerufen und wir hätten einen rekursiven Funktionsaufruf, was wir an dieser Stelle natürlich nicht möchten. Wir müssen dem Compiler daher helfen, indem wir durch den so genannten „Scope Resolution"-Operator (`::`) eine *Bereichsauflösung* vornehmen und definieren, dass wir die Methode `inc()` der Basisklasse meinen.

```
Advanced constructor of class Counter
Constructor ModuloCounterInherit
ctr1 = 0
ctr1 = 1
ctr1 = 2
ctr1 = 3
ctr1 = 4
ctr1 = 0
```
(a)

```
Advanced cons
Constructor M
ctr1 = 0
ctr1 = 1
ctr1 = 2
ctr1 = 3
ctr1 = 4
ctr1 = 5
```
(b)

Abb. 2.3: *Ausgabe des Beispielprogramms aus Listing 2.6*

Schließlich bleibt noch der Konstruktor der abgeleiteten Klasse zu diskutieren. An dieser Stelle ergeben sich große Übereinstimmungen mit der Vorgehensweise in der zusammengesetzten Klasse aus dem letzten Abschnitt. Auch hier ergibt sich die Notwendigkeit durch den Aufruf des Konstruktors der abgeleiteten Klasse – wiederum vor dem Konstruktorkörper – den Konstruktor der Basisklasse aufzurufen, um die Elemente der Basisklasse zu initialisieren. Das Programm für den Test der Klasse `ModuloCounterInherit` unterscheidet sich nicht von demjenigen aus dem letzten Abschnitt und ist in Listing 2.6 gezeigt; das Ergebnis des Programms kann Abbildung 2.3(a) entnommen werden. Zu beachten ist allerdings, dass wir nun eigentlich zwei `inc()`-Methoden zur Verfügung haben. In Zeile 11 von Listing 2.6 wird – aufgrund des oben diskutierten Überschreibens – die Methode der abgeleiteten Klasse aufgerufen. Wir könnten auch die Methode der Basisklasse aufrufen, indem wir die Zeile 11 so ändern: `ctr1.Counter::inc();` Dies führt dann zu dem Ergebnis, welches in Abbildung 2.3(b) gezeigt ist und zeigt, dass nun nicht mehr Modulo-5 inkrementiert wird.

2.4 Dynamische Instanzierung von Objekten

In unseren bisherigen Beispielen wurden die Objekte als lokale Variablen angelegt. Hierfür reserviert der Compiler den Speicherplatz für die Objekte normalerweise auf dem so genannten „Stack" [10] (engl. für „Stapelspeicher" oder „Kellerspeicher"). Da der Speicherplatz für den Stack begrenzt ist, empfiehlt es sich, größere Datenstrukturen, wie beispielsweise Objekte und Objekthierarchien, auf dem so genannten „Heap" (engl. für „Halde") anzulegen, welcher auch als *dynamischer Speicher* bezeichnet wird. Er wird für Datenstrukturen verwendet, die zur Laufzeit des Programms – also dynamisch – erzeugt werden und umfasst einen deutlich größeren Speicherbereich als der Stack. Nachteilig ist allerdings, dass – statt des Compilers – nun der Programmierer dafür zuständig ist, den entsprechenden Speicherbereich zu reservieren. Des Weiteren sollte der Speicher auch wieder freigegeben werden, um so genannte „Speicherlecks" zu vermeiden (engl.: memory leak, [10]). Wir wollen im Folgenden den hierarchischen Aufbau des Modulo-Zählers aus Abschnitt 2.2 beispielhaft dynamisch implementieren, um die Vorgehensweise zu zeigen.

Listing 2.7: *„Header"-Datei für den Zähler (k2b2counter.h)*

```
1  #ifndef K2B2COUNTER_H
2  #define K2B2COUNTER_H
3  class Counter {
4      int value;
5  public:
6      void reset();
7      void inc();
8      int read();
9
10     Counter(int arg);
11     ~Counter();
12  };
13  #endif
```

Bei größeren Projekten, die aus vielen Quelldateien bestehen, empfiehlt es sich auch, eine Quelldatei einer Klasse in zwei Teile aufzuteilen. Listing 2.7 zeigt die so genannte „Header"-Datei der Klasse Counter. Der wesentliche Unterschied zu Listing 2.1 liegt zunächst darin, dass die Körper der Methoden fehlen und nur die Methodenköpfe deklariert werden. Die Methodenkörper oder *Definitionen* der Methoden werden nun separat in einer weiteren Datei abgespeichert – der Implementierungsdatei – welche in Listing 2.8 gezeigt ist. Der Vorteil gegenüber der Vorgehensweise aus Abschnitt 2.2 liegt darin, dass die Implementierung der Funktionen separat kompiliert werden kann. Über die Header-Dateien werden die Klassendefinitionen dann auf der nächsten Ebene, in welcher die Klassen instanziert werden, bekannt gemacht. Damit müssen die Funktionsimplementierungen nicht jedesmal neu kompiliert werden, wenn der Quellcode der nächsten Ebene kompiliert wird. In der Implementierungsdatei müssen die Methoden mit dem ::-Operator der Klasse zugeordnet werden, da sie ja außerhalb der Klassendefinition stehen.

Die Header-Datei der Klassendefinition muss in Listing 2.8 ebenfalls eingebunden werden, so dass der Quellcode kompiliert werden kann. Bei den Header-Dateien wird üblicherweise ein Schutz gegen Mehrfacheinbindungen vorgesehen [10]: Man fragt zunächst ab, ob ein Symbol noch nicht definiert wurde (`ifndef`), beispielsweise `K2B2COUNTER_H` in Zeile 1 von Listing 2.7. Wenn es noch nicht definiert wurde, wird das Symbol definiert und der nachfolgende Quellcode eingebunden; anderenfalls wird der Quellcode bis zum `endif` übersprungen. Eine häufig verwendete Regel für den Symbolnamen ist es, den Dateinamen dieser Header-Datei groß zu schreiben und den Punkt durch einen Unterstrich zu ersetzen.

Listing 2.8: Implementierungsdatei für den Zähler (k2b2counter.cpp)

```
 1  #include "k2b2counter.h"
 2  #include <iostream>
 3  using namespace std;
 4
 5  Counter::Counter(int arg): value(arg){
 6     cout <<"Constructor of class Counter"<<endl;
 7  }
 8  Counter::~Counter(){
 9     cout<<"Destructor of class Counter"<<endl;
10  }
11  void Counter::reset() {
12     value = 0;
13  }
14  void Counter::inc() {
15     value++;
16  }
17  int Counter::read() {
18     return value;
19  }
```

Was in der Klasse `Counter` noch hinzukommt, ist der so genannte *Destruktor*. Er ist das Gegenstück zum Konstruktor und trägt ebenfalls den gleichen Namen wie die Klasse, aber mit einer vorangestellten Tilde – also hier `~Counter()`. Wenn der Programmierer nicht selbst einen Destruktor schreibt, so wird vom Compiler ein *Standarddestruktor* eingefügt. Destruktoren haben keinen Rückgabewert und auch keine Argumente. Es ist daher auch nur ein Destruktor pro Klasse möglich. Wenn wir nun im Folgenden Objekte dynamisch erzeugen, so werden die Destruktoren aufgerufen, wenn wir die Objekte am Ende des Programms wieder zerstören, das heißt den Speicherplatz der Objekte wieder freigeben. Der Destruktor in Listing 2.8 hat allerdings keine spezielle Funktion, außer einer Textausgabe. Auf die Aufgaben eines Destruktors werden wir später eingehen.

Die Header-Datei für die nächste Ebene des Modulo-Zählers, in welcher der Zähler aus Listing 2.7 instanziert werden soll, ist in Listing 2.9 gezeigt. Der Zähler `Counter` soll dynamisch über einen Zeiger instanziert werden und wir müssen daher in Zeile 5 einen Zeiger auf diese Klasse anlegen. Da wir nur einen Zeiger anlegen, ist es an dieser Stelle noch nicht notwendig, die Deklaration der Klasse `Counter` aus Listing 2.7 über einen Include bekannt zu machen. Alles was der Compiler für das Anlegen eines Zeigers benötigt, ist eine *Deklaration* der Klasse (eine *Definition* beinhaltet den Körper der Klasse in den geschweiften Klammern [10]) in Zeile 3 von Listing 2.9. Diese Vorgehensweise hat den Vorteil, dass wir bei einer größeren Hierarchie nicht sämtliche Header-Dateien von hierarchisch tiefer stehenden Klassen in Header-Dateien von hierarchisch höher stehenden Klassen einbinden müssen.

Listing 2.9: „Header"-Datei für den Modulo-Zähler (k2b2modulo.h)

```
 1  #ifndef K2B2MODULO_H
 2  #define K2B2MODULO_H
 3  class Counter;
 4  class ModuloCounter {
 5     Counter *ctrPtr;
 6     int moduloValue;
 7  public:
 8     void reset();
 9     void inc();
10     int read();
11     ModuloCounter(int mv);
12     ~ModuloCounter();
13  };
14  #endif
```

Sobald wir allerdings nicht nur Klassen-Zeiger anlegen, sondern Objekte einer Klasse instanzieren, ist die entsprechende Definition und damit die Header-Datei der Klasse notwendig. Dies erfolgt in unserem Beispiel in der Implementierungsdatei des Modulo-Zählers in Listing 2.10 in Zeile 8 und wir müssen daher vorher die Header-Datei des Zählers in Zeile 1 einbinden. Mit Hilfe des Operators **new** wird das Zähler-Objekt dynamisch instanziert; dabei wird der notwendige Speicher reserviert und auch der Konstruktor des Zählers aufgerufen. Die Adresse des Objekts wird dem Zeiger `ctrPtr` zugewiesen, so dass nachfolgend mit dem Objekt über den Zeiger gearbeitet werden kann. Im Destruktor des Modulo-Zählers wird in Zeile 11 in Listing 2.10 durch den Operator **delete** das Zähler-Objekt zerstört und damit der reservierte Speicher für das Objekt wieder freigegeben. Hierdurch wird auch automatisch der Destruktor des Zählers aufgerufen.

```
Constructor of class ModuloCounter
Constructor of class Counter
ctr1 = 0
ctr1 = 1
ctr1 = 2
ctr1 = 3
ctr1 = 4
ctr1 = 0
Destructor of class ModuloCounter
Destructor of class Counter
```

Abb. 2.4: Ausgabe des Beispielprogramms aus Listing 2.11

Die restlichen Methoden des Modulo-Zählers in Listing 2.10 entsprechen in ihrer Funktion den Methoden aus Listing 2.3. Unterschiedlich ist allerdings der Aufruf der Methoden des Zählers: Während wir die Methoden in Listing 2.3 beispielsweise mit `ctr.reset()` aufgerufen haben, wird hier nun `ctrPtr->reset()` verwendet. Eigentlich hätten wir mit `(*ctrPtr)` den Zeiger auf das Zähler-Objekt zunächst *dereferenzieren* müssen und dann die Methode des Zähler-Objekts mit `(*ctrPtr).reset()` aufrufen können. Die Schreibweise mit dem Pfeil-Operator („Elementverweis-Operator") ist eine Kurzschreibweise für den gleichen Vorgang.

Listing 2.10: *Implementierungsdatei für den Modulo-Zähler (k2b2modulo.cpp)*

```cpp
1  #include "k2b2counter.h"
2  #include "k2b2modulo.h"
3  #include <iostream>
4  using namespace std;
5
6  ModuloCounter::ModuloCounter(int mv) : moduloValue(mv) {
7    cout<<"Constructor of class ModuloCounter"<<endl;
8    ctrPtr = new Counter(0);
9  }
10 ModuloCounter::~ModuloCounter(){
11   cout<<"Destructor of class ModuloCounter"<<endl;
12   delete ctrPtr;
13 }
14 void ModuloCounter::reset() {
15   ctrPtr->reset();
16 }
17 void ModuloCounter::inc(){
18   if(ctrPtr->read() < moduloValue-1) {
19     ctrPtr->inc();
20   }
21   else {
22     ctrPtr->reset();
23   }
24 }
25 int ModuloCounter::read() {
26   return ctrPtr->read();
27 }
```

Listing 2.11: *„Main"-Funktion für den Modulo-Zähler (Datei „k2b2.cpp")*

```cpp
1  #include "k2b2modulo.h"
2  #include <iostream>
3  using namespace std;
4
5  int main () {
6    ModuloCounter *ctrPtr;
7
8    ctrPtr = new ModuloCounter(5);
9    for(int i=0;i<6;i++){
10     cout <<"ctr1 = "<< ctrPtr->read() <<endl;
11     ctrPtr->inc();
12   }
13   delete ctrPtr;
14   return 0;
15 }
```

In der Main-Funktion aus Listing 2.11 wird nun der Modulo-Zähler in Zeile 8 ebenfalls dynamisch mit Hilfe eines Zeigers instanziert. Auch hier muss der Zeiger daher über den Pfeil-

Operator dereferenziert werden, wenn auf eine Methode des Modulo-Zähler-Objekts zugegriffen werden soll, wie in der **for**-Schleife zu sehen ist. Schließlich wird das Modulo-Zähler-Objekt in Zeile 15 wieder zerstört; dabei wird der Destruktor des Modulo-Zählers aufgerufen, welcher dann auch das Zähler-Objekt zerstört und dessen Destruktor aufruft, wie der Ausgabe des Programms in Abbildung 2.4 entnommen werden kann.

Die in diesem Abschnitt besprochene Vorgehensweise empfiehlt sich für größere Projekte. Bei kleineren Projekten oder Beispielen entsteht aber zunächst ein gewisser Mehraufwand durch das Anlegen von mehreren Dateien. Wir werden diese Vorgehensweise daher für die Beispiele in diesem Buch zumeist nicht verfolgen und speichern die Klassen nur in Header-Dateien, um den Quellcode möglichst kompakt zu halten.

2.5 Virtuelle Funktionen und abstrakte Basisklassen

Nachdem wir in den vorangegangenen Abschnitten Mechanismen wie Datenabstraktion und Vererbung diskutiert haben, die für eine objektorientierte Programmiersprache wesentlich sind, wollen wir in diesem Abschnitt einen weiteren wesentlichen Mechanismus vorstellen – die so genannten „virtuellen" Funktionen. Wir zeigen die Verwendung einer virtuellen Funktionen anhand von Listing 2.12: Nehmen wir an, wir schreiben eine Funktion incCtr(), der wir als Argument eine „Referenz" („&"-Operator) auf ein Objekt vom Typ Counter (siehe Listing 2.1) übergeben. Die Referenz ist dabei ein Zeiger auf ein Objekt und wird in C++ üblicherweise verwendet, um einen so genannten „call-by-reference" zu implementieren – das heißt, das Objekt selbst wird an die Funktion übergeben [20, 10], in diesem Fall an incCtr().

Listing 2.12: Übergabe eines Objektes per Referenz (Datei „k2b3_1.cpp")

```
 1  #include <iostream>
 2  using namespace std;
 3  #include "k2b1counter.h"
 4  #include "k2b1modulo_inherit.h"
 5
 6  void incCtr(Counter &ctr){
 7     ctr.inc();
 8  }
 9
10  int main () {
11     ModuloCounterInherit ctr1(5);
12
13     for(int i=0;i<6;i++){
14        cout <<"ctr1 = "<< ctr1.read() <<endl;
15        incCtr(ctr1);
16     }
17     return 0;
18  }
```

Da wir mit &ctr im Kopf der Funktion incCtr() eine Referenz auf die Basisklasse Counter vereinbart haben, dürfen wir in Zeile 15 beim Aufruf der Funktion auch eine Referenz auf ein

Objekt von einer abgeleiteten Klasse übergeben. Dies ist erlaubt, da ein Zeiger oder eine Referenz auf eine Basisklasse auch auf ein Objekt einer davon abgeleiteten Klasse zeigen kann. Damit haben wir die Möglichkeit, uns Implementierungsarbeit zu sparen, indem wir Funktionen schreiben, die auf unterschiedliche Objekte einer Klassenhierarchie angewendet werden können. In Zeile 15 von Listing 2.12 wird daher der Funktion incCtr() eine Referenz auf das Objekt ctr1 der von Counter abgeleiteten Klasse ModuloCounterInherit (siehe Listing 2.5) übergeben. Folgen wir dem Programm, so wäre eine Ausgabe wie in Abbildung 2.3(a) zu erwarten – also die Funktion des Modulo-Zählers. Tatsächlich produziert das Programm aber die Ausgabe nach Abbildung 2.5(a), also die Funktion des einfachen Zählers Counter.

Wie lässt sich dieses Verhalten erklären? Bei der Kompilierung der Funktion incCtr() ist nur bekannt, dass es sich um eine Referenz auf die Basisklasse handelt. Daher wird bei der Übersetzung von Zeile 7 in Listing 2.12 vom Compiler angenommen, dass es sich um die Methode inc() der Basisklasse handelt. Der Compiler „bindet" daher diese Methode an den Funktionsaufruf in Zeile 7; dies wird als „frühes Binden" oder "Binden zur Compile-Zeit" bezeichnet [10]. Während der Ausführung des Programms wird daher immer die Methode inc() der Basisklasse ausgeführt und nicht diejenige der abgeleiteten Klasse! Zur Lösung des Problems wird also eine Möglichkeit benötigt, während der *Laufzeit* des Programms die Methode der abgeleiteten Klasse an diesen Methodenaufruf zu binden; im allgemeinen Fall können dies auch mehrere von der gleichen Basisklasse abgeleitete Klassen sein, die jeweils über unterschiedliche Implementierungen dieser Methode verfügen. Dies wird als „spätes Binden" oder „Binden zur Laufzeit" bezeichnet [10] und ist genau der Zweck von „virtuellen" Funktionen/Methoden. Hierzu muss also in unserem Beispiel bei der *Ausführung* der Funktion incCtr() festgestellt werden können, von welchem Typ das übergebene Objekt ist und welche Methode daher tatsächlich auszuführen ist. Aus Platzgründen können wir an dieser Stelle nicht genauer erläutern, wie der Mechanismus der virtuellen Funktionen vom C++-Compiler implementiert wird; der interessierte Leser sei hier auf eine gute und ausführliche Erläuterung in [10] verwiesen. Es sei aber erwähnt, dass diese Mechanismen zusätzlichen Speicherplatz und auch zusätzliche Ausführungszeit für das Programm benötigen.

```
Advanced constructor of class Counter          Advanced cons
Constructor ModuloCounterInherit               Constructor M
ctr1 = 0                                        ctr1 = 0
ctr1 = 1                                        ctr1 = 1
ctr1 = 2                                        ctr1 = 2
ctr1 = 3                                        ctr1 = 3
ctr1 = 4                                        ctr1 = 4
ctr1 = 5                                        ctr1 = 0
                                  (a)                                    (b)
```

Abb. 2.5: Ausgabe des Beispielprogramms aus Listing 2.12 bei früher Bindung (a) und später Bindung (b)

Wir müssen in unserem Code für die Klasse Counter nur die in Listing 2.13 gezeigte Änderung in Zeile 5 vornehmen und die Methode inc() als **virtual** deklarieren. Dies veranlasst den Compiler bei dieser und allen davon abgeleiteten Klassen die notwendigen Mechanismen für die späte Bindung dieser Methode zu implementieren und wir erhalten dann die korrekte Funktion des Modulo-Zählers nach Abbildung 2.5(b); weitere Änderungen im Programm sind nicht notwendig. Das Schlüsselwort **virtual** muss auch nur in der Basisklasse angegeben werden, alle Methoden der davon abgeleiteten Klassen sind damit automatisch auch **virtual**.

Listing 2.13: Klasse Counter *mit virtueller Funktion (Datei „k2b3countervirtual.h")*

```
 1  class Counter {
 2    int value;
 3  public:
 4    void reset() { value = 0;}
 5    virtual void inc() { value++;}
 6    int read() { return value;}
 7
 8    Counter() {
 9      cout <<"Standard constructor of class Counter"<<endl;
10      value = 0;
11    }
12    Counter(int arg){
13      value = arg;
14      cout <<"Advanced constructor of class Counter"<<endl;
15    }
16  };
```

Virtuelle Funktionen – und damit spätes Binden – sind also dort notwendig, wo wir mit Zeigern oder Referenzen auf Basisklassen arbeiten, denen später Objekte von abgeleiteten Klassen übergeben werden. Die Methoden der Basisklasse werden in abgeleiteten Klassen durch Methoden mit identischer Signatur *überschrieben*. Dieser Mechanismus ist eine Form der so genannten „Polymorphie" (Vielgestaltigkeit) und stellt ebenfalls ein wichtiges Konzept der OOP dar. Überschreiben wir eine Methode der Basisklasse nicht in der abgeleiteten Klasse, dann sorgt der Mechanismus des späten Bindens dafür, dass in diesem Fall die Methode der Basisklasse bei der Ausführung gebunden wird. Es wird im übrigen häufig empfohlen, gleich alle Methoden der Basisklasse einschließlich des Destruktors als **virtual** zu deklarieren (siehe auch [10]). Einzig der Konstruktor kann nicht als **virtual** deklariert werden. So gesehen kann es also durchaus Sinn machen, Basisklassen grundsätzlich mit virtuellen Methoden auszustatten, um für die Notwendigkeit der späten Bindung gewappnet zu sein.

Listing 2.14: Abstrakte Klasse Counter *(Datei „k2b4counterabstract.h")*

```
 1  class Counter {
 2  public:
 3    virtual void reset() = 0;
 4    virtual void inc() = 0;
 5    virtual int read() = 0;
 6  };
```

Wir können auch dafür sorgen, dass virtuelle Methoden in der abgeleiteten Klasse auf jeden Fall überschrieben werden *müssen*. Hierzu muss eine Methode in der Basisklasse als „rein virtuell" (engl.: pure virtual) deklariert werden. Dies ist in Listing 2.14 gezeigt: Für die Methoden wird nun kein Funktionsrumpf mehr definiert, sondern sie werden durch den Ersatz des Funktionsrumpfs mit „= 0" als „rein virtuell" deklariert. Da kein Funktionsrumpf mehr vorhanden ist, ist es klar, dass man von der Basisklasse selbst keine Instanz – also ein Objekt – bilden kann. Dann spricht man von einer so genannten „abstrakten Basisklasse" und es ist daher sinnvoll, gleich alle Methoden als rein virtuell zu deklarieren, wie wir dies auch in unserem Beispiel gemacht haben. Da die Klasse nicht instanziert wird, wird weder Konstruktor noch Destruktor benötigt. Listing 2.15 zeigt die von der nun abstrakten Basisklasse `Counter` abgeleitete Klasse. Hier muss die Methode `inc()` ohne Verwendung der gleichnamigen Methode `inc()` aus der Basisklasse implementiert werden. Am Hauptprogramm müssen wir allerdings nichts weiter verändern und können beispielsweise das aus Listing 2.12 verwenden.

Listing 2.15: Abgeleitete Klasse `ModuloCounterInherit` (Datei „k2b4modulo.h")

```
 1  class ModuloCounterInherit : public Counter {
 2    int moduloValue;
 3    int value;
 4  public:
 5    void inc(){
 6      if(read() < moduloValue-1) {
 7        value++;
 8      }
 9      else {
10        value = 0;
11      }
12    }
13    void reset() { value = 0;}
14    int read() { return value;}
15    ModuloCounterInherit(int mv) : moduloValue(mv) {
16      cout<<"Constructor ModuloCounterInherit"<<endl;
17    }
18  };
```

Es stellt sich noch die Frage, was der Sinn einer abstrakten Basisklasse sein soll, da sie ja nicht instanziert werden kann? Eine abstrakte Basisklasse deklariert eigentlich nur noch die Methodenköpfe für die Methoden, die in den abgeleiteten Klassen *mindestens* implementiert werden *müssen*. Man sagt dann auch, dass die abstrakte Klasse das *Interface* (Schnittstelle) für die abgeleiteten Klassen definiert [10], wobei man unter dem Interface die Methodenköpfe versteht. Wie wir noch sehen werden, ist gerade dieses Interface – und damit die jeweilige abstrakte Basisklasse – ein wesentlicher Mechanismus in der Modellierung mit SystemC.

2.6 Template-Klassen

Die bisher besprochenen Mechanismen „Hierarchie" und „Vererbung" ermöglichen das Schreiben von modularem und wiederverwendbarem C++-Code. An dieser Stelle soll noch ein weiterer Mechanismus zur Unterstützung von wiederverwendbarem Code vorgestellt werden – die so genannten „Templates" [20, 10]. Mit Hilfe von Templates ist es möglich, „generische" Funktionen oder Klassen zu schreiben. Der in VHDL erfahrene Leser kennt mit Sicherheit das Konzept der „Generics", mit dem es möglich ist, VHDL-Komponenten – also Entity/Architectures – zu parametrisieren [18]. Wird beispielsweise die Bitbreite eines Zählers durch einen Generic parametrisiert, so können mehrere Instanzen des Zählers mit unterschiedlicher Bitbreite angelegt werden. Template-Klassen verfolgen in C++ ein ähnliches Ziel wie die Generics in VHDL – und gehen aber noch darüber hinaus. Bei Template-Klassen ist es nicht nur möglich, einen Parameter zu übergeben, der ähnlich wie ein VHDL-Generic innerhalb der Klasse verwendet werden kann, sondern Template-Klassen können auch im Datentyp parametrisiert werden. Damit kann ein Datenverarbeitungsalgorithmus in einer Klasse definiert werden und der tatsächlich zu verarbeitende Datentyp erst bei der Instanzierung der Klasse festgelegt werden [20]. Da die Template-Parameter aber erst bei der Instanzierung festgelegt werden, ist es nicht mehr möglich, eine Template-Klasse separat zu kompilieren – Template-Klassen werden daher immer als Header-Datei angelegt und erst bei der Instanzierung kompiliert. Dies ist auch der Unterschied zu den Mechanismen Hierarchie und Vererbung: Während bei diesen Mechanismen schon übersetzter Objektcode wiederverwendet wird, wird bei Template-Klassen Quellcode wiederverwendet [10].

Listing 2.16: Template-Klasse `Counter` *(Datei „k2b5counter.h")*

```
 1  template<int MOD = 5> class Counter {
 2    int value;
 3  public:
 4    void reset() { value = 0;}
 5    void inc() {
 6      if (value < MOD-1){
 7        value++;
 8      }
 9      else {
10        value = 0;
11      }
12    }
13    int read() { return value;}
14    Counter() {value = 0;}
15  };
```

Listing 2.16 zeigt den schon bekannten Zähler als Template-Klasse. Ein Auftrennung in Header-Datei und Implementierung, wie in Abschnitt 2.4 gezeigt, macht für Template-Klassen keinen Sinn, da sie ja nicht kompiliert werden können. Die Vorgehensweise ist in diesem Fall ganz ähnlich wie bei Generics in VHDL: Mit `template`<int MOD = 5> wird ein konstanter Template-Parameter vom Datentyp „Integer" für die Klasse `Counter` definiert. Dieser kann optional auf einen Ersatzwert gesetzt werden (im Beispiel: = 5). Im Code der Klasse kann dieser Parameter nun überall verwendet werden, wo ein konstanter Integer-Wert zulässig ist – in unserem Beispiel in Zeile 6 von Listing 2.16. Es wäre auch möglich, mehrere Template-Parameter zu definieren, diese werden dann über Kommas abgetrennt, beispielsweise so:
`template`<int P1, char P2>

Listing 2.17 zeigt das Hauptprogramm unseres Beispiels und die Instanzierung der Template-Klasse. Wir instanzieren den Zähler nun zweimal, wobei wir den Template-Parameter in den spitzen Klammern jeweils mit einem Wert belegen. Dies führt damit zur Kompilierung von zwei unterschiedlichen Varianten der Template-Klasse. Wenn wir den Ersatzwert nutzen wollen, dann schreiben wir bei der Instanzierung `Counter<> ctr1`. Wenn wir mehrere Template-Parameter verwenden würden, so würden wir diese sinngemäß bei der Instanzierung ebenfalls über Kommas abgetrennt angeben. Die Ausgabe des Programms kann Abbildung 2.6 entnommen werden, woraus ersichtlich ist, dass es sich um einen Modulo-3- und einen Modulo-4-Zähler handelt.

Listing 2.17: „*Main*"-*Funktion für den Template-Zähler (Datei „k2b5.cpp")*

```
1  #include <iostream>
2  using namespace std;
3  #include "k2b5counter.h"
4
5  int main () {
6    Counter<3> ctr1;
7    Counter<4> ctr2;
8
9    for (int i=0; i<5; i++){
10     cout <<"ctr1 = "<< ctr1.read() <<endl;
11     ctr1.inc();
12   }
13   for (int i=0; i<5; i++){
14     cout <<"ctr2 = "<< ctr2.read() <<endl;
15     ctr2.inc();
16   }
17
18   return 0;
19 }
```

```
ctr1 = 0
ctr1 = 1
ctr1 = 2
ctr1 = 0
ctr1 = 1
ctr2 = 0
ctr2 = 1
ctr2 = 2
ctr2 = 3
ctr2 = 0
```

Abb. 2.6: Ausgabe des Programms aus Listing 2.17

Eine weitere Möglichkeit für die Anwendung von Templates ist wie schon erwähnt die Angabe von Datentypen als Template-Parameter; Listing 2.18 zeigt ein Beispiel hierfür. In Zeile 4 wird mit **template**<**typename** TYPE> der Bezeichner TYPE als Platzhalter für einen bei der Instanzierung der Klasse Adder anzugebenden Datentyp definiert. Das Gleiche ließe sich auch mit der Konstruktion **template**<**class** TYPE> erreichen. Zwar ist diese Variante fast gebräuchlicher, jedoch ist die Verwendung des Schlüsselworts **class** statt **typename** aus Sicht des Autors an dieser Stelle eher verwirrend. Es ist ferner auch hier möglich, einen Ersatzwert vorzugeben; so könnte man den Datentyp mit **template**<**typename** TYPE=**int**> auf „Integer" vorbesetzen. Weitere Datentyp-Parameter können durch Kommas wieder abgetrennt werden und auch die im vorangegangenen Beispiel genannten konstanten Template-Parameter können hinzugefügt werden, beispielsweise so: **template**<**typename** T1, **typename** T2, **int** P1, **char** P2>

Listing 2.18: Template-Klasse mit variablem Datentyp (Datei „k2b6.cpp")

```
1   #include <iostream>
2   using namespace std;
3
4   template<typename TYPE> class Adder {
5     TYPE result;
6   public:
7     TYPE add(TYPE a, TYPE b){
8       result = a+b;
9       return result;
10    }
11  };
12
13  int main () {
14    Adder<int> intAdder;
15    Adder<float> floatAdder;
16    int erg1;
17    float erg2;
18
19    erg1 = intAdder.add(3, 4);
20    erg2 = floatAdder.add(3.2f, 4.5f);
21
22    cout <<"Ergebnis Integer: "<<erg1<<endl;
23    cout <<"Ergebnis Float   : "<<erg2<<endl;
24
25    return 0;
26  }
```

Bei der Instanzierung der Klasse muss nun der Template-Parameter mit einem Datentyp belegt werden. In Listing 2.18 werden in Zeile 14 und 15 zwei Objekte der Template-Klasse Adder instanziert. Dabei wird überall, wo der Bezeichner TYPE in der Definition der Klasse steht, der bei der Instanzierung übergebene Datentyp eingesetzt und damit zwei unterschiedliche Varianten dieser Template-Klasse kompiliert; dies wird auch als „Spezialisierung" bezeichnet.

```
Ergebnis Integer: 7
Ergebnis Float   : 7.7
```

Abb. 2.7: Ausgabe des Programms aus Listing 2.18

Wie aus dem weiteren Verlauf des Programms in Listing 2.18 und Abbildung 2.7 zu sehen ist, kann nun das Objekt intAdder mit Integer-Zahlen und das Objekt floatAdder mit Gleitpunkt-Zahlen benutzt werden.

2.7 Übergabe von Funktionsargumenten durch Referenzen

Häufig wird – wie schon in den vorangegangenen Abschnitten gezeigt – eine Übergabe der Funktionsargumente durch Referenzen statt durch die Kopien der Werte empfohlen; insbesondere wenn es sich bei den Argumenten nicht um Standard-C++-Datentypen handelt, sondern um Klassen-Objekte. Gerade im letzten Fall führt dies zu Vorteilen hinsichtlich Ausführungsgeschwindigkeit und Speicherverbrauch [10], da die Objektstruktur nicht kopiert werden muss, sondern durch die Referenz nur ein Zeiger auf das Objekt übergeben wird. Werden Referenzen übergeben, soll allerdings unter Umständen dafür gesorgt werden, dass die Funktion das per Referenz übergebene Objekt nicht verändert – dies kann durch eine Deklaration als *konstante Referenz* erfolgen. Ebenso kann prinzipiell auch der Rückgabewert einer Funktion als konstante Referenz zurückgeliefert werden; dies kann aber unter Umständen zu Fehlern führen, wenn es sich dabei beispielsweise um eine lokale, nicht-statische Variable handelt, die nach Ausführen der Funktion nicht mehr gültig ist.

Listing 2.19: Übergabe von Argumenten mit Referenzen und konstanten Referenzen (Datei „k2b7.cpp")

```
 1  #include <iostream>
 2  using namespace std;
 3
 4  template<typename T> class Channel {
 5    T value;
 6  public:
 7    const T & read() const {return value;}
 8    void write(const T &in) {value = in;}
 9  };
10
11  int readChannel(const Channel<int> &c){
12    return c.read();
13  }
14  void writeChannel(Channel<int> &c, int arg){
15    c.write(arg);
16  }
17  int main () {
18    Channel<int> intChannel;
19
20    writeChannel(intChannel, 10);
21    cout <<"Wert: "<<readChannel(intChannel)<<endl;
22
23    return 0;
24  }
```

Wir zeigen die Zusammenhänge wieder anhand eines kleinen Beispiels in Listing 2.19. Die Template-Klasse Channel besteht, neben der Member-Variablen value, aus zwei Methoden read() und write(). Durch **const** T & liefert die Methode read() eine konstante Referenz auf die Member-Variable value zurück: Obwohl damit die eigentlich geschützte Member-Variable selbst zurückgegeben wird, können wir durch den **const**-Qualifizierer sicherstellen, dass die Member-Variable zumindest vom Aufrufer nicht verändert werden kann. Wenn wir nur eine Kopie der Member-Variablen – also deren Wert – zurückgeben wollten, würden wir die Methode so schreiben:

`T read()` **`const`** `{`**`return`** `value;}`

Der zweite **const**-Qualifizierer zwischen Kopf und Körper der Methode `read()` ist eine Information für den Compiler, dass diese Methode bei einer konstanten Referenz auf das Objekt verwendet werden kann. Dies ist in der Funktion `readChannel()` der Fall: Der Funktion wird eine konstante Referenz auf ein Objekt der Template-Klasse `Channel` übergeben (wobei der Template-Typ-Parameter auf „integer" festgelegt wird). Damit machen wir klar, dass das Objekt von dieser Funktion nicht verändert werden soll. Somit können wir auf die Objekt-Referenz nur Methoden anwenden, die als **const** qualifiziert wurden – also nur `read()` aber nicht die Methode `write()`. Die Methode `write()` kann in der Funktion `writeChannel()` benutzt werden, da wir hier eine nicht-konstante Referenz auf das Objekt der Klasse `Channel` übergeben. Auch bei der Methode `write()` übergeben wir das Argument als konstante Referenz („call-by-reference"). Wir hätten natürlich auch den Wert des Arguments übergeben können („call-by-value"), wenn wir die Methode so geschrieben hätten: **`void`** `write(T in) {value = in;}`

Damit ist unsere kurze Einführung der wesentlichen C++-Konstruktionen abgeschlossen. Wir werden diese Konstruktionen in den nächsten Kapiteln in den SystemC-Beispielen benutzen.

3 Register-Transfer-Level-Modellierung mit SystemC

In diesem Kapitel wollen wir eine erste Einführung in SystemC geben. Obgleich die Schwerpunkte von SystemC eher in der Transaction-Level-Modellierung liegen, kann es auch für die Modellierung auf Register-Transfer-Level genutzt werden und damit in einer ähnlichen Weise wie Hardwarebeschreibungssprachen wie beispielsweise VHDL oder Verilog. Wir möchten in diesem Kapitel daher zunächst alle wesentlichen Konstruktionen darstellen, die man sowohl für die RTL-Modellierung als auch später für die Modellierung auf Transaktionsebene einsetzen kann. Wir geben zunächst einen Überblick über die auf C++ beruhende SystemC-Bibliothek und zeigen dann vergleichend zu einem VHDL-Modell, wie man SystemC-Modelle auf RT-Ebene schreiben kann. Anschließend werden wir wesentliche Konstruktionen wie Module, Prozesse, Ports und Signale noch etwas ausführlicher diskutieren. Wir zeigen auch anhand von Beispielen, was neben dem SystemC-Modell noch benötigt wird, um das Modell simulieren zu können. Dabei diskutieren wir auch die Modellierung der Zeit und wie wir Simulationsergebnisse betrachten können. Das Kapitel schließt dann mit einer Darstellung der von SystemC bereitgestellten „hardwarenahen" Datentypen. Wie der Leser im Verlauf des Kapitels merken wird, besteht SystemC aus einer Vielzahl von Klassen, die wiederum über eine Vielzahl von Methoden und Operatoren verfügen. Da wir uns später noch auf die Transaction-Level-Modellierung konzentrieren wollen, ist es im Rahmen dieses Buches nicht möglich, eine ausführliche Darstellung wirklich aller Klassen und Methoden zu geben. Wir möchten vielmehr dem Leser wieder anhand von Beispielen ein grundsätzliches Verständnis der Vorgehensweise vermitteln und lassen daher die – aus Sicht des Autors – eher unwichtigen Dinge weg. Der „SystemC Golden Reference Guide" von Doulos [16] bietet eine Übersicht über die im Standard IEEE 1666 vorhandenen Klassen mit ihren Methoden und Operatoren und eignet sich gut als Nachschlagewerk. Auch das Dokument zum IEEE-Standard 1666-2011 [21] kann als Nachschlagewerk benutzt werden.

3.1 Der Aufbau der SystemC-Bibliothek

Obwohl häufig von der SystemC-"Sprache" in der Literatur gesprochen wird [15, 43] handelt es sich bei SystemC um eine C++-Klassenbibliothek und damit nicht um eine eigenständige Programmiersprache – die Programmiersprache ist C++. Wir möchten an dieser Stelle einen Überblick über den Aufbau der SystemC-Bibliothek geben (vgl. auch [16, 32, 21]). Eine Anleitung, wie diese Bibliothek zu installieren und wie ein C++-Projekt unter Verwendung dieser Bibliothek anzulegen ist, kann dem Anhang A.2 entnommen werden. Die SystemC-Bibliothek ist für eine Reihe von UNIX/Linux-Systemen verfügbar und auch für Windows-Systeme. Für die Programmentwicklung unter UNIX/Linux kommt der GNU C++-Compiler (GCC) zum Einsatz, unter Windows wird der C++-Compiler der „Visual Studio"-Entwicklungsumgebung benutzt. Die SystemC-Klassenbibliothek kann von der Accellera-Website [1] heruntergeladen werden, nachdem man sich dort registriert hat. Die im Buch benutzte Version ist die „Release 2.2.0" aus dem Jahr 2007 und umfasst die „Kern-Sprache" nach Abbildung 3.1. Daneben sind noch weitere Bibliotheken erhältlich, so beispielsweise die TLM-2.0-Bibliothek, die wir in den späteren Kapiteln noch benötigen. Seit Juli 2012 ist eine neue „Release 2.3.0" verfügbar, welche die letzte Version des SystemC-Standards IEEE 1666-2011 reflektiert und die TLM-2.0-Bibliothek beinhaltet. Am grundsätzlichen Aufbau der Bibliothek wurde dabei nichts verändert.

Wie Abbildung 3.1 zeigt, baut SystemC auf C++ auf. Die Bibliothek beinhaltet zunächst einen Simulator-Kern (auch als „Scheduler" bezeichnet, vgl. [21]), der über einen so genannten „ereignisgesteuerten Simulationsalgorithmus" die Ausführung der nebenläufigen „Prozesse" steuert. Wie in VHDL stellen auch in SystemC die Prozesse das wesentliche Modellierungselement für die naturgemäß nebenläufige Hardware dar. In SystemC gibt es allerdings zwei unterschiedliche Sorten von Prozessen, die „Threads" und „Methods" – näheres dazu später. Im Übrigen funktioniert der Simulator-Kern genauso wie ein VHDL-Simulator. Im Unterschied zu VHDL enthält allerdings jedes kompilierte SystemC-Modell den Simulator-Kern, so dass wir zur Ausführung des Modells kein separates – und möglicherweise teures – Simulationswerkzeug benötigen. Bei der Kompilation eines SystemC-Modells entsteht am Ende eine ausführbare Datei – wie bei jedem C++-Programm – welche wir auf der Betriebssystem-Konsole ausführen können. Dennoch ist es möglich, SystemC-Modelle auch für Simulationswerkzeuge wie beispielsweise den „Modelsim" von Mentor Graphics [29] zu kompilieren und dort zur Ausführung zu bringen – sogar zusammen mit VHDL-Modellen.

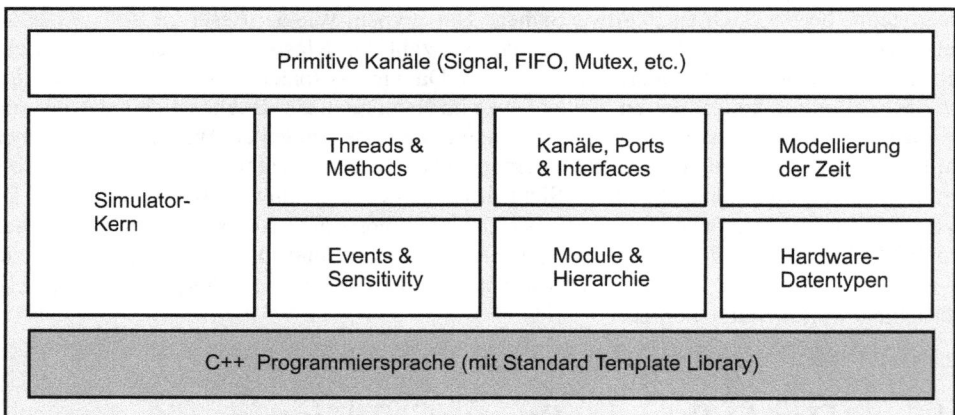

Abb. 3.1: *Inhalt und Aufbau der SystemC-Bibliothek (nach [15])*

Neben dem Simulator-Kern enthält die SystemC-Bibliothek eine Reihe von verschiedenen Mechanismen in Form von C++-Klassendefinitionen, die man für die Modellierung von Register-Transfer-Modellen benötigt. Insofern ist sie auf den ersten Blick ein C++-„Nachbau" einer Hardwarebeschreibungssprache wie VHDL. Wie wir aber noch sehen werden, umfasst die Bibliothek noch weitere Funktionalitäten, die aber erst in der Transaction-Level-Modellierung richtig zum Tragen kommen und von „klassischen" HDLs nicht zur Verfügung gestellt werden. In der SystemC-Bibliothek sind neben dem Simulator-Kern im Wesentlichen die in Abbildung 3.1 gezeigten Mechanismen vorhanden:

- Nebenläufigkeit („Threads & Methods"): Dies sind die schon angesprochenen Prozesse für die Modellierung von nebenläufiger Hardware.

- Reaktivität („Events & Sensitivity"): Die Ausführung von Prozessen wird durch Ereignisse („Events") auf Signalen oder Ports, die in der so genannten „Sensitivitätsliste" stehen, gesteuert.

- Kommunikation („Kanäle, Ports & Interfaces"): SystemC-Ports haben für die Modellierung auf RT-Ebene die gleiche Funktion wie in VHDL, nämlich Komponenten oder Module miteinander über Signale zu verbinden. Allerdings wird dieser Mechanismus in SystemC verallgemeinert – dies wird speziell für die TL-Modellierung benutzt – und hierzu sind dann insbesondere auch die Interfaces notwendig. Signale sind in diesem Zusammenhang eine spezielle Form eines so genannten „Kanals", dies wird ebenfalls in einem späteren Kapitel genauer erläutert.

- Hierarchie („Module & Hierarchie"): Die Strukturierung eines Hardware-Modells erfolgt in VHDL durch Komponenten, die aus einer „Entity" und einer „Architecture" bestehen. Damit ist ein hierarchischer Aufbau des Modells möglich. In SystemC wird der Entwurf ebenfalls hierarchisch in so genannte „Module" gegliedert. Dies sind Klassen, die von einer speziellen SystemC-Basisklasse abgeleitet werden, wie wir später noch sehen werden.

- Modellierung der Zeit: Im Unterschied zu einem „normalen" Programm in C++ ist es bei einem RTL-Modell notwendig, auch den Zeitverlauf zu modellieren. Hierzu ist insbesondere der Takt notwendig und SystemC bietet für die Zeitmodellierung eines RTL-Modells entsprechende Mechanismen an.

- Hardware-Datentypen: In VHDL werden häufig so genannte „Hardware-Datentypen" benutzt, um Verbindungen zwischen Komponenten und Prozessen „hardwarenah" modellieren zu können, beispielsweise einzelne Bits eines Busses oder mehrwertige Signalzustände [18]. Auch in SystemC sind hierzu spezielle Datentypen vorhanden.

- Primitive Kanäle: Wie schon erwähnt, werden in SystemC für die Kommunikation so genannte „Kanäle" benutzt. Wie wir später sehen werden, können Kanäle sogar selbst geschrieben werden; es existieren jedoch eine Reihe von vordefinierten, so genannten „primitiven Kanälen", zu denen die Signale beispielsweise zählen.

3.2 Einführung in SystemC anhand eines Beispiels

Wir möchten in diesem Abschnitt zunächst ein erstes RTL-Modell-Beispiel in VHDL beschreiben und diesem ein SystemC-Modell gegenüberstellen, welches die gleiche Funktionalität aufweist. In späteren Abschnitten werden wir auch anhand dieses ersten Beispiels weitere Konstruktionen und Varianten für RTL-Modelle in SystemC besprechen.

3.2.1   Das Beispiel in VHDL

Ein Modell einer digitalen Schaltung auf Register-Transferebene zeichnet sich dadurch aus, dass die Anzahl der Taktschritte, die für die Abarbeitung der Funktion benötigt werden, und die Bitbreite der Register festgelegt wird („bitrichtig" und „taktrichtig"). In VHDL beschreiben wir ein solches RTL-Modell durch nebenläufige Prozesse, wobei man das Schaltungsmodell häufig aufteilt in „kombinatorische" Prozesse, welche die *Schaltnetze* beschreiben, und in „getaktete" Prozesse, welche die Speicherelemente beschreiben, also die *Flipflops* und *Register* (vgl. [18]).

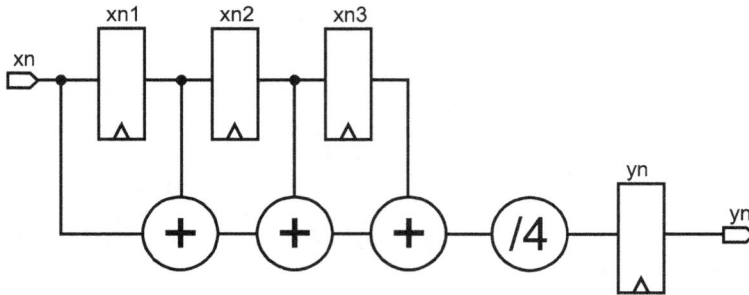

Abb. 3.2: *Register-Transfer-Struktur für die Schaltung zur Berechnung des gleitenden Mittelwerts. Zur besseren Übersicht wurde das Takt- und das Reset-Signal in der Abbildung weggelassen.*

Wir zeigen diese Vorgehensweise anhand einer synchronen, digitalen Schaltung, die den so genannten „gleitenden Mittelwert" berechnet. Es sei eine Folge von ganzzahligen Eingangswerten x_n (32-Bit, vorzeichenbehaftet) gegeben, die mit jedem Taktschritt an die Schaltung angelegt werden, wobei zu jedem Eingangswert x_n der gleitende Mittelwert y_n nach folgender Vorschrift zu berechnen sei:

$$y_n = \frac{x_n + x_{n-1} + x_{n-2} + x_{n-3}}{4} \tag{3.1}$$

Dabei seien x_{n-i} die jeweiligen Werte aus der Vergangenheit, also die vorher abgetasteten Werte. Es handelt sich daher um eine Mittelwertbildung 4. Ordnung. Die Schaltung wirkt wie ein Tiefpassfilter; dies bedeutet, dass schnelle Änderungen der Eingangswerte geglättet werden. Abbildung 3.2 zeigt eine mögliche RT-Struktur dieser Schaltung, dabei hält das Register *xn1* den Wert x_{n-1}, das Register *xn2* den Wert x_{n-2} und das Register *xn3* den Wert x_{n-3}.

Diese Struktur können wir nun in den entsprechenden VHDL-Code aus Listing 3.1 umsetzen. Die Entity beschreibt die Anschlüsse der Schaltung. In der Architecture werden zunächst vier Signale angelegt, die wir im Wesentlichen zum Verbinden der beiden Prozesse `regs` und `comb` benötigen. Der getaktete Prozess `regs` beschreibt die vier Register, die in Abbildung 3.2 zu sehen sind. Zu beachten ist, dass wir für die Signale sowie für die Ports `xn` und `yn` den Datentyp `integer` gewählt haben, so dass diese bei der Implementierung in Hardware 32 Bit breit werden und wir somit auch vier 32-Bit Register erhalten würden. Wir werden uns im Rahmen dieses Buches allerdings nicht um Fragen der Implementierung kümmern, hierzu sei beispielsweise auf [18] verwiesen. Der Prozess `comb` ist ein kombinatorischer Prozess und beschreibt

die drei Addierer und die Division durch den Faktor 4, die in Abbildung 3.2 zu sehen sind. Für die Berechnung der Zwischenwerte werden lokale Variablen eingesetzt.

Listing 3.1: VHDL-Code für den gleitenden Mittelwert (Datei „k3b1gm.vhd")

```vhdl
 1  LIBRARY ieee;
 2  USE ieee.std_logic_1164.all;
 3
 4  ENTITY gm IS
 5  PORT (
 6    clk   : IN   bit;
 7    reset : IN   bit;
 8    xn    : IN   integer;
 9    yn    : OUT  integer
10    );
11  END gm;
12
13  ARCHITECTURE beh OF gm IS
14    SIGNAL xn1, xn2, xn3, result : integer;
15  BEGIN
16    regs: PROCESS (clk, reset)
17    BEGIN
18     IF reset = '1' THEN
19       xn1 <= 0;
20       xn2 <= 0;
21       xn3 <= 0;
22       yn  <= 0;
23     ELSIF clk'event AND clk = '1' THEN
24       xn1 <= xn;
25       xn2 <= xn1;
26       xn3 <= xn2;
27       yn <= result;
28     END IF;
29    END PROCESS regs;
30
31    comb: PROCESS (xn, xn1, xn2, xn3)
32      VARIABLE i1, i2, i3 : integer := 0;
33    BEGIN
34      i1 := xn + xn1;
35      i2 := i1 + xn2;
36      i3 := i2 + xn3;
37      result <= i3 / 4;
38    END PROCESS comb;
39
40  END beh;
```

Die Funktion der Schaltung können wir nun in VHDL durch eine Simulation überprüfen, wozu wir noch eine *Testbench* (siehe beispielsweise [18]) benötigen würden, welche entsprechende Signalwechsel an den Eingängen der Schaltung anlegt. Den Quellcode der Testbench lassen wir an dieser Stelle aus Platzgründen weg und zeigen später im Rahmen des SystemC-Modells die Funktionsweise einer Testbench. Aus dem in Abbildung 3.3 gezeigten Simulationsergebnis ist ersichtlich, dass die Testbench mit der *fallenden* Flanke des Taktes `clk` neue Werte an das Schaltungsmodell anlegt, welches wiederum mit der *steigenden* Flanke des Taktes neue Werte produziert. Da die Register der Schaltung mit dem aktiven Reset am Anfang auf 0 gesetzt werden, werden danach vier Taktschritte benötigt, bis die Register „gefüllt" sind. Zu beachten ist im übrigen, dass hier eine ganzzahlige Division stattfindet, daher können Nachkommastellen nicht verarbeitet werden. Der Wert 12 am Ausgang `yn` zum Zeitpunkt $t = 15$ ns entsteht beispielsweise aus der Berechnung nach Gleichung 3.1 $y_n = (50 + 0 + 0 + 0)/4 = 12{,}5$ unter Abschneiden der Nachkommastelle, der Wert 25 aus der Berechnung $y_n = (50 + 50 + 0 + 0)/4 = 25$ und der Wert 37 aus der Berechnung $y_n = (50 + 50 + 50 + 0)/4 = 37{,}5$. Im vierten Schritt weisen alle Register und der Eingang den gleichen Wert 50 auf und somit entsteht $y_n = (50 + 50 + 50 + 50)/4 = 50$.

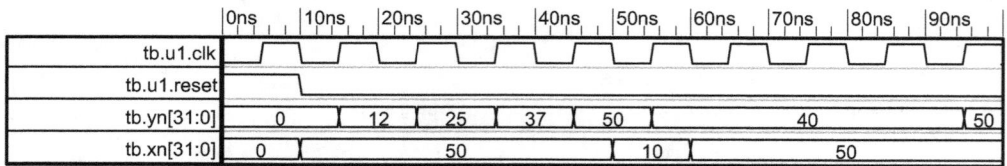

Abb. 3.3: *Simulationsergebnis für den gleitenden Mittelwert.*

In der weiteren Simulation ist ferner zum Zeitpunkt $t = 50$ ns ein „Einbruch" im Eingangssignal auf den Wert 10 zu erkennen, was am Ausgang zum Wert 40 führt, der für vier Taktschritte anliegt. Dies kann man wieder mit Gleichung 3.1 begründen: Wenn die 10 am Eingang anliegt, ergibt sich aus der Berechnung $y_n = (10 + 50 + 50 + 50)/4 = 40$. Die nächsten drei Werte weisen dann durch die Berechnungen $y_n = (50 + 10 + 50 + 50)/4 = 40$, $y_n = (50 + 50 + 10 + 50)/4 = 40$ und $y_n = (50 + 50 + 50 + 10)/4 = 40$ ebenfalls alle den Wert 40 auf. Aus diesem Verhalten ist die angesprochene „Glättungsfunktion" unseres „Mittelwertfilters" ersichtlich.

3.2.2   Das Beispiel in SystemC

Wir stellen in diesem Abschnitt den SystemC-Code für das Mittelwertfilter zunächst in einer Übersicht vor und werden dann in den folgenden Abschnitten anhand dieses Beispiels die wichtigsten SystemC-Konstruktionen für RTL-Modelle detaillierter diskutieren. Wie schon in Abschnitt 2.4 beschrieben wurde, teilen wir auch hier eine C++-Klasse in eine Header-Datei und eine Implementierungsdatei auf. Listing 3.2 zeigt die Header-Datei unseres Beispiels und Listing 3.3 die Implementierungsdatei.

In der Header-Datei muss zunächst in Zeile 3 die SystemC-Bibliothek eingebunden werden und in Zeile 4 der Namensraum `sc_core` geöffnet werden, damit die nachfolgenden SystemC-Elemente und Bezeichner dem Compiler bekannt sind. Wir benutzen hier die spitzen Klammern statt der Anführungszeichen für die Header-Datei, da der Ort der SystemC-Bibliothek über den Suchpfad in den Einstellungen des Compilers bekannt gemacht wird. Wenn man Zeile 3 und 4 durch **#include** <systemc.h> ersetzt, so kann man das explizite Öffnen der Namensräume umgehen. Wir halten uns im Folgenden aber an die modernere Variante mit expliziter Öffnung der Namensräume (siehe auch [10]). In Zeile 6 von Listing 3.2 wird die Definition des *Moduls* MovingAverage mit SC_MODULE eingeleitet. Hierbei handelt es sich um ein so genanntes „Makro" aus der SystemC-Bibliothek, mit dem ein SystemC-Modul beschrieben wird. Wie wir noch sehen werden, verbirgt sich hinter dem Makro die Definition einer von der Eltern-Klasse sc_module abgeleiteten C++-Klasse – ein SystemC-Modul ist also eine C++-Klasse.

Listing 3.2: Header-Datei für den gleitenden Mittelwert (Datei „k3b1movingaverage.h")

```
1   #ifndef K3B1MOVINGAVERAGE_H
2   #define K3B1MOVINGAVERAGE_H
3   #include <systemc>
4   using namespace sc_core;
5
6   SC_MODULE(MovingAverage) {
7     //Ports
8     sc_in<bool> clk, reset;
9     sc_in<int>  xn;
10    sc_out<int> yn;
11    //Processes
12    void regs();
13    void comb();
14    //Constructor
15    SC_CTOR(MovingAverage){
16      SC_METHOD(regs);
17      sensitive << clk << reset;
18      SC_METHOD(comb);
19      sensitive << xn << xn1 << xn2 << xn3;
20    };
21  private:
22    //Internal signals
23    sc_signal<int> xn1, xn2, xn3, result;
24  };
25  #endif
```

In den Zeilen 8 bis 10 werden die Ports des Moduls instanziert. Eingangs-Ports sind Instanzen der SystemC-Klasse sc_in und Ausgangs-Ports sind Instanzen der Klasse sc_out. Wie man erkennen kann, handelt es sich offensichtlich um Template-Klassen, wobei der Template-Parameter hier der Datentyp des Ports ist. Der Datentyp der Ports xn und yn ist wie im VHDL-Beispiel aus Listing 3.1 ebenfalls „integer". Die Ports clk und reset sind allerdings vom C++-Datentyp „boolean" (Werte **true** und **false**). Im VHDL-Beispiel handelt es sich um den Datentyp „bit" (Werte '1' und '0'); dies ist ein „Hardware"-Datentyp. Beide Datentypen sind jedoch zweiwertig.

In Zeile 12 und 13 werden die Köpfe von zwei Methoden regs und comb deklariert, aus denen die aus dem VHDL-Code bekannten Prozesse werden sollen. Da es im Unterschied zu VHDL in C++ keine „eingebauten" Prozesse gibt, werden die Prozesse in SystemC durch C++-Methoden realisiert, die beim Simulatorkern als Prozesse „angemeldet" oder „registriert" werden. Hierzu ist es notwendig, dass die Methoden weder Argumente noch einen Rückgabewert aufweisen, da sie unter der Kontrolle des Simulators ausgeführt werden. Die Registrierung der Methoden als

Prozesse erfolgt im Konstruktor. In Listing 3.2 verwenden wir in Zeile 15 das Makro SC_CTOR (CTOR steht dabei für ConstrucTOR), um den Konstruktor für das Modul zu deklarieren; wir werden später sehen, was sich hinter diesem Makro verbirgt. Die Anmeldung der Methoden als Prozesse beim Simulator erfolgt durch das Makro SC_METHOD in den Zeilen 16 und 18.

Listing 3.3: *Implementierungsdatei für den gleitenden Mittelwert (Datei „k3b1movingaverage.cpp")*

```
 1  #include "k3b1movingaverage.h"
 2  void MovingAverage::regs() {
 3    if (reset.read() == true) {
 4      xn1.write(0);
 5      xn2.write(0);
 6      xn3.write(0);
 7      yn.write(0);
 8    }
 9    else if (clk.posedge() == true) {
10      xn1.write( xn.read() );
11      xn2.write( xn1.read() );
12      xn3.write( xn2.read() );
13      yn.write( result.read() );
14    }
15  }
16  void MovingAverage::comb() {
17    int i1, i2, i3;
18
19    i1 = xn.read() + xn1.read();
20    i2 = i1 + xn2.read();
21    i3 = i2 + xn3.read();
22    result.write(i3 / 4);
23  }
```

Für Prozesse sind die so genannten „Sensitivitätslisten" [18] wichtig, welche die Ausführung der Prozesse im Simulator steuern. Im VHDL-Code ist die Sensitivitätsliste Bestandteil der Prozess-Deklaration (siehe Zeilen 16 und 31 in Listing 3.1). In SystemC erfolgt die Deklaration der Sensitivitätsliste direkt nach der Registrierung der zugehörigen Prozesse durch sensitive (Zeilen 17 und 19 in Listing 3.2); dies ist ein Objekt der Klasse sc_sensitive und in der Eltern-Klasse sc_module instanziert. Im Grunde genommen verlangt die Sensitivitätsliste eines Prozesses in SystemC, dass wir ihr *Ereignisse* mit Hilfe des <<-Operators hinzufügen (syntaktisch ist dies verwandt mit dem so genannten „Insertion Operator" << bei cout-"Stream"-Objekten). Ein Ereignis ist beispielsweise ein Wertewechsel auf einem Port oder Signal und ein Prozess wird ausgeführt, wenn ein Ereignis stattfindet – dies ist vergleichbar mit den entsprechenden Mechanismen in VHDL. Wir werden die Steuerung von Prozessen noch etwas ausführlicher in Kapitel 5 diskutieren; für den Moment genügt es zu wissen, dass wir der Sensitivitätsliste Ports oder Signale hinzufügen können und ein Prozess dann ausgeführt wird, wenn ein Wertewechsel und damit ein Ereignis auf dem Port oder Signal vorliegt. Wir können die Ports oder Signale in einer Zeile hinzufügen, wie in Listing 3.2 gezeigt, oder durch aufeinanderfolgende Anweisungen. So könnte man statt der Zeile 17 auch schreiben:

sensitive << clk;
sensitive << reset;

Wichtig ist nur, dass dies *nach* der Registrierung des zugehörigen Prozesses und *vor* der Registrierung des nächsten Prozesses erfolgt.

Schließlich müssen noch in Zeile 23 von Listing 3.2 die für die Verbindung der Prozesse notwendigen Signale deklariert werden. Da bei der Definition des Moduls alle Klassenelemente per Voreinstellung **public** sind, werden die Signale hier als **private** deklariert, da man auf sie von außerhalb der Klasse nicht zugreifen können soll. Die Ports und der Konstruktor müssen allerdings **public** sein, die Prozesse (Methoden) könnten auch als **private** deklariert werden. Wie zu erkennen ist, handelt es sich bei den Signalen um Instanzen der Klasse `sc_signal`. Diese ist ebenfalls – wie die Ports – eine Template-Klasse, mit dem Datentyp als Parameter.

Nun fehlen noch die Implementierungen oder Körper der Prozess-Methoden, um das Beispiel zu vervollständigen; diese sind in der Implementierungsdatei in Listing 3.3 zu finden. Für das Verständnis ist zunächst die Tatsache wichtig, dass die Ports und Signale C++-Objekte sind und damit auch über öffentliche Methoden verfügen. Wir werden auf diese Methoden später noch etwas genauer eingehen; für das Beispiel wichtig sind zunächst die Methoden `read()`, `write()` und `posedge()`. Die Methode `read()` liefert den aktuellen Wert des Ports oder des Signals zurück, welcher vom jeweils deklarierten Datentyp ist. Die Methode `write()` schreibt den Wert des übergebenen Arguments auf den Port oder das Signal.

Im Prozess `regs` in Zeile 3 wird durch `reset.read() == ` **true** also verglichen, ob der Port `reset` den Wert **true** aufweist. In diesem Reset-Fall werden dann die Signale `xn1`, `xn2` und `xn3` sowie der Port `yn` mit Hilfe der jeweiligen `write()`-Methode auf Null gesetzt. Mit der Methode `posedge()` wird in Zeile 9 geprüft, ob auf dem Port `clk` eine steigende Flanke – also ein Wechsel von **false** nach **true** – vorliegt; in diesem Fall liefert die Methode ein **true** zurück. Bei der steigenden Taktflanke werden dann die Werte der Ports und Signale `xn`, `xn1`, `xn2` und `result` gelesen und auf die Ports und Signale `xn1`, `xn2`, `xn3` und `yn` geschrieben. Damit entpricht dieser SystemC-Prozess in seiner Funktion seinem VHDL-Pendant aus Listing 3.1. Auch der Prozess `comb` ab Zeile 16 von Listing 3.3 entpricht in seiner Funktion dem VHDL-Code des Prozesses `comb` aus Listing 3.1. Für die Zwischenergebnisse werden auch hier lokale Variablen benutzt.

3.3 Strukturierung durch Module

Wie wir schon erwähnt haben, wird ein SystemC-Modell im wesentlichen durch *Module* strukturiert, analog zur Vorgehensweise in einer Hardwarebeschreibungssprache wie VHDL oder Verilog. Mit Hilfe der Strukturierung durch Module kann ein komplexes System oder Modell in kleinere Einheiten – nach dem Prinzip „Teile-und-Herrsche" – zerlegt und damit besser handhabbar gemacht werden. Ferner können einmal entwickelte Module wiederverwendet werden und somit die Entwicklung neuer Modelle erleichtern. Da es sich bei SystemC im Kern um C++ handelt, ist es naheliegend, für die Implementierung der Module die C++-Klassen zu benutzen und damit die gleichen Strukturierungsmechanismen wie im objektorientierten Software-Entwurf. Im vorangegangenen Kapitel haben wir die beiden Mechanismen *Zusammensetzung/-Komposition* und *Vererbung* in C++ gegenübergestellt. Wenn wir ein elektronisches System modellieren möchten, so werden wir vermutlich häufig eher die Komposition benutzen – also den hierarchischen Aufbau des Systems aus einzelnen Modulen – als die Vererbung. Dennoch hat man im Vergleich zu VHDL oder Verilog mit der Vererbung ein zusätzliches Werkzeug zur

Verfügung, welches in den „klassischen" Hardwarebeschreibungssprachen fehlt, da sie nicht objektorientiert sind. In den Beispielen dieses Buches werden wir allerdings unsere Modelle hauptsächlich durch Komposition aufbauen.

Die Bestandteile eines Moduls (einer C++-Modul-Klasse) – die wir zum Teil schon aus dem ersten Beispiel vom letzten Abschnitt kennen – können im Wesentlichen die folgenden sein:

- *Ports* zur Verbindung des Moduls nach „außen"; dies sind Instanzen von Klassen – also Objekte – aus der SystemC-Bibliothek.

- *Signale* zur Verbindung von Prozessen oder Modulen; dies sind ebenfalls Instanzen von Klassen der SystemC-Bibliothek.

- Instanzierung (für die Zusammensetzung/Komposition) hierarchisch tiefer stehender *Module* als Klassen-Objekte.

- Methoden, die beim Simulator als *Prozesse* angemeldet werden.

- Weitere *Klassen-Methoden*, die gegebenenfalls für die Funktionalität des Moduls neben den Prozessen benötigt werden.

- Weitere Datenelemente einer Klasse wie *Member-Variablen* oder lokale Variablen in Methoden.

- Schließlich wird noch der *Konstruktor* für wichtige Aufgaben benötigt, wie die Registrierung von Prozessen, die Instanzierung dynamischer Objekte, die Initialisierung von Member-Variablen und – wie wir noch sehen werden – für die Verbindung von Modulen über Signale.

- Gegebenenfalls werden noch weitere Dinge wie Destruktoren, Kopierkonstruktoren [10, 25] im Sinne einer „sicheren" Programmiertechnik benötigt. Wir werden in unseren Beispielen der Übersicht halber in der Regel darauf verzichten.

Der in Hardwarebeschreibungssprachen kundige Leser wird sicher die Unterscheidung in *Strukturbeschreibungen* und *Verhaltensbeschreibungen* kennen (vgl. [18]): Erstere verschalten im Wesentlichen Komponenten – erzeugen also eine hierarchische Struktur – und letztere modellieren das Verhalten von Komponenten mit Prozessen und beinhalten keine weiteren Komponenten. Diese Methodik lässt sich auch auf SystemC übertragen: Ein SystemC-Modul, dass weitere Module instanziert und verschaltet, ist eine Strukturbeschreibung (also Zusammensetzung/Komposition), und ein Modul, in dem keine weiteren Module instanziert werden, sondern welches das Verhalten mit Hilfe von Prozessen beschreibt, ist eine Verhaltensbeschreibung. Das Beispiel des Mittelwertfilters aus dem letzten Abschnitt wäre also in diesem Sinne eine Verhaltensbeschreibung.

Dass es sich bei SystemC-Modulen um C++-Klassen handelt, können wir erkennen, wenn wir uns ansehen, was sich hinter dem Makro `SC_MODULE` verbirgt: Das in Zeile 6 von Listing 3.2 benutzte Makro `SC_MODULE(MovingAverage)` wird vom Präprozessor des C++-Compilers zu **struct** `MovingAverage` : **public** `sc_module` expandiert. Daher haben wir unser Mittelwertfilter-Beispiel aus dem letzten Abschnitt etwas umgeschrieben, so dass es auch wie eine

C++-Klasse aussieht; dies ist in den Listings 3.4 und 3.5 gezeigt. Durch die Expansion des SC_MODULE-Makros zu einem **struct**, sind alle nachfolgenden Klassenelemente **public**; es ist beim Aufbau eines Moduls auch sinnvoll, die öffentlichen Elemente wie die Ports, die Prozesse und den Konstruktor zuerst zu definieren oder deklarieren. Wir hätten statt dem **struct** die Definition der Klasse auch mit **class** einleiten können, dann wäre zunächst aber **public** nötig gewesen, um die nachfolgenden Elemente als öffentlich zu deklarieren. Wie zu erkennen ist, wird unsere Klasse MovingAverage von der Basisklasse sc_module abgeleitet. In dieser Basisklasse aus der SystemC-Bibliothek sind eine Reihe von Methoden und Datenelementen definiert, die insbesondere für die Steuerung der Prozessausführung wichtig sind; wir werden darauf noch in den folgenden Abschnitten eingehen. Verwendet man das SC_MODULE-Makro zur Definition einer Modul-Klasse hat dies den Nachteil, dass es keine Mehrfachvererbungen zulässt – was insbesondere in der Transaction-Level-Modellierung in späteren Kapiteln benötigt wird.

Listing 3.4: Mittelwertfilter im „C++-Stil" (Header) (Datei „k3b1movaverage_cppstyle.h")

```
1   #ifndef K3B1MOVAVERAGE_CPPSTYLE_H
2   #define K3B1MOVAVERAGE_CPPSTYLE_H
3   #include <systemc>
4   using namespace sc_core;
5
6   struct MovingAverage : public sc_module {
7     //Ports
8     sc_in<bool> clk, reset;
9     sc_in<int>  xn;
10    sc_out<int> yn;
11    //Processes
12    void regs();
13    void comb();
14    //Constructor
15    SC_HAS_PROCESS(MovingAverage);
16    MovingAverage(sc_module_name);
17  private:
18    //Internal signals
19    sc_signal<int> xn1, xn2, xn3, result;
20  };
21  #endif
```

Eine weitere Änderung, neben der Expansion des SC_MODULE-Makros, betrifft den Konstruktor. In Listing 3.2 erfolgte die Definition des Konstruktors durch das SC_CTOR-Makro in der Definition der Klasse. Das Makro SC_CTOR(MovingAverage) wird vom C++-Präprozessor zu folgendem expandiert:

```
SC_HAS_PROCESS(MovingAverage);
MovingAverage(sc_module_name name)
```

MovingAverage(sc_module_name name) ist der Kopf einer C++-Konstruktor-Definition, mit einem Argument name vom Datentyp sc_module_name. Hierbei handelt es sich um einen String, der vom Simulator benutzt wird, um einen hierarchischen Namen für das Modul zu generieren. Bei der Instanzierung des Moduls muss also zwingend ein Name vergeben werden, was wir später noch sehen werden. Das SC_CTOR-Makro beinhaltet durch das integrierte SC_HAS_PROCESS-Makro darüber hinaus noch einige wichtige Definitionen betreffend der Prozesse [21], die im Konstruktor über das Makro SC_METHOD beim Simulator angemeldet werden. Allerdings hat das SC_CTOR-Makro den Nachteil, dass man dem Konstruktor keine weiteren Argumente übergeben kann, so dass man gerade in der TL-Modellierung dieses Makro meist nicht verwendet, sondern explizit den Konstruktor-Kopf wie in Listing 3.4 hinschreibt. In diesem Fall ist es aber zwingend notwendig das Makro SC_HAS_PROCESS zu benutzen, sofern im Modul Prozesse vorhanden sind. Sind keine Prozesse vorhanden – beispielsweise in einer reinen Strukturbeschreibung – so ist auch dieses Makro nicht notwendig. Das SC_HAS_PROCESS-Makro kann entweder an einer beliebigen Stelle in der Definition der Klasse stehen oder im Konstruktor-Körper vor den Prozess-Makros; wobei zu beachten ist, dass das Argument des Makros der Klassenname ist und dass das Makro mit einem Semikolon abgeschlossen werden muss. Es ist dabei üblich, das SC_HAS_PROCESS-Makro vor oder nach der Deklaration des Konstruktors einzusetzen.

Listing 3.5: *Mittelwertfilter im „C++-Stil" (Implementierung) (Datei „k3b1movaverage_cppstyle.cpp")*

```
 1  #include "k3b1movaverage_cppstyle.h"
 2  //Constructor
 3  MovingAverage::MovingAverage(sc_module_name name){
 4      SC_METHOD(regs);
 5      sensitive << clk << reset;
 6      SC_METHOD(comb);
 7      sensitive << xn << xn1 << xn2 << xn3;
 8  }
 9  void MovingAverage::regs() {
10      ...
11  }
12  void MovingAverage::comb() {
13      ...
14  }
```

Wir wollen nun in der zweiten Version unseres Beispiels – wie in einem C++-Programm gewohnt – auch den Konstruktor in der Header-Datei zunächst nur deklarieren und in der Implementierungsdatei seinen Körper beschreiben, wie in den Listings 3.4 und 3.5 gezeigt. Sofern wir keine weiteren Argumente an den Konstruktor übergeben möchten, könnten wir die Deklaration des Konstruktors in den Zeilen 15 und 16 von Listing 3.4 im Prinzip auch mit Hilfe des SC_CTOR-Makros vornehmen, in dem wir die Zeilen durch SC_CTOR(MovingAverage); ersetzen.

Die beiden Makros SC_MODULE und SC_CTOR sind also nicht unbedingt notwendig und haben auch ihre Einschränkungen, gerade im Hinblick auf die TL-Modellierung. Letztlich ist es auch eine Frage des persönlichen Geschmacks, wie weit man die C++-Konstrukte durch Makros „verpacken" möchte. Es ist wohl auch der Sinn dieser Makros, Entwicklern, die in Hardwarebeschreibungssprachen kundig aber keine C++-Experten sind, den Einstieg in SystemC möglichst einfach zu machen. Auch sind natürlich zusätzlich zu den bisher besprochenen Varianten weitere Variationen in der Beschreibung eines Moduls möglich: Man könnte keine Trennung in Deklaration und Definition der Methoden/Prozesse vorsehen, sondern nur eine Header-Datei für das Modul benutzen (vgl. Abschnitt 2.2) – dabei könnte man dann wieder die Makros benutzen oder nicht benutzen. Man findet daher in den Quellen zu SystemC auch die unterschiedlichsten Stile. Wir wollen uns im Folgenden in der Regel an den „C++-Stil" halten und möglichst wenige der Makros benutzen, wobei das SC_HAS_PROCESS-Makro unverzichtbar ist, wenn Prozesse im Modul verwendet werden. Allerdings werden wir häufig auf die Trennung in Header-Datei und Implementierung verzichten, um Platz im Abdruck der Listings zu sparen. Für größere Projekte empfiehlt es sich aber auf jeden Fall, die Trennung in Header- und Implementierungsdatei vorzunehmen.

Der geneigte Leser möchte an dieser Stelle möglicherweise etwas genauer verstehen, was die erwähnten Makros tatsächlich bewirken. Es ist allerdings so, dass diese Makros in der verfügbaren SystemC-Literatur (z.B. [43, 15, 16, 21]) nicht über das hinaus erläutert werden, was wir hier beschrieben haben. Man findet in diesem Zusammenhang beispielsweise in [16] auf Seite 71 bezüglich des SC_CTOR-Makros einen interessanten Kommentar, den wir hier wörtlich wiedergeben möchten:

„SC_CTOR is implementation defined, as are SC_HAS_PROCESS and the process macros. Do not try to understand and deconstruct their definitions."

Es ist auch tatsächlich mit vertretbarem Aufwand nicht möglich, aus den knapp kommentierten Quelldateien der SystemC-Bibliothek die Wirkungsweise der Makros zu verstehen. Wir werden auch im vorliegenden Buch nicht versuchen, die internen Mechanismen der SystemC-Bibliothek zu erläutern.

3.4 Nebenläufigkeit durch Prozesse

Wie wir schon erwähnt haben, wird das Verhalten eines Moduls hauptsächlich durch Prozesse beschrieben. Prozesse sind essentiell in einer Hardwarebeschreibungssprache, da mit ihnen die in der Hardware vorhandene Parallelität oder *Nebenläufigkeit* (engl.: concurrency) modelliert werden kann (vgl. [18]). Dies muss im Zusammenhang mit der *Modellzeit* gesehen werden: In einem Modell der Hardware wird insbesondere auch die in der realen Hardware verstreichende Zeit modelliert. Dies kann beispielsweise die Taktperiodendauer sein oder die Verzögerungszeit eines Gatters. In einem Modell auf Register-Transferebene wird man keine Gatterverzögerungszeiten modellieren, sondern sich auf die Anzahl der Taktschritte und die Taktperiodendauer oder Taktfrequenz beschränken. Damit kann dann beispielsweise auch die Ausführungszeit eines digitalen Systems ($= Taktschritte \times Taktperiodendauer$) durch Simulation des Hardwaremodells bestimmt werden. Aufgrund der jeder Hardware innewohnenden Parallelität kann es nun notwendig sein, zu einem bestimmten Modell-Zeitpunkt mehrere Hardwareeinheiten simulieren zu müssen; beispielsweise bei einem Mikroprozessorsystem mit mehreren Peripherieeinheiten, die parallel zueinander arbeiten. Die Modellierung dieser Nebenläufigkeiten wird in Hardwarebeschreibungssprachen wie VHDL durch Prozesse vorgenommen, die vom Simulator ausgeführt werden. Allerdings ist es nicht so, dass der Simulator alle Prozesse tatsächlich parallel ausführen kann, da der Rechner, auf dem der Simulator ausgeführt wird, möglicherweise nur über eine CPU verfügt. Die Nebenläufigkeit wird also nur simuliert und der Simulator wird die Prozesse in einer bestimmten Reihenfolge ausführen; wie das funktioniert, werden wir im Kapitel 5 genauer beleuchten. Während der Ausführung mehrerer Prozesse zum gleichen Modellzeitpunkt wird die Modellzeit angehalten; die Ausführung der Prozesse durch den Simulator wird aber natürlich *Rechenzeit* oder *Ausführungszeit* auf dem Rechner verbrauchen. Wir müssen also gedanklich unterscheiden zwischen der Modellzeit (simulierte Zeit, vgl. Abschnitt 1.5) und der Ausführungszeit unseres Simulationsmodells auf dem Rechner.

Auf ein Problem im Zusammenhang mit der Ausführung der Prozesse soll an dieser Stelle schon hingewiesen werden: Das Zusammenspiel zwischen dem Simulator und den von ihm auszuführenden Prozessen funktioniert ähnlich wie das von Betriebssystemen bekannte so genannte „kooperative Multitasking" (auch bei den Betriebssystemen spricht man bei den auszuführenden Programmen von Prozessen). Der Simulator-Kern oder „Scheduler" bringt einen Prozess – also eine C++-Methode – zur Ausführung und erst wenn die Methode endet, kehrt die Kontrolle zum Simulator zurück. Der Scheduler hat keine Möglichkeit, die Methode von sich aus zu unterbrechen, wie dies beim so genannten „präemptiven Multitasking" der Fall ist. Man kann daher in SystemC Prozesse so schreiben – beispielsweise durch eine unendliche Schleife –, dass die Kontrolle nicht mehr zum Simulator zurückkehrt; dies ist in aller Regel ein Modellierungsfehler und führt zum so genannten „Aufhängen" der Simulation. Die Ausführung von Prozessen ist im übrigen nicht hierarchisch: Ein Prozess kann keinen weiteren Prozess direkt aufrufen. Es ist allerdings möglich, aus einem Prozess heraus eine Klassen-Methode aufzurufen.

SytemC bietet drei unterschiedliche Formen von Prozessen an (wir benutzen hier und im Folgenden die englischen Bezeichnungen): „Methods", „Threads" und „Clocked-Threads". Wir wollen in den folgenden Abschnitte die Funktionsweise und die Unterschiede dieser Prozesse etwas genauer beleuchten. Ferner wollen wir die Steuerung der Ausführung der Prozesse mit Hilfe von Sensitivitätslisten diskutieren; allerdings beschränken wir uns hier auf die so genannte „statische Sensitivität", wie sie auch aus VHDL bekannt ist. Weitere Formen der Prozesssteuerung in SystemC werden im Zusammenhang mit der Darstellung des Simulationsalgorithmus in Kapitel 5 erläutert.

3.4.1   Method-Prozesse

In unserem Beispiel aus Listing 3.4 und 3.5 haben wir zwei so genannte „Method"-Prozesse benutzt. Ein Method-Prozess ist eine Member-Funktion eines SystemC-Moduls, wobei es zwingend ist, dass die Funktion weder ein Argument noch einen Rückgabewert hat. Dies resultiert aus der Tatsache, dass der Simulator diese Funktion ausführt. Wie wir schon gesehen haben, legen wir einen Method-Prozess dadurch an, dass wir eine Funktion mit beliebigem Namen (z.B. `myProcess()`) schreiben und diese Funktion mit dem Makro `SC_METHOD(myProcess);` im Konstruktor beim Simulator als Method-Prozess anmelden. Die Benamung dieser Prozesse als „Methods" ist möglicherweise etwas verwirrend und kann mit den normalen C++-„Methoden" verwechselt werden. Natürlich sind aber „Method"-Prozesse zunächst einmal C++-Methoden und erst ihre Registrierung beim Simulator durch das Makro `SC_METHOD` macht sie zu „Method"-Prozessen. Auch die nachfolgend erläuterten „Thread"-Prozesse sind C++-Methoden, die durch Registrierung zu Thread-Prozessen werden.

Wenn der Simulator einen Method-Prozess ausführt, so wird der Körper des Prozesses komplett ausgeführt, also von der öffnenden `{`-Klammer bis zur schließenden `}`-Klammer der entsprechenden C++-Funktion. Wie schon erwähnt, hat der Simulator keine Möglichkeit, den Prozess dazwischen zu unterbrechen; erst beim Ende des Method-Prozesses kehrt die Kontrolle zum Simulator zurück. Daher sollte man es unterlassen, im Körper des Method-Prozesses eine Endlosschleife zu schreiben: Der Prozess wird die Kontrolle nicht mehr an den Simulator zurückgeben und die Simulation kann nicht korrekt weitergeführt werden.

Die Frage, wann ein Method-Prozess ausgeführt wird, kann durch die schon in Abschnitt 3.2.2 diskutierte Sensitivitätsliste beantwortet werden, welche nach der Registrierung des Prozesses angegeben wird – wie in Listing 3.5 gezeigt. Ein Method-Prozess wird beliebig oft vom Simulator ausgeführt und zwar immer dann, wenn ein entsprechendes Ereignis auf einem der Signale oder Ports der Sensitivitätsliste vorliegt. Es sei noch bemerkt, dass lokale Variablen in einem Method-Prozess, wie sie beispielsweise im Prozess `comb()` in Listing 3.5 benutzt wurden, nicht-statisch sind. Dies bedeutet, dass die Werte dieser Variablen nach Verlassen des Method-Prozesses nicht gespeichert werden. Hier stellt sich möglicherweise die Frage, wo Informationen und damit der „Zustand" der Schaltung gespeichert werden, wenn die Variablen nicht statisch sind? Dies erfolgt in RTL-Modellen in den Signalen und Ports, also im Beispiel des Mittelwertfilters von Listing 3.2 sind dies die Signale `xn1`, `xn2`, `xn3` und der Port `yn`. Diese werden in der RTL-Modellierung daher auch als „Register" bezeichnet. Das Einsatzgebiet für Method-Prozesse ist hauptsächlich in der RTL-Modellierung und hier im speziellen die Modellierung der eigentlichen Hardware.

3.4.2   Thread-Prozesse

Thread-Prozesse unterscheiden sich von den Method-Prozessen in der Art und Weise, wie der Simulator Thread-Prozesse verwaltet. Während Method-Prozesse vom Simulator immer wieder ausgeführt werden, sobald sich ein Port oder ein Signal der Sensitivitätsliste ändert, werden Thread-Prozesse vom Simulator nur ein einziges Mal gestartet und zwar zu Beginn der Simulation. Wenn die Ausführung des Thread-Prozesses – also der entsprechenden C++-Funktion – an der schließenden }-Klammer des Funktionskörpers angekommen ist, wird die Ausführung des Prozesses durch den Simulator beendet und kann nicht mehr wieder aufgenommen werden. Allerdings kann ein Thread-Prozess während der Ausführung des Körpers „suspendiert" werden und zwar mit Hilfe der `wait()`-Methode; diese Methode ist Bestandteil der Eltern-Klasse `sc_module`, von der ein SystemC-Modul abgeleitet wird.

Wir zeigen die Arbeitsweise eines Thread-Prozesses und die Unterschiede zu einem Method-Prozess wieder anhand eines Beispiels. Um unser Mittelwertfilter-Modul simulieren zu können benötigen wir noch eine „Testbench"; sie soll im Wesentlichen die Eingangsbelegungen (so genannte „Stimuli") für das zu testende Modul erzeugen und die Ausgangswerte des Moduls ausgeben. Die Testbench für unser Beispiel ist in Listing 3.6 und 3.7 gezeigt. Die Header-Datei ist ganz ähnlich aufgebaut wie das Mittelwertfilter-Modul: Die Testbench mit dem Namen `Testbench` wird als C++-Klasse von der Eltern-Klasse `sc_module` abgeleitet und ist in diesem Sinne auch ein SystemC-Modul. Die Testbench wird ebenfalls über den Takt `clk` gesteuert. Der Eingang `yn` soll später an den Ausgang `yn` des Mittelwertfilters angeschlossen werden und die Ausgänge `xn` und `reset` sollen an die entsprechende Eingänge des Mittelwertfilters angeschlossen werden; dies sind also die Stimuli für das Mittelwertfilter. Neben den Ports und dem Konstruktor wird in der Header-Datei noch eine Methode `generateStimuli()` deklariert, die im Konstruktor als Thread-Prozess registriert werden soll.

Betrachten wir als nächstes die Implementierungsdatei der Testbench in Listing 3.7. Die Registrierung der C++-Funktion `generateStimuli()` als Thread-Prozess erfolgt durch das Makro `SC_THREAD(generateStimuli);` – also ähnlich wie die Registrierung eines Method-

Prozesses. Darauf folgt wieder die Sensitivitätsliste für den Prozess, erkennbar am `sensitive` in Zeile 7. Die Konstruktion `clk.neg()` bedeutet, dass es für den Port `clk` offensichtlich eine Methode `neg()` geben muss. Diese Methode wird als so genannter „Event Finder" bezeichnet und liefert im Beispiel ein Ereignis bei einer negativen Flanke – also ein Wechsel von **true** nach **false** – auf dem Port `clk`. Der Prozess ist damit also nur sensitiv auf eine negative Flanke an diesem Port und nicht auf jede Änderung des Ports, wie dies der Fall beim Mittelwertfilter war. Genauso wäre es möglich, den Prozess durch `clk.pos()` ausschließlich auf eine positive Flanke sensitiv zu machen.

Listing 3.6: Testbench Mittelwertfilter (Header) (Datei „k3b1testbench.h")

```
 1  #ifndef K3B1TESTBENCH_H
 2  #define K3B1TESTBENCH_H
 3  #include <systemc>
 4  using namespace sc_core;
 5
 6  struct Testbench : public sc_module {
 7    //Ports
 8    sc_in<bool> clk;
 9    sc_in<int>  yn;
10    sc_out<bool> reset;
11    sc_out<int>  xn;
12    //Processes
13    void generateStimuli();
14    //Constructor
15    SC_HAS_PROCESS(Testbench);
16    Testbench(sc_module_name);
17  };
18  #endif
```

Während bislang alles ziemlich ähnlich wie bei den Method-Prozessen war, besteht der Unterschied darin, wie der Prozess `generateStimuli()` nun vom Simulator ausgeführt wird. Wie schon erwähnt wurde, wird ein Thread-Prozess nur einmal vom Simulator zu Beginn der Simulation gestartet und nicht jedesmal, wenn ein Ereignis in der Sensitivitätsliste vorliegt. Daher muss man nun sinnvollerweise dafür sorgen, dass der Prozess an bestimmten Stellen in seinem Körper mit der `wait()`-Methode angehalten oder „suspendiert" wird. Die Suspendierung bedeutet dabei, dass die Ausführung des Prozesses an dieser Stelle, wo die `wait()`-Methode steht, unterbrochen wird, so dass der Simulator wieder die Kontrolle erhält und damit in der Lage ist, wieder andere Prozesse zur Ausführung zu bringen. Da der Thread-Prozess aber – im Unterschied zum Method-Prozess – noch nicht an seiner schließenden Klammer angekommen ist und somit später im gleichen Zustand – also insbesondere mit den gleichen Inhalten der Variablen – weitergeführt werden soll, muss der Simulator den Zustand des Prozesses bei Ausführung der `wait()`-Methode abspeichern (so genannter „Kontextwechsel"). Dies ist ein wesentlicher Unterschied zu den Method-Prozessen: Weil diese immer bis zum Ende ausgeführt werden, ist eine Abspeicherung des Prozess-Zustands nicht notwendig und sie erfordern daher einen geringeren Aufwand für den Simulator. Im Übrigen ist es nicht möglich, einen Method-Prozess mit `wait()` zu suspendieren; dies führt zu einem Laufzeitfehler bei der Ausführung des Programms.

Listing 3.7: Testbench Mittelwertfilter (Implementierung) (Datei „k3b1testbench.cpp")

```
1   #include "k3b1testbench.h"
2   #include <iostream>
3   using namespace std;
4   //Constructor
5   Testbench::Testbench(sc_module_name name){
6       SC_THREAD(generateStimuli);
7       sensitive << clk.neg();
8   }
9   //Process
10  void Testbench::generateStimuli() {
11      int i;
12
13      reset.write(true);
14      xn.write(0);
15      wait();
16      reset.write(false);
17      xn.write(50);
18      for(i=0;i<4;i++){
19          cout << "xn: "<<50<<", yn: "<<yn.read()<<endl;
20          wait();
21      }
22      xn.write(10);
23      cout << "xn: "<<10<<", yn: "<<yn.read()<<endl;
24      wait();
25      xn.write(50);
26      for(i=0;i<5;i++){
27          cout << "xn: "<<50<<", yn: "<<yn.read()<<endl;
28          wait();
29      }
30  }
```

Nehmen wir nun an, dass auf dem Port clk – wie in Abbildung 3.4 gezeigt – ein periodisches Signal anliegt, welches mit dem Wert **true** beginnt und alle 5 ns wechselt. Der Prozess generateStimuli() wird zu Beginn der Simulation – also zum Modell-Zeitpunkt $t = 0$ ns – vom Simulator gestartet und führt zunächst die Anweisungen in den Zeilen 13 und 14 aus, wodurch der Port reset auf den Wert **true** gesetzt wird und der Port xn auf den Wert 0. In Zeile 15 wird der Prozess anschließend durch den Aufruf der wait()-Methode suspendiert – ebenfalls zum Zeitpunkt $t = 0$ ns. Wann wird die Ausführung des Prozesses in Zeile 16 fortgesetzt? Hier kommt die von uns definierte Sensitivitätsliste ins Spiel: Der Prozess wird dann fortgeführt, wenn eines der in der Sensitivitätsliste definierten Ereignisse auftritt, also in unserem Fall eine negative Flanke auf dem clk-Port. Dies wird mit unserer obigen Annahme zum Zeitpunkt $t = 5$ ns der Fall sein.

Bei der Fortführung des Prozesses bei $t = 5$ ns werden die Zeilen 16 und 17 ausgeführt, wodurch der reset-Port auf **false** gesetzt wird und der Port xn auf 50. Dann erfolgt der Eintritt in die **for**-Schleife, in welcher zunächst die Werte der Ports xn und yn auf der Konsole ausgegeben werden. Im Anschluss wird der Prozess in Zeile 20 wieder suspendiert – also bei

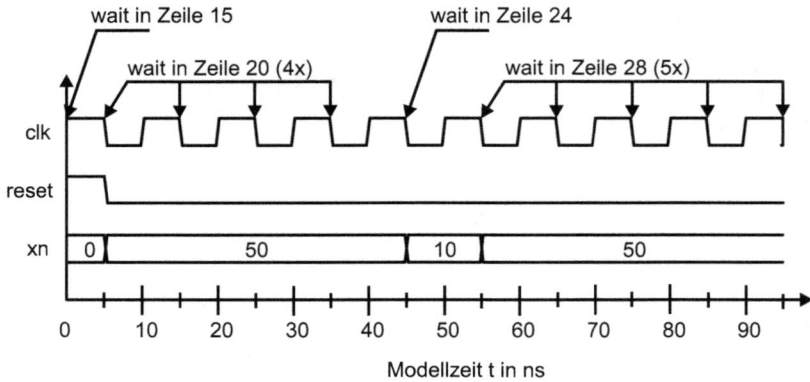

Abb. 3.4: *Ausführung des Prozesses* `generateStimuli()` *in der Testbench und Signalverläufe an den Ports* `clk, reset` *und* `xn.`

$t = 5$ ns wie in Abbildung 3.4 gezeigt – und es wird wieder auf die nächste fallende Flanke an `clk` gewartet – dies wird bei $t = 15$ ns der Fall sein – und der nächste Durchlauf durch die **for**-schleife ausgeführt. Nach vier Durchläufen durch die **for**-Schleife – und damit vier negativen Flanken sowie der letzten Suspendierung bei $t = 35$ ns – wird dann der Prozess zum Zeitpunkt $t = 45$ ns in den Zeilen 22 bis 24 fortgeführt, wobei der Port `xn` auf 10 gesetzt, die Werte der Ports auf der Konsole ausgegeben und der Prozess danach wieder suspendiert wird. Bei $t = 55$ ns wird der Port `xn` auf 50 gesetzt und danach eine **for**-Schleife fünfmal durchlaufen, welche wieder die Werte der Ports ausgibt und jeweils bis zur nächsten negativen Flanke auf `clk` suspendiert wird. Mit der schließenden Klammer in Zeile 30 ist die Ausführung des Prozesses abgeschlossen.

Wir fassen an dieser Stelle die Unterschiede zwischen den Method- und Thread-Prozessen nochmals zusammen, da ein Verständnis der Arbeitsweise dieser Prozesse wichtig für die folgenden Kapitel sein wird:

- Method-Prozesse können beliebig oft vom Simulator ausgeführt werden, wohingegen Thread-Prozesse nur einmal vom Simulator zu Beginn der Simulation gestartet werden.

- Ein Method-Prozess wird dann ausgeführt, wenn ein Ereignis in der Sensitivitätsliste vorliegt, also typischerweise eine Änderung eines Signals oder eines Ports.

- Ein Thread-Prozess kann (und sollte) durch den Aufruf der `wait()`-Funktion suspendiert werden, ein Method-Prozess kann nicht suspendiert werden, sondern wird immer bis zum Körperende ausgeführt.

- Ein Thread-Prozess wird nach der Suspendierung fortgeführt, wenn ein Ereignis in der Sensitivitätsliste vorliegt. Die Fortführung des Prozesses besteht in der Ausführung der Anweisungen von der `wait()`-Funktion, welche die Suspendierung ausgelöst hat, bis zur nächsten `wait()`-Funktion und damit der erneuten Suspendierung.

- Ein Thread-Prozess wird beendet und kann vom Simulator nicht mehr weitergeführt werden, sobald die schließende }-Klammer des Körpers erreicht wird. Häufig werden daher in Thread-Prozessen unendliche Schleifen benutzt, wobei der Prozess mit Hilfe von `wait()`-Funktionen immer wieder suspendiert wird – dies werden wir in späteren Beispielen noch sehen. In Method-Prozessen sollten aber unendliche Schleifen tunlichst vermieden werden, da diese nicht suspendiert werden können.

- Ein Method-Prozess erfordert vom Simulator eine geringeren Verwaltungsaufwand als ein Thread-Prozess, bei welchem der Zustand des Prozesses bei jeder Suspendierung abgespeichert werden muss. Die Verwendung von Method-Prozessen führt daher zu schnelleren Simulationsmodellen.

- Thread-Prozesse sind universell in der Modellierung von Hardware anwendbar; Method-Prozesse sind für manche Modellierungsstile umständlicher anzuwenden [21, 15]. Wie wir noch sehen werden, können Thread-Prozesse sehr gut in der Transaction-Level-Modellierung eingesetzt werden. Method-Prozess sind hierfür eher weniger geeignet, sie sind aber für die RTL-Modellierung gut einsetzbar.

3.4.3   Clocked-Thread-Prozesse

Die so genannten „Clocked-Thread"-Prozesse (oder kurz: CThread-Prozess) stellen einen Spezialfall der Thread-Prozesse dar. CThread-Prozesse beschreiben „synchrone" Prozesse und ihr Anwendungsgebiet liegt hauptsächlich in der so genannten „High-Level"-Synthese (auch als „Architektursynthese" oder im Englischen als „Behavioral Synthesis" bezeichnet [27, 28]).

Listing 3.8: Mittelwertfilter als CThread (Header) (Datei „k3b1movaverage_cthread.h")

```
1   #ifndef K3B1MOVAVERAGE_CTHREAD_H
2   #define K3B1MOVAVERAGE_CTHREAD_H
3   #include <systemc>
4   using namespace sc_core;
5
6   struct MovingAverage : public sc_module {
7     //Ports
8     sc_in<bool> clk, reset;
9     sc_in<int>  xn;
10    sc_out<int> yn;
11    //Processes
12    void movAverageProcess();
13    //Constructor
14    SC_HAS_PROCESS(MovingAverage);
15    MovingAverage(sc_module_name);
16  };
17  #endif
```

Wir zeigen die Wirkungsweise eines CThread-Prozesses indem wir das Mittelwertfilter aus Listing 3.4 und 3.5 mit Hilfe eines CThread-Prozesses schreiben, statt mit Method-Prozessen. An der in Listing 3.8 gezeigten Header-Datei ändert sich nicht viel; wir benutzen aber nur einen Prozess `movAverageProcess()` statt der zwei Prozesse aus dem urspünglichen Beispiel. In Listing 3.9 wird diese Methode in Zeile 4 als CThread-Prozess registriert. Ein CThread-Prozess unterscheidet sich von einem normalen Thread-Prozess dadurch, dass er nur auf die Flanke

eines Signals oder Ports sensitiv ist. Bei der Registrierung in unserem Beispiel wird daher
der Port `clk` und dessen Flanke als zweites Argument angegeben; bei `clk.pos()` handelt es
sich wieder um einen so genannten „Event Finder" der bei positiver oder steigender Flanke
ein Ereignis aufweist. Eine explizite Sensitivitätsliste, wie bei Thread- oder Method-Prozessen,
kann nicht angegeben werden. Wollten wir eine äquivalente Registrierung als Thread-Prozess,
so müssten wir dies so schreiben:

```
SC_THREAD(movAverageProcess);
sensitive << clk.pos();
```

Wie man erkennen kann, handelt es sich bei CThread-Prozessen auch um Thread-Prozesse, die
auf ein bestimmtes Signal oder einen Port sensitiv sind, welches als „Takt" bezeichnet wird –
daher die Bezeichnung „clocked thread" im Englischen. Man kann also mit CThread-Prozessen
ausschließlich synchrone, getaktete Prozesse beschreiben; für die Transaction-Level-Modellierung sind sie damit eher weniger geeignet.

Listing 3.9: *Mittelwertfilter als CThread (Implementierung) (Datei „k3b1movaverage_cthread.cpp")*

```
 1  #include "k3b1movaverage_cthread.h"
 2  //Constructor
 3  MovingAverage::MovingAverage(sc_module_name name){
 4      SC_CTHREAD(movAverageProcess, clk.pos());
 5      reset_signal_is(reset, true);
 6  }
 7  void MovingAverage::movAverageProcess() {
 8      int xn1, xn2, xn3, result;
 9      //Reset section
10      xn1 = 0;
11      xn2 = 0;
12      xn3 = 0;
13      yn.write(0);
14      //Main loop
15      while(true) {
16          wait();
17          result = (xn.read()+xn1+xn2+xn3)/4;
18          yn.write(result);
19          xn3 = xn2;
20          xn2 = xn1;
21          xn1 = xn.read();
22      }
23  }
```

In Zeile 5 von Listing 3.9 wird die Funktion `reset_signal_is(reset, true);` aufgerufen. Sie ist ebenfalls eine Methode der Eltern-Klasse `sc_module` und dient zum „Rücksetzen"
des Prozesses. Der Aufruf dieser Methode ist optional, muss aber zwingend nach der Registrierung des Prozesses angegeben werden. In unserem Beispiel bedeutet dies, dass im Falle von
`reset == true` ein Rücksetzen des Prozesses erfolgt. Das erste Argument der Funktion ist
also ein Signal oder Port (`sc_in`), der zwingend vom Datentyp **bool** sein muss, und das zweite
Argument gibt den aktiven Wert für den Reset an. Der Simulator wird im Reset-Fall den Prozess erneut starten – also vom Anfang des Funktionskörpers erneut ausführen – und dabei wird
dann typischerweise eine Sequenz von Anweisungen durchlaufen, die das Reset-Verhalten des

Prozesses beschreiben. Der Reset wird aber erst bei der nächsten aktiven Flanke des Taktes ausgeführt; es handelt sich also um einen synchronen Reset.

Betrachten wir nun den Prozess `movAverageProcess()` etwas genauer: Im Unterschied zu der Version des Mittelwertfilters aus Listing 3.5 benutzen wir statt der Signale hier lokale Variablen für `xn1`, `xn2`, `xn3` und `result`; diese sind statisch, da es sich ja im Kern um einen Thread-Prozess handelt. Wenn der Prozess am Anfang der Simulation oder im Reset-Fall gestartet wird, so werden die Anweisungen von Zeile 10 bis 13 durchlaufen und damit die Variablen sowie das Ausgangssignal `yn` auf 0 gesetzt. Anschließend tritt der Prozess in eine unendliche Schleife ein (`while(true){...}`), wobei bei jedem Durchlauf der Prozess mit Hilfe der `wait()`-Funktion suspendiert wird. Der Prozess wird vom Simulator dann weitergeführt, wenn die steigende Flanke auf dem Port `clk` vorliegt. Für das Verständnis des in den Zeilen 17 bis 21 beschriebenen Verhaltens des Prozesses ist es wichtig, dass die Variablen `xn1`, `xn2` und `xn3` jeweils die *alten* Werte des vorherigen Schleifendurchlaufs halten. Da wir ja den Mittelwert gemäß Abbildung 3.2 aus den alten Werten der Variablen berechnen, muss diese Berechnung vor der Zuweisung der neuen Werte an die Variablen erfolgen. Ebenso muss diese Zuweisung der neuen Werte in der gezeigten Reihenfolge durchgeführt werden, so dass zum Beispiel sichergestellt wird, das `xn3` den alten Wert von `xn2` erhält. Der geneigte Leser möge sich davon überzeugen, dass der Prozess die gleiche Funktionalität beschreibt, wie die beiden Prozesse aus der ursprünglichen Lösung in Listing 3.5. Wir können dies später mit Hilfe der Simulation verifizieren. Ein Unterschied besteht allerdings: Die Lösung aus Listing 3.5 verfügt über einen asynchronen Reset – mit CThread-Prozessen lassen sich nur synchrone Resets beschreiben.

3.5   Verbindung durch Ports und Signale

In den vorangegangenen Abschnitten haben wir gesehen, dass Ports und Signale eine wichtige Rolle in SystemC spielen – ebenso wie in Hardwarebeschreibungssprachen wie VHDL. Wir wollen in den folgenden Abschnitten zunächst noch einige weitere Details zu den Ports und Signalen diskutieren und dann zeigen, wie Ports und Signale für die Verbindung von Modulen benutzt werden.

3.5.1   Ports

Ports dienen der Verbindung eines Moduls mit anderen Modulen und damit dem Aufbau von Strukturbeschreibungen (Kompositionen). Wir besprechen hier die in der SystemC-Bibliothek verfügbaren Ports als Objekte der Template-Klassen `sc_in<T>` (Input), `sc_out<T>` (Output) und `sc_inout<T>` (bidirektional), welche vergleichbar zu den Ports in VHDL sind. Einen allgemeineren Mechanismus, wie man Ports schreiben kann, werden wir dann in Kapitel 4 kennenlernen – dieser geht deutlich über die Möglichkeiten hinaus, die VHDL bietet. Für einen Port muss bei seiner Instanzierung ein Datentyp `T` als Template-Parameter definiert werden. Dies kann ein C++-Datentyp sein (ganzzahlig oder Gleitpunkt) oder ein spezieller SystemC-Datentyp (siehe Abschnitt 3.7). Für die Ports `sc_in<T>`, `sc_out<T>` und `sc_inout<T>` sind eine Reihe von Methoden definiert, von denen wir die wichtigsten im Folgenden kurz beschreiben möchten (vgl. auch [16, Seite 114 ff.]). Die Methoden können mit `portname.methode()` aufgerufen werden; wir geben hier jeweils über die Deklarationen der Methoden an, wie sie zu benutzen sind (für die Bedeutung von **const** und & sei auf Abschnitt 2.7 verwiesen).

- **const** T & read() **const;**
  Die Methode liefert den Wert des Ports zurück (als konstante Referenz vom Datentyp T).
  Wir haben diese Methode in den bisherigen Beispielen an mehreren Stellen verwendet.

- sc_event_finder & value_changed() **const;**
  Die Methode liefert eine Referenz auf den „Event Finder" (Klasse sc_event_finder)
  des Ports zurück: Dieser wird benötigt, wenn ein Port der Sensitivitätsliste hinzugefügt
  werden soll. Der Grund liegt darin, dass bei der Ausführung des Modul-Konstruktors
  noch keine Information vorliegt, welches Signal an den Port gebunden ist (dies wird
  in den nächsten beiden Abschnitten besprochen). Man erhält daher einen Laufzeitfehler,
  wenn man versucht, ein Ereignis des Ports der Sensitivitätsliste hinzuzufügen. Der „Event
  Finder" sorgt dafür, dass erst nach der Bindung von Port und Signal ein entsprechendes
  Ereignis der Sensitivitätsliste hinzugefügt wird; bei den hier besprochenen Ports handelt
  es sich dabei um das Ereignis, dass sich der Wert des Ports bzw. des daran angeschlossenen Signals geändert hat. Wir haben bisher einfach den Namen des Ports zur Sensitivitätsliste hinzugefügt, was für die hier beschriebenen Ports automatisch in den „Event
  Finder" konvertiert wird. Wenn wir die „Event Finder" explizit hinschreiben möchten,
  könnten wir beispielsweise Zeile 5 in Listing 3.5 auch so schreiben:
  ```
  sensitive << clk.value_changed() << reset.value_changed();
  ```

- **bool** event() **const;**
  Die Methode liefert ein **true** zurück, wenn während der Ausführung des Prozesses im
  aktuellen Modellzeitpunkt ein Ereignis auf dem Port vorliegt. Wir können diese Methode
  also ähnlich wie die Methode posedge() in Zeile 16 von Listing 3.5 benutzen, wobei
  event() bei steigender *und* fallender Flanke **true** liefert.

- **const** sc_event & value_changed_event() **const;**
  Die Methode liefert ein *Ereignis* zurück (per Referenz) als Objekt der Klasse sc_event,
  wenn der Wert des Ports sich geändert hat. Wie schon erwähnt, können wir bei Ports
  ein Ereignis nicht der Sensitivitätsliste hinzufügen. Eine mögliche Anwendung von Ereignissen bei Ports wäre aber die folgende: Während Sensitivitätslisten eine so genannte
  statische Sensitivität implementieren, ist es auch möglich, Prozesse durch eine so genannte *dynamische* Sensitivität zu steuern. Wir werden dies in Kapitel 5 noch genauer
  diskutieren; es sei aber so viel vorweggenommen, dass man beispielsweise einer wait()-
  Methode in einem Thread-Prozess ein Ereignis als Argument übergeben kann. Wir könnten daher zum Beispiel schreiben:
  ```
  wait(clk.value_changed_event());
  ```
  Damit würde ein Prozess suspendiert, bis wieder ein Wertewechsel vorliegt. Letztlich
  kann man einen Prozess ausschließlich dynamisch steuern und damit auf die Sensitivitätsliste verzichten.

- **const** sc_event & default_event() **const;**
  Die Methode liefert das so genannte „Default-Ereignis" zurück (als konstante Referenz).
  Es ist prinzipiell möglich, dass mehrere unterschiedliche Ereignisse vorliegen können;
  dann muss ein Ereignis als „Default-Ereignis" definiert werden. Für die hier besprochenen Ports ist dies der Wertewechsel und damit identisch zu value_changed_event().

Für Ports, deren Datentyp **bool** ist (oder sc_logic, siehe Abschnitt 3.7), sind noch zusätzliche
Methoden im Zusammenhang mit „Event Findern" und Ereignissen verfügbar:

- `sc_event_finder & pos() const;`
  `sc_event_finder & neg() const;`
  „Event Finder": Diese Methoden können in der Sensitivitätsliste für die negative oder positive Flanke des Ports benutzt werden (siehe Listing 3.7).

- `bool posedge() const;`
  `bool negedge() const;`
  Diese Methoden liefern bei positiver bzw. negativer Flanke ein **true** zurück (siehe Listing 3.3).

- `const sc_event & posedge_event() const;`
  `const sc_event & negedge_event() const;`
  Diese Methoden liefern das Ereignis „positive Flanke" oder „negative Flanke" zurück. Wir könnten beispielsweise den Prozess in Listing 3.7 dynamisch steuern, indem wir alle `wait()`-Funktionen ersetzen durch: `wait(clk.negedge_event());`
  Damit könnte dann die (statische) Sensitivitätsliste entfallen.

Für Ports vom Typ `sc_out` oder `sc_inout` sind, zusätzlich zu den bislang besprochenen, noch zwei weitere Methoden verfügbar:

- `void initialize(const T &);`
  Setzt einen Anfangswert zum Beginn der Simulation.

- `void write(const T &);`
  Die Methode schreibt (per konstanter Referenz) einen Wert auf den Port; auch diese Methode wurde an einige Stellen in den bisherigen Beispielen benutzt. Alternativ kann auch der Operator „=" für die Zuweisung eines Wertes zu einem Port benutzt werden. Man könnte also statt `reset.write(false);` auch `reset = false;` schreiben. Obgleich dies natürlich kürzer ist, empfiehlt es sich doch, die Methode `write()` (und die Methode `read()`) explizit zu benutzen und zwar aus folgendem Grund: Wie wir im nächsten Abschnitt noch sehen werden, verhalten sich Signale und die daran angeschlossenen Ports bei der Wertezuweisung anders als normale C++-Variablen. Daher macht man durch die explizite Benutzung der Methode `write()` im Code kenntlich, dass man hier Signale oder Ports benutzt.

Ferner ist für die so genannte „Bindung" des Ports an ein Signal eine entsprechende Methode und ein äquivalenter Operator vorhanden. Wir besprechen dies aber in Abschnitt 3.5.3.

3.5.2   Signale

Signale haben in SystemC die gleiche Funktion, wie in VHDL: Sie verbinden Prozesse, wie wir in Listing 3.3 sehen konnten, und sie werden auch benutzt, um Module über ihre Ports zu verbinden – dies werden wir im folgenden Abschnitt besprechen. Der in VHDL erfahrene Leser kennt sicher den Unterschied zwischen Signalen und Variablen, wenn es um die Wertezuweisung in einem Prozess geht (vgl. [18, Seite 54 ff.]): Während die Zuweisung eines Wertes zu einer Variable sofort durchgeführt wird, so wird einem Signal der Wert erst nach Abarbeitung (oder Suspendierung) des Prozesses zugewiesen. Der Grund hierfür liegt in der Nebenläufigkeit der Prozesse und im Simulationsalgorithmus; wir werden dies in Kapitel 5 noch ausführlich erläutern. Die Signal-Mechanismen in SystemC sind die gleichen wie in VHDL. Es ist daher notwendig, dass wir Prozesse über Signale verknüpfen und dafür keine normalen Member-Variablen eines Moduls benutzen.

Wie wir im nächsten Abschnitt noch sehen werden, werden Ports immer auch an Signale auf der nächst höheren Ebene gebunden. Es ist daher de facto so, dass wir bei den im vorangegangenen Abschnitt diskutierten Methoden der Ports – durch die spätere Bindung der Ports an Signale – letztlich die Methoden an den gebundenen Signalen aufrufen (mit Ausnahme des „Event Finders"). Aus diesem Grund weisen die Signale die gleichen Methoden wie die Ports auf. Ein Signal ist ein Objekt der Template-Klasse `sc_signal<T>`, wobei – wie bei den zugehörigen Ports aus dem vorangegangenen Abschnitt – für den Template-Parameter `T` ein C++-Datentyp oder ein spezieller SystemC-Datentyp eingesetzt werden kann. Wir fassen im Folgenden die wesentlichen Methoden zusammen, wobei die Funktionalität der Methoden äquivalent zu den entsprechenden Methoden der Ports ist (vgl. auch [16, Seite 171 ff.]).

- **const** `T` & `read()` **const**;

- **void** `write(`**const** `T &)`;

- **bool** `event()` **const**;

- **const** `sc_event` & `value_changed_event()` **const**;

- **const** `sc_event` & `default_event()` **const**;

Für Signale vom Typ **bool** (oder `sc_logic`) existieren noch die folgenden Methoden:

- **bool** `posedge()` **const**;
  bool `negedge()` **const**;

- **const** `sc_event` & `posedge_event()` **const**;
  const `sc_event` & `negedge_event()` **const**;

Für Signale sind keine „Event Finder" notwendig; das in Abschnitt 3.5.1 angesprochene Bindungsproblem existiert nur für Ports. Wir können daher die Ereignisse von Signalen direkt in der Sensitivitätsliste benutzen. Daher kann die Konstruktion
```
sensitive << xn << xn1 << xn2 << xn3;
```
in Zeile 7 von Listing 3.7 beispielsweise durch folgendes ersetzt werden:
```
sensitive << xn.value_changed();
sensitive << xn1.value_changed_event();
sensitive << xn2.value_changed_event();
sensitive << xn3.value_changed_event();
```
Wie man erkennen kann, wird für den Port `xn` ein „Event Finder" benutzt, für die Signale `xn1`, `xn2` und `xn3` können die Ereignisse direkt angegeben werden. Schreibt man nur den Signalnamen hin, so wird dies automatisch in das `default_event()` konvertiert, was dem Ereignis `value_changed_event()` entspricht.

3.5.3 Port-Signal-Bindungen

Bislang haben wir SystemC-Module als Verhaltensbeschreibungen kennengelernt; sie stellen die unterste Ebene einer Modellhierarchie dar. Wenn wir nun (Sub-)Module miteinander verschalten ensteht dabei eine (hierarchische) Strukturbeschreibung. Da ein SystemC-Modell ein C++-Programm ist, ist dies eine Zusammensetzung oder Komposition von Klasseninstanzen (Objekten), da wir SystemC-Module – als Instanzen der Modul-Klassen – instanzieren. Während man allerdings in einem „normalen" C++-Programm über Methoden auf die Objekte zugreifen würde, verbindet man nun in einem SystemC-Modell die Module durch Ports und Signale. Dies entspricht damit der Vorgehensweise aus der Hardwareentwicklung, die man von VHDL (oder anderen HDLs) kennt.

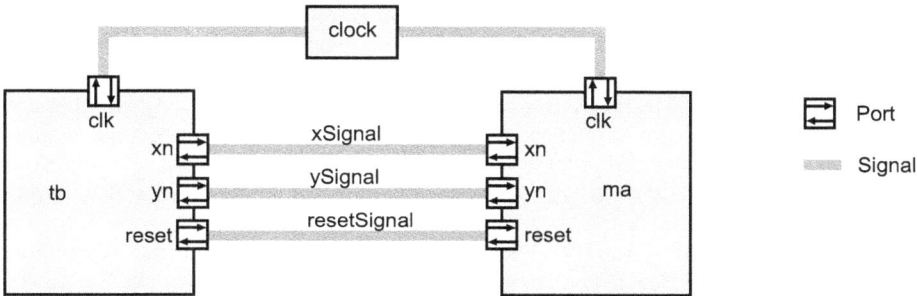

Abb. 3.5: *Toplevel des Simulationsmodells*

Listing 3.10: *Toplevel (Header) (Datei „k3b1_1_toplevel.h")*

```
1   #ifndef K3B1_1_TOPLEVEL_H
2   #define K3B1_1_TOPLEVEL_H
3   #include <systemc>
4   using namespace sc_core;
5   #include "k3b1movingaverage.h"
6   #include "k3b1testbench.h"
7
8   struct Toplevel : public sc_module {
9     //Modules
10    Testbench tb;
11    MovingAverage ma;
12    //Constructor
13    Toplevel(sc_module_name name);
14  private:
15    sc_clock clock;
16    sc_signal<int> xSignal, ySignal;
17    sc_signal<bool> resetSignal;
18  };
19  #endif
```

Wir möchten in diesem Abschnitt die Vorgehensweise für SystemC-Strukturbeschreibungen wieder an einem Beispiel exemplarisch zeigen. Die in den vorangegangenen Abschnitten besprochene Testbench und das Mittelwertfilter sollen nun in einem so genannten „Toplevel" nach Abbildung 3.5 miteinander verbunden werden. Für den Einbau der beiden Module haben wir nun zwei Möglichkeiten: Entweder wir instanzieren die Modul-Objekte wie in Abschnitt 2.2 gezeigt („statische Instanzierung") oder mittels dynamischer Speicherallokation („dynamische Instanzierung"), wie in Abschnitt 2.4 gezeigt. Wir zeigen im Folgenden beides – die Vor- und Nachteile der beiden Varianten haben wir schon in Kapitel 2 besprochen. In beiden Fällen trennen wir aber wieder wie gewohnt in Header- und Implementierungsdatei.

Listing 3.10 zeigt die Header-Datei für den Toplevel bei statischer Instanzierung: Auch hier wird die Klasse wieder von `sc_module` abgeleitet, wobei zuvor die beiden Header-Dateien der Sub-Module eingebunden werden müssen. In den Zeilen 10 und 11 werden die Sub-Module `tb` (Testbench) und `ma` (Mittelwertfilter) instanziert und zwar als öffentliche Elemente der Klasse. Grundsätzlich kann man immer diskutieren, ob bestimmte Elemente einer SystemC-Modul-Klasse öffentlich oder privat sein sollen – von einigen Ausnahmen abgesehen, wie beispielsweise den Ports, die öffentlich sein müssen. So könnte man die Sub-Module auch als **private** deklarieren und damit den Zugriff einschränken. Man handelt sich damit aber möglicherweise auch wieder Probleme ein, wenn man später beispielsweise ein „Trace" auf einen Modul-Port von der Main-Routine aus setzen möchte (siehe Abschnitt 3.6.3). In den Quellen zu SystemC [43, 15, 21] werden die meisten Elemente als **public** deklariert. Wir werden dies in unseren Beispielen auch etwas „liberaler" handhaben, obgleich man dieses Thema im Sinne der objektorientierten Programmierung [10] sicher auch anders sehen kann. Für die Verbindung der Module instanzieren wir in den Zeilen 16 und 17 wieder Signale (hier als private Elemente) und legen deren Datentyp fest. Die Datentypen der Signale müssen zwingend zu den Datentypen der damit zu verbindenden Ports passen.

Listing 3.11: *Toplevel (Implementierung) (Datei „k3b1_1_toplevel.cpp")*

```
1   #include "k3b1_1_toplevel.h"
2   //Constructor
3   Toplevel::Toplevel(sc_module_name name):
4       tb("tb"),
5       ma("ma"),
6       clock("clock", 10, SC_NS){
7       //Connect instances
8       tb.clk(clock);
9       tb.xn(xSignal);
10      tb.yn(ySignal);
11      tb.reset(resetSignal);
12      ma.clk(clock);
13      ma.xn(xSignal);
14      ma.yn(ySignal);
15      ma.reset(resetSignal);
16  }
```

Bei der Instanz `clock` der Klasse `sc_clock` in Zeile 15 handelt es sich um einen vordefinierten „Taktgenerator", der als spezielles Signal aufgefasst werden kann und auf diesem ein Taktsignal erzeugt. Er verfügt über die gleichen Methoden wie ein Signal, was die Ereignisse oder das Lesen angeht. Die Taktperiodendauer und weitere Optionen, wie beispielsweise der so genannte „Duty Cycle" (Puls-Pausen-Verhältnis), können über die Konstruktoren eingestellt werden (vgl. [16, Seite 67 ff.]); wir verwenden hier die einfachste Form. Listing 3.11 zeigt die Implementierungsdatei, die nur aus dem Konstruktor besteht. Das Toplevel-Modul verfügt weder über Methoden noch über Prozesse – letzteres ist auch der Grund, weshalb wir hier das `SC_HAS_PROCESS`-Makro nicht benötigen. Der Konstruktor beginnt zunächst mit der Initialisierungsliste (vgl. Abschnitt 2.2) in den Zeilen 4 bis 6: Hier müssen insbesondere die Konstruktoren für die beiden Sub-Module und den Taktgenerator aufgerufen werden, da für diese keine Standard-Konstruktoren verfügbar sind – im Unterschied zu den Signalen, die über Standard-Konstruktoren verfügen. Den Konstruktoren für die Sub-Module muss ein Name als String übergeben werden (vgl. Abschnitt 3.2.2), der in der Simulation als (hierarchischer) Instanzname angezeigt wird. Man wählt hier sinnvollerweise den Instanznamen des Modul-Objektes, obwohl dies nicht zwingend ist. Dem Konstruktor für den Taktgenerator wird ebenfalls ein Name übergeben und zwei weitere Argumente, die die Taktperiodendauer definieren: Der erste ist der Wert der Periodendauer – hierbei handelt es sich eigentlich um einen Gleitpunktwert (**double**) – und der zweite ist die Einheit (hier: Nanosekunden) bezogen auf die Modellzeit; die Taktperiodendauer beträgt also $T = 10$ ns bei einem voreingestellten Puls-Pausen-Verhältnis von 50% der Taktperiode **true** zu 50% **false**.

Im Körper des Konstruktors, das sind die Zeilen 7 bis 15 in Listing 3.11, werden die Ports der Sub-Module mit den Signalen des Toplevels verbunden. Man spricht in SystemC von der so genannten „Bindung" (engl.: binding) eines Signals an einen Port. Hierzu verfügen die Ports über eine Bindungsfunktion `bind()` und einen Bindungsoperator `()` mit der gleichen Funktion. Ein Signal wird also – wie in Listing 3.11 gezeigt – an einen Port gebunden, indem an diesem Port der Bindungsoperator aufgerufen wird und als Argument das Signal übergeben wird (per Referenz): `modulname.portname(signalname);`
Alternativ dazu können wir auch die Bindungsfunktion benutzen, der wir als Argument ebenfalls das Signal übergeben: `modulname.portname.bind(signalname);`
Man könnte also Zeile 8 beispielsweise durch `tb.clk.bind(clock);` ersetzen.

```
Error: (E112) get interface failed: port is not bound:
port 'top.ma.port_0' (sc_in)
In file: c:\programme\systemc\systemc-2.2.0\
src\sysc\communication\sc_port.cpp:265
```

Abb. 3.6: Fehlermeldung beim Start des Programms: Bindungsfehler.

Wir können diese Port-Signal-Bindungen folgendermaßen auffassen: Da der Bindungsfunktion eine Referenz auf das Signal übergeben wird, ist dadurch im Port eine Referenz auf das Signal vorhanden. Rufen wir nun im Sub-Modul eine Methode des Ports auf, so wird de facto über diese Referenz die entsprechende Methode des Signals aufgerufen – was wir schon im letzten Abschnitt angesprochen hatten. Aufgrund der Tatsache, dass die Port-Signal-Bindungen im Konstruktor vorgenommen werden, muss man sich allerdings klar machen, dass ein solcher Methodenaufruf im Sub-Modul erst nach der Ausführung des Konstruktors des übergeordneten Moduls – in welcher das Sub-Modul instanziert ist – möglich ist. Dabei ergibt sich folgendes Problem: Die Konstruktoren der Sub-Module werden in der Initialisierungsliste des Konstruktors des übergeordneten Moduls ausgeführt – also bevor dessen Körper mit den Bindungen ausgeführt wird (im Beispiel von Listing 3.11 in den Zeilen 4 und 5). In diesen Sub-Modul-Konstruktoren werden die Prozesse registriert und insbesondere die Sensitivitätslisten aufgebaut werden. Da wir aber zu diesem Zeitpunkt ja noch keine Port-Signal-Bindung haben, können wir über den Port noch keine Methode eines Signals aufrufen, also beispielsweise die Methode `value_changed_event()`, die ein Ereignis des gebundenen Signals zurück gibt. Schreiben wir also beispielsweise in Listing 3.2 für die Sensitivität

`sensitive << clk.value_changed_event() << reset;`

so können wir den Code zwar kompilieren, erhalten aber einen Laufzeitfehler nach Abbildung 3.6. Daher muss man die schon in Abschnitt 3.5.1 besprochenen „Event Finder" benutzen, wenn man Ports der Sensitivitätsliste hinzufügen möchte. Dieses Problem wird als „Bindungsfehler" bezeichnet. Es ist in diesem Zusammenhang auch notwendig, alle Ports eines Moduls an Signale zu binden; anderenfalls resultieren auch hier Bindungsfehler, die ebenfalls erst zur Laufzeit des Programms auftreten.

Listing 3.12: Toplevel, dynamisch instanziert (Header) (Datei „k3b1_2_toplevel.h")

```
1  #ifndef K3B1_2_TOPLEVEL_H
2  #define K3B1_2_TOPLEVEL_H
3  #include <systemc>
4  using namespace sc_core;
5
6  struct Testbench;
7  struct MovingAverage;
8
9  struct Toplevel : public sc_module {
10    //Module Pointers
11    Testbench *tb;
12    MovingAverage *ma;
13    //Constructor
14    Toplevel(sc_module_name name);
15  private:
16    sc_clock clock;
17    sc_signal<int> xSignal, ySignal;
18    sc_signal<bool> resetSignal;
19  };
20  #endif
```

In den Listings 3.12 und 3.13 schreiben wir nun den Toplevel als Variante, indem wir die Sub-Module dynamisch instanzieren. Bei der Header-Datei vereinbaren wir zunächst Zeiger vom Datentyp der Sub-Module (Zeile 11 und 12). Wir müssen daher die Header-Dateien der Sub-Module nicht einbinden (vgl. Abschnitt 2.4) und schreiben in den Zeilen 6 und 7 eine Deklaration der Klassen hin. Am Rest der Header-Datei ändert sich ansonsten nichts. Die Unterschiede in der Implementierungsdatei bestehen zunächst darin, dass wir die Konstruktoren der Sub-Module in der Initialisierungsliste nicht aufrufen müssen, da wir die Sub-Module erst im Körper des Konstruktors dynamisch instanzieren (Zeilen 9 und 10). Die dynamische Instanzierung wirkt sich dann auch auf die Syntax der Port-Signal-Bindungen aus: Hier müssen wir statt des Punktes für den Zugriff auf den Port eines Sub-Moduls den Pfeil-Operator benutzen. Zu beachten ist hier, dass sich das oben angesprochene Problem der Reihenfolge der Ausführung der Konstruktoren der Sub-Module und der Port-Signal-Bindung genauso stellt: Bei der Instanzierung in den Zeilen 10 und 11 werden die Sub-Modul-Konstruktoren ausgeführt und erst danach ab Zeile die 13 die Port-Signal-Bindungen.

Listing 3.13: Toplevel, dynamisch instanziert (Implementierung) (Datei „k3b1_2_toplevel.cpp")

```
1  #include "k3b1testbench.h"
2  #include "k3b1movaverage_cppstyle.h"
3  #include "k3b1_2_toplevel.h"
4
5  //Constructor
6  Toplevel::Toplevel(sc_module_name name):
7      clock ("clock", 10, SC_NS){
8      //Create instances
9      tb = new Testbench("tb");
10     ma = new MovingAverage("ma");
11     //Connect instances
12     tb->clk(clock);
13     tb->xn(xSignal);
14     tb->yn(ySignal);
15     tb->reset(resetSignal);
16     ma->clk(clock);
17     ma->xn(xSignal);
18     ma->yn(ySignal);
19     ma->reset(resetSignal);
20 }
```

Wir haben die Port-Signal-Bindungen so ausgeführt, dass wir für jeden Port die Bindungsfunktion aufgerufen haben. Dies wird als „named mapping" oder „interconnect by name" bezeichnet [21, 15]. Listing 3.14 zeigt eine Variante der Bindung, die man als „positional mapping" oder „interconnect by position" bezeichnet (vgl. Ähnlichkeit zu VHDL in [18, Seite 35 ff.]). Die Klasse sc_module verfügt ebenfalls über einen Bindungsoperator (), dem nun aber eine Liste von Signalen übergeben wird, die an die Ports des Moduls zu binden sind. Zu beachten ist, dass wir hier den Zeiger auf das Modul über den *-Operator zunächst dereferenzieren müssen, da wir auf einen Operator eines dynamisch instanzierten Objektes zugreifen. Bei statischer Instanzierung würde man beispielsweise folgendes schreiben:

tb(clock, ySignal, resetSignal, xSignal);

Beim „positional mapping" spielt die Reihenfolge der Zuordnung eine Rolle: Das erste Signal wird an den ersten Port gebunden, das zweite Signal an den zweiten Port usw. Zwar spart man sich damit einiges an Schreibarbeit, aber diese Variante ist fehlerträchtiger als das „named mapping" und wird daher in der Regel nicht empfohlen. Da wir gerade in der TL-Modellierung typischerweise eher nur wenige Ports zu binden haben, verwenden wir für unsere Beispiele im Folgenden das „named mapping".

Listing 3.14: Toplevel, „positional mapping" (Ausschnitt aus dem Konstruktor)

```
1  //Create instances
2  tb = new Testbench("tb");
3  ma = new MovingAverage("ma");
4  //Connect instances
5  (*tb)(clock, ySignal, resetSignal, xSignal);
6  (*ma)(clock, resetSignal, xSignal, ySignal);
```

3.6   Simulation von SystemC-Modellen

Nachdem wir in den vorangegangenen Abschnitten das Mittelwertfilter, die Testbench und deren Verschaltung besprochen haben, wollen wir in den folgenden Abschnitten auf die Simulation dieses SystemC-Modells eingehen. Dabei soll auch die Modellierung der Zeit noch etwas näher beschrieben und gezeigt werden, wie man die Signalverläufe über die Zeit auch graphisch ausgeben kann – so wie man das auch aus der VHDL-Simulation gewohnt ist.

3.6.1   Elaboration und Simulation des Modells

Wie schon mehrfach bemerkt wurde, ist ein SystemC-Modell ein C++-Programm. Wenn ein C++-Programm vom Betriebssystem gestartet werden soll, wird als erstes die so genannte „Main"-Funktion aufgerufen, die vom Programmierer geschrieben werden muss und deren einfachste Form in den Beispielen aus Abschnitt 2 schon benutzt wurde. Will man einem C++-Programm auf der Kommandozeile noch Argumente übergeben, so muss man diese Form benutzen: `int main (int argc, char *argv[]) {...}`
Dabei wird in `argc` die Anzahl der Argumente übergeben, wobei der Programmname dazu zählt. Das Argument `argv[]` ist ein Feld von Zeigern auf die im Programmaufruf übergebenen Zeichenketten („Strings"), wobei `argv[0]` der Programmname ist, `argv[1]` das erste Argument usw.

Auch ein SystemC-"Programm" benötigt eine „Main"-Funktion, allerdings stellt die SystemC-Bibliothek für den Anwender eine spezielle „Main"-Funktion `sc_main()` zur Verfügung. Listing 3.15 zeigt diese Funktion für unser Simulationsmodell; sie stellt nun die oberste Ebene in der Software-Hierarchie unseres Modells dar. Es wird üblicherweise empfohlen, diese Datei „main.cpp" zu benennen. Wir werden dem in unseren Beispielen nicht folgen, sondern benennen die Dateien, welche die `sc_main()`-Funktion enthalten, mit einem spezifischen, in den Listings angegebenen Namen, um die `sc_main()`-Funktionen der verschiedenen Beispiele unterscheiden und zuordnen zu können. Die eigentliche `main()`-Funktion ist im Übrigen in der zum Programm hinzugebundenen SystemC-Bibliothek vorhanden [15, 21]. Sie ist für den Anwender nicht sichtbar und ruft die vom Anwender zu schreibende Funktion `sc_main()` auf. Dabei werden auch die Kommandozeilen-Argumente übergeben, so dass der Kopf der Funktion `sc_main()` wie in Listing 3.15 gezeigt aussehen muss, auch wenn auf der Kommandozeile des SystemC-Programms keine Argumente übergeben werden.

Listing 3.15: Main-Funktion (Datei „k3b1_1.cpp")

```
1   #include "k3b1_1_toplevel.h"
2
3   int sc_main(int argc, char *argv[]) {
4     Toplevel top("top");
5     //Start simulation
6     sc_start(100, SC_NS);
7
8     return 0;
9   }
```

Die typischen Aktionen in einer SystemC-"Main"-Funktion sind die Instanzierung der obersten Ebene unseres Simulationsmodells (Zeile 4) – das ist das Modul oder die Klasse `Toplevel`, dessen Konstruktor wieder der Instanzname als String übergeben wird – und der Start der Simulation (Zeile 6). Durch die Instanzierung des Toplevels werden die Konstruktoren des Moduls und der Sub-Module aufgerufen, wie wir dies im vorangegangenen Abschnitt beschrieben haben. Hierdurch werden die Sub-Module instanziert und die Ports mit den Signalen verbunden, so dass am Ende dieser Phase das Simulationsmodell bereit zur Simulation ist. Diese Phase wird als „Elaboration" bezeichnet; wir benutzen hier den englischen Ausdruck, man könnte das im Deutschen als „Ausarbeitung" übersetzen. Auch bei der Simulation eines VHDL-Modells existiert im Übrigen eine solche Elaborations-Phase (vgl. [18, Seite 46 ff.]).

Die Simulations-Phase wird durch den Aufruf der Funktion `sc_start()` eingeleitet. Der Funktion wird eine Zeit übergeben, die angibt, welche (Modell-)Zeitspanne zu simulieren ist; in unserem Beispiel sind dies 100 ns. Nach Ablauf dieser Zeitspanne wird die Simulation vom Simulator oder „Scheduler" beendet, wodurch `sc_start()` endet und so letztlich auch `sc_main()` und damit das Programm. Wenn man der Funktion `sc_start()` kein Argument übergibt, so läuft die Simulation so lange, bis keine Ereignisse mehr vorliegen. In unserem Beispiel würde die Simulation unbegrenzt lange laufen, da das Taktsignal immer wieder Ereignisse erzeugt. Man benutzt daher in diesem Fall typischerweise die Funktion `sc_stop()` (vgl. [16, Seite 184]) in einem bestimmten Prozess, um die Simulation zu beenden. Der Funktion `sc_stop()` können keine Argumente übergeben werden. Wir könnten beispielsweise in der Testbench in Listing 3.7 nach der letzten **for**-Schleife die Funktion `sc_stop()` zwischen den Zeilen 29 und 30 einfügen, um die Simulation an dieser Stelle abzubrechen.

```
        SystemC 2.2.0 --- Sep 24 2009 11:38:28
     Copyright (c) 1996-2006 by all Contributors
              ALL RIGHTS RESERVED
xn: 50, yn: 0
xn: 50, yn: 12
xn: 50, yn: 25
xn: 50, yn: 37
xn: 10, yn: 50
xn: 50, yn: 40
xn: 50, yn: 40
xn: 50, yn: 40
xn: 50, yn: 40
xn: 50, yn: 50
```

Abb. 3.7: Ausgabe des Programms „k3b1_1_proj.exe".

Um die Simulation durchführen zu können, müssen wir nun alle Quelldateien kompilieren und mit Hilfe des Linkers ein ausführbares Programm erzeugen (siehe auch die Anleitung für Microsoft Visual Studio in Abschnitt A.2 im Anhang). Dieses kann dann auf der Konsole des Betriebssystems oder in unserer Entwicklungsumgebung gestartet werden. Abbildung 3.7 zeigt die Ausgabe unseres Programms. Die Textausgaben werden von der Testbench erzeugt, wie in Abschnitt 3.4.2 besprochen. Wenn wir der Abbildung 3.3 die Werte für xn und yn jeweils zu den fallenden Flanken des Taktes entnehmen, so können wir sehen, dass die Ergebnisse unseres SystemC-Modells mit denjenigen des VHDL-Modells übereinstimmen.

Eine weitere Möglichkeit, wie wir unser Beispiel simulieren können zeigt Listing 3.16. In dieser Variante verzichten wir auf das Toplevel-Modul und instanzieren die Testbench und das Mittelwertfilter dynamisch über Zeiger in der `sc_main()`-Funktion; es ist daher notwendig, die entsprechenden Header-Dateien einzubinden. Ferner werden die beiden Module über Signale miteinander verbunden, wie wir dies schon in unserem Toplevel-Modul vorgenommen haben. Die Zeilen 5 bis 21 sind nun die Elaborations-Phase, da hier das Simulationsmodell aufgebaut wird. Daran schließt sich wieder die Simulation durch die `sc_start()`-Funktion an.

Listing 3.16: *Main-Funktion mit Modul-Instanzierungen (Datei „k3b1_4.cpp")*

```
 1  #include "k3b1movaverage_cppstyle.h"
 2  #include "k3b1testbench.h"
 3
 4  int sc_main(int argc, char *argv[]) {
 5    Testbench *tb;
 6    tb = new Testbench("tb");
 7    MovingAverage *ma;
 8    ma = new MovingAverage("ma");
 9
10    sc_clock clock("clock", 10, SC_NS);
11    sc_signal<int> xSignal, ySignal;
12    sc_signal<bool> resetSignal;
13
14    tb->clk(clock);
15    tb->xn(xSignal);
16    tb->yn(ySignal);
17    tb->reset(resetSignal);
18    ma->clk(clock);
19    ma->xn(xSignal);
20    ma->yn(ySignal);
21    ma->reset(resetSignal);
22
23    //Start simulation
24    sc_start(100, SC_NS);
25
26    return 0;
27  }
```

Durch die Variante aus Listing 3.16 spart man sich also einiges an Arbeit, da das komplette Toplevel-Modul entfällt. Dennoch wird es empfohlen, nicht so vorzugehen und zwar aus folgendem Grund: Wenn ein SystemC-Modell mit einem Simulator wie dem „Modelsim" von Mentor Graphics [29] simuliert werden soll, so wird keine Funktion `sc_main()` benötigt, sondern dann muss ein SystemC-Modul die oberste Ebene sein – das wäre dann unser Toplevel. Es ist daher sinnvoller, die Inhalte der Funktion `sc_main()` auf das Nötigste zu beschränken, wie in Listing 3.15 gezeigt, um das SystemC-Modell portabel zu halten [16, Seite 138]. Man sollte also immer ein Toplevel-Modul erstellen, welches dann als einziges Modul in der Funktion `sc_main()` instanziert wird.

3.6.2   Modellierung der Zeit

Im Zusammenhang mit dem Start der Simulation und auch mit dem Taktsignal haben wir gesehen, dass der Funktion oder dem Konstruktor eine Zeit als Argument übergeben wurde.

Hierbei geht es also darum, Angaben hinsichtlich der *Modellzeit* zu machen; diese Informationen werden hauptsächlich vom Simulator benötigt. Die bisherigen Zeitangaben bestanden aus zwei Teilen: Einem Wert (Datentyp **double**) und einer Zeiteinheit. Diese Zeiteinheit ist der Aufzählungstyp `sc_time_unit` und umfasst die in Tabelle 3.1 gezeigten Werte (vgl. [16, Seite 187]).

Wert	Zeiteinheit
SC_FS	10^{-15} s = Femtosekunden
SC_PS	10^{-12} s = Pikosekunden
SC_NS	10^{-9} s = Nanosekunden
SC_US	10^{-6} s = Mikrosekunden
SC_MS	10^{-3} s = Millisekunden
SC_SEC	s = Sekunden

Tabelle 3.1: *Aufzählungstyp* `sc_time_unit`

In der SystemC-Bibliothek ist eine Klasse `sc_time` definiert, so dass man auch „Zeit-Objekte" anlegen kann (vgl. [16, Seite 187]). Listing 3.17 soll verschiedene Möglichkeiten der Verwendung von Zeitobjekten im Zusammenhang mit den schon benutzten Taktsignalen zeigen (das Beispiel besteht nur aus dieser Datei). In Zeile 6 bis 8 werden drei „Zeit-Objekte" instanziert (`clockPeriod1`, `clockPeriod2` und `startTime`) und dabei die drei möglichen Konstruktoren gezeigt: Bei `clockPeriod1` wird das Zeitobjekt mit der Kombination Wert und Zeiteinheit initialisiert. Für `clockPeriod2` wird der Standardkonstruktor aufgerufen, so dass dieses Zeitobjekt zunächst den Wert 0 ns aufweist. Bei `startTime` wird ein Konstruktor verwendet, dem ein Zeitobjekt übergeben wird: In diesem Fall wird `clockPeriod1` mit 2 multipliziert und da der Multiplikationsoperator wiederum ein Zeitobjekt zurückliefert, können wir das Ergebnis dem Konstruktor übergeben. Zeile 10 zeigt, dass man einem Zeitobjekt mit Hilfe des Zuweisungs-Operators auch ein anderes Zeitobjekt zuweisen kann – das Zeitobjekt `clockPeriod2` wird auf den halben Wert von `clockPeriod1` gesetzt.

In Zeile 11 wird nun ein Taktsignal `clk1` instanziert, wobei als zweites Argument das Zeitobjekt `clockPeriod1` übergeben wird und somit die Taktperiodendauer auf 10 ns gesetzt wird. Statt des Zeitobjektes hätten wir dem Konstruktor auch die Taktperiodendauer mit den beiden Argumenten `10, SC_NS` übergeben können, wie wir dies in Listing 3.11 getan haben. Das dritte Argument setzt das Puls-Pausen-Verhältnis auf 25%; diese Angabe ist optional und wenn man sie nicht setzt, ist der Ersatzwert 50%. Ferner kann auch noch mit einem optionalen vierten Argument der Zeitpunkt für den ersten Wertewechsel gesetzt werden: Dies ist in Zeile 12 gezeigt, wo das Objekt `startTime` übergeben wird, so dass der erste Wechsel zum Zeitpunkt 20 ns stattfindet. Wird dieses Argument nicht gesetzt, so erfolgt der erste Wertewechsel zum Zeitpunkt 0 ns. Das fünfte Argument – ebenfalls optional – definiert, ob der erste Wechsel eine positive Flanke ist (**true**) oder eine negative Flanke (**false**); der Ersatzwert ist hier **true**. Die weiteren Anweisungen in Listing 3.17 in den Zeilen 15-18 und 24 betreffen die Ausgabe von so genannten „Waveform-Traces"; wir werden darauf im nächsten Abschnitt genauer eingehen.

Wir geben mit diesen Anweisungen die in Abbildung 3.8 gezeigten Signalverläufe aus, anhand derer wir die obigen Einstellungen der beiden Takte nachvollziehen können.

Listing 3.17: Simulationsbeispiel Zeitmodellierung (Datei „k3b2.cpp")

```
1   #include <systemc>
2   using namespace sc_core;
3
4   int sc_main(int argc, char *argv[]) {
5
6       sc_time clockPeriod1(10, SC_NS);
7       sc_time clockPeriod2;
8       sc_time startTime(clockPeriod1 * 2);
9
10      clockPeriod2 = clockPeriod1 / 2;
11      sc_clock clk1("clk1", clockPeriod1, 0.25);
12      sc_clock clk2("clk2", clockPeriod2, 0.75, startTime, true);
13
14      //Create trace file
15      sc_trace_file *fp;
16      fp = sc_create_vcd_trace_file("traces");
17      sc_trace(fp, clk1, "clk1");
18      sc_trace(fp, clk2, "clk2");
19
20      //Start simulation
21      sc_start(50, SC_NS);
22
23      //Close trace file
24      sc_close_vcd_trace_file(fp);
25
26      return 0;
27  }
```

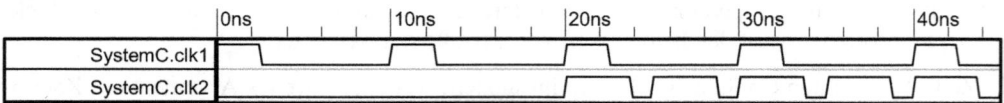

Abb. 3.8: *Ergebnis der Simulation von Listing 3.17 als Signalverläufe.*

Zuweisung	=	+=	-=	*=	/=	
Vergleich	==	!=	<	<=	>	>=
Arithmetisch	*	/	+	-		

Tabelle 3.2: *Operatoren der Klasse* sc_time *(vgl. [16, Seite 187]). Syntax und Semantik der Operatoren entspricht den vergleichbaren Operatoren aus C++.*

Neben den bisher verwendeten Operatoren verfügt die Klasse `sc_time` noch über weitere Operatoren, die in Tabelle 3.2 zusammengefasst sind. Damit können Zeitobjekte zugewiesen und verglichen werden; ferner können Zeitobjekte addiert und subtrahiert werden und Zeitobjekte können mit einem **double**-Wert multipliziert oder dividiert werden.

```
Time:  5 ns, xn: 50, yn: 0
Time: 15 ns, xn: 50, yn: 12
Time: 25 ns, xn: 50, yn: 25
Time: 35 ns, xn: 50, yn: 37
Time: 45 ns, xn: 10, yn: 50
Time: 55 ns, xn: 50, yn: 40
Time: 65 ns, xn: 50, yn: 40
Time: 75 ns, xn: 50, yn: 40
Time: 85 ns, xn: 50, yn: 40
Time: 95 ns, xn: 50, yn: 50
```

Abb. 3.9: *Ergebnis der Simulation von Listing 3.18.*

Listing 3.18: *Modifizierte Testbench (Ausschnitt) (Datei „k3b1testbench_time.cpp")*

```
 1   ...
 2
 3   void Testbench::generateStimuli() {
 4     int i;
 5
 6     reset.write(true);
 7     xn.write(0);
 8     wait();
 9     reset.write(false);
10     xn.write(50);
11     for(i=0;i<4;i++){
12       cout <<"Time: "<<sc_time_stamp();
13       cout <<", xn: "<<50<<", yn: "<<yn.read()<<endl;
14       wait();
15     }
16     xn.write(10);
17     cout <<"Time: "<<sc_time_stamp();
18     cout <<", xn: "<<10<<", yn: "<<yn.read()<<endl;
19     wait();
20     xn.write(50);
21     for(i=0;i<5;i++){
22       cout <<"Time: "<<sc_time_stamp();
23       cout <<", xn: "<<50<<", yn: "<<yn.read()<<endl;
24       wait();
25     }
26   }
```

Ferner wird der C++-„Insertion Operator" << für die `cout`-Objekte überladen, so dass man den Wert von Zeitobjekten auf der Konsole ausgeben kann. So würde man beispielsweise mit `cout << clockPeriod1;` im vorigen Beispiel die Ausgabe „10 ns" auf der Konsole erhalten. Die aktuelle Modellzeit lässt sich mit der Funktion `sc_time_stamp()` ermitteln, welche ein Zeitobjekt (als konstante Referenz) zurückliefert und damit ebenfalls durch `cout` auf der Konsole ausgegeben werden kann. Wir können die Testbench aus Listing 3.7 im Prozess `generateStimuli()` so modifizieren, dass bei jeder Ausgabe der Werte auch der zugehörige Modell-Zeitpunkt ausgegeben wird; dies ist in Listing 3.18 in den Zeilen 12, 17 und 22 zu sehen. Abbildung 3.9 zeigt die entsprechende Ausgabe der Simulation.

3.6.3   Debugging und Ausgabe von Waveform-Traces

Die Fehlersuche („Debugging") in SystemC-Programmen mit einem „Debugger"-Werkzeug, wie es in der Entwicklung von C++-Programmen eingesetzt wird, kann schwieriger werden, da man kein linear ablaufendes C++-Programm zu untersuchen hat, sondern ein Programm, welches aus mehreren nebenläufigen Prozessen besteht. In der Simulation von Hardware-Modellen ist es daher zu Debugging- oder Verifikations-Zwecken zweckmäßig, den zeitlichen Verlauf von Signalen oder Variablen auszugeben; dies wird im Englischen als „Waveform Trace" bezeichnet. Benutzt man ein Simulationswerkzeug, wie z.B. „Modelsim", so ist das so genannte „Waveform-Display" für die Ausgabe der Waveform-Traces Bestandteil des Werkzeugs. Wenn man SystemC-Modelle nicht mit einem solchen Simulationswerkzeug simuliert, sondern – wie wir es in diesem Buch tun – ein ausführbares Programm erzeugt, hat man zunächst die Möglichkeit, Textausgaben auf der Konsole zu produzieren oder für das Debugging auch die Debug-Einrichtungen von Visual Studio zu benutzen. Will man darüber hinaus auch Waveform-Traces ansehen, so bietet die SystemC-Bibliothek die Möglichkeit, entsprechende Daten im VCD-Format auszugeben. VCD steht für „Value Change Dump" und ist eigentlich ein Bestandteil der Verilog-Hardwarebeschreibungssprache. Wir möchten dieses Format an dieser Stelle nicht beschreiben und verweisen auf den IEEE Standard 1364-2001 [22], in welchem das VCD-Format beschrieben ist. Das Besondere an einer VCD-Datei ist es, dass nur Werteänderungen („Value Change") von Signalen in ihr gespeichert werden. Es sind eine Reihe von Werkzeugen erhältlich, die VCD-Trace-Dateien einlesen und graphisch darstellen können. Wir benutzen für das vorliegende Buch den „WaveViewer" der Firma Synapticad [39]. Ebenso kann beispielsweise der kostenfreie Viewer „GTKWave" [19] benutzt werden.

Für die Ausgabe von Waveform-Traces stellt die SystemC-Bibliothek die in den Listings 3.17 und 3.19 verwendeten Funktionen bereit. Vor dem Beginn der Simulation – also vor Aufruf der Funktion `sc_start` – muss eine Datei für die Ausgabe der Waveform-Traces angelegt und die aufzuzeichnenden Objekte festgelegt werden. Hierzu wird in Listing 3.19 in Zeile 9 ein Zeiger `fp` vom Datentyp `sc_trace_file` angelegt. In Zeile 10 wird dann mit der Funktion `sc_create_vcd_trace_file()` eine VCD-Datei erzeugt, auf welche dann über den Zeiger `fp` zugegriffen werden kann. Das Argument dieser Funktion ist ein String, welchem zur Erzeugung des Dateinamens der Suffix „.vcd" angehängt wird, so dass in unserem Fall im Simulationsverzeichnis eine Datei „traces.vcd" entsteht. Anschließend können mit Hilfe der Funktion `sc_trace()` die aufzuzeichnenden Objekte hinzugefügt werden. Das erste Argument ist immer der Zeiger auf die Trace-Datei, das zweite Argument das Objekt und das dritte Argument ist der Name, der für das Objekt in der Trace-Datei angezeigt wird. Als Objekte kommen Signale, Ports oder auch normale Member-Variablen in Frage. In Listing 3.17 haben wir beispielsweise die beiden Clock-Objekte, die man als spezielle Signale verstehen kann, aufgezeichnet. Listing 3.19 zeigt, dass man auch hierarchische Objekte – in diesem Fall die Ports der Testbench aus unserem in den vorangegangenen Abschnitten besprochenen Beispiel – aufzeichnen kann. Hierzu müssen wir aufgrund der dynamischen Instanzierung mit Hilfe des Pfeil-Operators die Ports angeben. So bedeutet beispielsweise `top->tb->clk`, dass wir den Port `clk` in der Testbench-Instanz `tb` im Toplevel `top` meinen. Es ist in diesem Fall notwendig, die Header-Datei der Testbench hinzuzubinden, da wir diese in der Header-Datei des Toplevels nicht eingebunden haben. Will man hierarchisch auf interne Signale oder Member-Variablen eines Moduls zugreifen, so müssen diese im Übrigen als **public** deklariert sein. Ferner ist es auch möglich, eine Trace-Datei in einem hierarchisch tiefer stehenden Modul anzulegen; dies muss dann allerdings innerhalb des jeweiligen Konstruktors erfolgen.

Listing 3.19: Main-Funktion mit Waveform Traces (Datei „k3b1_3.cpp")

```
1  #include "k3b1_3_toplevel.h"
2  #include "k3b1testbench.h" //Necessary for traces
3
4  int sc_main(int argc, char *argv[]) {
5    Toplevel *top;
6    top = new Toplevel("top");
7
8    //Create trace file
9    sc_trace_file *fp;
10   fp = sc_create_vcd_trace_file("traces");
11   sc_trace(fp, top->tb->clk, "clk");
12   sc_trace(fp, top->tb->reset, "reset");
13   sc_trace(fp, top->tb->yn, "y");
14   sc_trace(fp, top->tb->xn, "x");
15
16   //Start simulation
17   sc_start(100, SC_NS);
18
19   //Close trace file
20   sc_close_vcd_trace_file(fp);
21
22   return 0;
23 }
```

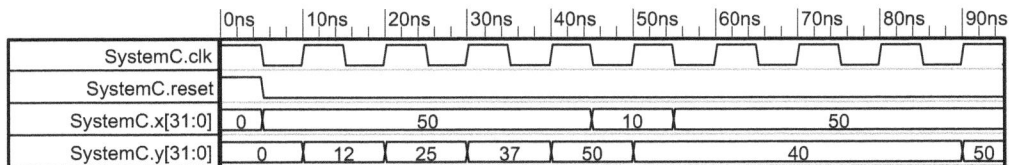

Abb. 3.10: Simulationsergebnis des Mittelwertfilters als Waveform-Traces.

Abbildung 3.10 zeigt das Ergebnis der Simulation unseres Mittelwertfilter-Beispiels mit Ausgabe der Traces für die Testbench-Ports aus Listing 3.19. Der geneigte Leser möge sich davon überzeugen, dass das Ergebnis mit den Text-Ausgaben aus Abbildung 3.9 übereinstimmt. Ferner stimmt das Ergebnis auch mit der Simulation unseres VHDL-Beispiels aus Abbildung 3.3

überein, wenn man in Betracht zieht, dass im VHDL-Beispiel die erste fallende Flanke des Taktes 5 ns später kommt. Nach Ausführung der Simulation – wenn also die Funktion `sc_start()`
wieder zurückkehrt – muss die Trace-Datei wieder geschlossen werden; dies erfolgt mit Hilfe
der Funktion `sc_close_vcd_trace_file()`, der man den Dateizeiger als Argument übergibt (Zeile 20 in Listing 3.19).

3.7   SystemC-Datentypen

In den Beispielen der vorangegangenen Abschnitte haben wir die Standard-C++-Datentypen
wie **int** oder **bool** benutzt. Grundsätzlich können in SystemC-Modellen alle C++-Datentypen
benutzt werden, inklusive der so genannten „Standard Template Library". Wir möchten diese
Datentypen hier nicht weiter beschreiben und verweisen auf die entsprechende C++-Literatur
[20, 10, 25, 6]. Die einfachen, skalaren C++-Datentypen wie **char**, **short** oder **int** weisen
eine feste Bitbreite von 8, 16 oder 32 Bit auf. In der Modellierung von Hardware – speziell auf
Register-Transfer-Ebene – ist es jedoch häufig erforderlich, für Signale oder Variablen Datentypen zu benutzen, mit denen man auch davon abweichende Bitbreiten genau spezifizieren kann,
beispielsweise um Bussysteme oder arithmetische Einheiten genau modellieren zu können.
VHDL bietet daher entsprechende „hardwareorientierte Datentypen" an, wie beispielsweise
`std_logic_vector` (vgl. [18]). Auch in SystemC sind vergleichbare Datentypen notwendig,
welche die SystemC-Bibliothek bereitstellt. Diese SystemC-Datentypen werden über entsprechende Klassen implementiert – Variablen von diesen Datentypen sind daher Objekte mit entsprechenden Methoden und Operatoren. Aus diesem Grund führt die Verwendung der SystemC-
Datentypen auch zu höheren Rechenzeiten, verglichen mit den einfachen C++-Datentypen, und
man sollte die SystemC-Datentypen nur dann einsetzen, wenn deren Verwendung modellie-
rungstechnisch notwendig ist. Dies wird in erster Linie in der RTL-Modellierung der Fall sein.
Wir werden später sehen, dass diese Datentypen in der Transaction-Level-Modellierung keine
große Rolle spielen. Dennoch wollen wir die SystemC-Datentypen im Folgenden darstellen,
wobei wir uns aus Platzgründen auf die wichtigsten Zusammenhänge beschränken müssen.
Weitere detaillierte Informationen zu den Klassenmethoden und Operatoren können beispielsweise aus [16] oder dem IEEE Standard SystemC Language Reference Manual [21] entnommen
werden.

3.7.1   SystemC Logik-Datentypen

Mit dem C++-Datentyp **bool** können zwei Zustände beschrieben werden (**false**, **true**). Für
die Hardware-Modellierung – beispielsweise von Bussystemen – sind in der Regel weitere
Signalzustände wie „hochohmig" (`'Z'`) oder „unbekannt" (`'X'`) notwendig. VHDL implementiert daher mit dem Datentyp `std_logic` eine *neunwertige Logik*, wobei zu den genannten
Zuständen noch weitere hinzukommen (vgl. [18, Seite 91 ff.]). In SystemC wird mit dem Datentyp `sc_logic` eine *vierwertige* Logik implementiert, welche folgende Werte umfasst:
`'0'` (oder `SC_LOGIC_0`), `'1'` (oder `SC_LOGIC_1`),
`'X'` (oder `SC_LOGIC_X`), `'Z'` (oder `SC_LOGIC_Z`)

Wir können also zum Beispiel mit `sc_logic varA;` eine Variable `varA` von diesem Datentyp anlegen. Die Zuweisung eines Festwertes kann dann so aussehen: `varA = '1';` Nehmen
wir ferner an, dass eine Variable `varB` vom C++-Datentyp **bool** existiert, dann können wir ei-

ne Zuweisung `varA = varB;` vornehmen, bei welcher der Wert automatisch konvertiert wird (**false** → `'0'`, **true** → `'1'`). Für die umgekehrte Zuweisung müssen wir die Konversionsfunktion `to_bool()` benutzen: `varB = varA.to_bool();`
Trägt `varA` in diesem Fall die Werte `'X'` oder `'Z'`, so wird zur Laufzeit des Programms eine Warnung ausgegeben, dass der Wert nicht konvertiert werden kann.

Logische Verknüpfung	&	|	^	~
Zuweisung	=	&=	|=	^=
Vergleich	==	!=		

Tabelle 3.3: *Operatoren der Klasse* `sc_logic` *(vgl. [16, Seite 132]). Syntax und Semantik der Operatoren entspricht den vergleichbaren Operatoren aus C++.*

Neben der Zuweisung existieren noch weitere Operatoren, die in Tabelle 3.3 gezeigt sind. Es ist dabei ebenfalls möglich, Variablen vom Typ **bool** mit Variablen vom Typ `sc_logic` zu verknüpfen. Beispielsweise können wir eine UND-Verknüpfung folgendermaßen schreiben (wobei `varA` vom Typ `sc_logic` ist und `varB` vom Typ **bool**):
`varA = varA & varB;`
Dabei stellt sich beispielsweise die Frage, welches Ergebnis die UND-Verknüpfung von `'1'` mit `'X'` liefert? Hierzu sind entsprechende Wahrheitstabellen hinterlegt; wir zeigen in Tabelle 3.4 diejenige der UND-Verknüpfung. Die Tabellen für die restlichen Operatoren können dem IEEE Standard entnommen werden [21, Seite 258 ff.].

&	`'0'`	`'1'`	`'Z'`	`'X'`
`'0'`	`'0'`	`'0'`	`'0'`	`'0'`
`'1'`	`'0'`	`'1'`	`'X'`	`'X'`
`'Z'`	`'0'`	`'X'`	`'X'`	`'X'`
`'X'`	`'0'`	`'X'`	`'X'`	`'X'`

Tabelle 3.4: *Wahrheitstabelle für den UND-Operator (&)*

In der SystemC-Bibliothek sind auch Feldtypen zu den Datentypen **bool** und `sc_logic` vorhanden; diese werden auch als „Bit-Vektoren" bezeichnet. Der Datentyp `sc_bv<N>` definiert einen Bit-Vektor, bestehend aus N Einzelbits vom Typ **bool** und der Datentyp `sc_lv<N>` besteht aus N Einzelbits vom Typ `sc_logic`. Der Datentyp `sc_bv` ist damit ähnlich zum Datentyp `bit_vector` in VHDL und `sc_lv` ist ähnlich zu `std_logic_vector` (vgl. [18]). Die verfügbaren Methoden und Operatoren sind für beide Typen identisch; der wesentliche Unterschied besteht darin, dass `sc_lv<N>` eine vierwertige Logik implementiert und damit besser für die Modellierung von Bussystemen geeignet ist. Dem gegenüber steht die Tatsache, dass `sc_lv` etwas langsamer in der Ausführung ist als `sc_bv`. Wir besprechen im Folgenden den Datentyp `sc_lv`; für den Datentyp `sc_bv` kann dann analog vorgegangen werden. Die Operatoren für `sc_lv` sind in Tabelle 3.5 wiedergegeben; dabei ist zu beachten, dass die logischen

Verknüpfungen bitweise durchgeführt werden und dass mit den Operatoren >> und << eine Rechts- bzw. Linksverschiebung innerhalb des Vektors vorgenommen werden kann.

Bitweise Verknüpfung	&	|	^	~	>>	<<
Zuweisung	=	&=	|=	^=		
Vergleich	==	!=				

Tabelle 3.5: *Operatoren der Klasse* `sc_lv` *(vgl. [16, Seite 134]). Syntax und Semantik der Operatoren entspricht den vergleichbaren Operatoren aus C++.*

Um einer Variablen – also einem Objekt – vom Typ `sc_lv` einen festen Wert zuzuweisen, können so genannte „Bit-Strings" benutzt werden. Nehmen wir an, wir haben eine Variable mit 4 Bit Breite `sc_lv<4> varA;` definiert; der Vektor besteht also aus den Elementen `varA[3]` (Most Significant Bit, MSB) bis `varA[0]` (Least Significant Bit, LSB). Wir können der Variablen dann mit `varA = "0111";` einen Wert zuweisen, so dass `varA[3]` gleich 0 und `varA[2]` bis `varA[0]` gleich 1 ist. Ferner kann man Festwerte auch als ganze Zahlen angeben, also beispielsweise `varA = 7;`, was dann in die entsprechende binäre Belegung der Bits umgewandelt wird. Dabei ist darauf zu achten, dass der Zahlenbereich nicht überschritten wird: Weisen wir beispielsweise `varA = 17;` zu, so ist dies binär `"10001"`. Dies ist mit vier Bit nicht mehr darstellbar, so dass das fünfte Bit (MSB) abgeschnitten wird; der zugewiesene Wert beträgt also `varA = "0001"`.

Listing 3.20: *Beispiel zum Datentyp* `sc_lv` *(Header) (Datei „k3b3shifter.h")*

```
 1  #ifndef K3B3SHIFTER_H
 2  #define K3B3SHIFTER_H
 3  #include <systemc>
 4  using namespace sc_core; //SC core language
 5  using namespace sc_dt;   //SC data types
 6
 7  struct Shifter : public sc_module {
 8    //Ports
 9    sc_in<bool>      clk;
10    sc_in<sc_lv<2> >  mode;
11    sc_in<sc_lv<4> >  distance;
12    sc_in<sc_lv<8> >  dataIn;
13    sc_out<sc_lv<8> > dataOut;
14    //Processes
15    void shiftProcess();
16    //Constructor
17    SC_HAS_PROCESS(Shifter);
18    Shifter(sc_module_name);
19  };
20  #endif
```

Mit Hilfe verschiedener Konstruktoren kann man die Variable auch initialisieren, beispielsweise so: `sc_lv<4> varA("0000");` oder `sc_lv<4> varA(0);` Werden Variablen nicht initialisiert, so sind alle Elemente 'X' ('0' im Fall von sc_bv). Variablen vom Typ sc_lv und sc_bv können gegenseitig zugewiesen werden, wobei die Zuweisung von 'X' oder 'Z' zu sc_bv-Elementen wieder eine Warnung zur Programmlaufzeit ergibt.

Listing 3.21: Beispiel zum Datentyp sc_lv *(Implementierung) (Datei „k3b3shifter.cpp")*

```
 1  #include "k3b3shifter.h"
 2  #include <iostream>
 3  using namespace std;
 4  //Constructor
 5  Shifter::Shifter(sc_module_name name){
 6      SC_THREAD(shiftProcess);
 7      sensitive << clk.pos();
 8  }
 9  //Process
10  void Shifter::shiftProcess() {
11      sc_lv<8> shiftReg(0);
12      sc_lv<4>  shiftDistance(0);
13
14      while(1) {
15        shiftReg = dataIn.read();
16        shiftDistance = distance.read();
17        cout <<"Time: "<<sc_time_stamp();
18        cout <<", Mode: "<<mode.read();
19        cout <<", DataIn: "<<shiftReg;
20        if (mode.read() == "01") {
21          shiftReg = shiftReg << shiftDistance.to_int();
22        }
23        else if (mode.read() == "10") {
24          shiftReg = (shiftReg(6,0),shiftReg[7]);
25        }
26        else if (mode.read() == "11") {
27          shiftReg[0] = shiftReg.xor_reduce();
28          shiftReg(7,1) = 0;
29        }
30        cout <<", DataOut: "<<shiftReg<<endl;
31        dataOut.write(shiftReg);
32        wait();
33      }
34  }
```

Wir möchten die Arbeit mit dem Datentyp sc_lv anhand eines kleinen Beispiels verdeutlichen und dabei auch einige weitere Methoden und Operatoren kennenlernen. Ein vollständiger Überblick über alle Methoden kann beispielsweise [16, 21] entnommen werden. Listing 3.20 zeigt die Header-Datei des Beispiel-Moduls Shifter. Um die SystemC-Datentypen verwenden zu können, muss zunächst der Namensraum sc_dt in Zeile 5 geöffnet werden. In Zeile 9 wird ein Port instanziert, an den später wieder ein Taktgenerator sc_clock angeschlossen werden soll. Da sc_clock selber wiederum vom Typ **bool** ist, muss der Datentyp dieses Ports ebenfalls vom Typ **bool** sein – wir können hier also kein sc_logic verwenden! In den Zeilen 10 bis 13 werden Ports vom Datentyp `sc_lv` mit verschiedenen Bitbreiten instanziert. Dabei ist `sc_in<>` eine Template-Klasse, der als Template-Parameter die Template-Klasse `sc_lv<N>` übergeben wird; man lässt hier üblicherweise ein Leerzeichen zwischen den beiden schließenden spitzen Klammern, um die Konstruktion vom C++-Schiebeoperator abzugrenzen.

Im Konstruktor der Implementierungsdatei in Listing 3.21 wird der Prozess `shiftProcess` als Thread-Prozess registriert, der sensitiv auf die positive Flanke von `clk` ist. Wir definieren zunächst in den Zeilen 11 und 12 zwei lokale Variablen vom Typ `sc_lv` für diesen Prozess. Die Variablen werden dabei durch die Konstruktoren mit 0 initialisiert, was gleichbedeutend mit `"00000000"` bzw. `"0000"` ist. In den Zeilen 15 und 16 werden die Ports gelesen und die Werte in den lokalen Variablen abgespeichert; danach erfolgt eine Textausgabe auf der Konsole, die wir in Abbildung 3.11 sehen können. Zu diesem Zweck ist der <<-Operator für `cout` so implementiert, dass der Wert als Bit-Vektor ausgegeben wird. Es ist dabei zu erkennen, dass die Werte auf den Ports zu Beginn der Simulation den Wert 'X' aufweisen. Dies liegt daran, dass bei der ersten Ausführung des Prozesses zum Zeitpunkt $t = 0$ ns von der (hier nicht gezeigten) Testbench noch keine Werte an die Ports angelegt wurden, so dass wir den Initialisierungswert des angeschlossenen Signals lesen.

```
Time:  0 s,  Mode: XX,  DataIn: XXXXXXXX,  DataOut: XXXXXXXX
Time:  0 s,  Mode: 00,  DataIn: 00000001,  DataOut: 00000001
Time: 10 ns, Mode: 01,  DataIn: 00000001,  DataOut: 00000010
Time: 20 ns, Mode: 01,  DataIn: 00000001,  DataOut: 00010000
Time: 30 ns, Mode: 10,  DataIn: 10000001,  DataOut: 00000011
Time: 40 ns, Mode: 10,  DataIn: 11110000,  DataOut: 11100001
Time: 50 ns, Mode: 11,  DataIn: 10010001,  DataOut: 00000001
Time: 60 ns, Mode: 11,  DataIn: 10101001,  DataOut: 00000000
```

Abb. 3.11: *Simulationsergebnis für Listing 3.20/3.21.*

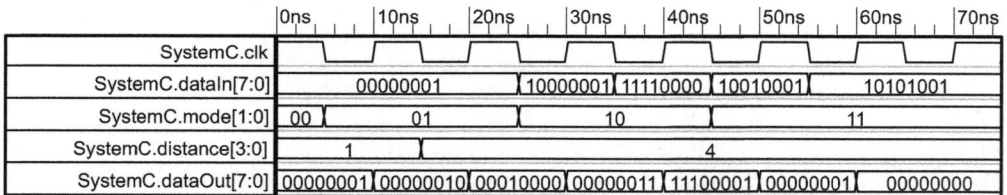

Abb. 3.12: *Simulationsergebnis für Listing 3.20/3.21 als Waveform-Trace. Die Werte auf den Ports* `dataIn`, `mode` *und* `dataOut` *sind binär dargestellt und die Werte auf dem Port* `distance` *dezimal.*

In der Folge werden nun in Abhängigkeit vom Wert des `mode`-Ports verschiedene Aktionen mit den Eingangsdaten auf `dataIn` durchgeführt und das Ergebnis auf dem Ausgangsport `dataOut` ausgegeben. Wir können die Ergebnisse jeweils in Abbildung 3.11 und 3.12 nachvollziehen. Wenn `mode` gleich `"01"` ist, dann werden die in `shiftReg` gespeicherten Daten mit Hilfe des <<-Operators nach links verschoben (Zeile 21 in Listing 3.21). Das rechts vom <<-Operator stehende Argument definiert die Schiebedistanz. Wir benutzen hierzu den in der Variablen `shiftDistance` gespeicherten Wert, den wir aber mit Hilfe der Methode `to_int()` in einen **int**-Wert konvertieren müssen. Dabei handelt es sich um eine Konversionsfunktion des Datentyps `sc_lv`. In gleicher Weise können `sc_lv`-Werte auch in andere C++-Datentypen konvertiert werden (vgl. [16, Seite 134].

Wenn der Wert des `mode`-Ports gleich `"10"` ist, dann sollen die Daten um eine Stelle nach links *rotiert* werden (Zeile 24). Hierzu werden drei weitere Operatoren des Datentyps `sc_lv` verwendet:

- Bit-Auswahl `[i]`: Mit `shiftReg[7]` wird das Bit 7 aus dem Bit-Vektor `shiftReg` ausgewählt.

- Bereichs-Auswahl `(i,k)` oder `range(i,k)`: Mit `shiftReg(6,0)` wird ein (Teil-)Bereich des Bit-Vektors von `shiftReg[6]` bis `shiftReg[0]` ausgewählt. Hier hätte man alternativ auch die Methode `range()` benutzen können: `shiftReg.range(6,0)`

- Konkatenation oder Verkettung `(VektorA, VektorB)`: Mit der Konstruktion `(shiftReg(6,0),shiftReg[7])` werden die beiden (Teil-)Vektoren wieder miteinander zu einem neuen Vektor verbunden und dieser dem Vektor `shiftReg` zugewiesen. Damit werden die Daten nach links rotiert, das heißt die Daten werden um eine Stelle nach links geschoben und das MSB wird in das LSB kopiert. Dies kann in den Abbildungen 3.11 und 3.12 nachvollzogen werden.

Wenn der `mode`-Port den Wert `"11"` aufweist, wird die Methode `xor_reduce()` des Bit-Vektors `shiftReg` ausgeführt und das Ergebnis dem Einzel-Bit `shiftReg[0]` zugewiesen. Alle anderen Bits werden mit `shiftReg(7,1) = 0;` zu Null gesetzt. Bei der hier verwendeten Methode `xor_reduce()` handelt es sich um einen so genannten „Reduktions-Operator". Hierbei werden die einzelnen Bits des Vektors mit der XOR-Funktion sukzessive folgendermaßen verknüpft (v sei eine angenommene Variable für die Zwischenergebnisse):

```
v = shiftReg[0] XOR shiftReg[1];
v = v XOR shiftReg[2];
v = v XOR shiftReg[3];
...
Return-Wert = v XOR shiftReg[7];
```

Der Rückgabewert von `xor_reduce()` ist also ein Einzel-Bit vom Typ `sc_logic` und wird zu `'1'`, wenn die Anzahl der Einsen im Vektor ungerade ist (ungerade Parität) anderenfalls `'0'`. In gleicher Weise sind noch die folgenden Reduktions-Operatoren vorhanden: `and_reduce()`, `nand_reduce()`, `or_reduce()`, `nor_reduce()` und `xnor_reduce()` (vgl. [21, Seite 197]).

Bei der Modellierung von so genannten „Tristate-Bussystemen" treiben mehrere Prozesse das gleiche Signal. Daher muss das Signal oder der Datentyp des Signals über eine so genannte „Auflösungsfunktion" verfügen, die den resultierenden Wert auf dem Signal bestimmt, wenn mehrere Prozesse unterschiedliche Werte auf das gleich Signal treiben. Dies wird in VHDL beispielsweise durch den Datentyp `std_logic` und `std_logic_vector` implementiert (vgl. [18, Seite Seite 91 ff.]). In SystemC ist hierzu eine spezielle Signal-Klasse `sc_signal_resolved` (Einzelbit-Signal) und `sc_signal_rv<W>` (Bit-Vektor-Signal) verfügbar, welche auf dem Datentyp `sc_logic` beruhen und eine solche Auflösungsfunktion besitzen (vgl. [16, Seite 174 ff.]). Ferner sind auch die zugehörigen Ports in der SystemC-Bibliothek vorhanden (vgl. [16, Seite 119 f.]). Da man heute allerdings innerhalb von FPGAs oder ASICs keine Tristate-Bussysteme mehr benutzt (vgl. [18, Seite 326 ff.]), sollte sich die Verwendung dieser Signale und Ports auf eventuelle Anschaltungen für chipexterne Tristate-Bussysteme beschränken, zumal dieser Datentyp einen Mehraufwand im Simulator verursacht.

3.7.2   SystemC Integer-Datentypen

Wie man anhand der Tabelle 3.5 erkennen kann, können mit `sc_lv` oder `sc_bv` keine arithmetischen Operationen durchgeführt werden. Hierzu sind die Datentypen `sc_int<N>` (vorzeichenbehaftet oder „signed", Zweierkomplement) und `sc_uint<N>` (vorzeichenlos oder „unsigned") gedacht, die sich – im Gegensatz zu den Standard-C++-Datentypen – in der Bitbreite N skalieren lassen. Auch diese Datentypen werden durch entsprechende SystemC-Klassen implementiert und im Englischen als „limited-precision integer type" bezeichnet [21]. Intern werden die Daten mit 64 Bit dargestellt, so dass man für N Werte von 1 bis 64 angeben kann. Versucht man, größere Bitbreiten anzugeben, so führt dies zu einem Laufzeitfehler. Bei Operationen auf diesem Datentyp wird intern mit 64 Bit gerechnet und das Ergebnis dann auf die spezifizierte Bitbreite N abgeschnitten. Definiert man beispielsweise mit `sc_uint<4> a(15), b(2);` zwei 4 Bit breite vorzeichenlose Variablen a und b – wobei diese durch die Konstruktoren auf die Werte 15 und 2 initialisiert werden – und rechnet anschließend `a = a + b;`, so passiert folgendes: Intern wird zunächst $15 + 2 = 17$ gerechnet, da aber 17 (binär 10001) mit vier Bit nicht dargestellt werden kann, werden die Stellen vor dem vierten Bit abgeschnitten und man erhält für a den Wert 1 (ohne Warnung zur Laufzeit!).

Bitweise Verknüpfung	&	|	^	~	>>	<<	
Arithmetisch	+	−	*	/	%	++	--
Zuweisung	=	&=	|=	+=	-=	*=	/=	%=
Vergleich	==	!=	<	<=	>	>=	

Tabelle 3.6: Operatoren der Klassen `sc_int` und `sc_uint` (vgl. [16, Seite 122]). Syntax und Semantik der Operatoren entspricht den vergleichbaren Operatoren aus C++.

Die für `sc_int` und `sc_uint` verfügbaren Operatoren sind in Tabelle 3.6 aufgelistet; sie entsprechen den Operatoren der Bit-Vektor-Datentypen, erweitert um die arithmetischen Operatoren und weitere Vergleichsoperatoren. Es ist möglich, Zuweisungen zwischen Variablen vom Typ `sc_lv` oder `sc_bv` und `sc_int` oder `sc_uint` vorzunehmen, dabei werden die Daten automatisch konvertiert. Ferner ist es möglich, bei den Operatoren aus Tabelle 3.6 Variablen vom Typ `sc_uint` oder `sc_int` mit Variablen von C++-Ganzzahl- oder Gleitpunkt-Datentypen zu verknüpfen, wobei ebenfalls automatische Typkonversionen stattfinden. Ferner sind auch die Operatoren für die Bit- und Bereichsauswahl, die Konkatenation und die Reduktions-Operatoren vorhanden.

Wir zeigen die Arbeit mit `sc_int` und `sc_uint` wieder anhand eines Beispiels, welches ganz ähnlich zu demjenigen aus dem letzten Abschnitt ist. Listing 3.22 zeigt einen Ausschnitt aus der Header-Datei, in der die Ports definiert sind. Die Syntax für die Definition der `sc_int`- und `sc_uint`-Ports ist vergleichbar mit derjenigen für die `sc_lv`- oder `sc_bv`-Ports: Über den Template-Parameter wird die jeweilige Bitbreite festgelegt.

Listing 3.22: Beispiel zum Datentyp `sc_int` *(Ausschnitt aus Header-Datei „k3b4alu.h")*

```
1   ...
2   struct Alu : public sc_module {
3     //Ports
4     sc_in<bool>        clk;
5     sc_in<sc_lv<2> >    mode;
6     sc_in<sc_uint<4> >  distance;
7     sc_in<sc_int<8> >   opA, opB;
8     sc_out<sc_int<8> >  result;
9     ...
10  };
```

Listing 3.23: Beispiel zum Datentyp `sc_int` *(Ausschnitt aus Implementierungs-Datei „k3b4alu.cpp")*

```
1   ...
2   //Process
3   void Alu::aluProcess() {
4     sc_int<8> aluReg(0);
5
6     while(1) {
7       aluReg = opA.read();
8       cout <<"Time: "<<sc_time_stamp();
9       cout <<", Mode: "<<mode.read();
10      cout <<", OperandA: "<<aluReg;
11      cout <<", OperandB: "<<opB.read();
12      if (mode.read() == "01") {
13        aluReg = aluReg << distance.read();
14      }
15      else if (mode.read() == "10") {
16        aluReg = (aluReg(6,0),aluReg[7]);
17      }
18      else if (mode.read() == "00") {
19        aluReg += opB.read();
20      }
21      else if (mode.read() == "11") {
22        aluReg -= opB.read();
23      }
24      cout <<", Result: "<<aluReg<<endl;
25      result.write(aluReg);
26      wait();
27    }
28  }
```

Listing 3.23 zeigt in einem Ausschnitt aus der Implementierungsdatei den einzigen Prozess `aluProcess()` dieses Beispiels. Er funktioniert ganz ähnlich wie im vorigen Beispiel. Wenn der `mode`-Port den Wert `"01"` aufweist, wird der Wert von `aluReg` um eine bestimmte An-zahl von Stellen nach links geschoben. Die Stellenanzahl ergibt sich aus dem Wert an Port `distance`, welcher hier direkt als Argument für den Schiebeoperator verwendet werden kann, da es sich ja bei `sc_uint` um eine vorzeichenlose Ganzzahl handelt und nicht um einen Bit-Vektor, wie im vorigen Beispiel. Dennoch gibt es auch für `sc_int` und `sc_uint` Konversions-funktionen, mit denen explizit in die C++-Datentypen gewandelt werden kann (siehe [16, Seite 121]). Das Ergebnis dieser Operation kann dem Simulationsergebnis in den Abbildungen 3.13 und 3.14 entnommen werden.

Obwohl es sich bei `sc_int` und `sc_uint` nicht um Bit-Vektoren handelt, kann mit den Operatoren für Bitauswahl, Bereichsauswahl und Konkatenation genauso gearbeitet werden, wie Zeile 16 in Listing 3.23 – diese implementiert wieder eine Rotation – sowie das Simulations-ergebnis zeigt. Neben der genauen Spezifikation der Bitbreite sind diese Operatoren ein weiterer Vorteil dieses Datentyps gegenüber den C++-Integer-Datentypen. Im Simulationsergebnis aus Abbildung 3.13 ist zu beachten, dass die Werte für `sc_int` und `sc_uint` durch `cout` auf der Konsole als Dezimalzahlen ausgegeben werden, im Unterschied zu den Bit-Vektoren, deren Werte als Bit-Strings ausgegeben werden (Abbildung 3.11). Der Wert -127 entspricht beispiels-weise dem Binärwert 10000001 im Zweierkomplement, wie der Vergleich von Abbildung 3.13 und Abbildung 3.14 bestätigt.

```
Time: 0 s, Mode: XX, OperandA: 0, OperandB: 0, Result: 0
Time: 0 s, Mode: 01, OperandA: 1, OperandB: 0, Result: 16
Time: 10 ns, Mode: 01, OperandA: 1, OperandB: 0, Result: 16
Time: 20 ns, Mode: 10, OperandA: -127, OperandB: 0, Result: 3
Time: 30 ns, Mode: 00, OperandA: 93, OperandB: 3, Result: 96
Time: 40 ns, Mode: 00, OperandA: 127, OperandB: 1, Result: -128
Time: 50 ns, Mode: 11, OperandA: 127, OperandB: 1, Result: 126
Time: 60 ns, Mode: 11, OperandA: -128, OperandB: 1, Result: 127
```

Abb. 3.13: *Simulationsergebnis für Listing 3.22/3.23.*

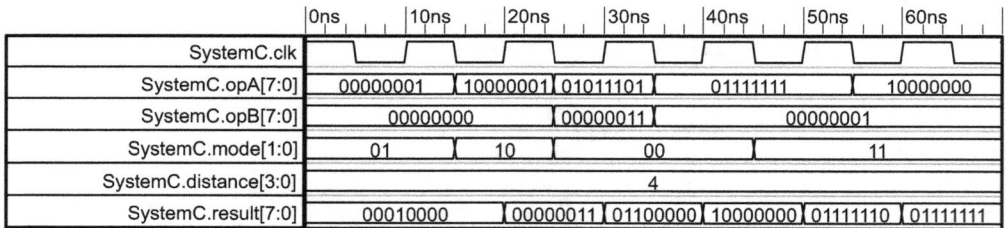

Abb. 3.14: *Simulationsergebnis für Listing 3.22/3.23 als Waveform-Trace. Die Werte auf den Ports* opA, opB, mode *und* result *sind binär dargestellt und die Werte auf dem Port* distance *dezimal.*

In den Zeilen 19 und 22 von Listing 3.23 werden die beiden Eingangsoperanden addiert oder subtrahiert. Die Konstruktion `aluReg += opB.read();` ist dabei gleichwertig zu: `aluReg = aluReg + opB.read();`
In der Simulation in den Abbildungen 3.13 und 3.14 werden diese Operationen mit jeweils zwei Zahlenbeispielen demonstriert und dabei soll auch gezeigt werden, dass die Zahlenbe-reichsüberschreitung für vorzeichenbehaftete Daten korrekt gehandhabt wird: Bei der Addition wird der Zahlenbereich einer 8-Bit vorzeichenbehafteten Ganzzahl dann überschritten, wenn wir zu 127 den Wert 1 addieren. Das Ergebnis 128 ist binär 10000000 (Abbildung 3.14), was

aber dem Wert -128 im Zweierkomplement entspricht (Abbildung 3.13). Ebenso erhalten wir eine Zahlenbereichsunterschreitung, wenn wir von -128 den Wert 1 subtrahieren; dies ergibt den Wert -129. Für die Darstellung dieser Zahl im Zweierkomplement benötigen wir aber mindestens 9 Bit (=101111111), so dass durch das Abschneiden nach der achten Stelle der binäre Wert 01111111 oder dezimal 127 entsteht.

Bei der Initialisierung oder Zuweisung von Festwerten können die im vorigen Abschnitt besprochenen „Bit-Strings" so nicht benutzt werden. Nehmen wir an, wir definieren eine vorzeichenlose Variable a mit 4 Bit Breite durch `sc_uint<4> a("1111");`. Der angegebene String `"1111"` wird in diesem Fall nicht wie bei `sc_bv` und `sc_lv` als Bitfolge oder als Dualzahl sondern als Dezimalzahl aufgefasst! Um eine Dualzahl angeben zu können, müssen wir die binäre Zahlenbasis durch Voranstellen von „0b" angeben. So lautet in diesem Fall die korrekte Initialisierung `sc_uint<4> a("0b1111");` und damit ist die Variable auf den dezimalen Wert 15 initialisiert. Allgemein können wir auch andere Zahlenbasen durch „0o" (oktal), „0d" (dezimal) oder „0x" (hexadezimal) angeben. Dies ist übrigens auch für die Datentypen `sc_bv` und `sc_lv` möglich: Durch `sc_bv<4> b("0xe");` können wir beispielsweise den Bit-Vektor b auf die Bitfolge `"1110"` initialisieren. Ferner ist es möglich, wenn die Zahlenbasis dezimal ist, noch ein Vorzeichen voranzustellen. Man spricht hier in allgemeiner Form von einem so genannte „String Literal" [21], welches für die Initialisierung oder Zuweisung von allen SystemC-Datentypen benutzt werden kann.

Abschließend soll noch erwähnt werden, dass bei erforderlichen größeren Breiten als 64 Bit der Datentyp `sc_bigint` oder `sc_biguint` benutzt werden kann (vgl. [16, Seite 59 ff.]). Die Operatoren und Methoden sind die gleichen wie bei `sc_int` und `sc_uint`. Die Bitbreite ist hier im Prinzip unbeschränkt, jedoch erfordert dies auch einen deutlich höheren Rechenaufwand als die Verwendung von `sc_int` oder `sc_uint`. Es ist daher möglich, den Rechenaufwand dadurch zu reduzieren indem man in der Datei `sc_constants.h` den standardmäßig auskommentierten **#define** SC_MAX_NBITS 510 wieder einkommentiert und damit in diesem Fall die maximale Bitbreite auf 510 (oder einen anderen Wert) setzt und so eine höhere Simulations-Leistung des Modells erreichen kann.

3.7.3 SystemC Festkomma-Datentypen

In der digitalen Signalverarbeitung ist es häufig notwendig, mit reellen Zahlen statt mit ganzen Zahlen zu arbeiten. Für die Implementierung eines Signalverarbeitungsalgorithmus auf einem Mikroprozessor in Software oder in spezieller Hardware hat man dann die Möglichkeit, die reellen Zahlen mit Hilfe von binären Gleitkommazahlen (engl.: floating-point number, im deutschen auch als Gleitpunktzahlen bezeichnet) oder durch binäre Festkommazahlen (engl.: fixed-point number, im deutschen auch als Fixpunktzahlen bezeichnet) darzustellen. Da die Implementierung einer Gleitkommaarithmetik – in C++ durch die Datentypen **float** oder **double** – deutlich aufwändiger ist, als eine Festkommaarithmetik, werden in der Signalverarbeitung häufig Festkommazahlen benutzt. SystemC bietet für Festkommazahlen geeignete Datentypen an, die wiederum durch entsprechende Klassen mit zugehörigen Methoden und Operatoren implementiert werden.

Bei der binären Darstellung von vorzeichenlosen und vorzeichenbehafteten Festkommazahlen mit einer gewissen Bitbreite müssen im Unterschied zu den Integer-Zahlen auch Nachkommastellen implementiert werden; allgemein haben wir n Vorkommastellen (ganzzahliger Teil) und

m Nachkommastellen (gebrochener Teil). Für eine vorzeichenlose Zahl mit beispielsweise 3 Vorkommastellen und 2 Nachkommastellen sieht die binäre Darstellung folgendermaßen aus: $b_2 b_1 b_0, b_{-1} b_{-2}$. Das (gedachte) Komma als Trennzeichen zwischen dem ganzzahligen und dem gebrochenen Teil befindet sich bei einer Festkommazahl dabei immer an der gleichen Stelle, im Beispiel zwischen dem zweiten und dritten Bit. Im Englischen und in der Ausgabe von Computerprogrammen wird statt des Kommas ein Punkt verwendet – daher die Bezeichnung „Fixpunkt". Eine gegebene Belegung der einzelnen Stellen b_i einer Festkommazahl x kann durch

$$x_{dezimal} = b_2 \cdot 2^2 + b_1 \cdot 2^1 + b_0 \cdot 2^0 + b_{-1} \cdot 2^{-1} + b_{-2} \cdot 2^{-2}$$

in den entsprechenden Wert im Dezimalsystem umgerechnet werden. So entspricht beispielsweise die Zahl $101{,}01_b$ dem dezimalen Wert 5,25.

Der Zahlen- oder Wertebereich einer vorzeichenlosen Festkommazahl mit n Vorkommastellen und m Nachkommastellen umfasst die Werte von 0 bis $2^n - 2^{-m}$, also im Beispiel ($n = 3$ und $m = 2$) von $000{,}00_b = 0{,}0_d$ bis $111{,}11_b = 7{,}75_d$. Der kleinste darstellbare und von Null verschiedene Wert der Festkommazahl entspricht dem Wert der kleinsten binären Stelle (LSB) oder 2^{-m} und beträgt in diesem Beispiel $1 \text{ LSB} = 2^{-2} = 0{,}25$; dies wird als *Auflösung* bezeichnet (engl.: resolution, [36]). Die *Genauigkeit* (engl.: accuracy, [36]) ist die maximale Differenz zwischen dem tatsächlichen Wert einer reellen Zahl und dem Wert ihrer Darstellung durch die Festkommazahl, sie beträgt immer die Hälfte der Auflösung oder $1/2$ LSB und ist in unserem Beispiel $1/8 = 0{,}125$. So kann beispielsweise die reelle Zahl 0,375 durch die obige binäre Festkommadarstellung mit zwei Nachkommastellen nicht exakt repräsentiert werden. Wir können sie entweder durch $000{,}01_b = 0{,}25_d$ oder durch $000{,}10_b = 0{,}5_d$ darstellen; in beiden Fällen entspricht der Fehler von 0,125 der Genauigkeit dieser Festkommadarstellung. Bei der Repräsentation von reellen Zahlen durch Festkomma-Datentypen haben wir also – bei begrenzter Wortbreite – nur einen endlichen Wertebereich und eine endliche Auflösung und Genauigkeit.

Vorzeichenbehaftete Festkommazahlen werden im Zweierkomplement implementiert. Wenn wir wieder 3 Vorkomma- und 2 Nachkommastellen annehmen, so haben wir wieder die gleiche binäre Repräsentation als Dualzahl $b_2 b_1 b_0, b_{-1} b_{-2}$, jedoch ist nun das höchstwertige Bit das Vorzeichenbit. Eine gegebene Belegung der binären Festkommazahl x kann durch

$$x_{dezimal} = -b_2 \cdot 2^2 + b_1 \cdot 2^1 + b_0 \cdot 2^0 + b_{-1} \cdot 2^{-1} + b_{-2} \cdot 2^{-2}$$

in den dezimalen Wert umgerechnet werden. Die Zahl $101{,}01_b$ entspricht also nun dem dezimalen Wert $-2{,}75$. Der Wertebereich einer vorzeichenbehafteten Festkommazahl mit n Vorkommastellen und m Nachkommastellen umfasst die Werte von -2^{n-1} bis $2^{n-1} - 2^{-m}$, im Beispiel also von $100{,}00_b = -4{,}0_d$ bis $011{,}11_b = 3{,}75_d$. Die Auflösung ist ebenfalls $2^{-m} = 1$ LSB, im Beispiel also 0,25.

SystemC implementiert für vorzeichenlose Festkommazahlen die Datentypen `sc_ufixed` und `sc_ufix`. Die beiden unterscheiden sich in der Art und Weise, wie die notwendigen Parameter für die Spezifikation des Datentyps übergeben werden: Bei `sc_ufixed` werden die Parameter als Template-Parameter übergeben, bei `sc_ufix` sind es Konstruktorparameter. Für vorzeichenbehafteten Zahlen sind die beiden Datentypen `sc_fixed` und `sc_fix` implementiert, die sich in gleicher Weise unterscheiden. Variablen von diesen Datentypen können damit folgendermaßen definiert werden, wobei für die Parameter entsprechende Werte angegeben werden können (vgl. auch [21, Seite 295 ff.]):

- `sc_ufixed<wl, iwl, q_mode, o_mode, n_bits> a;`

- `sc_ufix a(wl, iwl, q_mode, o_mode, n_bits);`

- `sc_fixed<wl, iwl, q_mode, o_mode, n_bits> a;`

- `sc_fix a(wl, iwl, q_mode, o_mode, n_bits);`

Zwingend ist nur die Angabe der Parameter `wl` und `iwl`, für die restlichen Parameter existieren Ersatzwerte. Der Parameter `wl` spezifiziert die gesamte Bitbreite oder Wortlänge des Datentyps und der Parameter `iwl` die Bitbreite des ganzzahligen Teils (Integer-Wortlänge). Eine Definition von Variablen mit dem oben angesprochenen Beispiel von 3 Vorkomma- und 2 Nachkommastellen wäre also: `sc_ufixed<5,3> a;` (vorzeichenlos) oder `sc_fixed<5,3> a;` (vorzeichenbehaftet). Die restlichen, optionalen Parameter spezifizieren das Verhalten des Datentyps bei Überschreitung der Auflösung (`q_mode`) oder des Wertebereichs (`o_mode`, `n_bits`).

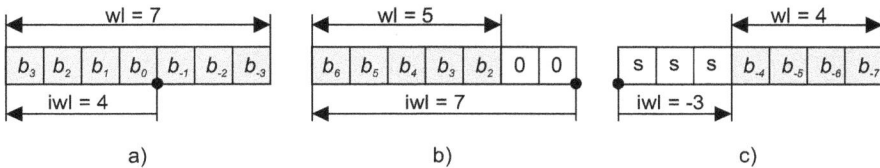

Abb. 3.15: *Verschiedene Anordnungen von Festkommazahlen. Der Punkt bezeichnet die Lage des Trennzeichens zwischen ganzzahligem und gebrochenem Teil. Bei vorzeichenlosen Zahlen ist s=0, bei vorzeichenbehafteten Zahlen werden diese Felder mit dem Vorzeichenbit aufgefüllt.*

Bitweise Verknüpfung	&	|	^	~	>>	<<	
Arithmetisch	+	−	*	/	++	−−	
Zuweisung	=	&=	|=	+=	−=	*=	/=
Vergleich	==	!=	<	<=	>	>=	

Tabelle 3.7: *Operatoren der Klassen* `sc_ufix`, `sc_ufixed`, `sc_fix` *und* `sc_fixed` *(vgl. [21]). Syntax und Semantik der Operatoren entspricht den vergleichbaren Operatoren aus C++.*

Durch die beiden Parameter `wl` und `iwl` lassen sich im Prinzip beliebige Anordnungen für den Wertebereich und die Auflösung von Festkommazahlen spezifizieren. Abbildung 3.15a zeigt den Fall `wl = 7` und `iwl = 4`. Wenn es sich beispielsweise um vorzeichenlose Zahlen handelt, also `sc_ufixed<7,4>`, dann haben wir einen Wertebereich von $0000,000_b = 0,0_d$ bis $1111,111_b = 15,875_d$ und eine Auflösung von 0,125. Auch ungewöhnliche Anordnungen sind möglich, wie Abbildung 3.15b und 3.15c zeigt. Im Fall b wäre bei vorzeichenlosen Zahlen (`sc_ufixed<5,7>`) der Wertebereich von $0000000_b = 0_d$ bis $1111100_b = 124_d$ bei einer Auflösung von 4. Im Fall c wäre bei vorzeichenlosen Zahlen (`sc_ufixed<4,-3>`) der Wertebereich von $0,0000000_b = 0,0_d$ bis $0,0001111_b = 0,1171875_d$ bei einer Auflösung von $2^{-7} = 1/128 = 0,0078125$. Auch die ganzen Zahlen lassen sich damit darstellen; sie sind ein Spezialfall der Festkommazahlen, wenn `iwl` = `wl` ist. Die in Tabelle 3.7 gezeigten Operatoren für die Festkomma-Datentypen entsprechen denjenigen der Integer-Datentypen, wobei der Modulo-Operator entfällt. Ferner sind auch die Operatoren für Bit- und Bereichsauswahl verfügbar. Eine detaillierte Übersicht über weitere Methoden kann [16, 21] entnommen werden.

Listing 3.24: Beispiel zum Datentyp `sc_fixed` *(Datei „k3b5.cpp")*

```
 1   #define SC_INCLUDE_FX
 2   #include <systemc>
 3   using namespace sc_dt;
 4   #include <iostream>
 5   using namespace std;
 6
 7   int sc_main(int argc, char *argv[]) {
 8     sc_fixed<5,3,SC_RND,SC_SAT> a(0), b(0), y;
 9     sc_fixed<9,5> z;
10     char run = 'y';
11
12     while(run == 'y') {
13       cout<<"a: ";
14       cin>>a;
15       cout<<"b: ";
16       cin>>b;
17       cout<<endl;
18       cout<<"a: "<<a<<", "<<a.to_string(SC_BIN,true)<<endl;
19       cout<<"b: "<<b<<", "<<b.to_string(SC_BIN,true)<<endl;
20       y = a * b;
21       z = a * b;
22       cout<<"y: "<<y<<", "<<y.to_string(SC_BIN,true)<<endl;
23       cout<<"z: "<<z<<", "<<z.to_string(SC_BIN,true)<<endl;
24       cout<<endl<<"Continue? (y/n) ";
25       cin>>run;
26       cout<<endl;
27     }
28     return 0;
29   }
```

Anhand eines abschließenden Beispiels möchten wir insbesondere noch die Probleme und Vorgehensweise hinsichtlich der Überschreitung des Wertebereichs und der Auflösung für den Datentyp `sc_fixed` diskutieren. Das Beispiel besteht nur aus der in Listing 3.24 gezeigten Main-Funktion; es wird weder ein simulierbares Modul instanziert noch der Simulator gestartet (daher entfällt auch die Funktion `sc_start()`). Da wir aber die SystemC-Datentypen benutzen möchten, müssen wir die SystemC-Bibliothek hinzubinden – was auch `sc_main` erfordert – und den Namensraum `sc_dt` öffnen. Ferner ist vor dem Hinzubinden der SystemC-Bibliothek noch **#define** `SC_INCLUDE_FX` erforderlich, damit die Festkomma-Datentypen verfügbar sind. Die Funktion des Programms besteht darin, dass über die Konsole zwei Werte für die Variablen `a` und `b` eingegeben werden können, die dann nachfolgend multipliziert werden. Dies wird in einer durch die Variable `run` gesteuerten **while**-Schleife implementiert, so dass man weitere Werte eingeben kann oder die Schleife und damit das Programm beenden kann. Für die Variablen a, b und y verwenden wir die weiter oben schon als Beispiel benutzten vorzeichenbehafteten Festkommazahlen mit 3 Vorkommastellen und 2 Nachkommastellen, der Wertebereich ist also $100,00_b = -4,0_d$ bis $011,11_b = 3,75_d$ und die Auflösung 0,25. Die Variablen a und b werden über den Konstruktor zu Null initialisiert und weisen damit den Wert $000,00_b$ auf. Variable y wird zwar nicht initialisiert, trägt aber als Voreinstellung ebenfalls den Wert $000,00_b$. Die Variable z ist ebenfalls vorzeichenbehaftet, verfügt aber über 5 Vorkommastellen und 4 Nachkommastellen; sie hat damit einen Wertebereich von $10000,0000_b = -16,0_d$ bis $01111,1111_b = 15,9375_d$ und eine Auflösung von $1/16 = 0,0625$.

Das Einlesen der Werte und die Zuweisung an die Variablen a und b erfolgt in den Zeilen 14 und 16 von Listing 3.24 mit Hilfe des cin-"Input Stream"-Objekts und dem >>-Operator. Erwartet wird hier die Angabe eines Wertes auf der Konsole, der im Format dem aus C++ bekannten „floating-point literal" entsprechen muss (Punkt als Trennzeichen!). Werden Werte eingegeben, die den Zahlenbereich überschreiten, so wird die obere oder untere Grenze des Zahlenbereichs als Wert der Variablen zugewiesen. Geben wir beispielsweise für a auf der Konsole den Wert 5.0 ein, so wird a der Wert $011,11_b = 3,75_d$ zugewiesen, geben wir -5.0 ein so wird $100,00_b = -4,0_d$ zugewiesen. Geben wir Werte ein, die eine höhere Auflösung als die Festkommazahl haben, so wird gerundet. So wird beispielsweise aus dem eingegebenen Wert 1.375 die Zuweisung des aufgerundeten Werts $001,10_b = 1,5_d$, ein Wert von 1.374 wird zu $001,01_b = 1,25_d$ abgerundet.

Nach erfolgter Eingabe geben wir die eingelesenen Werte in den Zeilen 18 und 19 zur Kontrolle mit cout wieder aus. Wird cout eine Variable vom Festkomma-Datentyp übergeben, so wird der Wert im reellen Zahlenfomat ausgegeben. Wollen wir nun den Wert auch im Binärformat ausgeben, dann können wir die Methode to_string() benutzen, die übrigens für alle SystemC-Datentypen verfügbar ist. Dieser Methode müssen zwei Argumente übergeben werden, wobei das erste das Format spezifiziert. SC_BIN bedeutet Binärformat; weitere Möglichkeiten wären SC_HEX für das hexadezimale Format oder SC_DEC für das Dezimalformat. Eine Liste von sämtlichen Möglichkeiten kann [21, Seite 200] entnommen werden. Das zweite Argument gibt an, ob ein Präfix für das Zahlenformat mit ausgegeben werden soll (**true**, anderenfalls **false**). Das Ergebnis dieser Ausgabe kann Abbildung 3.16 entnommen werden.

```
a: 1.5,  0b001.10          a: 2,    0b010.00          a: 2,    0b010.00
b: 2.5,  0b010.10          b: 2,    0b010.00          b: 2,    0b010.00
y: 3.75, 0b011.11          y: 3.75, 0b011.11          y: -4,   0b100.00
z: 3.75, 0b00011.1100      z: 4,    0b00100.0000      z: 4,    0b00100.0000

      a)                         b)                         c)
```

Abb. 3.16: *Ausgabe des Programms aus Listing 3.24 nach Eingabe entsprechender Werte für die Variablen* a *und* b*. Die Teilabbildungen b) und c) zeigen Effekte der Wertebereichsüberschreitung. Im Fall b) wurde* SC_SAT *benutzt und im Fall c)* SC_WRAP*.*

In den Zeilen 20 und 21 von Listing 3.24 werden die beiden Eingangswerte multipliziert und den Variablen y und z zugewiesen. Abbildung 3.16a zeigt das Ergebnis der Multiplikation von $1,5_d$ mit $2,5_d$. Multipliziert man zwei Festkommazahlen, so können Ergebnisse entstehen, die sowohl den Wertebereich als auch die Auflösung der Operanden übersteigen können. Um ein entsprechendes Ergebnis auffangen zu können, muss daher die Anzahl der Vorkomma- und Nachkommastellen erhöht werden. Der Datentyp von Variable z ist daher entsprechend vergrößert worden, um alle Ergebnisse der Multiplikation auffangen zu können. Anhand der nicht vergrößerten Variablen y können wir zeigen, welche Auswirkungen entsprechende Überschreitungen von Wertebereich und Auflösung haben. In Abbildung 3.16b wird durch die Multiplikation bei der Variablen y der Wertebereich überschritten, da die Zahl $4,0_d$ mit dem Datentyp nicht mehr dargestellt werden kann; wie ersichtlich ist, wird das Ergebnis aber in z korrekt aufgefangen. Bei der arithmetischen Verknüpfung von zwei SystemC-Festkommazahlen wird zunächst mit einem quasi unbeschränkten Wertebereich und einer unbeschränkten Auflösung gerechnet. Das Ergebnis wird dann bei der Zuweisung zu einer Variablen entsprechend angepasst. Man kann nun durch das Argument o_mode (für „overflow mode") festlegen, was bei einer Überschreitung des Wertebereichs passieren soll. Ist o_mode gleich SC_SAT, so wird bei Überschreitung der oberen Grenze diese als Wert eingesetzt, bei einer Unterschreitung der unteren Grenze wird diese als Wert eingesetzt. Dieses Verhalten wird als „Sättigung" (engl.: saturation) bezeichnet und ist in Abbildung 3.16b gezeigt. Setzen wir o_mode stattdessen auf SC_WRAP, so erhalten wir ein „Umbrechen" des Wertebereichs, wie Abbildung 3.16c zeigt. Dies ist die Voreinstellung, wenn wir für o_mode nichts angeben und entspricht dem Verhalten einer Integer-Variablen.

```
a: 1.5, 0b001.10          a: 1.25, 0b001.01          a: 1.25, 0b001.01
b: 1.5, 0b001.10          b: 1.5, 0b001.10           b: 1.5, 0b001.10
y: 2.25, 0b010.01         y: 2, 0b010.00             y: 1.75, 0b001.11
z: 2.25, 0b00010.0100     z: 1.875, 0b00001.1110     z: 1.875, 0b00001.1110

        a)                        b)                        c)
```

Abb. 3.17: *Ausgabe des Programms aus Listing 3.24 nach Eingabe entsprechender Werte für die Variablen a und b. Die Teilabbildungen b) und c) zeigen Effekte der Auflösungsüberschreitung. im Fall b) wurde SC_RND benutzt und im Fall c) SC_TRN.*

Abbildung 3.17 zeigt das Problem der Überschreitung der Auflösung. In 3.17a werden zwei Zahlen multipliziert, wobei durch das Ergebnis die Auflösung des Datentyps von Variable y eingehalten wird. Wird die Auflösung überschritten, so wie in Abbildung 3.17b, dann kann durch das Argument q_mode (für „quantization mode") festgelegt werden, wie dies bei der Zuweisung zur Variablen y zu handhaben ist. Ist q_mode gleich SC_RND, so wird gerundet. Diesen Fall zeigt Abbildung 3.17b: Das mit zwei Nachkommastellen nicht mehr darstellbare Ergebnis wird aufgerundet. Wir können für q_mode auch SC_TRN setzen, dann werden die überzähligen Nachkommastellen einfach abgeschnitten (engl.: truncate). Dies ist die Voreinstellung, wenn wir nichts angeben, und ist in Abbildung 3.17c gezeigt. Neben den besprochenen Möglichkeiten für die Behandlung von Wertebereichs- und Auflösungsüberschreitungen gibt es noch eine Vielzahl von weiteren Möglichkeiten. Wir können diese aus Platzgründen nicht alle darstellen und verweisen auf das IEEE Standard LRM [21], in welchem das Thema Datentypen ausführlich dargestellt ist.

3.8 Kontrollfragen und Übungsaufgaben

Aufgabe 3.1:
Welche verschiedenen syntaktischen Möglichkeiten gibt es, um ein SystemC-Modul zu definieren?

Aufgabe 3.2:
Was wird durch das `SC_CTOR`-Makro deklariert und welchen Nachteil hat dieses Makro?

Aufgabe 3.3:
Wozu sind Prozesse notwendig? Wie wird ein Prozess in SystemC deklariert?

Aufgabe 3.4:
Was versteht man unter einer Sensitivitätsliste und wie wird diese deklariert?

Aufgabe 3.5:
Welches Problem kann durch eine Endlosschleife in einem Method-Prozess entstehen?

Aufgabe 3.6:
Was unterscheidet einen Thread-Prozess von einem Method-Prozess? Was versteht man unter der Suspendierung eines Thread-Prozesses und ist dies auch bei Method-Prozessen möglich?

Aufgabe 3.7:
Weshalb kann auch für einen Thread-Prozess eine Sensitivitätsliste notwendig werden?

Aufgabe 3.8:
Welche Funktion haben die Ports in einem SystemC-Modul? Geben Sie eine Deklaration für einen Input-Port und einen Output-Port an, so dass jeweils Daten vom Typ **char** gelesen und geschrieben werden können und zeigen Sie, wie Daten gelesen und geschrieben werden können.

Aufgabe 3.9:
Was müssen Sie beachten, wenn Sie einen Port in die Sensitivitätsliste aufnehmen möchten? Geben Sie ein Beispiel für eine Sensitivitätsliste an, in welchem Sie mit einem Port vom Typ **bool** bei einer negativen Flanke den Prozess triggern.

Aufgabe 3.10:
Erläutern Sie den Unterschied zwischen einem Signal und einer Variablen in einem SystemC-Modul. Deklarieren Sie ein Signal vom Typ **char** und zeigen Sie, wie man den Wert des Signals lesen kann. Geben Sie mehrere Varianten an, wie man das Signal in einer Sensitivitätsliste verwenden kann.

Aufgabe 3.11:
Sie erhalten folgende Fehlermeldung beim Start eines SystemC-Programms:
`Error: (E112) get interface failed: port is` **`not`** `bound`
Was ist die mögliche Ursache des Fehlers?

Aufgabe 3.12:
Weshalb muss die oberste Ebene eines SystemC-Modells aus einer Funktion `sc_main()` bestehen? Wie wird eine Simulation gestartet und gestoppt?

Aufgabe 3.13:
Was bedeutet folgende SystemC-Konstruktion: `sc_time t1(2, SC_MS);`

Aufgabe 3.14:
Definieren Sie einen Taktgenerator mit folgender Spezifikation: Taktperiode 2 ns, Puls-Pausen-Verhältnis 20 %, Start des Taktes nach 10 ns mit der fallenden Flanke. Schreiben Sie für den Test des Taktes eine Funktion `sc_main()` (wie in Listing 3.17) und legen Sie einen VCD-Waveform-Trace an, den Sie mit einem entsprechenden Waveform-Viewer betrachten können. Simulieren Sie eine Zeit von 50 ns.

Aufgabe 3.15:
Was bewirkt folgende Code-Zeile: `cout <<"Time: "<<sc_time_stamp();`

Aufgabe 3.16:
Implementieren Sie das Mittelwertfilter-Beispiel aus diesem Kapitel und modifizieren Sie es folgendermaßen: Benutzen Sie für das Mittelwertfilter einen einzigen Thread-Prozess, den Sie auf den Takt und den Reset sensitiv machen. Schreiben Sie ferner selbst einen Taktgenerator als SystemC-Modul, welchen Sie statt `sc_clock` benutzen. Dem Konstruktor des Taktgenerators soll die Periodendauer des Taktes als Argument übergeben werden können (d.h. zwei Argumente: Wert als **double** und Einheit als `sc_time_unit`). Als Testbench können Sie die in diesem Kapitel abgedruckte Testbench benutzen. Trennen Sie bei den Modulen die Deklaration von der Implementierung. Simulieren Sie das Modell und geben Sie wieder Waveform-Traces aus; vergleichen Sie mit den in diesem Kapitel abgedruckten Simulationsergebnissen.

Aufgabe 3.17:
Schreiben Sie eine ALU als SytemC-Modul welches in Abhängigkeit von einem Mode-Eingang (**bool**) entweder zwei 8-Bit-Eingangswerte (Ports) addiert oder subtrahiert und das Ergebnis auf einem Ausgangsport ausgibt. Ferner soll die Überschreitung des Zahlenbereichs durch einen „Carry"-Ausgang (**bool**) angezeigt werden. Verwenden Sie vorzeichenlose Zahlen (`sc_uint`). Ein Carry kann einfach dadurch erzeugt werden, indem man das Ergebnis zunächst in einem 9-Bit-Wert auffängt und das neunte Bit als Carry-Bit benutzt. Schreiben Sie eine Testbench und verifizieren Sie die Funktion durch eine Simulation.

4   Ports, Interfaces und Kanäle

Im vorangegangenen Kapitel haben wir die wesentlichen SystemC-Konstruktionen beschrieben, die man für die Modellierung auf Register-Transfer-Ebene benötigt. Damit sind wir in der Lage, RTL-Modelle zu schreiben und sie mit Hilfe einer Testbench zu simulieren. Für die Verbindung von Modulen wurden Ports und Signale benutzt. In diesem Kapitel werden wir die Signale stärker abstrahieren und als „Kanäle" darstellen. Dies ist ein wesentlicher Unterschied zu klassischen Hardwarebeschreibungssprachen und wir werden sehen, dass die bisherigen Signale einen Spezialfall der verallgemeinerten Kanäle darstellen. In diesem Zusammenhang möchten wir auch genauer zeigen, was bei der Bindung von Ports und Kanälen passiert, wie man hierarchische Bindungen beschreibt und was sich genau hinter Port-Arrays und Multi-Ports verbirgt. Die Mechanik der Ports mit ihren so genannten „Interfaces" und den Bindungen an die Kanäle ist eine wesentliche Grundlage für die später zu diskutierende Transaction-Level-Modellierung.

4.1   Ports und Interfaces

Mit Hilfe der im vorangegangenen Kapitel besprochenen Ports wird es in SystemC möglich, Komponenten in Form von Modulen zu entwickeln, die wir über die Ports und Signale – oder im allgemeinen Fall Kanäle – mit anderen Modulen später verbinden. Während wir unser Modul entwickeln, müssen wir also nichts über den späteren Kontext wissen. Alles was wir brauchen, sind Informationen über den Datentyp und welche Methoden – beispielsweise die Methoden `write()` und `read()` – der Port und damit das später daran zu bindende Signal zur Verfügung stellt. Wir können dann aus dem Modul heraus Methoden des daran gebundenen Signals aufrufen.

Die in Kapitel 3 dargestellten Ports `sc_in`, `sc_out` und `sc_inout` sind so genannte „spezialisierte Ports" (engl.: specialised ports), die zusammen mit daran zu bindenden Signalen `sc_signal` verwendet werden können. Diese Ports sind von der allgemeineren Port-Klasse `sc_port` abgeleitet und implementieren einige zusätzliche Mechanismen, wie beispielsweise die „Event Finder". Die spezialisierten Ports sind einfacher zu verwenden als der Port `sc_port` und für die Modellierung auf RT-Ebene gedacht. Für die Transaction-Level-Modellierung fehlt es ihnen auf der anderen Seite an Flexibilität, so dass hierfür die allgemeinere Port-Klasse `sc_port` eingesetzt wird, die wir nun besprechen möchten.

Bei der Port-Klasse `sc_port` (vgl. [16, Seite 153], [21, Seite 104 ff.]) handelt es sich wieder um eine Template-Klasse. Ein Port in einem Modul ist daher ein Objekt von dieser Klasse und wir legen ihn durch `sc_port<Interface, N, Policy> portName;` an. Zwingend ist dabei die Angabe des „Interfaces", die anderen beiden Parameter sind optional. Der Integer-Parameter `N` spezifiziert die maximale Anzahl von „Kanälen", die an den Port gebunden werden können. Der Ersatzwert ist 1 und wenn wir 0 angeben, so können beliebig viele Kanäle gebunden werden. Wenn mehrere Kanäle an einen Port gebunden werden können – dazu muss $N \neq 1$ sein –, so spricht man von einem „Multi-Port"; wir werden dies in Abschnitt 4.4 noch genauer diskutieren. Der Parameter `Policy` beschreibt die Richtlinien für die Port-Kanal-Bindung (so genannte „Port Binding Policy"), wobei es sich um eine Enumeration handelt, für die drei mögliche Werte existieren:

- `SC_ONE_OR_MORE_BOUND` (Ersatzwert): Der Port kann an 1 bis N Kanäle gebunden werden. Dies impliziert, dass er auch an mindestens einen Kanal gebunden werden muss. Ist dies nicht der Fall, dann wird in der Elaborationsphase des Programms – also bei der Ausführung des entsprechenden Konstruktors – eine Fehlermeldung ausgegeben, die auf eine fehlende Bindung hinweist:
  ```
  Error: (E109) complete binding failed: port not bound: ...
  ```

- `SC_ZERO_OR_MORE_BOUND`: Der Port kann an 0 bis N Kanäle gebunden werden. Dies impliziert, dass es auch erlaubt ist, einen Port nicht zu binden.

- `SC_ALL_BOUND`: Dies bedeutet, dass der Port an genau N Kanäle gebunden werden muss, anderenfalls resultiert wieder ein Bindungsfehler.

Wenn wir also durch `sc_port<Interface> portName;` die Ersatzwerte für N und `Policy` verwenden, dann *muss* der Port `portName` an genau einen Kanal gebunden werden!

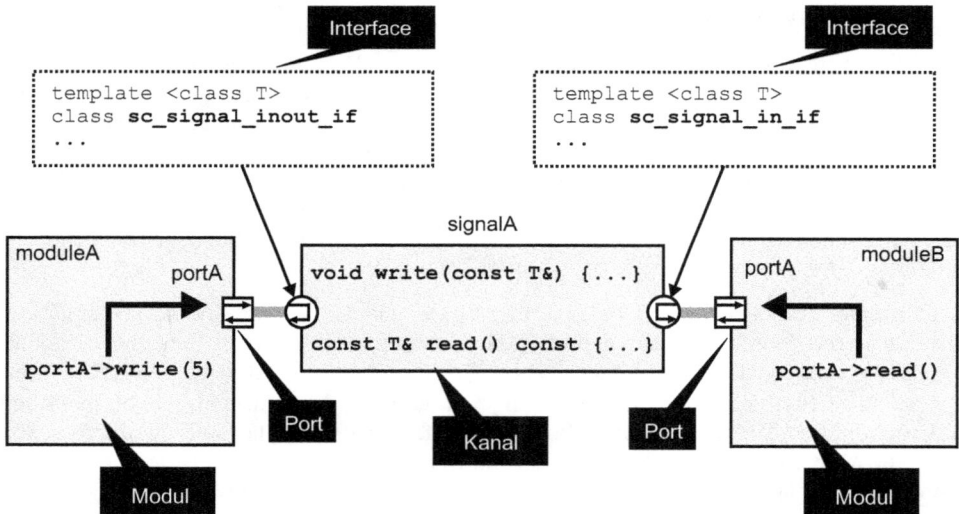

Abb. 4.1: *Port, Interface und Kanal*

Das dem Port als ersten Template-Parameter zu übergebende Interface ist eine abstrakte Basisklasse (vgl. Abschnitt 2.5). Diese Klasse besteht im Wesentlichen aus den Methoden, die dann aus dem Modul heraus am Port aufgerufen werden können – wobei es sich um rein virtuelle Methoden handelt, die also in der Interface-Klasse nicht implementiert werden. Durch die Übergabe der Interface-Klasse an den Port sind aber die Methoden-Köpfe bekannt, so dass im Modul, welches den Port instanziert, die Methoden aufgerufen werden können. Wichtig ist aber, dass der Port selbst diese Methoden nicht implementiert! Die Methoden werden im Kanal implementiert und durch die Bindung des Kanals an den Port werden de facto die Methoden des Kanals ausgeführt, wenn ein Methodenaufruf im Modul stattfindet. Ein Port leitet also die Aufrufe der Interface-Methoden im Modul an den Kanal weiter, welcher an den Port gebunden wurde.

Abbildung 4.1 zeigt die Zusammenhänge für das Beispiel der SystemC-Signale `sc_signal`. Nehmen wir an, wir haben zwei SystemC-Module `moduleA` und `moduleB`, die jeweils über zwei Ports `portA` verfügen. Beide Ports sollen an ein Signal `signalA` vom Typ `sc_signal` gebunden werden. Wir könnten dafür, wie im vorangegangenen Kapitel beschrieben, die Ports `sc_in` und `sc_out` benutzen. Wenn wir die allgemeinen Ports `sc_port` hierfür benutzen wollen, so müssen wir ihnen die Interfaces `sc_signal_in_if` und `sc_signal_inout_if` als Parameter übergeben und die Ports folgendermaßen definieren:
Für das Modul B: `sc_port<sc_signal_in_if<T> > portA;`
Für das Modul A: `sc_port<sc_signal_inout_if<T> > portA;`
Zu beachten ist dabei, dass die Interfaces ebenfalls Template-Klassen sind und wir für den Template-Parameter `T` einen entsprechenden Datentyp angeben müssen.

Listing 4.1 zeigt ausschnittsweise die hinter der Klasse `sc_signal` stehende Klassenhierarchie: `sc_signal` wird – neben der Basisklasse `sc_prim_channel` – von der Interface-Klasse `sc_signal_inout_if` abgeleitet. Diese wird von den Klassen `sc_signal_write_if` und `sc_signal_in_if` abgeleitet, welche ebenfalls Interface-Klassen sind. Wir können erkennen, dass die Interface-Klassen die Methoden `write()` und `read()` als rein virtuelle Methoden deklarieren. Erst in der Klasse `sc_signal` werden diese Methoden dann implementiert (die Funktionskörper sind in Listing 4.1 nicht gezeigt). Die mit dieser Klassenhierarchie mögliche späte Bindung zur Laufzeit dieser Methoden (vgl. Abschnitt 2.5) wird dann bei der Bindung des Ports an den Signal-Kanal ausgenutzt, um an die Methodenaufrufe des Moduls die Methoden des Kanals zu binden. Erst durch den an den Port gebundenen Kanal wird damit also das Verhalten dieser Methoden definiert! Diese Methoden werden auch als „Interface-Methoden" bezeichnet und der Aufruf einer solchen Methode aus dem Modul heraus über den Port an den gebundenen Kanal wird als „Interface Method Call" (IMC) bezeichnet [21]. Dies ist einer der wesentlichen Mechanismen von SystemC und wird insbesondere auch in der Transaction-Level-Modellierung benutzt. Aus der Diskussion wird auch klar, dass an einen Port mit einem bestimmten Interface auch nur Kanäle gebunden werden können, die dieses Interface implementieren. Das Interface wird auch als „Typ" des Ports bezeichnet (vgl. [21, Seite 104]).

Für die Port-Kanal-Bindung stellt auch der Port `sc_port` den schon aus dem Kapitel 3 bekannten Bindungsoperator `()` und alternativ die Bindungsfunktion `bind()` zur Verfügung. Die in Abbildung 4.1 gezeigten Bindungen würde man also so schreiben (wobei `mA` und `mB` die Instanznamen der Module sind): `mA.portA(signalA);` und `mB.portA(signalA);`
Zu beachten ist, dass man für den Aufruf der Methoden am Port den Pfeil-Operator benutzen muss, so dass die Methode `read()` beispielsweise in Abbildung 4.1 durch `portA->read()` aufzurufen ist. Der im vorangegangenen Kapitel benutzte Punkt-Operator ist nur für die spezialisierten Ports `sc_in`, `sc_out` und `sc_inout` definiert. Der Pfeil-Operator liefert einen „Zeiger" auf den Kanal, welcher an den Port gebunden wurde (vgl. [21, Seite 109]), und so können die im Kanal implementierten Interface-Methoden aufgerufen werden. Im Zusammenhang mit

der Bindung der Ports ist im Übrigen darauf zu achten, dass man an ungebundenen Ports – also wenn die „Port Binding Policy" auf SC_ZERO_OR_MORE_BOUND gesetzt wird – keinen Methodenaufruf durchführen kann. Dies führt zu einem Laufzeitfehler des Programms, der dann so aussieht:

```
Error: (E112) get interface failed: port is not bound: ...
```

Listing 4.1: *Klassenhierarchie für den Kanal* `sc_signal` *(Ausschnitt, Quelle: [21])*

```
 1  template <class T> class sc_signal_in_if :
 2  virtual public sc_interface {
 3    ...
 4    virtual const T& read() const = 0;
 5    ...
 6  };
 7
 8  template <class T> class sc_signal_write_if {
 9    ...
10    virtual void write( const T& ) = 0;
11    ...
12  };
13
14  template <class T> class sc_signal_inout_if :
15  public sc_signal_in_if<T> , public sc_signal_write_if<T> {
16    ...
17  };
18
19  template <class T> class sc_signal :
20  public sc_signal_inout_if<T>, public sc_prim_channel {
21    ...
22    virtual const T& read() const;
23    virtual void write( const T& );
24    ...
25  };
```

Listing 4.2 zeigt abschließend noch das Beispiel aus Abschnitt 3.7.2, wobei nun statt der Port-Typen sc_in und sc_out die allgemeinen Ports sc_port verwendet werden. Aufgrund der mehrfachen Template-Parameterersetzung sieht der Code etwas gewöhnungsbedürftig aus. Dies liegt aber daran, dass beispielsweise dem Port mode als Template-Parameter die Interface-Klasse sc_signal_in_if übergeben wird, welcher als Template-Parameter wiederum der Datentyp sc_lv übergeben wird, dem nun wieder die Bitbreite als letzter Parameter übergeben werden muss. Die sc_port-Klasse erlaubt es im Übrigen, dass man auch selbst geschriebene Interface-Klassen übergeben kann und wir werden davon in der TL-Modellierung Gebrauch machen. Bei Listing 4.2 bleibt noch zu erwähnen, dass wir für den Port clk keinen sc_port verwenden können. Dies liegt daran, dass die Port-Klasse sc_port – im Unterschied zu sc_in – keinen „Event Finder" implementiert, den wir hier aufgrund der statischen Sensitivität benötigen. Man müsste sich hier also einen „Event Finder" selbst schreiben; dies werden wir im Kapitel 5 behandeln. Ansonsten muss am Code im Vergleich zu den Listings 3.22 und 3.23 nur bei den „Interface Method Calls" der Punkt-Operator durch den Pfeil-Operator ersetzt werden. Es sei noch betont, dass wir an dieser Stelle das Beispiel der Signal-Interfaces für den sc_port benutzt haben, um die Zusammenhänge zu erklären. Solange man in der RTL-Modellierung mit den `sc_signal`-Kanälen arbeitet, empfiehlt es sich, die spezialisierten Port-Klassen zu benutzen und nicht `sc_port`.

Listing 4.2: Modifikation von Listing 3.22 und 3.23 (Ausschnitt)

```
 1   ...
 2   struct Alu : public sc_module {
 3     //Ports
 4     sc_in<bool>        clk;
 5     sc_port<sc_signal_in_if<sc_lv<2> > > mode;
 6     sc_port<sc_signal_in_if<sc_uint<4> > > distance;
 7     sc_port<sc_signal_in_if<sc_int<8> > > opA, opB;
 8     sc_port<sc_signal_inout_if<sc_int<8> > > result;
 9     ...
10   };
11   ...
12   void Alu::aluProcess() {
13     ...
14       if (mode->read() == "01") {
15         aluReg = aluReg << distance->read();
16       }
17   ...
```

4.2 Kanäle

Das Konzept der Kanäle in SystemC geht weit über das hinaus, was VHDL durch die Signale ermöglicht. Signale sind in SystemC nur ein Spezialfall des allgemeineren Kanal-Mechanismus. In SystemC werden Kanäle dort benötigt, wo Prozesse oder Module miteinander kommunizieren müssen. Mit Hilfe der Kanäle können wir die Kommunikationseinrichtungen eines Systems modellieren und von den Verarbeitungseinheiten trennen. Man unterscheidet in SystemC zwischen so genannten „primitiven Kanälen" (engl.: primitive channels), die einfache Kommmunikationseinrichtungen darstellen und zu denen beispielsweise die Signale zählen, und den „hierarchischen Kanälen" (engl.: hierarchical channels), die komplexer sind und hauptsächlich für die Transaction-Level-Modellierung benötigt werden. Wir benutzen hier im deutschen auch die Bezeichnung „primitiver Kanal" als direkte Übersetzung, obgleich im deutschen die Bezeichnung „einfacher Kanal" möglicherweise treffender wäre. Grundsätzlich zeichnet sich ein Kanal gegenüber einem Modul dadurch aus, dass er die Methoden einer oder auch mehrerer Interface-Klassen implementiert. Hierdurch kann er an Ports gebunden werden, die eines dieser Interfaces als Typ aufweisen.

4.2.1 Primitive Kanäle

Ein primitiver SystemC-Kanal wird von der Basisklasse `sc_prim_channel` abgeleitet, wie in Listing 4.1 für den primitiven Kanal `sc_signal` zu sehen ist. Diese Klasse ermöglicht mit Hilfe des so genannten „Request-Update-Mechanismus" ein deterministisches Simulationsverhalten.

Wir werden diesen Mechanismus im Kapitel 5 genauer erläutern, jedoch ist dem in VHDL erfahrenen Leser sicher die spezielle Funktionsweise der Signale bekannt: Die Zuweisung von
Werten zu Signalen erfolgt nicht während der Ausführung eines Prozesses, sondern erst nachdem alle Prozesse innerhalb eines so genannten „Delta-Zyklus" gerechnet wurden (vgl. [18,
Seite 46 ff.]). Dies ist erforderlich, damit sich die Reihenfolge der Prozessabarbeitung nicht auf
das Simulationsergebnis auswirkt, was als deterministisches Simulationsverhalten bezeichnet
wird. SystemC-Signale weisen in dieser Hinsicht das gleiche Verhalten wie VHDL-Signale auf:
Das „Update" der Signalwerte durch den Simulator erfolgt im Rahmen des „Request-Update-
Mechanismus" erst nachdem alle Prozesse in einem Delta-Zyklus gerechnet wurden.

In der SystemC-Bibliothek sind, neben der Signal-Klasse `sc_signal` und der ebenfalls schon
besprochenen Klasse `sc_clock`, weitere primitive Kanäle in Form von C++-Klassen vorhanden
(vgl. auch [21, 16]):

- `sc_buffer<T>` ([16, Seite 62]): Diese Klasse ist von `sc_signal` abgeleitet und verfügt
  über die gleichen Methoden und Operatoren. Der Unterschied besteht darin, dass bei
  `sc_buffer` bei jedem Aufruf der `write()`-Methode des Signals ein Ereignis erzeugt
  wird und daher entsprechende Prozesse, die auf dieses Signal sensitiv sind, ausgeführt
  werden. Bei `sc_signal` wird nur dann ein Ereignis erzeugt, wenn sich der alte und neue
  Wert des Signals unterscheiden.

- `sc_fifo<T>` ([16, Seite 84 ff.]): Mit Hilfe dieser Klasse können FIFO-Kanäle modelliert werden. Die Tiefe und der Datentyp des FIFOs kann eingestellt werden. FIFOs
  zeigen ebenfalls durch die Verwendung des Request-Update-Mechanismus ein deterministisches Simulationsverhalten. Für den FIFO sind die Interfaces `sc_fifo_in_if<T>`
  sowie `sc_fifo_out_if<T>` und wie bei den Signalen auch spezialisierte Ports verfügbar (`sc_fifo_in<T>`, `sc_fifo_out<T>`), wobei es sich bei T wieder um den Datentyp
  handelt (vgl. [16, Seite 87 ff.]). Der FIFO kann damit als Kanal innerhalb eines Moduls
  verwendet werden, um zwei Prozesse zu koppeln, er kann aber auch zwei Module über
  die entsprechenden Ports miteinander verbinden.

- `sc_mutex` ([16, Seite 147 ff.]): Mit Hilfe eines so genannten „Mutex" (von: „mutual exclusive") kann in der Softwaretechnik der gleichzeitige Zugriff mehrerer Prozesse
  auf gemeinsame Datenstrukturen geregelt werden; der primitive Kanal `sc_mutex` implementiert einen entsprechenden Verriegelungsmechanismus („Lock"). Dieser Kanal ist
  hauptsächlich für die Verwendung mit mehreren Prozessen innerhalb eines Moduls gedacht. Es existiert jedoch auch ein Interface `sc_mutex_if`, so dass auch Ports von diesem Typ angelegt werden können. Obwohl die Klasse von `sc_prim_channel` abgeleitet
  ist, wird der Request-Update-Mechanismus nicht benutzt (vgl. [21, Seite 182]).

- `sc_semaphore` ([16, Seite 167 ff.]): Ein „Semaphor" ist eine Erweiterung des einfachen
  Mutex-Lock-Mechanismus. Es wird ein zusätzlicher „Semaphoren-Wert" eingeführt, der
  die Anzahl der gleichzeitig zulässigen Zugriffe angibt. Ein Semaphor mit dem Wert 1 entspricht daher einem Mutex. Auch die Semaphor-Klasse `sc_semaphore` verfügt über ein
  Interface `sc_semaphore_if` und es wird wie beim Mutex ebenfalls nicht der Request-
  Update-Mechanismus benutzt.

Darüber hinaus kann man durch Ableitung von der Klasse `sc_prim_channel` auch eigene primitive Kanäle schreiben; wir werden dies im Kapitel 5 zeigen. Die primitiven Kanäle können entweder innerhalb eines Moduls benutzt werden, um Prozesse miteinander zu verbinden, oder zwischen Modulen, um die Module mit Hilfe von entsprechenden Ports zu verbinden. Im Folgenden möchten wir in einem Beispiel die Verwendung des primitiven Kanals sc_fifo zur Verbindung von zwei Modulen zeigen. Da das Beispiel nur wenig Code benötigt, werden wir die Module nicht wie gewohnt in Header- und Implementierungsdatei aufteilen. Das Programm besteht aus zwei Modulen, die in den Header-Dateien aus den Listings 4.3 und 4.4 beschrieben sind, und aus dem Hauptprogramm in Listing 4.5. Dort werden die Module mit Hilfe eines FIFO-Kanals miteinander verbunden. Der Aufbau entspricht also in etwa der Abbildung 4.1, wobei statt des Signals ein FIFO-Kanal verwendet wird.

Listing 4.3: Header-Datei für den Sender des FIFO-Beispiels (Datei „k4b2sender.h")

```
1   struct Sender : public sc_module {
2     sc_in<bool> clock;
3     sc_port<sc_fifo_out_if<char> > out;
4
5     SC_HAS_PROCESS(Sender);
6     Sender(sc_module_name name) {
7       SC_THREAD(sendData);
8       sensitive << clock.pos();
9     }
10
11    void sendData() {
12      const char *strPtr = "Transport Data ...\n";
13      while (*strPtr){
14        wait();
15        wait();
16        out->write(*strPtr++);
17      }
18    }
19  };
```

Der FIFO-Kanal muss auf der einen Seite an einen Input-Port angeschlossen werden, dieser muss daher vom Interface-Typ sc_fifo_in_if<T> sein, und auf der anderen Seite an einen Output-Port, dieser muss daher vom Interface-Typ sc_fifo_out_if<T> sein. Über den Input-Port können dann Daten vom FIFO gelesen werden und über den Output-Port geschrieben werden. Somit haben wir typischerweise die Situation, dass ein Modul oder Prozess in den FIFO schreibt (im Beispiel das Modul Sender) und eine anderes Modul oder Prozess vom FIFO liest (im Beispiel das Modul Receiver). Der Template-Parameter T definiert den Datentyp für die im FIFO gespeicherten Daten, wobei dies beliebige und auch komplexere Datentypen, wie zum Beispiel Zeiger, sein dürfen; für unser Beispiel ist der Datentyp **char**. Die Interfaces des FIFOs definieren im Wesentlichen die Methoden für das Lesen und Schreiben des FIFOs (weitere Interface-Methoden können [16, Seite 87] entnommen werden):

- **void** read(T&) oder T read(): Diese Methode liest einen Wert vom FIFO (entweder per Referenz oder als Rückgabewert) und zwar denjenigen, der als erstes geschrieben wurde (FIFO: First-In First-Out). Die Reihenfolge in der die Werte gelesen werden, entspricht der Reihenfolge, in der sie geschrieben wurden. Nach dem Lesen werden die

Daten aus dem FIFO entfernt, können also nicht nochmals gelesen werden, und dies schafft wieder freie Speicherplätze. Sofern keine weiteren Daten mehr gelesen werden können, ist der FIFO leer („empty"). In diesem Fall „blockiert" die Methode. Dies bedeutet, dass ein Prozess, in welchem diese Methode aufgerufen wird, an dieser Stelle suspendiert wird, bis wieder neue Daten (von einem anderen Prozess) in den FIFO geschrieben wurden. Diese Funktionalität wird über einen Mechanismus implementiert, den man „dynamische Sensitivität" nennt. Wir werden dies im nächsten Kapitel ausführlich diskutieren.

- **bool** `nb_read(` `T&` `)`: Mit dieser Methode können ebenfalls Daten vom FIFO gelesen werden. Der Unterschied zu `read()` besteht darin, dass die Methode nicht blockiert (das nb steht für „non-blocking"), wenn der FIFO leer ist, sondern sofort zurückkehrt und ein **false** als Rückgabewert liefert. Bei einem leeren FIFO wird das per Referenz übergebene Argument nicht verändert, behält also seinen alten Wert! Ist der FIFO nicht leer, dann wird ein **true** zurückgeliefert.

- **void** `write(` **const** `T&` `)`: Mit dieser Methode können Daten in den FIFO geschrieben werden, die per konstanter Referenz übergeben werden. Da der FIFO eine begrenzte Tiefe hat – dies ist die maximale Anzahl von Speicherplätzen für den entsprechenden Datentyp – wird der FIFO irgendwann voll sein („full"), wenn nicht entsprechend schnell gelesen wird. In diesem Fall blockiert auch diese Methode den Prozess, in welcher sie aufgerufen wird, bis wieder Speicherplätze durch Lesen frei werden.

- **bool** `nb_write(` **const** `T&` `)`: Dies ist die nicht-blockierende Schreibfunktion. Ist der FIFO voll, liefert die Methode ein **false**, anderenfalls ein **true**. Im Falle eines vollen FIFOs werden keine Daten geschrieben und der Zustand des FIFOs nicht verändert.

Listing 4.4: *Header-Datei für den Empfänger des FIFO-Beispiels (Datei „k4b2receiver.h")*

```
1   struct Receiver : public sc_module{
2     sc_in<bool> clock;
3     sc_port<sc_fifo_in_if<char> > in;
4     char c;
5
6     SC_HAS_PROCESS(Receiver);
7     Receiver(sc_module_name name) {
8       SC_THREAD(receiveData);
9       sensitive << clock.pos();
10      c = 'X';
11    }
12    void receiveData() {
13      while (true) {
14        wait();
15        c = '#';
16        in->nb_read(c);
17        cout << c << flush;
18      }
19    }
20  };
```

Im Modul `Sender` in Listing 4.3 definieren wir im Prozess `sendData` in Zeile 12 zunächst einen Zeiger `strPtr` vom Typ **char** und setzen ihn auf den Anfang des konstanten Strings. Die **while**-Schleife wird durch die Null-Terminierung des Strings gesteuert; wenn das Stringende erreicht ist, bricht die Schleife ab. Der Prozess `sendData` wird per statischer Sensitivität durch die steigende Flanke des Taktes am Port `clock` gesteuert. Wir warten also bei jedem Schleifendurchlauf zwei Flanken ab, bevor mit der Methode `write()` ein Zeichen aus dem String in den FIFO geschrieben wird. Für das Verständnis wichtig ist die Tatsache, dass der Prozess zum Zeitpunkt $t = 0$ ns zunächst bis zur ersten `wait()`-Anweisung läuft und dann suspendiert wird, bis die erste steigende Taktflanke kommt. Dies ist ebenfalls bei $t = 0$ ns der Fall, so dass der Prozess bis zur zweiten `wait()`-Anweisung weiterläuft, wo er erneut suspendiert wird, nun aber bis zum Zeitpunkt $t = 10$ ns.

Listing 4.5: Main-Datei für das FIFO-Beispiel (Datei „k4b2.cpp")

```
1   #include <iostream>
2   using namespace std;
3   #include <systemc>
4   using namespace sc_core;
5   #include "k4b2sender.h"
6   #include "k4b2receiver.h"
7
8   int sc_main (int argc , char *argv[]) {
9     //Modules
10    Sender s1("s1");
11    Receiver r1("r1");
12    //Channels
13    sc_clock  clock("clock", 10, SC_NS);
14    sc_fifo<char> fifo1("fifo1", 10);
15    //Connect channels
16    s1.clock(clock);
17    s1.out(fifo1);
18    r1.clock(clock);
19    r1.in(fifo1);
20    //Enable tracing
21    sc_trace_file *fp;
22    fp = sc_create_vcd_trace_file("traces");
23    sc_trace(fp, s1.clock, "clock");
24    sc_trace(fp, r1.c, "c");
25    //Start simulation
26    sc_start(400, SC_NS);
27    //Close trace file
28    sc_close_vcd_trace_file(fp);
29    return 0;
30  }
```

Das Hauptprogramm in Listing 4.5 instanziert die beiden Module `Sender` und `Receiver` und bindet den FIFO-Kanal an die entsprechenden Ports. Der FIFO-Kanal wird durch den zweiten Parameter des Konstruktors auf eine Tiefe von 10 gesetzt; der Ersatzwert ist 16. Ferner wird noch der Clock-Kanal an die Takteingänge der beiden Module gebunden. Im Modul `Receiver`

in Listing 4.4 werden Werte aus dem die beiden Module verbindenden FIFO durch die Methode
`read()` gelesen und auf der Konsole ausgegeben. Der Prozess `receiveData` läuft dabei in
einer Endlosschleife und wird ebenfalls statisch durch den Takt gesteuert. Wir lesen dabei mit
Absicht bei *jeder* steigenden Flanke des Taktes. Damit wird der FIFO also zweimal schneller
gelesen als er geschrieben wird, so dass er bei jedem zweiten Lesezugriff leer ist. Auch hier läuft
der Prozess bei $t = 0$ ns bis zur `wait()`-Anweisung und wird dann bis zur ersten steigenden
Flanke suspendiert, die ja ebenfalls bei $t = 0$ ns kommt. Die Ausgabe des ersten Zeichens findet
daher zum Zeitpunkt $t = 0$ ns statt, die weiteren Zeichen werden dann alle 10 ns ausgegeben.

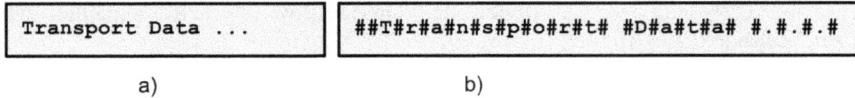

Transport Data ...	##T#r#a#n#s#p#o#r#t# #D#a#t#a# #.#.#.#
a)	b)

Abb. 4.2: *Simulationsergebnis für das Programm aus Listing 4.5. Teil a) zeigt das Ergebnis bei Verwendung der Methode* `read()` *und Teil b) zeigt das Ergebnis bei Verwendung der Methode* `nb_read()`.

Das Ergebnis der Simulation zeigt Abbildung 4.2: Unter Verwendung der Methode `read()`
ist erkennbar, dass die Daten korrekt durch den FIFO übertragen werden, obwohl der FIFO
durch die unterschiedliche Datenrate ständig leer läuft. Der Prozess `receiveData()` wird also
immer wieder solange suspendiert, bis wieder Daten im FIFO verfügbar sind. Anders sieht es
aus, wenn wir Zeile 15 in Listing 4.4 durch `in->nb_read(c);` ersetzen: Wenn der FIFO leer
ist, wird er nicht gelesen und die nun nicht-blockierende Methode kehrt zurück, so dass der
Prozess nicht suspendiert wird. In der Schleife wird daher bei einem Durchlauf, in welchem die
Member-Variable c durch die `nb_read()`-Methode nicht verändert wird – das ist in unserem
Fall eben jeder zweite Durchlauf –, das in Zeile 15 zugewiesene Zeichen `'#'` ausgegeben.

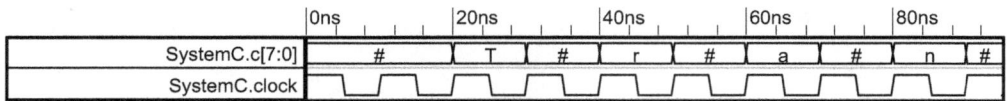

Abb. 4.3: *Waveform-Trace für die Zeit von 0 bis 100 ns: Triggerung des Prozesses* `receiveData` *mit steigender Flanke.*

Interessant ist es auch, den Anfang der Simulation in Abbildung 4.2 und 4.3 zu betrachten:
Bei der ersten steigenden Flanke zum Zeitpunkt $t = 0$ ns ist der FIFO noch leer, so dass der
zugewiesene Wert `'#'` der Variablen c ausgegeben wird. Bei der zweiten steigenden Flanke
bei $t = 10$ ns sollte jedoch der FIFO mit einem Wert beschrieben worden sein, welchen man
als Ausgabe erwarten würde. Ausgegeben wird jedoch als zweites Zeichen ebenfalls der Wert
`'#'`, so dass der FIFO offensichtlich immer noch leer war. Für eine Analyse des Problems ist
es sinnvoll, die Waveform-Traces zu benutzen; hierfür werden – neben dem Takt – die Werte
der Member-Variablen c des Moduls `Receiver` durch einen in Listing 4.5 angelegten Trace
aufgezeichnet (Abbildung 4.3 und 4.4). Das angesprochene Verhalten des FIFOs lässt sich dadurch erklären, dass in unserem Simulationsmodell beide Prozesse im gleichen „Delta-Zyklus"
gerechnet werden, weil beide Prozesse auf die steigende Flanke des Taktes reagieren. Der Zustand „nicht-leer" des FIFOs wird jedoch durch den „Request-Update-Mechanismus" des Simulators erst *nach* diesem Delta-Zyklus aktualisiert (vgl. auch [21, Seite 175 ff.]), so dass der

lesende Prozess immer noch den Zustand „leer" des FIFOs sieht. Erst mit der dritten steigenden Flanke zum Zeitpunkt $t = 20$ ns wird daher der Wert `'T'` ausgegeben.

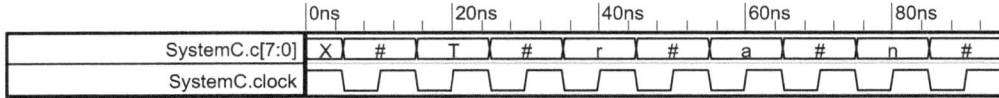

Abb. 4.4: *Triggerung des Prozesses* `receiveData` *mit fallender Flanke.*

Macht man den `receiveData`-Prozess durch `sensitive << clock.neg();` auf die fallende Flanke sensitiv, so wird schon beim zweiten Schleifendurchlauf bei $t = 15$ ns das vom `sendData`-Prozess bei der zweiten steigenden Flanke geschriebene erste Zeichen `'T'` gelesen und damit erscheint in der Ausgabe des Programms nur ein `'#'`-Zeichen vor dem `'T'`. Dies kann Abbildung 4.4 entnommen werden: Mit der ersten fallenden Flanke bei $t = 5$ ns werden die Anweisungen nach der `wait()`-Anweisung in Zeile 14 von Listing 4.4 erstmals ausgeführt. Daher sieht man in den Waveform-Traces zunächst den Initialisierungswert `'X'` der Variablen c und danach den Wert `'#'`. Mit der zweiten fallenden Flanke bei $t = 15$ ns wird dann schon der erste Wert des FIFOs gelesen, der mit der zweiten steigenden Flanke bei $t = 10$ ns geschrieben wurde.

4.2.2   Hierarchische Kanäle

Während die primitiven Kanäle in Form von Signalen die wesentlichen Kommunikationseinrichtungen für die Register-Transfer-Level-Modellierung darstellen – sie entsprechen einzelnen Leitungen –, so sind die so genannten „hierarchischen Kanäle" der wesentliche Mechanismus in SystemC, um Kommunikationseinrichtungen im Rahmen der Transaction-Level-Modellierung und damit der Systemmodellierung darzustellen. Hier geht es nicht mehr darum, die elektrische Verbindung von einzelnen Komponenten über Leitungen zu modellieren. TLM-Kanäle sind in der Regel komplexere Gebilde, so dass ein SystemC-TLM-Kanal beispielsweise ein komplettes On-Chip-Bussystem modellieren kann. Da man einen komplexen Kanal am besten wieder aus der Komposition von mehreren Klassen und damit einer hierarchischen Struktur aufbaut, spricht man in diesem Fall von einem „hierarchischen Kanal". Die SystemC-Bibliothek bietet keine vorgefertigten hierarchischen Kanäle an, wie dies bei den primitiven Kanälen der Fall war. Man wird also häufig solche Kanäle selbst schreiben müssen. Wir möchten in diesem Abschnitt die Vorgehensweise bei der Erstellung eines hierarchischen Kanals zunächst wieder anhand eines sehr einfachen Beispiels darstellen. Wir verzichten auf die Trennung von Deklaration und Implementierung der Klassen, so dass das Programm aus der Main-Datei in Listing 4.9 besteht, in welche die Header-Dateien der Klassen inkludiert werden (Reihenfolge wichtig!).

Die bei den primitiven Kanälen besprochenen Mechanismen von Port und Interface werden auch bei den hierarchischen Kanälen verwendet und sind in Abbildung 4.5 gezeigt: Den Ports werden wieder Interfaces in Form von abstrakten Basisklassen als Typ übergeben. Die Interface-Methoden werden von den später an die Ports zu bindenden Kanälen implementiert. Das Interface selbst *deklariert* wieder nur die Interface-Methoden, mit denen über den Port auf den Kanal zugegriffen werden kann – es *implementiert* die Methoden aber nicht, da sie rein virtuell sind. Ein Interface sollte darüber hinaus auch keine weiteren Methoden als die rein virtuellen Interface-Methoden und auch keine Member-Variablen enthalten. Wenn man selbst eine

Interface-Klasse schreiben möchte (was wir im Folgenden tun werden), so muss diese zwingend von sc_interface aus der SystemC-Bibliothek abgeleitet werden (als **virtual public**, vgl. auch [16, Seite 126], [21, Seite 117]).

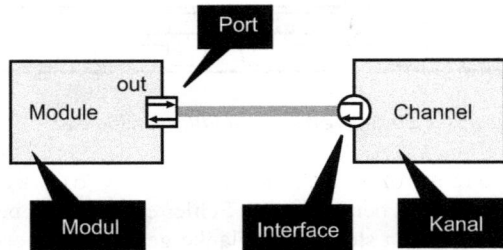

Abb. 4.5: *Beispiel zum hierarchischen Kanal: Der Kanal* Channel *mit dem Interface* ChannelIF *wird an den Port* out *des Moduls* Module *gebunden. Die Port-Kanal-Bindung entspricht der dicken, grauen Linie zwischen dem Port und dem Interface. Die Bindung an den* clock-*Kanal ist hier nicht gezeigt.*

Listing 4.6: *Header-Datei für das Interface (Datei „k4b3interface.h")*

```
1  struct ChannelIF : virtual public sc_interface {
2    virtual void send( char ) = 0;
3  };
```

Listing 4.7: *Header-Datei für das Modul (Datei „k4b3module.h")*

```
1   struct Module : public sc_module {
2     sc_in<bool> clock;
3     sc_port<ChannelIF> out;
4
5     SC_HAS_PROCESS(Module);
6     Module(sc_module_name name) {
7       SC_THREAD(sendData);
8       sensitive << clock.pos();
9     }
10
11    void sendData() {
12      const char *strPtr = "Transport Data ...\n";
13      while (*strPtr){
14        wait();
15        out->send(*strPtr++);
16      }
17    }
18  };
```

In Listing 4.6 definieren wir zunächst eine eigene Interface-Klasse ChannelIF. Die Klasse besteht aus einer einzigen rein virtuellen Methode send(), der wir ein Argument vom Datentyp **char** als Wert übergeben. Die Interface-Methoden müssen im übrigen als **public** deklariert werden, weshalb wir die Klasse gleich als **struct** anlegen. Im Modul Module in Listing 4.7

legen wir – neben dem Clock-Port – einen Port vom Typ `ChannelIF` an. Nun können wir an
diesem Port die Interface Methode `send()` aufrufen, was wir im Prozess `sendData` in Zeile 15
tun. Wie im vorangegangenen Abschnitt übergeben wir mit jeder steigenden Flanke des Taktes
ein Zeichen des Strings aus Zeile 12.

Listing 4.8: Header-Datei für den Kanal (Datei „k4b3channel.h")

```
1   struct Channel : public ChannelIF, public sc_module {
2
3       Channel(sc_module_name name) {
4       }
5
6       void send(char c) {
7         cout << c << flush;
8       }
9   };
```

Listing 4.9: Main-Datei für das Beispiel des hierarchischen Kanals (Datei „k4b3.cpp")

```
1   #include <iostream>
2   using namespace std;
3   #include <systemc>
4   using namespace sc_core;
5   #include "k4b3interface.h"
6   #include "k4b3module.h"
7   #include "k4b3channel.h"
8
9   int sc_main (int argc , char *argv[]) {
10      //Modules and Channels
11      Module m1("m1");
12      Channel c1("c1");
13      sc_clock  clock("clock", 10, SC_NS);
14      //Connect
15      m1.clock(clock);
16      m1.out(c1);
17      //Start simulation
18      sc_start(400, SC_NS);
19      return 0;
20  }
```

Was der Aufruf der Methode `send()` in Zeile 15 von Listing 4.7 dann tatsächlich bewirkt,
hängt davon ab, welchen Kanal wir später daran binden. Die Methode kann in verschiedenen
Kanälen auch unterschiedlich implementiert werden. Listing 4.8 zeigt ein Beispiel eines Kanals,
welchen wir im Main-Programm in Zeile 16 von Listing 4.9 an den Port `out` der Modul-Instanz
`m1` binden. Wie schon bei den primitiven Kanälen besprochen, müssen wir den Kanal von dem
Interface ableiten, dessen Methoden er implementieren soll – hier also `ChannelIF`. Der ent-
scheidende Unterschied besteht nun darin, dass wir einen hierarchischen Kanal auch von der
Klasse `sc_module` ableiten und nicht von der Klasse `sc_prim_channel` wie bei den primitiven Kanälen. Ein hierarchischer Kanal ist also im Prinzip ein Modul, welches aber im Unterschied zu den bisher besprochenen Modulen die Interface-Methoden des Interfaces zwingend

implementieren muss. Es ist dabei möglich, dass ein Kanal von mehreren Interface-Klassen abgeleitet wird und diese somit implementieren muss. Dieser Kanal kann dann an unterschiedliche Ports gebunden werden, die jeweils vom Typ eines der Interfaces sind.

Unser Kanal-Beispiel in Listing 4.8 ist nun bewusst sehr einfach gehalten und implementiert neben der Interface Methode `send()` keine weiteren Methoden, Prozesse oder Sub-Module. Insofern ist auch der Konstruktor sehr einfach. Die Methode `send()` gibt den Wert des übergebenen Zeichens wieder auf der Konsole aus, so dass wir die gleiche Ausgabe wie in Abbildung 4.2a erhalten.

Wir haben in einem hierarchischen Kanal durch die Ableitung von `sc_module` auch das komplette bisher besprochene Modellierungsarsenal der Module, wie Ports, Prozesse und Sub-Module, zur Verfügung. Dies ist bei primitiven Kanälen nicht der Fall. Primitive Kanäle ermöglichen auf der anderen Seite die Verwendung des im vorangegangenen Abschnitt angesprochenen „Request-Update-Mechanismus" – diese Funktionalität ist für hierarchische Kanäle nicht verfügbar. Eine Entscheidung, ob man für ein gegebenes Problem einen primitiven oder einen hierarchischen Kanal verwenden soll, kann nach folgenden Gesichtspunkten entschieden werden (vgl. [43, Seite 112 ff.]):

- Wenn der „Request-Update-Mechanismus" benötigt wird, so muss ein primitiver Kanal verwendet werden. Ein hierarchischer Kanal verfügt nicht über diesen Mechanismus.

- Wenn ein Kanal Prozesse, Ports und Sub-Module (oder Sub-Kanäle) beinhalten soll, dann muss ein hierarchischer Kanal verwendet werden.

- Wenn der Kanal sowohl den „Request-Update-Mechanismus" als auch Prozesse, Ports oder Sub-Module beinhalten soll, dann kann dies mit den vorhandenen SystemC-Basisklassen so nicht modelliert werden. In diesem Fall muss das Modell neu partitioniert werden, so dass es aus primitiven und hierarchischen Kanälen besteht.

Die im IEEE Standard 1666 dokumentierte SystemC-Bibliothek bietet, wie schon erwähnt, keine vorgefertigten hierarchischen Kanäle an. Allerdings bietet die ebenfalls im Standard definierte SystemC-TLM-2.0-Bibliothek eine auf den in diesem Kapitel beschriebenen Mechanismen aufbauende Klassenbibliothek für die Transaction-Level-Modellierung an. Wir werden diese in den Kapiteln 6 und 7 vorstellen.

4.3   Hierarchische Bindungen: Ports und Exports

Wenn man ein komplexeres Modell hierarchisch zergliedern und aus einzelnen Modulen und hierarchischen Kanälen aufbauen möchte, dann stellt sich die Frage, wie man Ports und Kanäle über Hierarchiegrenzen hinweg verbinden kann? Der erste Fall ist in Abbildung 4.6 zu sehen: Wir nehmen an, dass wir unser Module `Module` aus dem vorangegangenen Abschnitt hierarchisch in einem weiteren Modul `HierModule` instanzieren.

Nun müssen wir eine Möglichkeit haben, den Port `out` des Moduls `Module` an den Kanal `Channel` zu binden. Dies ist im Grunde genommen sehr einfach, da es möglich ist, an einen Port einen weiteren Port zu binden, wie Listing 4.10 und Abbildung 4.6 zeigen (wir teilen die Klassen in diesem Abschnitt wieder nicht in Deklaration und Implementierung auf, da die Beispiele sehr einfach sind): `HierModule` ist ein SystemC-Modul, wobei wir zunächst wieder zwei Ports `clock` und `out` instanzieren. Bei `out` handelt es sich um einen Port vom Typ des Interfaces `ChannelIF`, welches wir im vorigen Abschnitt schon benutzt haben. In Zeile 5 wird dann das ebenfalls aus dem vorigen Abschnitt bekannte Modul `Module` als Sub-Modul instanziert. Daher müssen wir dessen Konstruktor in der Initialisierungsliste des Konstruktors von `HierModule` aufrufen. In den Zeilen 8 und 9 werden nun die Ports des Sub-Moduls `Module` an die Ports des Moduls `HierModule` gebunden. Dies erfolgt ebenfalls mit dem bekannten Bindungsoperator `()` – stattdessen hätten wir auch die Bindungsfunktion `bind()` benutzen können.

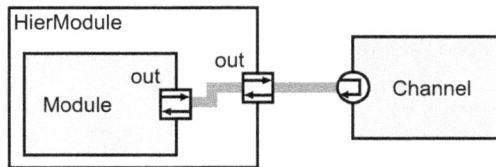

Abb. 4.6: *Hierarchische Bindung über Ports an einen Kanal. Die Bindungen für den primitiven* `clock`-*Kanal sind nicht gezeigt.*

Listing 4.10: *Modul mit instanziertem Sub-Modul (Datei „k4b4hiermodule.h")*

```
1   struct HierModule : public sc_module {
2     sc_in<bool> clock;
3     sc_port<ChannelIF> out;
4
5     Module m1;
6
7     HierModule(sc_module_name name) : m1("m1") {
8       m1.clock(clock);
9       m1.out(out);
10    }
11  };
```

Auf der nächsten Ebene – das ist in diesem Fall schon unser Hauptprogramm in Listing 4.11 – binden wir nun den hierarchischen Kanal `Channel` und den primitiven Kanal `clock` an die entsprechenden Ports des Moduls `HierModule`. Hiermit haben wir letztlich eine hierarchische Bindung der Ports des Moduls `Module` über die Ports des Moduls `HierModule` an den Kanal `Channel` vorgenommen. Wir inkludieren für das Programm die schon im vorigen Abschnitt besprochenen Header-Dateien und die Header-Datei für die Klasse `HierModule`, wobei man auf die richtige Reihenfolge beim Einbinden achten muss. Der IMC (Interface Method Call) der Methode `send()` aus dem Modul `Module` wird somit über die beiden Ports an den Kanal `Channel` geleitet und führt dort diese Methode aus. Das Ergebnis der Simulation entspricht damit demjenigen aus Listing 4.9. Es ist natürlich möglich, mit dieser Vorgehensweise auch tiefere Hierarchien aufzubauen, indem man über mehrere Hierarchiestufen hinweg entsprechende Port-Port-Bindungen vorsieht.

Listing 4.11: Main-Datei für das Beispiel der hierarchischen Port-Bindung (Datei „k4b4.cpp")

```
 1  #include <iostream>
 2  using namespace std;
 3  #include <systemc>
 4  using namespace sc_core;
 5  #include "k4b3interface.h"
 6  #include "k4b3module.h"
 7  #include "k4b3channel.h"
 8  #include "k4b4hiermodule.h"
 9
10  int sc_main (int argc , char *argv[]) {
11    //Modules and Channels
12    HierModule m1top("m1top");
13    Channel c1("c1");
14    sc_clock  clock("clock", 10, SC_NS);
15    //Connect
16    m1top.clock(clock);
17    m1top.out(c1);
18    //Start simulation
19    sc_start(400, SC_NS);
20    return 0;
21  }
```

Wie wir gesehen haben, kann man mit Hilfe von Ports die Aufrufe der Interface-Methoden aus einem Modul heraus in einer Hierarchie nach „oben" weiterleiten, um dann auf oberster Hierarchiebene im daran gebundenen Kanal ausgeführt werden zu können. Man kann sich nun Situationen vorstellen, wo man diese Methodenaufrufe in einem hierarchischen Kanal auch an „darunter" liegende Sub-Kanäle weiterleiten möchte. Dies ist in Abbildung 4.7 gezeigt: Nehmen wir an, wir haben einen hierarchischen Kanal HierChannel und instanzieren in diesem wiederum einen Sub-Kanal c1 vom Typ des aus den beiden vorangegangenen Beispielen bekannten Kanals Channel. Die Interface-Methoden werden also nicht vom Kanal HierChannel implementiert, sondern vom Kanal Channel.

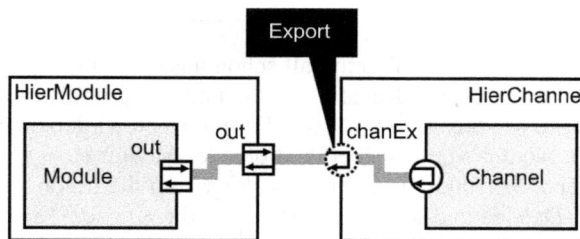

Abb. 4.7: Hierarchische Bindung über Ports und einen Export an einen Kanal. Die Bindungen für den primitiven clock-Kanal sind nicht gezeigt.

Um nun die Methodenaufrufe „weiterzuleiten" sind in der SystemC-Bibliothek die so genannten „Exports" verfügbar; dies sind Instanzen der Template-Klasse sc_export<Interface>

(vgl. [16, Seite 80 ff.]). Der einzige Template-Parameter ist der Name der entsprechenden Interface-Klasse. Ein Export wird an genau einen Kanal gebunden; dies ist durch die graue Linie in Abbildung 4.7 symbolisiert und der zugehörige Quellcode findet sich in Listing 4.12.

Listing 4.12: Kanal mit instanziertem Sub-Kanal und Export (Datei „k4b5hierchannel.h")

```
1  struct HierChannel : public sc_module {
2    sc_export<ChannelIF> chanEx;
3    Channel c1;
4
5    HierChannel(sc_module_name name) : c1("c1") {
6      chanEx(c1);
7    }
8  };
```

Bei dem Modul `HierChannel` handelt es sich um ein SystemC-Modul, in welchem der schon bekannte hierarchische Kanal `Channel` in Zeile 3 instanziert wird. Das Modul `HierChannel` implementiert selbst kein Interface und wird insofern nur von `sc_module` abgeleitet. Wenn wir einen hierarchischen Kanal so wie in Abschnitt 4.2.2 definieren – also ein SystemC-Modul, welches ein Interface implementiert –, dann ist `HierChannel` eigentlich kein Kanal, sondern ein Modul. Mit Hilfe des Exports, den wir in Zeile 2 instanzieren, „heben" wir jetzt aber das Interface um eine Hierarchieebene nach oben, so dass `HierChannel` über dieses Interface in Form eines Exports verfügt. Dieser definiert nun wieder genau die gleichen Interface-Methoden, allerdings implementiert er sie nicht, sondern leitet die Methodenaufrufe an den daran gebundenen Kanal weiter. Insofern ist der Export das Gegenstück zum Port. Die Export-Kanal-Bindung muss nun im Modul/Kanal `HierChannel` vorgenommen werden und zwar auch wieder im Konstruktor. Hierfür verfügt der Export ebenfalls über den `()`-Operator oder über die Funktion `bind()`. In Zeile 6 von Listing 4.12 binden wir den Kanal `c1` an den Export `chanEx`. Wie bei den Ports lassen sich die Export-Bindungen ebenfalls hierarchisch fortsetzen. Nehmen wir an, wir haben im Kanal `c1` einen weiteren Kanal `d1` instanziert und `c1` verfügt über einen Export `chanEx2` dann würden wir auf der Ebene von `HierChannel` den Export `chanEx` mit `chanEx(c1.chanEx2)` an den Export von `c1` binden. Im Kanal `c1` müssten wir schließlich wieder den Export `chanEx2` mit `chanEx2(d1)` an den Kanal `d1` binden. Werden die Kanäle oder Module dynamisch instanziert, muss natürlich statt des Punkt-Operators der Pfeil-Operator für die Elementauswahl benutzt werden.

Auf dem Toplevel muss in Zeile 18 von Listing 4.13 abschließend noch der Port des Moduls `m1top` an den Export des Moduls `c1top` gebunden werden und nicht wie bisher an den Kanal – unser Modul/Kanal `HierChannel` implementiert ja selbst kein Interface. Somit haben wir nun folgende Bindungen für unser Modell aus Abbildung 4.7 (abgesehen von der `clock`-Kanal-Bindung):

- Port-Port-Bindung im Modul `HierModule` (Listing 4.10)

- Export-Kanal-Bindung im Kanal `HierChannel` (Listing 4.12)

- Port-Export-Bindung auf dem Toplevel (Listing 4.13)

Listing 4.13: Main-Datei für das Beispiel der Export-Bindung (Datei „k4b5.cpp")

```
1   #include <iostream>
2   using namespace std;
3   #include <systemc>
4   using namespace sc_core;
5   #include "k4b3interface.h"
6   #include "k4b3module.h"
7   #include "k4b3channel.h"
8   #include "k4b4hiermodule.h"
9   #include "k4b5hierchannel.h"
10
11  int sc_main (int argc , char *argv[]) {
12    //Modules and Channels
13    HierModule m1top("m1top");
14    HierChannel c1top("c1top");
15    sc_clock   clock("clock", 10, SC_NS);
16    //Connect
17    m1top.clock(clock);
18    m1top.out(c1top.chanEx);
19    //Start simulation
20    sc_start(400, SC_NS);
21    return 0;
22  }
```

Listing 4.14: Kanal mit instanziertem Sub-Kanal, ohne Export (Datei „k4b5chan_direct.h")

```
1   struct HierChannelDirect : public ChannelIF, public sc_module {
2     Channel c1;
3
4     HierChannelDirect(sc_module_name name) : c1("c1") {
5     }
6
7     void send(char c) {
8       c1.send(c);
9     }
10  };
```

Der erfahrene C++-Programmierer wird sich im Zusammenhang mit der Verwendung der Exports fragen, weshalb man für einen hierarchischen Zugriff auf einen instanzierten Sub-Kanal überhaupt einen Export benötigt? Wenn wir einen Kanal instanzieren, so können wir natürlich direkt auf Methoden des Kanals durch kanal.methode() (kanal->methode() bei dynamischer Instanzierung) zugreifen. Wenn wir uns nochmals das einführende Beispiel in Abschnitt 3.2.2 ansehen, dann haben wir dies dort benutzt, als wir auf die Methoden read() oder write() der Kanäle vom Typ sc_signal zugegriffen haben. Dies wird als so genannter „portless channel access" bezeichnet (vgl. [21, Seite 104]). Wir können diese Vorgehensweise auf unser Beispiel anwenden und damit auf den Export verzichten. Listing 4.14 zeigt diese Variante: Wir schreiben unseren ursprünglichen hierarchischen Kanal HierChannel um und bezeichnen ihn als HierChannelDirect. In diesem Fall leiten wir ihn nun vom Interface

`ChannelIF` ab, so dass er die Interface-Methode `send()` implementieren *muss* (und damit ein echter hierarchischer Kanal ist). In der implementierten Interface-Methode `send()` greifen wir nun mit `c1.send(c)` direkt auf die Interface-Methode des Sub-Kanals zu.

Obgleich sich im Simulationsergebnis nichts ändert und dies in beiden Fällen wiederum dem Ergebnis für das Listing 4.9 entspricht, so bietet die Verwendung des Exports Vorteile, wenn man an komplexere Modelle denkt: Wenn ein Interface mehrere Methoden definiert, so muss bei der Vorgehensweise ohne Exports jede Methode im übergeordneten Kanal implementiert werden und damit die Methode des Sub-Kanals aufgerufen werden. Noch aufwändiger wird es, wenn wir an tiefere Hierarchien denken oder an mehrere Sub-Kanäle, die instanziert werden (vgl. auch [15, Seite 148 ff.]). Die Exports stellen daher einen strukturierten Mechanismus dar, mit welchem Interfaces über Hierarchien hinweg „exportiert" werden können – oder anders formuliert, mit welchem Interface-Methodenaufrufe über Hierarchien hinweg weitergereicht werden –, und mit welchem einige Probleme in der Systemmodellierung effizient gelöst werden können. Auch bei der SystemC-TLM-Bibliothek spielen die Exports daher eine Rolle.

4.4 Mehrfache Bindungen

In diesem Kapitel wollen wir verschiedenen Fragestellungen im Zusammenhang mit der Bindung von Ports und Kanälen nachgehen, auf welche man im Rahmen der Systemmodellierung trifft. So möchten wir zeigen, wie man einen Port als so genannten „Multi-Port" benutzen kann und damit sehr flexibel mehrere Kanäle an einen Port binden kann. Als Alternative dazu sollen die „Port Arrays" diskutiert werden und schließlich soll die Frage erörtert werden, ob man einen Kanal auch an mehrere Ports binden kann.

4.4.1 Multi-Ports

Eine Aufgabenstellung, auf welche man im Rahmen der Systemmodellierung häufiger trifft, ist in Abbildung 4.8 gezeigt: Es seien mehrere hierarchische Kanäle an das gleiche Modul über entsprechende Ports anzuschließen. Nun könnte man dafür ganz einfach eine entsprechende Zahl von Ports verwenden, die im Modul instanziert werden. Wenn wir aber unterstellen, dass die drei Kanäle aus Abbildung 4.8 alle das gleiche Interface implementieren, dann gibt es dafür eine elegantere Lösung in Form eines „Multi-Ports".

Im Abschnitt 4.1 wurden die Ports durch `sc_port<Interface, N, Policy> portName;` deklariert. In den bisherigen Beispielen haben wir allerdings nur den Parameter `Interface` angegeben und für die anderen beiden Parameter implizit die Ersatzwerte `N = 1` sowie für die `Policy` den Wert `SC_ONE_OR_MORE_BOUND` verwendet. Da `N = 1` war, konnten und mussten wir an den Port genau einen Kanal binden. Setzt man `N` auf einen Wert größer als 1, so kann man an den Port eine entsprechende Anzahl von Kanälen binden; dies wird als „Multi-Port" bezeichnet (vgl. [21, Seite 106]). Ist `N = 0` so ist die Anzahl der Kanäle im Prinzip unbegrenzt. Wir machen die Zusammenhänge wieder anhand eines einfachen, exemplarischen Beispiels klar, welches die Struktur nach Abbildung 4.8 implementiert. Für dieses Beispiel instanzieren wir die Komponenten wieder dynamisch und teilen die Module in eine Header- und eine Implementierungsdatei auf, wie in Kapitel 3 gelernt. Die Klasse `Channel` in Listing 4.15 und 4.16 implementiert den hierarchischen Kanal, der später mehrfach instanziert werden soll. Er wird vom Interface `ChannelIF` abgeleitet, welches in Listing 4.17 gezeigt ist.

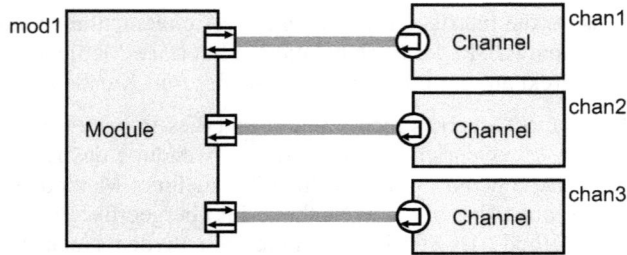

Abb. 4.8: *Bindung von mehreren Kanälen an ein Modul.*

Listing 4.15: *Header-Datei für den Kanal (Datei „k4b6channel.h")*

```
 1  #ifndef K3B6CHANNEL_H
 2  #define K3B6CHANNEL_H
 3  #include <systemc>
 4  using namespace sc_core;
 5  #include "k4b6interface.h"
 6
 7  struct Channel : public ChannelIF, public sc_module {
 8    //Constructor
 9    Channel(sc_module_name, int);
10    //Interface method
11    void transmit( int );
12  private:
13    int chanNr, internalData;
14  };
15  #endif
```

Listing 4.16: *Implementierungs-Datei für den Kanal (Datei „k4b6channel.cpp")*

```
 1  #include "k4b6channel.h"
 2  #include <iostream>
 3  using namespace std;
 4  //Constructor
 5  Channel::Channel(sc_module_name name, int chanNrArg){
 6    chanNr = chanNrArg;
 7    internalData = 0;
 8  }
 9  //Interface Method
10  void Channel::transmit(int data){
11    cout << "Channel no.: " << chanNr;
12    cout << ", received: " << data << endl;
13    internalData = data;
14  }
```

Neben der zu implementierenden Interface-Methode `transmit()` verfügt die Klasse `Channel` noch über die beiden Member-Variablen `chanNr` und `internalData`, wobei letztere die Daten speichern soll, die mittels der Methode `transmit()` vom Modul übertragen werden. Die Variable `chanNr` wird durch den zweiten Parameter des Konstruktors bei der Instanzierung des Kanals gesetzt und dient dazu, bei der Textausgabe in Zeile 11 von Listing 4.16 die Nummer des Kanals ausgeben zu können.

Listing 4.17: Header-Datei für das Interface (Datei „k4b6interface.h")

```
1  #ifndef K3B6INTERFACE_H
2  #define K3B6INTERFACE_H
3  #include <systemc>
4  using namespace sc_core;
5  struct ChannelIF : virtual public sc_interface {
6    virtual void transmit( int ) = 0;
7  };
8  #endif
```

Listing 4.18: Header-Datei für das Modul (Datei „k4b6module.h")

```
1  #ifndef K3B6MODULE_H
2  #define K3B6MODULE_H
3  #include <systemc>
4  using namespace sc_core;
5  #include "k4b6interface.h"
6
7  struct Module : public sc_module {
8    //Port
9    sc_port<ChannelIF, 3, SC_ALL_BOUND> out;
10   //Constructor
11   SC_HAS_PROCESS(Module);
12   Module(sc_module_name);
13   //Process
14   void generateTraffic();
15  };
16 #endif
```

Die Klasse `Module`, welche in den Listings 4.18 und 4.19 beschrieben ist, implementiert das in Abbildung 4.8 gezeigte Modul. In Zeile 9 von Listing 4.18 wird ein Port vom Typ des Interfaces `ChannelIF` instanziert. Wir setzen für diesen Port N = 3 und die Policy auf `SC_ALL_BOUND`; damit müssen wir später genau drei Kanäle an den Port binden. Alternativ hätten wir mit `sc_port<ChannelIF, 0> out;` auch definieren können, dass an diesen Port später beliebig viele Kanäle gebunden werden können, wobei dann mindestens ein Port zu binden wäre (Policy = `SC_ONE_OR_MORE_BOUND` als Ersatzwert).

Des Weiteren enthält das Modul einen Prozess `generateTraffic()`, welcher mit Hilfe der Interface-Methode `transmit()` Daten an die angeschlossenen Kanäle übertragen soll. Dieser Prozess wird nun über den Aufruf der `wait()`-Methode suspendiert und zwar durch Angabe einer Zeit. Dies wird als „Time-Out" bezeichnet (vgl. [16, Seite 206]), wobei der Prozess für die angegebene Zeitdauer relativ zum aktuellen Modellzeitpunkt suspendiert wird. Zum Zeitpunkt $t = 0$ ns wird mit Hilfe der Port-Methode `size()` (vgl. [21, Seite 109]) die Anzahl der an den Port gebundenen Kanäle auf der Konsole ausgegeben; anschließend wird der Port für 10 ns suspendiert. Bei der Methode `size()` ist zu beachten, dass die Methode erst nach Ausführung des Konstruktors des Toplevels in Listing 4.21 – also nach der Elaborationsphase, in welcher die Port-Kanal-Bindung vollzogen wird – die Anzahl der gebundenen Kanäle liefern kann. Es ist also nicht sinnvoll, diese Methode im Konstruktor des Moduls aufzurufen; hier liefert die Methode normalerweise den Wert 0.

Listing 4.19: Implementierungs-Datei für das Modul (Datei „k4b6module.cpp")

```
1   #include "k4b6module.h"
2   #include <iostream>
3   using namespace std;
4   //Constructor
5   Module::Module(sc_module_name name){
6     SC_THREAD(generateTraffic);
7   }
8   //Process
9   void Module::generateTraffic(){
10    cout << "Port out in Module bound to ";
11    cout << out.size() << " channels" << endl;
12    wait(10, SC_NS);
13    out[0]->transmit(123);
14    wait(10, SC_NS);
15    out[1]->transmit(456);
16    wait(10, SC_NS);
17    out[2]->transmit(789);
18  }
```

Listing 4.20: Header-Datei für den Toplevel (Datei „k4b6top.h")

```
1   #ifndef K3B6TOP_H
2   #define K3B6TOP_H
3   #include <systemc>
4   using namespace sc_core;
5
6   struct Channel;
7   struct Module;
8
9   struct Top : public sc_module {
10    //Module and channel pointer
11    Channel *chanPtr1, *chanPtr2, *chanPtr3;
12    Module *modPtr;
13    //Constructor
14    Top(sc_module_name);
15  };
16  #endif
```

Für die folgende Ausgabe von Daten müssen wir die an den Port angeschlossenen Kanäle indizieren können. Dies erfolgt über den `[]`-Operator, wie er auch in C++ für Felder verwendet wird. Die Port-Kanal-Bindungen werden hierzu in der Reihenfolge ihrer Bindung beginnend bei 0 durchnummeriert und ein entsprechender Index für den Port vergeben. Sind N Kanäle gebunden, so dürfen wir für den Index also Werte von 0 bis N-1 angeben (vgl. auch [21, Seite 110]. Eine Interface-Methode eines an einen Multi-Port gebundenen Kanals wird also immer durch `portName[Index]->Methode()` aufgerufen. Wenn $N = 1$ ist, dann dürfte man auch `portName[0]->Methode()` schreiben oder eben kürzer `portName->Methode()`, wie bisher benutzt. Zur Laufzeit des Programms erfolgt im Übrigen eine Überprüfung, ob der Index einen gültigen Wert aufweist. Ist dies nicht der Fall, so wird folgende Fehlermeldung erzeugt:

```
Error: (E112) get interface failed: index out of range: ...
```

Listing 4.21: Implementierungs-Datei für den Toplevel (Datei „k4b6top.cpp")

```
 1  #include "k4b6top.h"
 2  #include "k4b6channel.h"
 3  #include "k4b6module.h"
 4  //Constructor
 5  Top::Top(sc_module_name name) {
 6    //Create module and channel instances
 7    modPtr = new Module("mod1");
 8    chanPtr1 = new Channel("chan1", 0);
 9    chanPtr2 = new Channel("chan2", 1);
10    chanPtr3 = new Channel("chan3", 2);
11    //Bind channels to multi-port
12    modPtr->out(*chanPtr1); //Index 0
13    modPtr->out(*chanPtr2); //Index 1
14    modPtr->out(*chanPtr3); //Index 2
15  }
```

```
Port out in Module bound to 3 channels
Channel no.: 0, received: 123
Channel no.: 1, received: 456
Channel no.: 2, received: 789
```

Abb. 4.9: Ausgabe des Beispiel-Programms zur Multi-Port-Bindung.

Im Toplevel-Modul in den Listings 4.20 und 4.21 werden das Modul und die Kanäle instanziert und die Port-Kanal-Bindungen vorgenommen. In der Header-Datei werden zunächst für die dynamische Instanzierung die Zeiger für das Modul und die Kanäle angelegt. In der Implementierungsdatei erfolgt dann die dynamische Instanzierung des Moduls und der Kanäle in den Zeilen 7 bis 10. Bei den Kanälen übergeben wir jeweils dem Konstruktor als zweiten Parameter die schon angesprochene Kanalnummer. Die Multi-Port-Bindung der Kanäle an den Port `out` findet in den Zeilen 12 bis 14 statt. Hier ist nun zu beachten, dass wir drei Bindungen vornehmen, wobei wie oben angesprochen *implizit* die Indizes für die jeweilige Port-Kanal-Bindung vergeben werden. Dies kann natürlich fehlerträchtig sein und es empfiehlt sich, im Quellcode diese Zuordnung jeweils durch einen Kommentar zu dokumentieren. Für das Beispiel bleibt noch zu bemerken, dass wir auf den Abdruck der Main-Datei, in welcher der Toplevel instanziert wird, verzichten; dieser ist jedoch ähnlich wie beispielsweise Listing 3.15. Die Ausgabe

des Programms kann Abbildung 4.9 entnommen werden; wir können daraus entnehmen, dass
die Indizes der Port-Kanal-Bindungen den Kanalnummern entsprechen.

4.4.2   Port-Felder

Die Multi-Ports im vorigen Abschnitt stellen eine sehr flexible Möglichkeit dar, Port-Kanal-
Bindungen durchzuführen. Setzt man $N = 0$ und die Policy auf SC_ZERO_OR_MORE_BOUND, so
hat man die Möglichkeit, keinen Kanal oder beliebig viele Kanäle zu binden. Auf der anderen
Seite eröffnet dies auch die Möglichkeit für Bindungsfehler und Fehlfunktionen beim Zugriff
auf die Kanäle über die Interface-Methoden, insbesondere durch die implizite Vergabe der Indizes. Verzichtet man auf diese Flexibilität und ist die Anzahl der zu bindenden Kanäle statisch,
dann kann man auch einfach ein Feld für den Port anlegen; dies wird im englischen als „Port Array" oder im deutschen als Port-Feld bezeichnen. Wir ändern unser Beispiel zur Demonstration
entsprechend ab und zeigen in den Listings 4.22 bis 4.24 die notwendigen Änderungen.

Listing 4.22: Header-Datei für das Modul mit „Port Array" (Ausschnitt, Datei „k4b6module_array.h")

```
 1  ...
 2  struct Module : public sc_module {
 3      //Port
 4      sc_port<ChannelIF> out[3];
 5  ...
```

Listing 4.23: Implementierungs-Datei für das Modul (Ausschnitt, Datei „k4b6module_array.cpp")

```
 1  ...
 2  //Process
 3  void Module::generateTraffic(){
 4      wait(10, SC_NS);
 5      out[0]->transmit(123);
 6      wait(10, SC_NS);
 7      out[1]->transmit(456);
 8      wait(10, SC_NS);
 9      out[2]->transmit(789);
10  }
```

Wir legen in Zeile 4 von Listing 4.22 ein Feld von drei Portelementen an. Damit haben wir
die Möglichkeit, beim Aufruf der Interface-Methoden in Listing 4.23 wiederum Indizes zu verwenden. Obwohl sich syntaktisch an dieser Stelle nichts ändert, verbirgt sich dahinter jedoch
im Unterschied zum Multi-Port ein Feld von Port-Objekten. Dies heißt auch, dass wir nun nicht
mehr einen einzigen Port sondern drei separate Ports haben. Da wir nun die Ersatzwerte für *N*
und die Policy verwenden, müssen wir an jeden der drei Ports genau einen Kanal binden. Bei
der Bindung der Ports an die Kanäle in Listing 4.24 sind nun im Unterschied zum Multi-Port
explizit die Indizes für das Port-Feld anzugeben; insofern ergibt sich hier eine explizite und damit klarere Zuordnung der Port-Kanal-Bindungen zu den Port-Indizes der Interface-Methoden-
Aufrufe.

Im Zusammenhang mit den Multi-Ports und Port-Feldern müssen wir nochmals die schon besprochenen Bit-Vektoren diskutieren: Wir erinnern uns noch, dass wir für Signale die zugehöri-

gen spezialisierten Ports zur Verfügung haben oder auch die allgemeinen Ports mit den entsprechenden Interfaces benutzen können, zum Beispiel können wir einen Port `mode` durch

```
sc_port<sc_signal_in_if<sc_lv<2> > > mode;
```

anlegen. Wir übergeben dem Interface dabei als Parameter den Datentyp `sc_lv<2>`, welcher also einen Bit-Vektor der Breite 2 Bit darstellt. Nun könnte man auf die Idee kommen, auf ein einzelnes Bit des Ports `mode` beispielsweise durch `mode[1]->read()` zugreifen zu wollen – so wie man auch in VHDL auf die einzelnen Bits eines Ports zugreifen kann. Dies führt allerdings nicht zum gewünschten Ergebnis, wobei der Fehler zunächst nicht offensichtlich ist. Der Code lässt sich nämlich in der Regel kompilieren, da es sich zumeist nicht um einen Syntaxfehler handelt. In unserem Beispiel würden wir allerdings zur *Laufzeit* folgenden Bindungsfehler erhalten: `Error: (E112) get interface failed: index out of range: ...`

Wenn wir das Problem analysieren, so ist zunächst festzustellen, dass es sich bei `mode` um einen einzelnen Port handelt, an welchen wir auf der nächsten Hierarchieebene auch ein einzelnes Signal binden werden. Die Formulierung `mode[1]` bedeutet aber, dass wir ihn als Multi-Port verwenden und auf den zweiten gebundenen Kanal zugreifen möchten. Dieser ist in der Regel nicht vorhanden, so dass wir einen Bindungsfehler erhalten. Trickreich ist nun, dass `mode[0]->read()` wiederum funktioniert, da dies ja der erste gebundene Kanal ist und man somit zur Laufzeit keinen Bindungsfehler erhält.

Listing 4.24: Implementierungs-Datei für den Toplevel (Ausschnitt, Datei „k4b6top_array.cpp")

```
1  ...
2  //Constructor
3  Top::Top(sc_module_name name) {
4  ...
5     //Bind channels to port array
6     modPtr->out[0](*chanPtr1); //Index 0
7     modPtr->out[1](*chanPtr2); //Index 1
8     modPtr->out[2](*chanPtr3); //Index 2
9  }
```

Es ist für die Signal-Kanäle und deren Ports nicht möglich, auf ein einzelnes Bit mit `read()` oder `write()` zuzugreifen. Wir müssen hier unterscheiden zwischen dem Datentyp des Ports, der ein Bit-Vektor ist, und dem Port sowie dem angeschlossenen Kanal, der die Interface-Methoden implementiert. Mit den für den Signal-Kanal definierten Methoden `read()` und `write()` kann man auf die im Kanal gespeicherten Daten nur als Ganzes zugreifen; eine Bit- oder Bereichsauswahl ist nicht möglich. Um das Problem zu lösen, könnten wir uns damit behelfen, dass wir ein Port-Feld durch

```
sc_port<sc_signal_in_if<sc_logic > > mode[2];
```

anlegen, wobei der Datentyp jedes Port-Feldelementes `sc_logic` ist. Nun wäre es möglich, mit `mode[1]->read()` auf das Port-Feldelement mit dem Index 1 korrekt zuzugreifen. Man müsste dann auf der nächsten Hierarchieebene sinngemäß auch ein Feld von Signalen an das Port-Feld binden. Will man diesen doch etwas umständlichen Weg nicht gehen, so kann man die Werte des Ports in eine Variable vom Datentyp `sc_lv<2>` kopieren und dann mit den Operatoren für die Bit- und Bereichsauswahl arbeiten, wie wir dies in Abschnitt 3.7.1 gezeigt haben. Ferner kann man auch ausnutzen, dass die `read()`-Methode ja einen Wert vom Typ `sc_lv<2>` zurückliefert, so dass man durch `mode->read()[1]` beispielsweise eine Bitauswahl vornehmen kann (oder vielleicht etwas klarer: `(mode->read())[1]`).

4.4.3   Bindung eines Kanals an mehrere Ports

Nachdem wir nun besprochen haben, auf welche Art und Weise man mehrere Kanäle an den
gleichen Port mit Hilfe der Multi-Ports binden kann, wollen wir abschließend noch diskutieren, ob und wie man mehrere Ports an den gleichen Kanal binden kann. Abbildung 4.10 zeigt
zwei Module mit entsprechenden Ports und einen Kanal, welcher an beide Ports gebunden werden soll. Es sei zunächst dahingestellt, in welchem Zusammenhang eine solche Anordnung in
der Systemmodellierung Sinn macht. Wenn man an die Hardwaremodellierung auf RT-Ebene
denkt, so entspräche dies einem Tristate-Bussystem, wo mehrere Komponenten Daten auf das
gleiche physikalische Medium legen können.

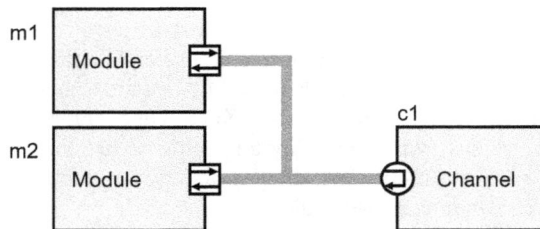

Abb. 4.10: *Bindung eines Kanals an mehrere Ports.*

Listing 4.25: *Header-Datei für das Modul (Datei „k4b7module.h")*

```
1   struct Module : public sc_module {
2     sc_in_clk clock;
3     sc_port<ChannelIF> out;
4     SC_HAS_PROCESS(Module);
5     Module(sc_module_name name, int data) : data(data) {
6       SC_THREAD(sendData);
7       sensitive << clock.pos();
8     }
9     void sendData() {
10      while (true){
11        wait();
12        out->transmit(data);
13      }
14    }
15  private:
16    int data;
17  };
```

Wir möchten dies nun etwas stärker im Sinne der Systemmodellierung abstrahieren und definieren ein Modul in Listing 4.25, welches – neben dem Takt – einen Port vom Typ des Interfaces
ChannelIF aus Listing 4.17 aufweisen soll. Ferner ist ein Prozess sendData() vorhanden, der
mit jeder steigenden Taktflanke ein Datum sendet, welches dem Modul durch den Konstruktor
bei der Instanzierung übergeben und in der Member-Variablen data abgespeichert wird.

Im Kanal in Listing 4.26 wird nun die Interface-Methode `transmit()` implementiert. Die Methode speichert den Wert des Arguments in einer Member-Variablen `channelData` ab. Anschließend geben wir den Wert dieser Variablen aus, wobei wir den aktuellen Simulationszeitpunkt und mit Hilfe der Funktion `sc_delta_count()` den schon vorher erwähnten Delta-Zyklus ausgeben.

Listing 4.26: Header-Datei für den Kanal (Datei „k4b7channel.h")

```
 1  struct Channel : public ChannelIF, public sc_module {
 2    Channel(sc_module_name name) {
 3    }
 4    void transmit(int data) {
 5      channelData = data;
 6      cout << "At " << sc_time_stamp();
 7      cout << ", in delta cycle " << sc_delta_count();
 8      cout << ", data: " << channelData << endl;
 9    }
10  private:
11    int channelData;
12  };
```

Listing 4.27: Main-Datei für das Beispiel (Ausschnitt, Datei „k4b7.cpp")

```
 1  ...
 2  int sc_main (int argc , char *argv[]) {
 3    //Modules and Channels
 4    Module m1("m1", 123);
 5    Module m2("m2", 456);
 6    Channel c1("c1");
 7    sc_clock  clock("clock", 10, SC_NS);
 8    //Connect
 9    m1.clock(clock);
10    m2.clock(clock);
11    m1.out(c1);
12    m2.out(c1);
13  ...
14  }
```

Listing 4.27 zeigt die Bindungen der beiden Module und des Kanals: In den Zeilen 11 und 12 ist zu erkennen, dass wir den gleichen Kanal gemäß Abbildung 4.10 an die beiden Ports binden. Wenn die Simulation gestartet wird, so sendet das Modul m1 den Wert 123 und das Modul m2 den Wert 456 an den Kanal über den Aufruf der Interface-Methode `transmit()`. Um das Simulationsergebnis in Abbildung 4.11 verstehen zu können, muss man sich klar machen, wie die Prozesse in den beiden Modulen vom Simulator behandelt werden; wobei wir einige Dinge vorwegnehmen, die erst im nächsten Kapitel ausführlicher besprochen werden. Beide Prozesse werden bei der steigenden Flanke des Taktes ausgeführt, also im gleichen Zeitpunkt und auf das gleiche *Ereignis* hin. Dies hat zur Konsequenz, dass beide Prozesse im gleichen Delta-Zyklus ausgeführt werden müssen, was man an der Ausgabe des Programms auch erkennen kann. Es ist jedoch so, dass die Prozesse im Sinne der Programmausführung vom Simulator nicht tatsächlich

„gleichzeitig" ausgeführt werden können, obwohl es der gleiche Simulationszeitpunkt und sogar der gleiche Delta-Zyklus ist. Die Prozesse werden also vom Simulator in einer gewissen Reihenfolge ausgeführt, wobei diese nicht festgelegt ist. Die Interface-Methode `transmit()` wird daher zu jeder steigenden Taktflanke genau zweimal aufgerufen, da die Prozesse in den beiden Module jeweils ausgeführt werden. Aufgrund der Ausgabe ist es offensichtlich so, dass der Simulator zunächst den Prozess im Modul `m1` ausführt und dann denjenigen in Modul `m2`. Im Prinzip ist diese Reihenfolge mehr oder weniger zufällig; wenn wir jedoch beispielsweise die Reihenfolge der Instanzierungen der beiden Module vertauschen, dann kann es sein, dass der Prozess in Modul `m2` zuerst ausgeführt wird (zumindest konnte dies auf dem Rechner des Autors festgestellt werden).

```
At  0 s,  in delta cycle 1, data: 123
At  0 s,  in delta cycle 1, data: 456
At 10 ns, in delta cycle 4, data: 123
At 10 ns, in delta cycle 4, data: 456
At 20 ns, in delta cycle 7, data: 123
At 20 ns, in delta cycle 7, data: 456
```

Abb. 4.11: *Simulationsergebnis des Programms aus Listing 4.27.*

Das Problem mit unserem Modell besteht nun darin, dass das Endergebnis – also der in der Variablen `channelData` im Kanal letztlich gespeicherte Wert – nach einem Delta-Zyklus von der Reihenfolge der Prozessabarbeitung abhängt. Da diese Reihenfolge im Simulationsalgorithmus eben nicht festgelegt ist, haben wir damit ein Modell, welches als „nicht-deterministisch" bezeichnet wird: Das Modell kann auf unterschiedlichen SystemC-Installationen zu unterschiedlichen Simulationsergebnissen führen. Im Kern besteht unser Problem darin, dass mehrere Prozesse den gleichen Kanal mit Werten beschreiben. Dieses Problem ist in VHDL als „Mehrfachtreiber-Problem" bekannt und wird dort durch den Datentyp `std_logic` und den zugehörigen Vektortyp `std_logic_vector` gelöst, der über eine entsprechende *Auflösungsfunktion* verfügt (vgl. [18, Seite 91 ff.]). In SystemC steht die Signal-Klasse `sc_signal_resolved` als primitiver Kanal zur Verfügung (mit entsprechenden Ports), um solche Probleme im Rahmen der RTL-Modellierung zu lösen. Verwendet man hierarchische Kanäle, wie in unserem Beispiel, für die Systemmodellierung, so muss man solche Probleme selbst lösen. Insofern ist es fraglich, ob unsere Konstruktion aus Listing 4.27 tatsächlich sinnvoll ist. Es sei noch darauf hingewiesen, dass man auf ein ähnliches Problem trifft, wenn mehrere Prozesse auf die gleiche Member-Variable in einem Modul schreiben; zur Lösung solcher Probleme kann gegebenenfalls ein Mutex oder Semaphor eingesetzt werden.

4.5   Kontrollfragen und Übungsaufgaben

Aufgabe 4.1:
Wozu werden Ports benötigt?

Aufgabe 4.2:
Was versteht man unter einem „spezialisierten Port"? Geben Sie ein Beispiel an.

Aufgabe 4.3:
Deklarieren Sie einen Port als `sc_port`, so dass genau zwei Kanäle vom Typ `sc_signal` daran gebunden werden können. Über den Port sollen Daten auf den Kanal geschrieben werden können.

Aufgabe 4.4:
Was versteht man unter einem Interface und was ist ein „Interface Method Call"?

Aufgabe 4.5:
Erläutern Sie, unter welchen Umständen und an welcher Stelle im Programm es zu einem Bindungsfehler im Zusammenhang mit den Port-Kanal-Bindungen kommen kann.

Aufgabe 4.6:
Was unterscheidet einen primitiven Kanal von einem hierarchischen Kanal?

Aufgabe 4.7:
Machen Sie sich die Unterschiede zwischen dem primitiven Kanal `sc_signal` und dem Kanal `sc_buffer` anhand eines kleinen Beispiels klar: Schreiben Sie ein Modul, welches zwei Prozesse p1 und p2 beinhaltet, die über einen Kanal s1 verbunden sind. Der Prozess p1 schreibt in regelmäßigen zeitlichen Abständen einen beliebigen aber konstanten Wert auf den Kanal und der Prozess p2 sei auf den Kanal sensitiv (Ereignis `default_event()`). Wenn der Prozess p2 hierdurch getriggert wird, soll ein Zähler hochgezählt und dessen Wert auf der Konsole zusammen mit einem Zeitstempel ausgegeben werden. Wählen Sie zunächst für den Kanal den Typ `sc_signal` und anschließend den Typ `sc_buffer` und vergleichen Sie die Simulationsergebnisse.

Aufgabe 4.8:
Mit SystemC kann man auch Modelle schreiben, bei denen die Zeit nicht modelliert wird („untimed"). Modifizieren Sie hierzu das FIFO-Beispiel aus Abschnitt 4.2.1 folgendermaßen: Entfernen Sie aus der Main-Routine und aus Sender- und Empfänger-Modul alles was mit dem Takt zu tun hat (Taktgenerator, Ports und Bindungen). Entfernen Sie ebenfalls die Sensitivitätslisten der beiden Prozesse und die `wait()`-Anweisungen. Der Simulator wird nun im ersten Delta-Zyklus beide Prozesse starten, so dass die Prozesse jeweils in ihre **while**-Schleifen eintreten. Die Suspendierung der Prozesse erfolgt nun alleine aufgrund der blockierenden Methoden des FIFOs. Sie sollten also im Receiver zunächst die blockierende Methode `read()` benutzen. Geben Sie im Receiver die übertragenen Zeichen jeweils zusammen mit dem Zeitstempel und dem Delta-Zyklus aus. Was passiert, wenn Sie im Receiver die nicht-blockierende Methode `nb_read()` verwenden und wie kann man sich das beobachtete Verhalten erklären?

Aufgabe 4.9:
Modifizieren Sie das FIFO-Beispiel aus Abschnitt 4.2.1, indem Sie statt des FIFOs einen hierarchischen Kanal einsetzen, den Sie selbst schreiben. Gehen Sie dazu folgendermaßen vor: Definieren Sie zwei Interfaces `writeIF` und `readIF`. In `writeIF` sei eine Methode `write()`

deklariert, der ein Argument vom Typ **char** übergeben werden kann. In readIF sei eine Methode read() deklariert, welche einen Wert vom Typ **char** zurückliefert. Leiten Sie den Kanal
Channel von *beiden* Interfaces ab und implementieren Sie die Methoden so, dass bei write()
der Wert des Arguments in einer Member-Variablen gespeichert wird und bei read() der
Wert dieser Variablen zurückgegeben wird. Modifizieren Sie anschließend die beiden Module Sender und Receiver aus dem FIFO-Beispiel so, dass Sie Ihren Kanal an die Ports binden
können. Hierzu muss der Sender einen Port vom Typ writeIF erhalten und der Sender vom
Typ readIF. Testen Sie in der Simulation, dass die Daten vom Sender zum Receiver über
Ihren Kanal korrekt übertragen werden. Hierbei müssen Sie darauf achten, dass Sie mit der
gleichen Rate schreiben und lesen.

Aufgabe 4.10:
Wozu dienen Exports? Deklarieren Sie einen Export ex1 für das Interface readIF aus der
vorherigen Aufgabe in einem Kanal c2 und binden Sie eine Kanal-Instanz c1 an diesen Export.
Binden Sie den Export auf der nächsten Ebene an einen Port p1 eines Moduls m1.

Aufgabe 4.11:
Was unterscheidet einen Multi-Port von einem Port-Array? Zeigen Sie die Unterschiede anhand
eines Beispiels.

5 Simulation von SystemC-Modellen

Um fehlerfreie SystemC-Modelle schreiben zu können, ist ein Verständnis der Arbeitsweise des SystemC-Simulators unerlässlich. Die gilt sowohl für die bisher besprochenen RTL-Modelle und noch mehr für die noch zu diskutierenden Transaction-Level-Modelle. Der SystemC-Simulator, dessen Kern auch als „Scheduler" bezeichnet wird, ist die zentrale Instanz, welche für die Ausführung der Prozesse verantwortlich ist. Wir möchten daher in diesem Kapitel den Simulationsalgorithmus und die damit zusammenhängenden Mechanismen darstellen. In diesem Kontext sollen dann auch die verschiedenen Möglichkeiten der Steuerung der Prozessausführung durch statische oder dynamische Sensitivitäten und mit Hilfe von Ereignisobjekten besprochen werden. Ferner sollen noch einige spezielle Themen im Zusammenhang mit der Simulation und der Ausführung von Prozessen dargestellt werden, wie „Event Finder", „Event Queues" oder dynamische Prozesse. Um etwas Platz zu sparen, werden wir die Beispiele in Form von Header-Dateien anlegen, die dann in einer Main-Datei eingebunden werden, und die Beispiele nicht in Header und Implementierung aufteilen. Für einige Beispiele drucken wir auch die zugehörige Main-Datei nicht mit ab, wenn diese trivial ist – also nur aus einer oder wenigen Instanzierungen besteht. Der Leser sollte an dieser Stelle in der Lage sein, sich diese selbst zu überlegen.

5.1 Das Simulationsverfahren

Bei dem Simulationsverfahren, welches für den SystemC-Scheduler verwendet wird, handelt es sich um eine so genannte „ereignisgesteuerte Simulation" und damit um das gleiche Verfahren, wie es auch für die Simulation von VHDL-Modellen verwendet wird (vgl. [18, Seite 46 ff.]). Wir möchten im Folgenden den Simulationsalgorithmus und den damit verbundenen Request-Update-Mechanismus der primitiven Kanäle beschreiben.

5.1.1 Ereignisgesteuerte Simulation im SystemC-Scheduler

Das Ziel eines Simulationsalgorithmus ist es, ein Modell möglichst schnell – also mit hoher Simulationsleistung – simulieren zu können und dabei ausreichend genau zu sein. Hierzu ist es notwendig, eine gewisse Abstraktion gegenüber der physikalischen Realität vorzunehmen. Wenn wir digitale Systeme auf RT-Ebene modellieren so kann man feststellen, dass die Signale sowohl wertediskret als auch zeitdiskret sind. Während die Wertediskretisierung durch entsprechende Datentypen berücksichtigt wird, so kann man für die Simulation eines digitalen Systems ausnutzen, dass die *Änderung* von Werten nur zu diskreten Zeitpunkten stattfindet – im Unterschied zur Simulation von zeitkontinuierlichen Systemen, bei welchen durch die notwendige numerische Lösung von Differentialgleichungen ein hoher Simulationsaufwand entsteht. Wenn wir also physikalische Gegebenheiten von digitalen Signalen, wie endliche Flankensteilheit, „Überschwinger" und dergleichen, vernachlässigen, dann müssen wir in der Lage sein, Signalverläufe wie in Abbildung 5.1 simulieren zu können. Die Abstraktion besteht auch darin, dass wir annehmen, dass sich das Signal instantan – also mit unendlicher Flankensteilheit – zu einem bestimmten Zeitpunkt ändert. Die Werteänderung bezeichnen wir als *Ereignis*. Die elektronischen Komponenten, die in SystemC und VHDL durch Prozesse modelliert werden, müssen auf diese Wertänderungen und damit auf die Ereignisse an ihren Eingängen reagieren und gegebenenfalls neue Werte berechnen. Daher wird die Ausführung der Prozesse durch diese Ereignisse gesteuert und man spricht von einer diskreten, ereignisgesteuerten Simulation. Wichtig ist, dass nur die Zeitpunkte auf unserer Modellzeitachse simuliert werden müssen, bei denen sich im Modell etwas ändert – alle anderen Zeitpunkte sind bei einer diskreten Simulation nicht relevant. Der Simulationsalgorithmus „springt" also von Zeitpunkt zu Zeitpunkt; die Linien, welche die Zeitpunkte verbinden, sind nur eine Grafikfunktion des „Waveform-Displays".

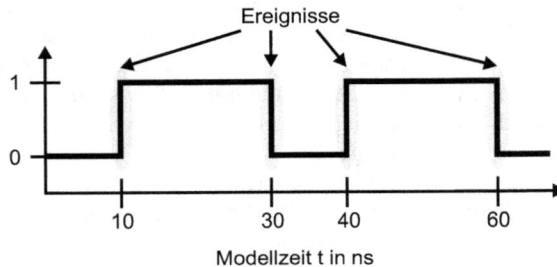

Abb. 5.1: *Modellzeit, Signalverlauf und Ereignisse.*

Bei der Implementierung eines diskreten, ereignisgesteuerten Simulators muss man die in den vorangegangenen Kapiteln schon angesprochene *Nebenläufigkeit* berücksichtigen, welche mit Hilfe von Prozessen modelliert wird. Es wird also notwendig sein, in einem bestimmten Zeitpunkt mehrere Prozesse „gleichzeitig" ausführen zu können, wenn diese durch Ereignisse aktiviert werden. Da unser Modell aber auf einem Rechner ausgeführt wird, der schlimmstenfalls nur über einen Prozessor verfügt, wird dies nicht möglich sein. Der Simulator kann die Prozesse im Hinblick auf die verstreichende Rechnerzeit nur nacheinander ausführen – die Nebenläufigkeit bezüglich der Modellzeit wird also nur simuliert. Wie wir in Kapitel 3 schon gesehen haben, werden Method-Prozesse immer komplett ausgeführt und Thread-Prozesse bis zum nächsten `wait()`-Methodenaufruf. Nun muss man sich klar machen, dass die Prozesse über Signale miteinander verbunden sind. Schreibt ein Prozess auf ein Signal, welches ein anderer Prozess liest, so könnte dies dazu führen, dass sich die Reihenfolge der Prozessabarbeitung auf das Simulationsergebnis auswirkt – was inakzeptabel wäre. Ein weiteres Problem besteht darin, dass es durch Signaländerungen notwendig werden kann, wiederum weitere Prozesse im *gleichen* Modellzeitpunkt auszuführen.

Diese Probleme werden im SystemC-Scheduler – wie auch in VHDL- oder Verilog-Simulatoren – durch den nachfolgend beschriebenen Simulationsalgorithmus gelöst. Für die Verbindung der Prozesse sollen zunächst Signale – oder genauer gesagt, die primitiven Kanäle mit Request-Update-Mechanismus – betrachtet werden, wobei die Besonderheit der Signale darin besteht, dass die Wertezuweisung nicht während der Ausführung eines Prozesses stattfindet, sondern

zunächst vorgemerkt wird. Daher werden nun alle Prozesse, die auszuführen sind, in einer so
genannten Prozessausführungsphase (engl.: evaluate phase, evaluation phase) in einer beliebigen Reihenfolge ausgeführt und erst in einer nachfolgenden Signalzuweisungsphase (engl.:
update phase) werden die *neuen* Werte den Signalen zugewiesen. Somit lesen alle Prozesse
während einer Evaluate-Phase die *alten* Werte der Signale (auch als aktueller Wert bezeichnet),
wodurch sich die Reihenfolge der Prozessausführung nicht auf das Ergebnis auswirkt. Nun wird
es häufig so sein, dass durch die Signaländerungen in der Update-Phase im gleichen Modellzeitpunkt wiederum weitere Prozesse auszuführen sind, so dass sich unter Umständen weitere
Evaluate-Update-Zyklen in einem Modellzeitpunkt anschließen müssen. Dabei wird die *Modellzeit* vom Scheduler angehalten – die Ausführung des Schedulers und der Prozesse benötigt
aber natürlich *Rechenzeit*!

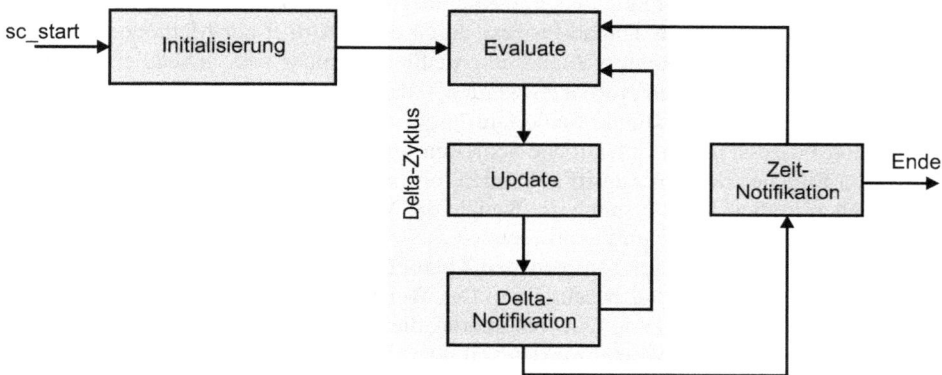

Abb. 5.2: *Ablaufdiagramm für den SystemC-Scheduler.*

Der gesamte Ablauf des SystemC-Schedulers besteht aus den in Abbildung 5.2 gezeigten Phasen (vgl. auch [21, Seite 16 ff.]), wobei der Scheduler durch den Aufruf von `sc_start()` in
der entsprechenden Main-Funktion des Modells gestartet wird. Bevor der Scheduler aufgerufen
wird, muss die Elaborationsphase – also der Aufruf der Konstruktoren – abgeschlossen sein.
Wir erläutern die wesentlichen Mechanismen der einzelnen Phasen zunächst im Hinblick auf
die Verwendung von Signalen zur Kopplung der Prozesse im Rahmen der RTL-Modellierung
und werden dann in späteren Abschnitten noch einige weitere Details diskutieren, die im Hinblick auf die TL-Modellierung wichtig sind. Im Wesentlichen geht es bei der Ausführung des
Schedulers darum, die vom Anwender geschriebenen Prozesse zur Ausführung zu bringen.
Abgesehen von der Initialisierungsphase gibt es zwei Möglichkeiten, warum ein Prozess auszuführen ist: Es ist ein Ereignis aufgetreten, auf welches der Prozess sensitiv ist, oder die Zeit
eines „Time-Outs", welcher beispielsweise durch eine `wait()`-Funktion erzeugt wurde, ist abgelaufen.

1. *Initialisierung*: Zunächst werden Signalzuweisungen, die aus der Elaborationsphase resultieren können, durchgeführt. Werden also beispielsweise Signalzuweisungen in einem
   Konstruktor eines Moduls vorgenommen, so werden diese hier durchgeführt. Anschließend werden *alle* Prozesse des Modells als „ausführbar" markiert, so dass sie in der

nachfolgenden, ersten Evaluate-Phase ausgeführt werden. Dies bedeutet, dass am Anfang alle Prozesse einmal ausgeführt werden, unabhängig davon, ob Sie durch Ereignisse
überhaupt aktiviert wurden. Dies ist beispielsweise notwendig, um sicherzustellen, dass
ein Thread-Prozess, der über „Time-Outs" gesteuert wird, bis zum ersten Aufruf einer
`wait()`-Funktion läuft. Will man andererseits dafür sorgen, dass ein Prozess in der ersten Evaluate-Phase nicht zwangsweise ausgeführt wird, so muss nach seiner Anmeldung
beim Scheduler im Konstruktor die Methode `dont_initialize()` aufgerufen werden.
Nach der Initialisierungsphase folgt die erste Evaluate-Phase.

2. *Evaluate*: Aus der Menge der als ausführbar markierten Prozesse werden nacheinander
   und in nicht festgelegter Reihenfolge alle Prozesse ausgeführt; dabei wird die Markierung „ausführbar" jeweils wieder entfernt. Ein Prozess – also die entsprechende Methode – wird bis zur beendigenden }-Klammer oder bis zu einem **return** ausgeführt;
   darüber hinaus wird ein Thread-Prozess durch einen Aufruf der Methode `wait()` suspendiert. Ein Prozess kann während der Ausführung nicht vom Scheduler oder von einem anderen Prozess unterbrochen werden – daher ist darauf zu achten, dass man bei
   Thread-Prozessen unendliche Schleifen durch `wait()`-Funktionen suspendiert und in
   Method-Prozessen keine unendliche Schleifen verwendet. Durch das Schreiben von Werten auf Signale oder den Zugriff auf andere primitive Kanäle, wie beispielsweise FIFOs,
   entstehen in dieser Phase durch die Kanäle die Vormerkungen („Update-Requests") für
   die in der Update-Phase durchzuführenden Zuweisungen; diese „Update-Requests" werden vom Scheduler notiert. Den genauen Ablauf des Request-Update-Mechanismus werden wir in Abschnitt 5.1.2 beschreiben. Des Weiteren kann durch die Ausführung einer
   `wait()`-Methode ein „Time-Out" resultieren; dies bedeutet, dass dieser Prozess zu einem
   späteren Zeitpunkt fortgesetzt werden soll. Der „Time-Out" wird ebenfalls vom Scheduler notiert. Sind alle Prozess ausgeführt worden, dann wird als nächstes die Update-Phase
   ausgeführt.

3. *Update*: In dieser Phase werden die in der Evaluate-Phase angeforderten („Update-Request") Signalzuweisungen durchgeführt („Update"). Liegt dabei eine Wertänderung des
   Signals vor, so wird ein zugeordnetes Ereignis (`value_changed_event`) als so genannte „Delta-Notifikation" (engl.: delta notification) aktiviert. Wenn alle Updates durchgeführt wurden, wird als nächstes die Delta-Notifikationsphase ausgeführt.

4. *Delta-Notifikation*: Wenn Delta-Notifikationen durch Ereignisse aus der vorangegangenen Update-Phase vorliegen, dann wird ermittelt, welche Prozesse darauf sensitiv sind.
   Diese Prozesse werden als ausführbar markiert und die Delta-Notifikation gelöscht. Wenn
   ausführbare Prozesse vorhanden sind, wird die nächste Evaluate-Phase ausgeführt. Dabei bleibt die Modellzeit stehen und man bezeichnet einen solchen Zyklus der drei Phasen Evaluate, Update und Delta-Notifikation als „Delta-Zyklus". Wieviele solche Delta-
   Zyklen in einem Zeitpunkt entstehen können, hängt dabei vom Modell ab. Wenn in dieser
   Phase keine Prozesse als ausführbar markiert werden, dann ist die Ausführung von Delta-
   Zyklen in diesem Zeitpunkt beendet und es wird als nächstes die Zeit-Notifikationsphase
   ausgeführt.

5. *Zeit-Notifikation*: In dieser Phase wird überprüft, welcher von den vorgemerkten „Time-
   Outs" der früheste ist. Der Scheduler schaltet nun die Modellzeit auf diesen Zeitpunkt fort
   und damit springt die Modellzeit in der Simulation um den entsprechenden Betrag. Die

Prozesse, welche die „Time-Outs" erzeugt haben, werden als ausführbar markiert und die „Time-Outs" gelöscht. Sind Prozesse ausführbar, dann folgt die nächste Evaluate-Phase, worauf dann wieder Delta-Zyklen oder weitere Zeitsprünge folgen können. Sind keine Prozesse mehr ausführbar, dann endet der Simulationsalgorithmus. Wie und mit welcher Modellzeit die Simulation beendet wird, hängt davon ab, wie die Funktion `sc_start()` aufgerufen wurde. Wurde diese mit einer Zeit als Argument aufgerufen, so führt der Scheduler Zeit-Notifikationen bis zu diesem Zeitpunkt aus. Wurde sie ohne Argument aufgerufen, so läuft die Simulation bis keine Prozesse mehr ausführbar sind; die Simulation kann dann aber durch den Aufruf von `sc_stop()` in einem Prozess beendet werden (siehe hierzu auch [21, Seite 21 ff.]).

Wir möchten die Arbeitsweise des SystemC-Schedulers wieder anhand eines Beispiels verdeutlichen. Das Beispiel besteht, wie in Abbildung 5.3 gezeigt, aus vier Prozessen, die über vier Signale gekoppelt sind. Es sei betont, dass das Beispiel, dessen Quellcode sich in Listing 5.1 findet, ein reines Simulationsbeispiel ist und nicht das Modell einer realisierbaren Schaltung: Es verfügt weder über Ein- noch Ausgänge und weist auch eine asynchrone Rückführung des vom Prozess `buf1()` getriebenen Signals d auf die Prozesse `inv1()` und `inv2()` auf – dies wäre in einer synchronen Entwurfsmethodik nicht zulässig.

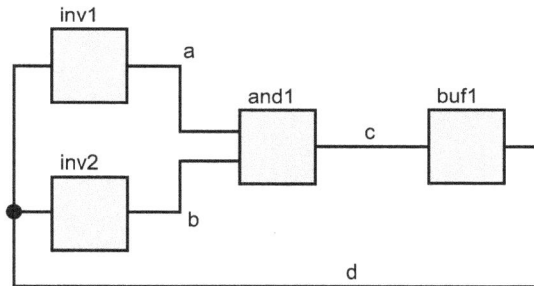

Abb. 5.3: *Simulationsbeispiel zur Arbeitsweise des SystemC-Schedulers.*

Bei den Prozessen `inv1()`, `inv2()` und `and1()` handelt es sich um Method-Prozesse, die vom Scheduler ausgeführt werden müssen, wenn sich an den in den Sensitivitätslisten aufgeführten Signalen ein Ereignis, also eine Wertänderung, ergibt. Der Prozess `buf1()` ist ein Thread-Prozess, welcher über einen „Time-Out" gesteuert wird; er ist nicht sensitiv auf die Wertänderung des Signals c. Jeder Prozess liest ein oder zwei „Eingangssignale", verknüpft diese gegebenenfalls über eine boole'sche Funktion, und gibt wieder einen Wert auf dem „Ausgangssignal" aus. Dabei speichern wir den neuen Wert zunächst jeweils in einer lokalen Variable und geben mit Hilfe der Methode `simMessage()` in jedem Prozess den aktuellen Modellzeitpunkt (Zeile 51) und den aktuellen Delta-Zyklus (Zeile 52) sowie den Namen des Prozesses aus. Um zu zeigen, dass die Wertzuweisung eines Signals während der Ausführung eines Prozesses in der Evaluate-Phase nicht sofort vorgenommen wird, geben wir den Wert der Variablen, welcher ja dem „Ausgangssignal" zugewiesen wird, als „neuen" Wert des Signals aus und den aktuellen Wert des Signals als „alten" Wert.

Um das Beispiel simulieren zu können, benötigen wir noch eine Main-Datei, in welcher wir das Modul instanzieren; den Abdruck dieser Datei haben wir uns aus Platzgründen gespart. Um das

Ergebnis der Simulation in Abbildung 5.4 verstehen zu können, ist zu beachten, dass die Signale im Konstruktor von Listing 5.1 ab Zeile 13 Werte zugewiesen bekommen, welche dann in der Initialisierungsphase beim Start des Schedulers ausgeführt werden. In der Initialisierungsphase werden nun alle vier Prozesse als ausführbar markiert und dann nachfolgend in der Evaluate-Phase des ersten Delta-Zyklus (delta 0) im Modellzeitpunkt $t = 0$ ns ausgeführt. Wir können nun beispielsweise erkennen, dass die Prozesse inv1() und inv2() einen neuen Wert a_new = 1 und b_new = 1 für die Signale a und b berechnen, da das Signal d den Wert 0 nach der Initialisierung trägt. Allerdings wird der aktuelle Wert der Signale a_act = 0 und b_act = 0 hierdurch *während* der Evaluate-Phase nicht verändert, so dass der Prozess and1() hieraus den neuen Wert von c_new = 0 berechnet.

Listing 5.1: Simulationsbeispiel SystemC-Scheduler (Datei k5b1simex.h)

```
 1   struct SimEx : public sc_module {
 2     SC_HAS_PROCESS(SimEx);
 3     //Constructor
 4     SimEx(sc_module_name name) {
 5       SC_THREAD(buf1);
 6       SC_METHOD(inv1);
 7       sensitive << d;
 8       SC_METHOD(inv2);
 9       sensitive << d;
10       SC_METHOD(and1);
11       sensitive << a << b;
12
13       a.write(0);
14       b.write(0);
15       c.write(0);
16       d.write(0);
17
18     }
19     //Processes
20     void buf1(){
21       bool dVar;
22       while(1){
23         dVar = c.read();
24         d.write(dVar);
25         simMessage("buf1", "d", dVar, d.read());
26         wait(10, SC_NS);
27       }
28     }
29     void inv1(){
30       bool aVar;
31       aVar = !d.read();
32       a.write(aVar);
33       simMessage("inv1", "a", aVar, a.read());
34     }
35     void inv2(){
36       bool bVar;
```

```
37        bVar = !d.read();
38        b.write(bVar);
39        simMessage("inv2", "b", bVar, b.read());
40      }
41    void and1(){
42      bool cVar;
43      cVar = a.read() & b.read();
44      c.write(cVar);
45      simMessage("and1", "c", cVar, c.read());
46    }
47    //Signals
48    sc_signal<bool> a, b, c, d;
49    //Helper Method
50    void simMessage(char *procName, char *sigName,
51      bool newData, bool oldData){
52      cout << "@ " << setw(5) << sc_time_stamp();
53      cout << ", delta " << setw(2) << sc_delta_count();
54      cout << " | " << procName;
55      cout << " | " << sigName;
56      cout << "_act = " << oldData;
57      cout << " | " << sigName;
58      cout << "_new = " << newData << endl;
59    }
60  };
```

```
@    0 s, delta  0 | inv1 | a_act = 0 | a_new = 1
@    0 s, delta  0 | inv2 | b_act = 0 | b_new = 1
@    0 s, delta  0 | and1 | c_act = 0 | c_new = 0
@    0 s, delta  0 | buf1 | d_act = 0 | d_new = 0
@    0 s, delta  1 | and1 | c_act = 0 | c_new = 1
@ 10 ns, delta  2 | buf1 | d_act = 0 | d_new = 1
@ 10 ns, delta  3 | inv2 | b_act = 1 | b_new = 0
@ 10 ns, delta  3 | inv1 | a_act = 1 | a_new = 0
@ 10 ns, delta  4 | and1 | c_act = 1 | c_new = 0
@ 20 ns, delta  5 | buf1 | d_act = 1 | d_new = 0
@ 20 ns, delta  6 | inv2 | b_act = 0 | b_new = 1
@ 20 ns, delta  6 | inv1 | a_act = 0 | a_new = 1
@ 20 ns, delta  7 | and1 | c_act = 0 | c_new = 1
```

Abb. 5.4: Simulationsergebnis für das Beispiel aus Listing 5.1.

In der Update-Phase des ersten Delta-Zyklus wird nun jeweils ein Ereignis auf den Signalen a und b festgestellt, da sich alter und neuer Wert unterscheiden, und folglich die jeweiligen Ereignisse als Delta-Notifikation aktiviert. In der nachfolgenden Delta-Notifikationsphase muss daher der Prozess and1() als ausführbar markiert werden, da er auf beide Signale und damit auf deren Ereignisse sensitiv ist. Weitere Prozesse sind nicht zu markieren, da sich an den anderen Signalen nichts geändert hat.

Somit wird nun zum Zeitpunkt $t = 0$ ns ein weiterer Delta-Zyklus (delta 1) notwendig, wie auch Abbildung 5.5 entnommen werden kann. In diesem Zyklus wird der and1()-Prozess nochmals ausgeführt und der neue Wert des Signals c zu c_new = 1 berechnet. In der Update-Phase des Delta-Zyklus 1 wird als Folge der Wert des Signals auf diesen neuen Wert gesetzt. In der Delta-Notifikationsphase ist allerdings festzustellen, dass dies das einzige Ereignis ist und kein Prozess darauf sensitiv ist, so dass kein weiterer Delta-Zyklus in diesem Zeitpunkt notwendig wird. Nun wird in der folgenden Zeit-Notifikationsphase nach dem frühesten „Time-Out" gesucht; dies ist in diesem Fall nur der „Time-Out", welcher aus der Ausführung des Prozess buf1() im Delta-Zyklus 0 resultierte. Somit wird die Zeit vom Scheduler auf den Zeitpunkt $t = 10$ ns fortgeschaltet und der Prozess buf1() im Delta-Zyklus 2 zur Ausführung gebracht. Dieser führt nun zur Vormerkung der Wertänderung für das Signal d und erzeugt wiederum durch die wait()-Funktion einen „Time-Out" des Prozesses für weitere 10 ns. Da sich das Signal d geändert hat, sind im nächsten Delta-Zyklus (delta 3) die beiden Prozesse inv1() und inv2() auszuführen, was wiederum zu einer Änderung der Signale a und b führt, so dass schließlich im Delta-Zyklus 4 der Prozess and1() wieder ausgeführt wird. Dieser Ablauf wiederholt sich nun alle 10 ns, wie es in den Abbildungen 5.4 und 5.5 bis zum Zeitpunkt $t = 20$ ns gezeigt ist.

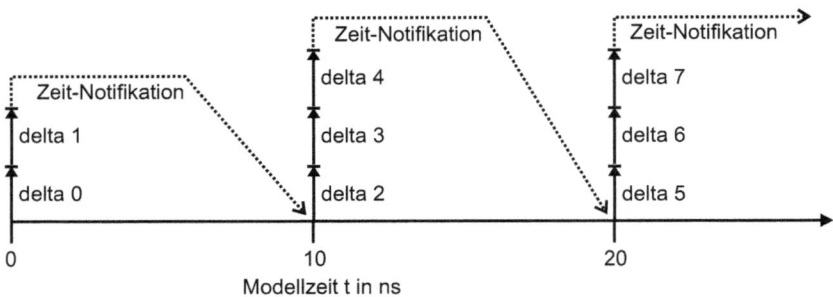

Abb. 5.5: Delta-Zyklen im Simulationsergebnis für das Beispiel aus Listing 5.1.

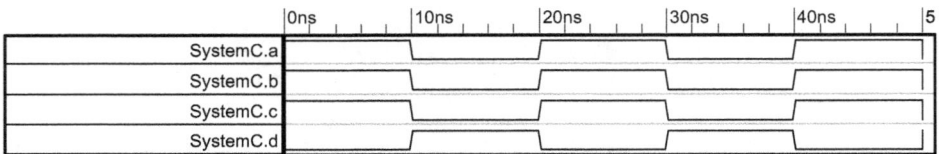

Abb. 5.6: Simulationsergebnis als Waveform-Trace.

Abbildung 5.6 zeigt den Signalverlauf bis zum Zeitpunkt $t = 50$ ns als Waveform-Trace. Aus dem Vergleich mit Abbildung 5.4 wird nun klar, dass sich hinter den im Waveform-Trace dargestellten Signalverläufen in jedem Zeitpunkt mehrere Delta-Zyklen verbergen können. Wenn man nur den Waveform-Trace zur Verfügung hat, ist es mitunter schwierig, die Zusammenhänge zwischen Ursache und Wirkung zu verstehen. Klarheit schafft hier die Betrachtung der einzelnen Delta-Zyklen; in unserem Beispiel durch entsprechende Textausgaben.

Die Betrachtung der Arbeitsweise des SystemC-Schedulers zeigt auch, dass in einem Zeitpunkt unter Umständen mehrere Delta-Zyklen benötigt werden, bis das Modell einen stabilen Zustand erreicht hat. Damit stellt sich die Frage, ob ein Modell auch in einem Zeitpunkt instabil werden kann? Im Zusammenhang mit der Ausführung der Delta-Zyklen bedeutet Instabilität, dass in einem Modellzeitpunkt im Prinzip eine unendliche Zahl von Delta-Zyklen entsteht. Wir können dies in unserem Beispiel relativ einfach herbeiführen, indem wir die Modifikation von Listing 5.2 vornehmen: Wir machen den Prozess `buf1()` sensitiv auf das Signal c (Zeile 6) und müssen hierzu im Prozess selbst die `wait()`-Methode ohne Argument anlegen. Der Thread-Prozess wird somit an dieser Stelle suspendiert, bis wieder ein Ereignis am Signal c auftritt.

Listing 5.2: Modifikation des Simulationsbeispiels

```
1    struct SimEx : public sc_module {
2      SC_HAS_PROCESS(SimEx);
3      //Constructor
4      SimEx(sc_module_name name) {
5        SC_THREAD(buf1);
6        sensitive << c;
7        ...
8      }
9      //Processes
10     void buf1(){
11       bool dVar;
12       while(1){
13         dVar = c.read();
14         d.write(dVar);
15         simMessage("buf1", "d", dVar, d.read());
16         wait();
17       }
18     }
19     ...
20   };
```

```
@    0 s, delta  0 | inv1 | a_act = 0 | a_new = 1
@    0 s, delta  0 | inv2 | b_act = 0 | b_new = 1
@    0 s, delta  0 | and1 | c_act = 0 | c_new = 0
@    0 s, delta  0 | buf1 | d_act = 0 | d_new = 0
@    0 s, delta  1 | and1 | c_act = 0 | c_new = 1
@    0 s, delta  2 | buf1 | d_act = 0 | d_new = 1
@    0 s, delta  3 | inv2 | b_act = 1 | b_new = 0
@    0 s, delta  3 | inv1 | a_act = 1 | a_new = 0
@    0 s, delta  4 | and1 | c_act = 1 | c_new = 0
@    0 s, delta  5 | buf1 | d_act = 1 | d_new = 0
@    0 s, delta  6 | inv2 | b_act = 0 | b_new = 1
@    0 s, delta  6 | inv1 | a_act = 0 | a_new = 1
@    0 s, delta  7 | and1 | c_act = 0 | c_new = 1
...
```

Abb. 5.7: „Zero-Delay"-Oszillation.

Wenn wir nun die Simulation starten, so können wir in der Ausgabe nach Abbildung 5.7 erkennen, dass die Modellzeit nicht mehr fortschreitet. Die Abfolge der Werteänderungen entspricht allerdings exakt dem vorherigen Simulationsergebnis, wenn wir die Werte in den einzelnen

Delta-Zyklen vergleichen. Durch unsere Rückführungsschleife und die Tatsache, dass wir den Prozess `buf1()` auf das Signal `c` sensitiv gemacht haben, ist nun ein geschlossener Kreislauf entstanden. Das Modell fängt also an zu oszillieren und zwar im Zeitpunkt $t = 0$ ns. Dies wird im englischen als so genannte „zero-delay oscillation" bezeichnet (vgl. auch [18, Seite 51]. Von außen oder als Waveform-Trace betrachtet, macht das Modell keinen Zeitfortschritt mehr; man sagt dann auch, es hat sich „aufgehängt". Dies ist eigentlich immer ein Modellierungsfehler, den man entdecken kann, wenn man sich die Delta-Zyklen ansieht. In einem RTL-Modell liegt die Ursache zumeist in solchen freien Rückführungen, wie in unserem Beispiel. Rückführungen müssen in einer synchronen Schaltung aber immer über Flipflop-Stufen aufgetrennt werden; da die Flipflops nicht auf die Dateneingänge sondern nur auf den Takt sensitiv sind, können solche „Zero-Delay"-Oszillationen nicht entstehen. Auch in Transaction-Level-Modellen können solche Probleme entstehen, hier kann man das Problem durch Angabe von Zeitverzögerungen lösen – wie wir das in unserem Modell durch die „Time-Outs" getan haben.

Im Zusammenhang mit dem Aufhängen der Simulation soll auch nochmals auf das Problem der Endlosschleifen in Thread-Prozessen hingewiesen werden. Wenn wir in unserem Beispiel aus Listing 5.1 das Suspendieren des Prozesses durch die `wait()`-Methode aus Versehen vergessen, so wird dieser Prozess, sobald er in der ersten Evaluate-Phase zur Ausführung kommt, in die Endlosschleife geraten und damit wird die Programmkontrolle nicht mehr an den Scheduler zurückgegeben. Von außen betrachtet hängt sich nun die Simulation ebenfalls auf, wie man Abbildung 5.8 entnehmen kann, die Ursache ist jedoch hier die nicht suspendierte Endlosschleife des Thread-Prozesses und keine „Zero-Delay"-Oszillation. Dies kann man erkennen, da die Simulation nun im Delta-Zyklus 0 hängen bleibt und nur noch der Prozess `buf1()` ausgeführt wird.

```
@    0 s, delta  0 | buf1 | d_act = 0 | d_new = 0
@    0 s, delta  0 | buf1 | d_act = 0 | d_new = 0
@    0 s, delta  0 | buf1 | d_act = 0 | d_new = 0
@    0 s, delta  0 | buf1 | d_act = 0 | d_new = 0
@    0 s, delta  0 | buf1 | d_act = 0 | d_new = 0
@    0 s, delta  0 | buf1 | d_act = 0 | d_new = 0
@    0 s, delta  0 | buf1 | d_act = 0 | d_new = 0
@    0 s, delta  0 | buf1 | d_act = 0 | d_new = 0
@    0 s, delta  0 | buf1 | d_act = 0 | d_new = 0
@    0 s, delta  0 | buf1 | d_act = 0 | d_new = 0
@    0 s, delta  0 | buf1 | d_act = 0 | d_new = 0
@    0 s, delta  0 | buf1 | d_act = 0 | d_new = 0
...
```

Abb. 5.8: Aufhängen der Simulation durch Endlosschleife im Thread-Prozess.

Wie wir schon in Abschnitt 3.6.2 ausgeführt haben, werden Zeitangaben in SystemC durch einen Wert und eine Zeiteinheit angegeben, wobei der Wert eine Fließkommazahl vom Typ **double** ist, und es gibt hierfür den Datentyp `sc_time`. Intern im Simulator wird die Zeit als ganzzahliges Vielfaches der „Zeitauflösung" (eng.: time resolution) verwaltet. Die voreingestellte Zeitauflösung beträgt eine Pikosekunde und dies ist der kleinste mögliche Zeitschritt bei der Simulation. Werte die kleiner als diese Auflösung sind, werden vom Simulator entsprechend gerundet. Wenn wir also in unserem Beispiel mit `wait(10, SC_FS)` den Prozess alle

10 Femtosekunden suspendieren möchten, so wird dies zu `wait(0, SC_PS)` abgerundet. Eine Angabe von `wait(510, SC_FS)` würde sinngemäß zu `wait(1, SC_PS)` aufgerundet.

Der Funktionsaufruf `wait(0, SC_PS)` ist nun allerdings kein „Time-Out" mehr, sondern bedeutet, dass der Prozess im nächsten Delta-Zyklus wieder ausgeführt werden soll; es handelt sich somit um eine Delta-Notifikation. Dies kann auch gleichwertig als `wait(SC_ZERO_TIME)` formuliert werden; die Konstante `SC_ZERO_TIME` repräsentiert also einen Delta-Zyklus. In unserem Modell würde damit ebenfalls kein Zeitfortschritt mehr erzielt, da durch den Prozess `buf1()` nun eine unendliche Folge von Delta-Zyklen im Zeitpunkt $t = 0$ ns erzeugt wird.

Eine kleinere Auflösung kann mit der Funktion `sc_set_time_resolution(1, SC_FS)` beispielsweise auf eine Femtosekunde gesetzt werden. Mit `sc_get_time_resolution()` kann man den aktuell gesetzten Wert der zeitlichen Auflösung ausgeben lassen (vgl. auch [16, Seite 169]). Das Setzen der Auflösung muss dabei vor dem Start des Schedulers, also in der Main-Funktion oder in einem Konstruktor, vorgenommen werden. Auch dürfen erst nach dem Setzen der Auflösung Zeit-Objekte vom Typ `sc_time` instanziert werden. Zu beachten ist ferner, dass die Gesamtzeit, die man simulieren kann, immer Auflösung$\times 2^{64}$ ist und sich somit bei feinerer Auflösung der gesamte Zeitbereich, den man maximal simulieren kann, entsprechend reduziert. Bei einer Auflösung von 1 Pikosekunde hätten wir eine simulierbare Gesamtzeit von 2^{64} ps ≈ 213 Tage, bei einer Auflösung von 1 Femtosekunde hätten wir eine Gesamtzeit von 2^{64} fs ≈ 5 Stunden.

5.1.2 Request-Update-Mechanismus und Ereignis-Objekte

Wie wir im vorangegangenen Abschnitt gesehen haben, ist der Request-Update-Mechanismus der Signale ein wesentlicher Bestandteil des Simulationsalgorithmus, wenn es um die Sicherstellung eines deterministischen Simulationsverhaltens geht; die in der SystemC-Bibliothek vorhandenen Kanäle `sc_signal` und `sc_fifo` verfügen über diesen Mechanismus. Darüber hinaus hat man die Möglichkeit, eigene primitive Kanäle zu schreiben, welche dann auch den Request-Update-Mechanismus verwenden können. Wir möchten anhand eines einfachen Beispiels zeigen, welche wesentlichen Elemente ein primitiver Kanal mit Request-Update-Mechanismus beinhalten muss. Anhand dieses Kanals können wir dann den Request-Update-Mechanismus und seine Verwendung durch den SystemC-Scheduler auch genauer verstehen.

Listing 5.3: Interface für den primitiven Kanal (Datei k5b2interface.h)

```
1  struct SignalIF : virtual public sc_interface {
2    virtual void write( int ) = 0;
3    virtual int read( void ) = 0;
4  };
```

Wenn wir einen Kanal selbst schreiben, so ist es sinnvoll, zunächst wieder ein Interface zu deklarieren, so dass man auch den Kanal über Ports verbinden kann. Wir werden Ports aber in diesem Beispiel nicht benötigen, sondern greifen auf den Kanal in einem Modul direkt über seine Interface-Methoden zu. Das Interface für unseren Kanal zeigt Listing 5.3; es besteht aus zwei Methoden, mit denen wir auf den Kanal schreiben und vom Kanal lesen können. Der Datentyp ist **int**; es ist also keine Template-Klasse mit variablem Datentyp, wie dies bei `sc_signal` der Fall ist.

Listing 5.4: *Primitiver Kanal (Datei k5b2signal.h)*

```cpp
1  #include "k5b2interface.h"
2
3  struct Signal : public sc_prim_channel, public SignalIF {
4    //Constructor
5    Signal() {
6      actualValue = 0;
7      newValue = 0;
8    }
9    //Interface methods
10   void write(int data) {
11     newValue = data;
12     if (!(newValue == actualValue)) {
13       request_update();
14       cout << " | Signal update requested.";
15     }
16   }
17   int read(){
18     return actualValue;
19   }
20   //Update method, called by scheduler
21   void update(){
22     if (!(newValue == actualValue)) {
23       actualValue = newValue;
24       valueChangedEvent.notify(SC_ZERO_TIME);
25       cout << endl << "-> Signal value updated, event notified.";
26     }
27   }
28   //Method for default event
29   const sc_event& default_event() const {
30     return valueChangedEvent;
31   }
32   //Member variables
33   int actualValue, newValue;
34   //Event
35   sc_event valueChangedEvent;
36 };
```

Ein primitiver Kanal muss zwingend von der Klasse `sc_prim_channel` (vgl. [21, Seite 119 ff.]) abgeleitet werden, da in dieser Klasse die für einen Kanal benötigten Methoden, insbesondere für den Request-Update-Mechanismus, implementiert sind. Ferner müssen wir unseren Beispiel-Kanal `Signal` in Listing 5.4 auch von dem Interface aus Listing 5.3 ableiten. Es ist bei einem Kanal – im Unterschied zu einem SystemC-Modul – nicht zwingend nötig, einen Konstruktor anzulegen; in diesem Fall wird vom Compiler der Standardkonstruktor benutzt. Bei einem Modul musste ein Konstruktor angelegt werden, um einen Instanznamen bei der Instanzierung als Argument übergeben zu können. Die ist für einen primitiven Kanal nicht notwendig, kann jedoch bei Bedarf über einen entsprechenden Konstruktor implementiert werden (näheres hierzu in [21, Seite 121]). Wir legen dennoch einen (Standard-)Konstruktor an, um die

Member-Variablen `actualValue` und `newValue` zu initialisieren. In der Member-Variablen `actualValue` wird der aktuelle Wert des Signals gespeichert und dies ist der Wert, welchen die Methode `read()` beim Lesen des Kanals zurückgibt. Die Member-Variable `newValue` speichert beim Schreiben auf den Kanal den neu zuzuweisenden Wert, wobei die Zuweisung des neuen Werts auf den aktuellen Wert erst in der Update-Phase eines Delta-Zyklus stattfinden soll.

Die Interface-Methode `write()`, welche später in einem Prozess aufgerufen wird, speichert daher in Zeile 11 von Listing 5.4 den Wert des Arguments `data` in der Member-Variablen `newValue`. Anschließend wird geprüft, ob sich der neue vom aktuellen Wert unterscheidet. Ist dies der Fall, dann wird die Methode `request_update()` aufgerufen. Diese Methode ist in der Eltern-Klasse `sc_prim_channel` implementiert und benachrichtigt nun den Scheduler, dass dieser Kanal eine Anforderung für ein nachfolgend durchzuführendes Update aufweist („Update-Request"). Wie in Abbildung 5.9 gezeigt, wird der Scheduler in der nachfolgenden Update-Phase daher die Methode `update()` des Kanals aufrufen. Für diese Methode gibt es nun eine Implementierung in der Eltern-Klasse `sc_prim_channel`, die allerdings ohne Funktion ist. Man wird die Methode daher in der eigenen Kanal-Klasse überschreiben, so wie wir dies ab Zeile 21 in Listing 5.4 tun. Obgleich man nun im Prinzip völlig frei ist, welche Funktionalität in dieser Methode implementiert wird, so gibt es doch für unseren Signal-Kanal zwei wesentliche Dinge, die zu tun sind, wenn sich der neue vom aktuellen Wert des Signals unterscheidet. Wir müssen zum einen die Zuweisung des neuen Werts auf den aktuellen Wert vornehmen und zum zweiten müssen wir dafür sorgen, dass in der nachfolgenden Delta-Notifikationsphase Prozesse aktiviert werden, die auf einen Wertewechsel des Signals reagieren sollen. Hierzu werden die schon mehrfach angesprochenen Ereignisse benutzt, welche in SystemC durch „Ereignis-Objekte" als Instanzen der Klasse `sc_event` (vgl. [16, Seite 74 f.] und [21, Seite 97 ff.]) implementiert werden.

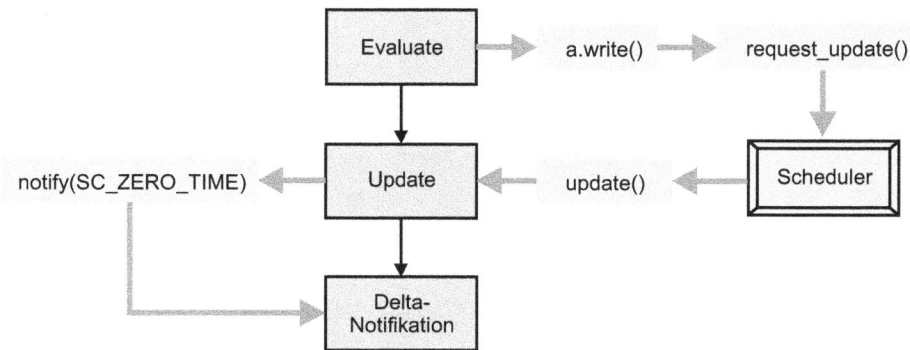

Abb. 5.9: Request-Update-Mechanismus und Scheduler-Phasen.

Ein Ereignis-Objekt speichert keine Daten und hat nur die Aufgabe, Prozesse zu aktivieren, die auf dieses Ereignis sensitiv sind. Dies wird mit der Methode `notify()` bewerkstelligt, mit welcher die Verbindung wiederum zu den Notifikationsphasen des Schedulers hergestellt wird. Es gibt verschiedene Möglichkeiten für die Notifikation mit der Methode `notify()`, die als *Benachrichtigung* des Schedulers, dass ein Ereignis aktiviert wurde und damit entsprechende Prozess auszuführen sind, verstanden werden kann. Wir benutzen in unserem Beispiel die

Delta-Notifikation. Hierzu legen wir das Ereignisobjekt `valueChangedEvent` in Zeile 35 von
Listing 5.4 an und rufen dessen Notifikationsmethode mit
`valueChangedEvent.notify(SC_ZERO_TIME);`
in Zeile 24 in der Methode `update()` auf. Der Wert `SC_ZERO_TIME` bedeutet nun, dass die
Aktivierung der entsprechenden Prozesse für den nächsten Delta-Zyklus erfolgen soll, also der
Scheduler in der nach dieser Update-Phase folgenden Delta-Notifikationsphase benachrichtigt
werden muss.

Listing 5.5: *Modul mit primitivem Kanal (Datei k5b2module.h)*

```
 1  #include "k5b2signal.h"
 2
 3  struct Module : public sc_module {
 4    SC_HAS_PROCESS(Module);
 5    //Constructor
 6    Module(sc_module_name name) {
 7      SC_THREAD(send);
 8      SC_METHOD(receive);
 9      sensitive << a;
10    }
11    //Processes
12    void send(){
13      int sendVar[] = {1, 2, 3, 4, 5, 6, 7, 8, 9};
14      for (int i=0; i<9; i++){
15        simMessage("send");
16        cout << " | data written: " << sendVar[i];
17        a.write(sendVar[i]);
18        wait(10, SC_NS);
19      }
20    }
21    void receive(){
22      simMessage("receive");
23      cout << " | data read: " << a.read();
24    }
25    //Primitive channel
26    Signal a;
27    //Helper Method
28    void simMessage(char *procName){
29      cout << endl << "@ " << setw(5) << sc_time_stamp();
30      cout << ", delta " << setw(2) << sc_delta_count();
31      cout << "| " << procName;
32    }
33  };
```

Unser selbst geschriebener Kanal `Signal` wird nun im Modul `Module` in Listing 5.5 in Zeile 27 instanziert. Wir verwenden ihn in der gleichen Weise, wie wir bisher die SystemC-
Signale zur Verbindung von Prozessen verwendet haben. Im Beispiel ist es ein Prozess `send()`,
welcher in einer **for**-Schleife neun Integer-Werte auf den Kanal durch Aufruf der Methode
`a.write(sendVar[i])` in Zeile 17 schreibt. Durch das Schreiben auf den Kanal wird jeweils

das Ereignis `valueChangedEvent` ausgelöst, auf welches der Prozess `receive()` wiederum sensitiv ist. Dieser wird daher im nächsten Delta-Zyklus ausgeführt und gibt in Zeile 23 die durch die Methode `a.read()` gelesenen Werte auf der Konsole aus. Dieses Zusammenspiel zeigt die Ausgabe der Simulation in Abbildung 5.10 für die ersten 20 ns der Modellzeit, wobei auch der Request-Update-Mechanismus anhand der Textausgaben nachvollzogen werden kann. Zu beachten ist dabei wiederum, dass beide Prozesse im ersten Delta-Zyklus (delta 0) ausgeführt werden, wobei der `receive()`-Prozess in diesem Fall den initialisierten Wert der Variablen `actualValue` des Kanals liest. Nach den neun Werten ist der Prozess `send()` an seiner schließenden Klammer angekommen und wird beendet. Da es keinen weiteren Prozess gibt, der Ereignisse erzeugen kann, endet der Simulationsalgorithmus nach einer simulierten Modellzeit von 80 ns.

```
@   0 s, delta  0| receive | data read: 0
@   0 s, delta  0| send | data written: 1 | Signal update requested.
-> Signal value updated, event notified.
@   0 s, delta  1| receive | data read: 1
@ 10 ns, delta  2| send | data written: 2 | Signal update requested.
-> Signal value updated, event notified.
@ 10 ns, delta  3| receive | data read: 2
@ 20 ns, delta  4| send | data written: 3 | Signal update requested.
-> Signal value updated, event notified.
@ 20 ns, delta  5| receive | data read: 3
```

Abb. 5.10: Simulationsergebnis zu Listing 5.5.

Abschließend bleibt noch die Funktion der Methode `default_event()` in Zeile 29 von Listing 5.4 zu klären. Diese Methode ist in der Elternklasse `sc_interface` des Interfaces aus Listing 5.3 als virtuelle Funktion implementiert und wird im Kanal überschrieben. Wir haben diese Methode in Abschnitt 3.5 schon als Member-Funktion der Ports und Signale kennengelernt, die es ermöglicht hat, dass man den Port- oder den Signalnamen direkt in der Sensitivitätsliste angeben kann. Dies wird dann automatisch in den Aufruf der Methode `default_event()` des Kanals konvertiert, welche ein Ereignis zurückliefert. Im Falle von `sc_signal` und den zugehörigen Ports war dies das Ereignis `value_changed_event()`. Wenn wir den gleichen Mechanismus für selbst geschriebene Kanäle benutzen möchten, so muss man diese Methode im Kanal implementieren und dabei festlegen, was das „Default-Ereignis" sein soll. In unserem Fall gibt es nur das Ereignis `valueChangedEvent`, welches wir als konstante Referenz zurückgeben. Würden wir diese Methode nicht implementieren, so wird die Methode der Elternklasse ausgeführt, welche folgende Warnung liefert:

`Warning: (W116) channel doesn't have a default event`

Das Ergebnis wäre dann, dass der Prozess `receive()` auch nicht aktiviert wird. Wir könnten uns dann behelfen, indem wir mit `sensitive << a.valueChangedEvent;` das Ereignis selbst in der Sensitivitätsliste angeben.

5.2 Steuerung der Prozessausführung

Bislang haben wir die Ausführung der Prozesse durch den Scheduler dadurch gesteuert, dass wir den Sensitivitätslisten Ereignisse zugeordnet haben oder die Prozesse durch „Time-Outs" gesteuert haben. Darüber hinaus gibt es in SystemC noch weitere Möglichkeiten der Steuerung der Prozessausführung, die wir in den folgenden Abschnitten darstellen möchten.

5.2.1 Statische und dynamische Sensitivität

Die Steuerung eines Thread-Prozesses haben wir bislang zumeist so vorgenommen, dass wir eine Sensitivitätsliste angelegt haben und dann im Prozess die Methode `wait()` ohne Argumente aufgerufen haben. Dies suspendiert den Prozess an dieser Stelle, bis wieder ein Ereignis der Sensitivitätsliste aktiv wird. Sinngemäß wird ein Method-Prozess ebenfalls durch eine Sensitivitätsliste gesteuert, wobei der Method-Prozess immer komplett ausgeführt wird und *nicht* durch `wait()` suspendiert werden kann. Wir können beispielsweise den Method-Prozess `receive()` aus Listing 5.5 durch einen Thread-Prozess nach Listing 5.6 ersetzen und erhalten das gleiche Verhalten wie bei der Variante mit dem Method-Prozess (siehe Abbildung 5.10). Wenn eine Sensitivitätsliste vorhanden ist, dann wird dies als *statische Sensitivität* bezeichnet, weil die Ereignisse, auf die der Prozess reagiert, bei der Registrierung des Prozesses während der Elaborationsphase festgelegt werden.

Listing 5.6: *Thread-Prozess statt Method-Prozess (Ausschnitt, Datei k5b2module_thread.h)*

```
1   struct Module : public sc_module {
2   ...
3     Module(sc_module_name name) {
4       SC_THREAD(send);
5       SC_THREAD(receive);
6       sensitive << a;
7     }
8   ...
9     void receive(){
10      while(1){
11        simMessage("receive");
12        cout << " | data read: " << a.read();
13        wait();
14      }
15    }
16  ...
17  };
```

Mit SystemC ist es möglich, auch während der Laufzeit der Simulation die Sensitivitäten auf die Ereignisse zu verändern. Hierzu übergibt man der `wait()`-Funktion als Argument ein Ereignis und somit wird der Prozess so lange suspendiert, bis dieses Ereignis aktiviert wird. Die statische Sensitivitätsliste wird dann bei dieser Suspendierung vom Scheduler ignoriert. Im Falle unseres Beispiels aus Listing 5.6 können wir dann auf die statische Sensitivitätsliste verzichten und den Prozess – bei gleichem Verhalten – *dynamisch* durch `wait(a.valueChangedEvent)` steuern, wie Listing 5.7 zeigt. In diesem Fall müssen wir aber ein Ereignis angeben; eine Angabe nur des Signalnamens, wie bei der statischen Sensitivitätsliste, ist nicht möglich.

Listing 5.7: Dynamische Sensitivität (Ausschnitt, Datei k5b2module_dyn.h)

```
1   struct Module : public sc_module {
2   ..
3     Module(sc_module_name name) {
4       SC_THREAD(send);
5       SC_THREAD(receive);
6     }
7   ...
8     void receive(){
9       while(1){
10        simMessage("receive");
11        cout << " | data read: " << a.read();
12        wait(a.valueChangedEvent);
13      }
14    }
15  ...
16  };
```

Während sich in unserem kleinen Beispiel nun keine Veränderung des Verhaltens durch die dynamische Sensitivität ergibt, kann man durch entsprechende bedingte Verzweigungen tatsächlich eine dynamische Veränderung der Sensitivitäten während der Laufzeit des Prozesses erreichen. Anwendungen für die dynamische Sensitivität ergeben sich insbesondere auch im Rahmen der Modellierung auf Transaktionsebene. Der wait()-Funktion können auch mehrere Ereignisse übergeben werden, indem man diese mit dem |-Operator durch ein ODER verknüpft oder durch den &-Operator durch ein UND verknüpft. Ferner können auch zusätzliche „Time Outs" angegeben werden. Wir stellen die verschiedenen Möglichkeiten der Steuerung von Thread-Prozessen nachfolgend zusammen (vgl. auch [21, Seite 52 ff.], [16, Seite 206 f.]):

- wait(): Der Prozess wird suspendiert, bis mindestens ein Ereignis der Sensitivitätsliste aktiv ist (statische Sensitivität).

- wait(n): Es handelt sich hier um einen Spezialfall der statischen Sensitivität. Das Argument n ist ein positiver und von 0 verschiedener Integer-Wert. In diesem Fall wird der Prozess an dieser Stelle n-mal supendiert. Schreiben wir beispielsweise in Zeile 13 von Listing 5.6 wait(3), so muss das Ereignis valueChangedEvent des Kanals a dreimal durch Schreiben aktiviert worden sein, bevor die Schleife wieder durchlaufen und damit der Kanal gelesen wird. Für CThread-Prozesse ist im Übrigen nur die statische Sensitivität zulässig, also wait() oder wait(n).

- wait(e1): Der Prozess wird suspendiert, bis das Ereignis e1 aktiviert wird (dynamische Sensitivität).

- wait(e1 | e2 | .. | eN): Der Prozess wird suspendiert, bis mindestens eines der Ereignisse aus der ODER-Liste der Ereignisse e1 bis eN aktiviert wird.

- wait(e1 & e2 & ... & eN): Die Suspendierung des Prozesses wird beendet, nachdem *alle* Ereignisse aktiviert wurden. Zu beachten ist hier, dass die Ereignisse zu verschiedenen Modellzeitpunkten aktiviert werden können. Die Ereignisse müssen in diesem Sinne nicht gleichzeitig, also im gleichen Modellzeitpunkt oder Delta-Zyklus, aktiviert werden. Erst das zuletzt aktivierte Ereignis beendet die Suspendierung. Werden in der Zwischenzeit andere Ereignisse der UND-Liste mehrfach aktiviert, so wird dies als eine Aktivierung gezählt. In diesem Sinne beendet bei der ODER-Liste das zuerst eintreffende Ereignis die Suspendierung.

- `wait(10, SC_NS)`, `wait(timeObject)`: Dies ist ein „Time-Out". Der Prozess wird, wie in Abschnitt 5.1.1 besprochen, suspendiert, bis die angegebene Modellzeit verstrichen ist. Die Angabe bezieht sich relativ auf den aktuellen Modellzeitpunkt. Man kann entweder einen festen Wert für die Zeit angeben oder ein Zeit-Objekt vom Typ `sc_time` per konstanter Referenz übergeben.

- `wait(10, SC_NS, e1 )`, `wait(timeObject, e1 )`: Die Suspendierung des Prozesses wird aufgehoben, wenn der „Time-Out" abgelaufen ist oder das Ereignis `e1` eingetreten ist – je nachdem was zuerst eintritt.

- `wait(10, SC_NS, e1 | e2 | .. | eN )`, `wait(timeObject, e1 | e2 | .. | eN )`: Die Suspendierung wird aufgehoben, wenn entweder der „Time-Out" abgelaufen ist oder ein Ereignis der ODER-Liste aktiviert wurde.

- `wait(10, SC_NS, e1 & e2 & .. & eN )`, `wait(timeObject, e1 & e2 & .. & eN )`: Die Suspendierung wird aufgehoben, wenn entweder der „Time-Out" abgelaufen ist oder alle Ereignisse der UND-Liste eingetreten sind.

Listing 5.8: Dynamische Sensitivität eines Method-Prozesses (Ausschnitt, Datei k5b2module_trigger.h)

```
1   struct Module : public sc_module {
2   ...
3     Module(sc_module_name name) {
4       SC_THREAD(send);
5       SC_METHOD(receive);
6     }
7   ...
8     void receive(){
9       simMessage("receive");
10      cout << " | data read: " << a.read();
11      next_trigger(a.valueChangedEvent);
12    }
13  ...
14  };
```

Die hier besprochene `wait()`-Methode ist im Übrigen sowohl in der Klasse `sc_module` als auch in der Klasse `sc_prim_channel` vorhanden. Eine dynamische Steuerung eines Method-Prozesses kann durch die ebenfalls in diesen Klassen vorhandene Methode `next_trigger()` erreicht werden; allerdings ist die Bedeutung hier anders zu verstehen als bei der Methode `wait()`. Ein Method-Prozess kann nicht suspendiert werden und daher wird die statische Sensitivität des Prozesses durch `next_trigger()` temporär überschrieben. In diesem Sinne ist der

Name der Methode wörtlich zu verstehen: Es wird durch das Argument der Methode festgelegt, was den *nächsten* Durchlauf durch den Prozess „triggert". Die Argumente sind nun – wie bei der `wait()`-Methode – wieder Ereignisse, UND-Listen und ODER-Listen von Ereignissen, „Time-Outs" oder Verbindungen von „Time-Outs" und Ereignissen oder Ereignislisten (vgl. auch [21, Seite 50 ff.], [16, Seite 50 f.]). Wir zeigen die Verwendung anhand des Beispiels in Listing 5.8, wobei wir nun einen Method-Prozess statt eines Thread-Prozesses verwenden. Der Methode `next_trigger()` wird als Argument das Ereignis `a.valueChangedEvent` übergeben. Als Folge können wir auf die Sensitivitätsliste verzichten und erreichen das gleiche Verhalten des Prozesses.

Die Verwendung von Ereignissen, insbesondere im Zusammenhang mit der TLM-Modellierung, kann auch zu Fehlern führen, die unter Umständen nur schwer zu erkennen sind, da man keinen Verlauf von Werten, wie bei Signalen oder Variablen aufzeichnen kann. Die Ereignis-Klasse `sc_event` verfügt über keine Daten, sondern „triggert" mit Hilfe der `notify()`-Funktion Prozesse. Man ist beim „Debuggen" von solchen Problemen also darauf angewiesen, das Ausführen oder Nicht-Ausführen von Prozessen zu beobachten, um die Ursache von fehlerhaftem Verhalten zu finden. Gerade bei der Verwendung der dynamischen Sensitivität können Ereignisse verloren gehen. Wenn wir beispielsweise die UND-Liste von Ereignissen in einer `wait()`- oder `next_trigger()`-Methode nehmen, so kann ein bestimmtes Ereignis mehrfach aufgetreten sein, bis der Prozess durch das zuletzt eintretende Ereignis weiter ausgeführt wird. Um ein Ereignis auffangen zu können, muss der Prozess also auch in diesem Moment darauf sensitiv sein; wenn nicht, dann können Ereignisse verloren gehen. Das Problem ist vergleichbar mit der Interrupt-Problematik bei Mikrocontrollern: Auch dort ist es möglich, dass ein Interrupt-Ereignis verloren geht, weil es mehrfach aufgetreten ist oder der Mikrocontroller für einen bestimmten Zeitabschnitt den Interrupt deaktiviert hat.

Listing 5.9: Interface des Kanals (Datei k5b3interface.h)

```
1  struct ChannelIF : virtual public sc_interface {
2    virtual void write( char ) = 0;
3    virtual char read( void ) = 0;
4  };
```

Anhand des nachfolgenden Beispiels möchten wir zeigen, wie man statische und dynamische Sensitivität kombinieren kann. Hierzu modifizieren wir den Signal-Kanal aus Listing 5.4, so dass er statt Integerwerten Zeichen vom Typ **char** verarbeiten kann. Der Kanal soll ferner bei Erkennen eines speziellen Startzeichens in dem Datenstrom, der an den Kanal gesendet wird, ein Ereignis auslösen, welches im Empfänger benutzt werden kann. Listing 5.9 zeigt das Interface und Listing 5.10 zeigt die wesentlichen Modifikationen gegenüber dem Signal-Kanal von Listing 5.4. Diese bestehen darin, dass wir – neben dem veränderten Datentyp der Interface-Methoden – ein zweites Ereignis `startDetectedEvent` deklarieren. Dieses wird aktiviert, wenn in der vom Scheduler aufgerufenen Methode `update()` das Startzeichen '!' erkannt wird. Im Module `Module` in Listing 5.11 ändern wir nun den Prozess `receive()` dergestalt ab, dass er mit Hilfe einer dynamischen Sensitivität in Zeile 23 auf das Ereignis, dass das Startzeichen erkannt wurde, durch `wait(a.startDetectedEvent)` wartet. Ist das Startzeichen erkannt, so wird in Zeile 24 mit der statischen Sensitivität durch `wait()` gewartet, bis wieder ein neues Zeichen an den Kanal gesendet wurde. Anschließend werden vier Zeichen auf der Konsole ausgegeben und dann wieder auf ein erneutes Startzeichen gewartet.

Listing 5.10: *Kanal mit Startzeichenerkennung (Ausschnitt, Datei k5b3channel.h)*

```
 1  #include "k5b3interface.h"
 2
 3  struct Channel : public sc_prim_channel, public ChannelIF {
 4    //Constructor
 5    Channel() {
 6      actualValue = '@';
 7      newValue = '@';
 8    }
 9  ...
10    //Update method, called by scheduler
11    void update(){
12      if (!(newValue == actualValue)) {
13        actualValue = newValue;
14        valueChangedEvent.notify(SC_ZERO_TIME);
15      }
16      if (newValue == '!') {
17        cout << endl << "@ " << setw(6) << sc_time_stamp();
18        cout << " | Start character detected in channel";
19        startDetectedEvent.notify(SC_ZERO_TIME);
20      }
21    }
22  ...
23    //Member variables
24    char actualValue, newValue;
25    //Event
26    sc_event valueChangedEvent, startDetectedEvent;
27  };
```

Listing 5.11: *Modul mit Kanal (Datei k5b3module.h)*

```
 1  #include "k5b3channel.h"
 2
 3  struct Module : public sc_module {
 4    SC_HAS_PROCESS(Module);
 5    //Constructor
 6    Module(sc_module_name name) {
 7      SC_THREAD(send);
 8      SC_THREAD(receive);
 9      sensitive << a;
10    }
11    //Processes
12    void send(){
13      int i = 0;
14      char sendVar[] = "gfgatdf!Sendahgadg!Datahatszddz";
15      while(sendVar[i] != 0){
16        a.write(sendVar[i]);
17        wait(10, SC_NS);
18        i++;
```

```
19        }
20      }
21      void receive(){
22        while(1) {
23          wait(a.startDetectedEvent);
24          wait();
25          for(int i=0; i<4; i++) {
26            cout << endl << "@ " << setw(6) << sc_time_stamp();
27            cout << " | data read: " << a.read();
28            wait();
29          }
30        }
31      }
32      //Primitive channel
33      Channel a;
34    };
```

Im Prozess `send()`, welcher wiederum über „Time-Outs" gesteuert wird, werden nun einzelne Zeichen aus der Zeichenkette `sendVar[]` mit `a.write(sendVar[i])` in Zeile 16 an den Kanal gesendet. Dieser Prozess läuft nun solange, bis das Ende der Zeichenkette erreicht ist, welches über die „Nullterminierung" des Strings erkannt wird. Abbildung 5.11 zeigt die Ausgabe des Programms.

```
@   70 ns | Start character detected in channel
@   80 ns | data read: S
@   90 ns | data read: e
@  100 ns | data read: n
@  110 ns | data read: d
@  180 ns | Start character detected in channel
@  190 ns | data read: D
@  200 ns | data read: a
@  210 ns | data read: t
@  220 ns | data read: a
```

Abb. 5.11: Simulationsergebnis zu Listing 5.11.

5.2.2 Steuerung von Thread-Prozessen durch blockierende Interface-Methoden

In unseren bisherigen Beispielen waren die Interface-Methoden der Kanäle so ausgelegt, dass sie während der Evaluate-Phase des aufrufenden Prozesses zurückkehrten. SystemC erlaubt es aber auch, dass wir innerhalb einer Interface-Methode eine `wait()`-Funktion ausführen und damit den aufrufenden Prozess suspendieren, sofern diese Interface-Methode von einem Thread-Prozess ausgeführt wird. Eine solche Interface-Methode wird als *blockierend* bezeichnet und kann nicht in einem Method-Prozess verwendet werden. Tun wir es dennoch, so erhalten wir folgende Fehlermeldung:

```
Error: (E519) wait() is only allowed in SC_THREADs and SC_CTHREADs
```

Wir haben diese Form von Interface-Methoden schon im Zusammenhang mit dem primitiven FIFO-Kanal in Abschnitt 4.2.1 kennengelernt und möchten im Folgenden beschreiben, wie der Mechanismus einer blockierenden Interface-Methode genau funktioniert. Wir zeigen dies wieder an einem einfachen Beispiel, wobei wir die Funktionalität des Beispiels aus Listing 5.11 auf eine andere Weise implementieren. Die blockierenden Methoden des primitiven FIFO-Kanals aus Abschnitt 4.2.1 sind im Übrigen in ähnlicher Art und Weise implementiert.

Listing 5.12: *Interface (Datei k5b4interface.h)*

```
1  struct WriteIF : virtual public sc_interface {
2    virtual void write( char ) = 0;
3  };
4  struct ReadIF : virtual public sc_interface {
5    virtual char read( void ) = 0;
6    virtual void detect( void ) = 0;
7  };
```

Zunächst definieren wir in Listing 5.12 zwei Interface-Klassen `writeIF` und `readIF` für den Kanal `Channel` in Listing 5.13. Der Grund hierfür liegt darin, dass wir den Kanal später gemäß Abbildung 5.12 an die Module `Sender` (Listing 5.14) und `Receiver` (Listing 5.15) binden möchten. Dabei soll über den Port `out` des Senders auf den Kanal nur geschrieben werden können – dieser ist daher vom Typ `writeIF` – und vom Port `in` des Receivers sollen nur die Methoden `read()` und `detect()` ausgeführt werden können – dieser ist daher vom Typ `readIF`. Das Beispiel zeigt auch, wie man durch mehrere Interfaces für den gleichen Kanal die Zugriffsmöglichkeiten auf den Kanal einschränken kann.

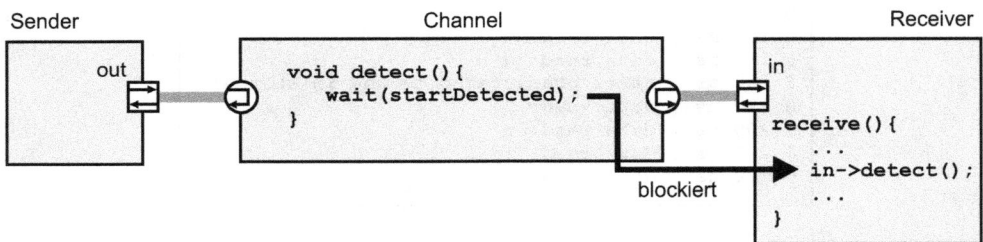

Abb. 5.12: *Aufbau des Modells aus Listing 5.16. Gezeigt ist ferner der Aufruf der blockierenden Methode* `detect()` *aus dem Prozess* `receive()` *heraus.*

Den Kanal `Channel` in Listing 5.13 implementieren wir als hierarchischen Kanal, nicht als primitiven Kanal wie im vorangegangenen Abschnitt; die Verwendung von blockierenden Methoden ist aber auch mit primitiven Kanälen möglich. Wir leiten ihn daher von `sc_module` ab und verzichten damit auf den Request-Update-Mechanismus des Schedulers; die Implementierung der Methode `update()` ist damit überflüssig. Beim Schreiben auf den Kanal mit der Methode `write()` wird aber ebenfalls das Ereignis `valueChangedEvent` ausgelöst, sofern sich der zugewiesene Wert vom gespeicherten Wert in `channelValue` unterscheidet. Dieses Ereignis wird nun benutzt, um die `wait()`-Methode in Zeile 19 innerhalb der blockierenden `read()`-Methode zu steuern. In gleicher Weise verwendet die ebenfalls blockierende Methode `detect()` das Ereignis `startDetectedEvent`.

Listing 5.13: Kanal (Datei k5b4channel.h)

```
1   struct Channel : public sc_module, public WriteIF, public ReadIF {
2     //Constructor
3     Channel(sc_module_name name) {
4       channelValue = '@';
5     }
6     //Interface methods
7     void write(char data) {
8       if (!(data == channelValue)) {
9         valueChangedEvent.notify(SC_ZERO_TIME);
10      }
11      if (data == '!') {
12        cout << endl << "@ " << setw(6) << sc_time_stamp();
13        cout << " | Start character detected in channel";
14        startDetectedEvent.notify(SC_ZERO_TIME);
15      }
16      channelValue = data;
17    }
18    char read() {
19      wait(valueChangedEvent); //Method blocks here
20      return channelValue;
21    }
22    void detect() {
23      wait(startDetectedEvent); //Method blocks here
24    }
25    //Member variables
26    char channelValue;
27    //Events
28    sc_event valueChangedEvent, startDetectedEvent;
29  };
```

Um den blockierenden Mechanismus verstehen zu können, betrachten wir die Aufrufe der Methoden `detect()` und `read()` im Prozess `receive()` des Receiver-Moduls in Listing 5.14; dies ist für die Methode `detect()` auch in Abbildung 5.12 gezeigt. Da wir die Interface-Methoden innerhalb des Thread-Prozesses aufrufen, wirken die `wait()`-Funktionen de facto innerhalb des Prozesses und suspendieren damit den Prozess. Weil der Prozess nun suspendiert ist, können die Interface-Methoden erst zurückkehren, wenn die Suspendierung durch das entsprechende Ereignis aufgehoben wird – man sagt nun, dass die Methode den Prozess „blockiert". Da wir eine Blockierung immer über `wait()`-Methoden implementieren – wobei hier alle im vorangegangenen Abschnitt besprochenen Möglichkeiten verwendet werden können – ist es auch klar, dass wir blockierende Methoden nur innerhalb eines Thread-Prozesses aufrufen können.

Der Prozess `receive()` läuft nun in der ersten Evaluate-Phase bis zur Suspendierung durch den Aufruf `in->detect()` der blockierenden Methode. Sobald in den vom Modul `Sender` geschriebenen Zeichen das Startzeichen entdeckt wurde, wird das `startDetectedEvent`-Ereignis aktiviert und die Suspendierung des Prozesses aufgehoben. Damit kann die Methode `detect()` beendet werden und der Prozess wird dann wieder in Zeile 13 in der **for**-Schleife durch den Aufruf `in->read()` erneut blockiert – das heißt suspendiert – bis der Sender wieder ein neues Zeichen auf den Kanal schreibt und damit durch das Ereignis `valueChangedEvent` die Suspendierung des Prozesses wieder aufhebt. Die Ausgabe des Programms aus Listing 5.16, in welchem die beiden Module mit dem Kanal gebunden werden, entspricht ebenfalls Abbildung 5.11.

Listing 5.14: Receiver (Datei k5b4receiver.h)

```
1   struct Receiver : public sc_module {
2     sc_port<ReadIF> in;
3
4     SC_HAS_PROCESS(Receiver);
5     Receiver(sc_module_name name) {
6       SC_THREAD(receive);
7     }
8     void receive(){
9       while(1) {
10        in->detect();
11        for(int i=0; i<4; i++){
12          cout << endl << "@ " << setw(6) << sc_time_stamp();
13          cout << " | data read: " << in->read();
14        }
15      }
16    }
17  };
```

Listing 5.15: Sender (Datei k5b4sender.h)

```
1   struct Sender : public sc_module {
2     sc_port<WriteIF> out;
3
4     SC_HAS_PROCESS(Sender);
5     Sender(sc_module_name name) {
6       SC_THREAD(send);
7     }
8     void send(){
9       int i = 0;
10      char sendVar[] = "gfgatdf!Sendahgadg!Datahatszddz";
11      while(sendVar[i] != 0){
12        out->write(sendVar[i]);
13        wait(10, SC_NS);
14        i++;
15      }
16    }
17  };
```

Vergleicht man das Beispiel mit den blockierenden Methoden mit dem Beispiel aus dem vorangegangenen Abschnitt, in welchem nicht-blockierende Methoden verwendet wurden, so kann man erkennen, dass wir für die Implementierung mit den blockierenden Methoden nach Listing 5.14 weniger über den Kanal wissen müssen – insbesondere benötigen wir die Ereignisse des Kanals nicht. Man kann damit also die inneren Mechanismen des Kanals besser verbergen und muss nur wissen, dass die Methoden blockierend sind; wobei es sich auch hier um eine dynamische Sensitivität handelt. Das gleiche Prinzip wird auch beim primitiven FIFO-Kanal `sc_fifo` mit seinen blockierenden `read()`- und `write()`-Methoden benutzt. Auf der anderen Seite kann es möglicherweise auch nachteilig sein, dass man die Wirkungszusammenhänge, also die `wait()`-Methode und ihre Ereignisse, nicht mehr sofort erfassen kann und dazu den Code des Kanals benötigt.

Listing 5.16: Main-Datei (Ausschnitt, Datei k5b4.cpp)

```
1  ...
2  int sc_main (int argc , char *argv[]) {
3     //Modules and Channels
4     Sender s1("s1");
5     Receiver r1("r1");
6     Channel c1("c1");
7     //Bind Modules and channel
8     s1.out(c1);
9     r1.in(c1);
10    //Start simulation
11    sc_start();
12    return 0;
13 }
```

5.2.3   Ereignisse mit Delta- und Zeit-Notifikationen

Die Aktivierung von Ereignissen erfolgte bisher mit der Methode `notify()` wobei wir als Argument `SC_ZERO_TIME` übergeben haben. Dies führt zu einer Delta-Notifikation, so dass Prozesse, die auf diese Ereignisse statisch oder dynamisch sensitiv sind, im *nächsten* Delta-Zyklus ausgeführt werden. Bei einem primitiven Kanal wird die `notify()`-Methode normalerweise in der Update-Phase des Schedulers ausgeführt – also in der jeweiligen `update()`-Methode, wie in Listing 5.11 gezeigt – und bei einem hierarchischen Kanal oder einem Modul wird die `notify()`-Methode häufig während der Ausführung einer Interface-Methode ausgeführt, wie in Listing 5.13 gezeigt – und damit während der Ausführung eines Prozesses in der Evaluate-Phase des Schedulers. Aus einer Delta-Notifikation resultiert, wie in Abschnitt 5.1 besprochen, kein Zeitfortschritt, sondern ein weiterer Delta-Zyklus im gleichen Modellzeitpunkt.

Statt `notify(SC_ZERO_TIME)`, was auch gleichbedeutend mit `notify(0, SC_NS)` wäre, können wir auch eine Zeit als Argument übergeben, die von Null verschieden ist. Generell können wir der Methode ein Zeitobjekt oder eine konstante Zeit übergeben, also beispielsweise `notify(timeObject)`, wenn `timeObject` vom Typ `sc_time` ist, oder als konstanten Zeitwert mit beispielsweise `notify(10, SC_NS)`. Ist die übergebene Zeit Null, so handelt es sich um eine Delta-Notifikation und ist die Zeit von Null verschieden, so handelt es sich um eine Zeit-Notifikation (im Englischen als „timed notification" bezeichnet, vgl. [16, Seite 74] oder [21, Seite 100]).

Die Zeit-Notifikationen werden in der in Abschnitt 5.1.1 besprochenen Zeit-Notifikationsphase vom Scheduler behandelt (Abbildung 5.13). Sind also keine weiteren Delta-Notifikationen in einem Modellzeitpunkt vorhanden, so wird in der Zeit-Notifikationsphase geprüft, welche Zeit-Notifikationen die frühestmöglichen sind und die Modellzeit entsprechend auf diesen Zeitpunkt gesetzt. Die auf die zugehörigen Ereignisse sensitiven Prozesse werden dann in der ersten Evaluate-Phase dieses Zeitpunkts ausgeführt. Wir müssen an dieser Stelle die Zeit-Notifikationen durch den Aufruf der `notify()`-Methode von den „Time-Outs" durch die Methode `wait(timeObject)` unterscheiden, obgleich beide zum gleichen Ergebnis führen: Mit der `notify()`-Methode wird die „Triggerung" eines Method- oder Thread-Prozesses durch ein Ereignis auf einen späteren Zeitpunkt verschoben, während mit einem „Time-Out" ein Thread-Prozess für eine festgelegte Zeitdauer suspendiert wird – unabhängig von Ereignissen. In der Zeit-Notifikationsphase des Schedulers werden also unter allen Zeit-Notifikationen und „Time-Outs" diejenigen mit dem frühestmöglichen Zeitpunkt herausgesucht. Die Prozesse, die auf die zugehörigen Ereignisse sensitiv sind oder die suspendiert wurden, werden dann in der ersten Evaluate-Phase dieses Zeitpunkts ausgeführt. Wenn ein Prozess durch `wait(SC_ZERO_TIME)` suspendiert wird, so ist dies – vergleichbar mit `notify(SC_ZERO_TIME)` – wie eine Delta-Notifikation zu verstehen (vgl. auch [21, Seite 16 ff.]) – der Thread-Prozess wird also im nächsten Delta-Zyklus fortgeführt.

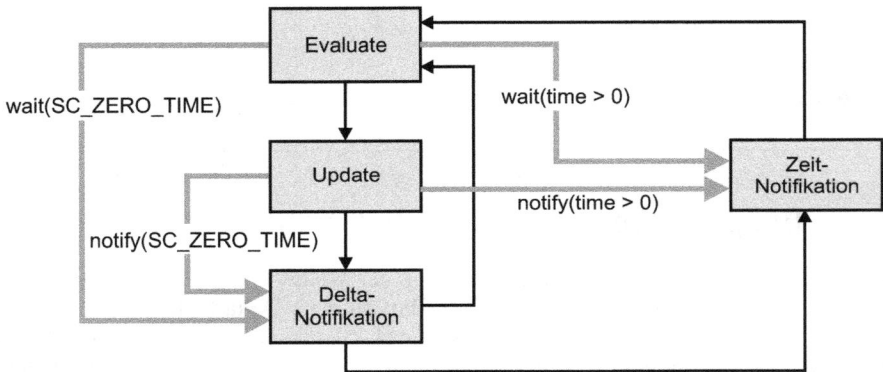

Abb. 5.13: *Scheduler-Phasen mit Delta- und Zeit-Notifikationen sowie „Time-Outs".*

Wir möchten die Zeit-Notifikationen wieder mit einem Beispiel illustrieren. Wir benutzen hierzu das aus Listing 5.15 bekannte Modul `Sender` mit dem Interface `writeIF` und binden nun aber den Kanal `Channel` aus Listing 5.17 an den Port `out` des Moduls `Sender`; diese Bindung ist in der Main-Datei in Listing 5.18 gezeigt. Im Unterschied zum Beispiel des Kanals aus Listing 5.13 benutzen wir im Kanal `Channel` aus Listing 5.17 das `triggerProcessEvent`-Ereignis, welches beim Aufruf der nicht-blockierenden Interface-Methode `write()` aktiviert wird, um den Thread-Prozess `channelProc()` dynamisch zu steuern. Der Prozess wird in Zeile 10 suspendiert und wird fortgeführt, wenn das Ereignis `triggerProcessEvent` durch den Aufruf der `write()`-Methode mit `triggerProcessEvent.notify(SC_ZERO_TIME)` aktiviert wurde; wir geben dann im Prozess das durch die `write()`-Methode übergebene und in der Member-Variablen `channelData` gespeicherte Zeichen aus. Das Beispiel zeigt auch, wie man mit Hilfe von Ereignissen in Interface-Methoden interne Abläufe in einem Kanal, die durch Prozesse implementiert werden, anstoßen kann.

Listing 5.17: Hierarchischer Kanal mit Prozess und Ereignissteuerung (Datei k5b5channel.h)

```
1   struct Channel : public sc_module, public WriteIF {
2     SC_HAS_PROCESS(Channel);
3     Channel(sc_module_name name) {
4       SC_THREAD(channelProc);
5       channelData = '@';
6     }
7     //Process
8     void channelProc() {
9       while(1) {
10        wait(triggerProcessEvent);
11        cout << "@ " << setw(6) << sc_time_stamp();
12        cout << " | delta cycle "<< setw(3) << sc_delta_count();
13        cout << " | process channelProc ";
14        cout << " | data : " << channelData << endl;
15      }
16    }
17    //Interface methods
18    void write(char data) {
19      cout << "@ " << setw(6) << sc_time_stamp();
20      cout << " | delta cycle "<< setw(3) << sc_delta_count();
21      cout << " | interface method write " << endl;
22      channelData = data;
23      triggerProcessEvent.notify(SC_ZERO_TIME);
24    }
25    //Member variables
26    char channelData;
27    //Events
28    sc_event triggerProcessEvent;
29  };
```

Listing 5.18: Main-Datei (Ausschnitt, Datei k5b5.cpp)

```
1   ...
2   #include "k5b4interface.h"
3   #include "k5b4sender.h"
4   #include "k5b5channel.h"
5
6   int sc_main (int argc , char *argv[]) {
7     //Modules and Channels
8     Sender  s1("s1");
9     Channel c1("c1");
10    //Bind Module and channel
11    s1.out(c1);
12    //Start simulation
13    sc_start();
14    return 0;
15  }
```

Die Ausgabe des Programms kann Abbildung 5.14 entnommen werden. Der Prozess `send()` im Modul `Sender` ruft nun alle 10 ns die Methode `write()` des Kanals auf und übergibt ein Zeichen. In der Methode `write()` wird der Zeitpunkt und der jeweilige Delta-Zyklus ausgegeben, zu welchem die Methode aufgerufen wurde. Dies ist damit auch der Delta-Zyklus, in welchem der Prozess `send()` im Modul Sender ausgeführt wird. Wir können anhand der Programmausgabe in Abbildung 5.14 erkennen, dass der Prozess `channelProc()` jeweils im darauf folgenden Delta-Zyklus ausgeführt wird, da wir eine Delta-Notifikation des Ereignisses vorgenommen haben, auf welche der Prozess dynamisch sensitiv ist.

```
@     0 s | delta cycle   0 | interface method write
@     0 s | delta cycle   1 | process channelProc | data : g
@    10 ns | delta cycle   2 | interface method write
@    10 ns | delta cycle   3 | process channelProc | data : f
@    20 ns | delta cycle   4 | interface method write
@    20 ns | delta cycle   5 | process channelProc | data : g
```

Abb. 5.14: *Ausgabe des Programms aus Listing 5.18 für die Zeit von 0 bis 20 ns mit Delta-Notifikation.*

```
@     0 s | delta cycle   0 | interface method write
@     5 ns | delta cycle   1 | process channelProc | data : g
@    10 ns | delta cycle   2 | interface method write
@    15 ns | delta cycle   3 | process channelProc | data : f
@    20 ns | delta cycle   4 | interface method write
@    25 ns | delta cycle   5 | process channelProc | data : g
```

Abb. 5.15: *Ausgabe des Programms aus Listing 5.18 für die Zeit von 0 bis 25 ns mit Zeit-Notifikation.*

Wenn wir durch `triggerProcessEvent.notify(5, SC_NS)` die Delta-Notifikation in Zeile 23 von Listing 5.17 in eine Zeit-Notifikation umwandeln, so erhalten wir die Ausgabe des Programms nach Abbildung 5.15. Es ist erkennbar, dass der Prozess `channelProc()` nun jeweils 5 ns nach Aufruf der Interface-Methode `write()` – und damit der Ausführung des Prozesses `send()` – ausgeführt wird. Damit wird in jedem Modellzeitpunkt nur noch ein Delta-Zyklus notwendig, während mit `triggerProcessEvent.notify(SC_ZERO_TIME)` in jedem Zeitpunkt zwei Delta-Zyklen benötigt werden. Allerdings sind bei dem Beispiel mit Zeit-Notifikation doppelt so viele Zeitpunkte zu simulieren, so dass die Anzahl der Delta-Zyklen für die gesamte Ausführung des Programms in beiden Varianten gleich bleibt. Im Hinblick auf die Leistungsfähigkeit eines Simulationsmodells ist es daher nicht so wichtig, wie viele Zeitpunkte zu simulieren sind, sondern eher, welche Anzahl von Delta-Zyklen bei der Simulation entsteht.

5.2.4   Unmittelbare Notifikationen

Wenn wir der `notify()`-Methode kein Argument übergeben, sie also wie in Zeile 15 von Listing 5.19 aufrufen, dann spricht man von einer *unmittelbaren* Notifikation. Darunter ist zu verstehen, dass das Ereignis in der *aktuellen* Evaluate-Phase aktiviert wird (engl.: „immediate notification", vgl. [21, Seite 97 ff.]) und alle Prozesse, die darauf sensitiv sind, in dieser aktuellen Evaluate-Phase auch ausgeführt werden.

Listing 5.19: Kanal mit unmittelbarer Notifikation (Ausschnitt, Datei k5b5channel_immediate.h)

```
1   struct Channel : public sc_module, public WriteIF {
2   ...
3     void channelProc() {
4       cout << "@ " << setw(6) << sc_time_stamp();
5       cout << " | delta cycle "<< setw(3) << sc_delta_count();
6       cout << " | START process channelProc " << endl;
7       while(1) {
8         wait(triggerProcessEvent);
9   ...
10        }
11      }
12     //Interface methods
13     void write(char data) {
14   ...
15       triggerProcessEvent.notify();
16   ...
17  };
```

Das Problem bei der unmittelbaren Notifikation besteht darin, dass die Reihenfolge der Prozessausführung im Scheduler ja nicht festgelegt ist und man so, je nach Ausführungsreihenfolge, unter Umständen ein unterschiedliches und damit nicht-deterministisches Verhalten des Simulationsmodells erhalten kann. Wir können dies anhand unseres Beispiels aus dem vorangegangenen Abschnitt mit den Modifikationen nach Listing 5.19 nachvollziehen. Zunächst geben wir im Prozess `channelProc()` vor der **while**-Schleife die Zeit und den Delta-Zyklus aus, damit wir wissen, wann der Prozess vom Scheduler erstmals ausgeführt wurde – dies wird ja im ersten Delta-Zyklus (delta 0) nach der Initialisierungsphase sein. Wenn wir das Ergebnis der Simulation in Abbildung 5.16 betrachten, dann ist es offensichtlich so, dass zuerst der Prozess `send()` im Modul `Sender` ausgeführt wird und damit die Methode `write()`. Somit ist der Prozess `channelProc()` im Kanal noch nicht gestartet worden und kann noch nicht an der Methode `wait(triggerProcessEvent)` auf das Ereignis `triggerProcessEvent` warten. Weil wir aber das Ereignis unmittelbar aktivieren, geht dieses nun verloren, da der Prozess noch nicht darauf sensitiv ist. Die Folge ist nun, dass der erste Schleifendurchlauf im Prozess `channelProc()` nicht stattfindet und somit das erste gesendete Zeichen nicht ausgegeben wird, was man Abbildung 5.16 entnehmen kann. Erst beim nächsten Aufruf der `write()`-Methode – dies ist bei $t = 10$ ns im Delta-Zyklus 1 der Fall – kehrt der Prozess `channelProc()` aus der Suspendierung zurück und das zweite Zeichen wird nun ausgegeben.

```
@     0 s | delta cycle   0 | interface method write
@     0 s | delta cycle   0 | START process channelProc
@    10 ns | delta cycle   1 | interface method write
@    10 ns | delta cycle   1 | process channelProc  | data : f
```

Abb. 5.16: Ausgabe des Programms aus Listing 5.18 für die Zeit von 0 bis 10 ns mit unmittelbarer Notifikation.

Dass sich das Programm nicht-deterministisch verhält, können wir zeigen, indem wir die Instanzierungsreihenfolge in der Main-Datei von Modul `Sender` und Kanal `Channel` vertauschen.
Das Ergebnis der Simulation zeigt Abbildung 5.17: Es ist erkennbar so, dass nun der Prozess
`channelProc()` in der ersten Evaluate-Phase im Delta-Zyklus 0 *vor* dem Prozess `send()` und
damit dem Aufruf der Methode `write()` ausgeführt wird. In diesem Fall wurde der Prozess
suspendiert und ist sensitiv auf das Ereignis `triggerProcessEvent`. Die unmittelbare Aktivierung des Ereignisses führt zur nochmaligen Ausführung des Prozesses `channelProc()`
in der *gleichen* Evaluate-Phase (Delta-Zyklus 0) und damit der Ausgabe des ersten Zeichens.
Es sei noch bemerkt, dass die Instanzierungsreihenfolge auf das Simulationsergebnis des ursprünglichen Beispiels mit Delta-Notifikation aus Listing 5.17 und 5.18 keinen Einfluss hat.

```
@     0 s | delta cycle    0 | START process channelProc
@     0 s | delta cycle    0 | interface method write
@     0 s | delta cycle    0 | process channelProc  | data : g
@    10 ns | delta cycle    1 | interface method write
@    10 ns | delta cycle    1 | process channelProc  | data : f
```

Abb. 5.17: *Ausgabe des Programms aus Listing 5.18 für die Zeit von 0 bis 10 ns mit unmittelbarer Notifikation und veränderter Instanzierung von Modul und Kanal.*

Mit der unmittelbaren Notifikation hebelt man also einen wesentlichen Mechanismus des Schedulers aus, der ein deterministisches Verhalten der Simulationsmodelle sicherstellt, und man
sollte sie daher mit Bedacht einsetzen. Es ist noch zu bemerken, dass die unmittelbare Notifikation nicht in der Update-Phase – also in der `update()`-Funktion eines primitiven Kanals –
eingesetzt werden kann. Dies ergibt sich aus der Tatsache, dass sich die Aktivierung des Ereignisses ja auf die gleiche *Evaluate*-Phase bezieht. Schließlich muss noch darauf hingewiesen
werden, dass die Aktivierung von Ereignissen durch die Methode `ereignis.cancel()` wieder rückgängig gemacht werden kann – allerdings nicht bei unmittelbaren Ereignissen.

5.3   Ereignisse in hierarchischen Bindungen und Event Finder

In den Beispielen dieses Kapitels, die wir bislang besprochen haben, konnten wir auf die Ereignisse eines Kanals zugreifen, da wir den Kanal im gleichen Modul instanziert haben, in
welchem sich auch die Prozesse befinden (siehe beispielsweise Listing 5.11), und wir somit
keinen hierarchischen Aufbau hatten. In dem hierarchischen Beispiel von Abbildung 5.12 haben wir blockierende Methoden verwendet, so dass wir im Modul `Receiver` nicht auf Ereignisse des Kanals direkt zugreifen mussten. Wollten wir nun statt der blockierenden Methoden
die Ereignisse des Kanals zur Triggerung einer entsprechenden `wait()`-Methode benutzen, so
brauchen wir eine Möglichkeit, um über die Ports des Moduls `Receiver` auf die Ereignisse des
Kanals zugreifen zu können. Versuchen wir beispielsweise den Aufruf der blockierenden Methode `in->detect()` in Zeile 10 von Listing 5.14 durch `wait(in->startDetectedEvent)`
zu ersetzen, so erhalten wir folgende Fehlermeldung des Compilers:
`error C2039: 'startDetectedEvent': Ist kein Element von 'ReadIF'`
Der Fehler wird verständlich, wenn wir uns nochmals klar machen, dass ein Port nur die Metho-

den des Interfaces kennt und über den Port nur auf die Interface-Methoden des später daran zu bindenden Kanals zugegriffen werden kann. Insofern sind die Ereignisse des Kanals tatsächlich keine Elemente der Interface-Klasse `ReadIF`. Wir müssen also einen kleinen Umweg machen und Interface-Methoden implementieren, welche die Ereignisse des Kanals zurückgeben können.

Listing 5.20: Interface mit Ereignis-Methoden (Datei k5b6interface.h)

```
1  struct WriteIF : virtual public sc_interface {
2    virtual void write( char ) = 0;
3  };
4  struct ReadIF : virtual public sc_interface {
5    virtual char read( void ) = 0;
6    virtual const sc_event& getValueChangedEvent( void ) const = 0;
7    virtual const sc_event& getStartDetectedEvent( void ) const = 0;
8  };
```

Hierzu verändern wir das Interface `ReadIF` in Listing 5.20: Wir verzichten auf die Methode `detect()`, da wir diese nicht mehr benötigen, und fügen zwei neue Interface-Methoden `getValueChangedEvent()` und `getStartDetectedEvent()` hinzu, welche jeweils Ereignisse vom Typ `sc_event` als konstante Referenz zurückliefern. In der Kanal-Klasse `Channel` in Listing 5.21 müssen wir diese Methoden implementieren, wobei sie die jeweiligen Ereignisse `valueChangedEvent` und `startDetectedEvent` zurückliefern. Die Interface-Methode `read()` ist nun im Übrigen nicht mehr blockierend; das heißt, sie kehrt bei einem Aufruf durch einen Prozess sofort zurück.

Listing 5.21: Kanal mit Ereignis-Methoden (Ausschnitt, Datei k5b6channel.h)

```
1  struct Channel : public sc_module, public WriteIF, public ReadIF {
2  ...
3    //Interface methods
4    void write(char data) {
5  ...
6    }
7    char read() {
8      return channelValue;
9    }
10   const sc_event& getValueChangedEvent() const {
11     return valueChangedEvent;
12   }
13   const sc_event& getStartDetectedEvent() const {
14     return startDetectedEvent;
15   }
16   //Member variables
17   char channelValue;
18   //Events
19   sc_event valueChangedEvent, startDetectedEvent;
20 };
```

Die Verwendung der Interface-Methoden, welche die Ereignisse zurückliefern, zeigt Listing 5.22 für das Modul `Receiver`. Der Prozess wird in Zeile 6 durch den Aufruf der `wait()`-Methode suspendiert und ist nun mittels der Methode `getStartDetectedEvent()` dynamisch sensitiv auf das Ereignis `startDetectedEvent`. In gleicher Weise warten wir in der nachfolgenden Schleife jeweils mit `wait(in->getValueChangedEvent())` auf neue Werte im Kanal und lesen diese mit der nicht-blockierenden Methode `in->read()`. Wenn wir nun nochmals auf den Abschnitt 3.5 zurückblicken, dann können wir erkennen, dass man für die Signale und ihre zugehörigen Ports genau diese Mechanismen implementiert hat, um Ereignisse des Signal-Kanals mittels Interface-Methoden (Beispiel: `value_changed_event()`) und Ports in den Modulen benutzen zu können.

Listing 5.22: Modifizierte Receiver-Klasse (Ausschnitt, Datei k5b6receiver.h)

```
1   struct Receiver : public sc_module {
2     sc_port<ReadIF> in;
3   ...
4     void receive(){
5       while(1) {
6         wait(in->getStartDetectedEvent());
7         for(int i=0; i<4; i++){
8           wait(in->getValueChangedEvent());
9           cout << endl << "@ " << setw(6) << sc_time_stamp();
10          cout << " | data read: " << in->read();
11        }
12      }
13    }
14  };
```

In Abschnitt 3.5 wurde auch schon die Notwendigkeit von so genannten „Event Findern" angesprochen und für unseren selbst entwickelten Kanal stehen wir vor dem gleichen Problem, wenn wir Ereignisse der statischen Sensitivitätsliste hinzufügen möchten. Wenn wir die dynamische Sensitivität von Zeile 8 in Listing 5.22 durch eine statische Sensitivität ersetzen möchten, so könnten wir versuchen, die Interface-Methoden, welche die Ereignisse liefern, in die Sensitivitätsliste so aufzunehmen: `sensitive << in->getValueChangedEvent();` Der Code kann zwar kompiliert werden, wir erhalten allerdings folgenden Laufzeitfehler:
`Error: (E112) get interface failed: port is not bound`
Die Ursache hierfür haben wir schon in Abschnitt 3.5.3 erläutert: Da die Port-Kanal-Bindung erst *nach* der Ausführung des Konstruktors des Moduls `Receiver` ausgeführt wird, greift der Methodenaufruf `in->getValueChangedEvent()` an dieser Stelle ins „Leere"; der Port ist ja quasi nur ein Zeiger auf den später zu bindenden Kanal.

Eine Lösung kann darin bestehen, dass man einen „spezialisierten" Port schreibt, der entsprechende „Event Finder"-Methoden bereitstellt. Für die Klasse `sc_signal` sind dies die in Abschnitt 3.5.1 besprochenen Ports `sc_in`, `sc_out` und `sc_inout`. Schreibt man eigene Kanal-Klassen und möchte man die statische Sensitivität nutzen, so muss man selbst solche spezialisierten Ports schreiben; wir zeigen die Vorgehensweise wieder exemplarisch an unserem Beispiel.

Wir schreiben in Listing 5.23 eine spezialisierte Port-Klasse `SpecialPort`, welche wir dann im Modul `Receiver` verwenden können und welche die „Event Finder" beinhaltet. Hierzu lei-

ten wir den spezialisierten Port von der Klasse `sc_port` ab und fügen die als „Event Finder"
bezeichneten Methoden `valueChangedEF()` und `startDetectedEF()` hinzu; ihr Rückgabewert muss eine Referenz vom Typ `sc_event_finder` sein (vgl. auch [21, Seite 90 ff.] und
[16, Seite 76 f.]). In einer „Event Finder"-Methode müssen wir ein Objekt der Template-Klasse
`sc_event_finder_t<Interface>` anlegen, deren Template-Parameter das Interface (hier:
`ReadIF`) des Ports ist. Dem Konstruktor dieses Objektes müssen wir zwei Argumente übergeben: Das erste Argument ist das Port-Objekt selbst, als Dereferenzierung des **this**-Zeigers
(vgl. [10]), und das zweite Argument ist die Adresse der entsprechenden Ereignis-Methode aus
dem Interface. Hierbei ist darauf zu achten, das diese Interface-Methoden mit **const** qualifiziert
werden, wie in Listing 5.21 gezeigt, und die Methoden eine Referenz auf `sc_event` zurückliefern, anderenfalls resultieren Compiler-Fehler. Die „Event Finder"-Methode muss dann dieses
Objekt als konstante Referenz auf `sc_event_finder` zurückgeben. Ferner muss das Objekt
dynamisch durch den **new**-Operator erzeugt werden, anderenfalls resultieren Laufzeitfehler.

Listing 5.23: Spezialisierter Port (Datei k5b6special_port.h)

```
1   struct SpecialPort : public sc_port<ReadIF> {
2     sc_event_finder& valueChangedEF() const {
3       return *new sc_event_finder_t<ReadIF>( *this ,
4         &ReadIF::getValueChangedEvent );
5     }
6     sc_event_finder& startDetectedEF() const {
7       return *new sc_event_finder_t<ReadIF>( *this ,
8         &ReadIF::getStartDetectedEvent );
9     }
10  };
```

Listing 5.24: Modul Receiver mit statischer Sensitivität (Datei k5b6receiver_static.h)

```
1   struct Receiver : public sc_module {
2     SpecialPort in;
3
4     SC_HAS_PROCESS(Receiver);
5     Receiver(sc_module_name name) {
6       SC_THREAD(receive);
7       sensitive << in.valueChangedEF();
8     }
9     void receive(){
10      while(1) {
11        wait(in->getStartDetectedEvent());
12        for(int i=0; i<4; i++){
13          wait();
14          cout << endl << "@ " << setw(6) << sc_time_stamp();
15          cout << " | data read: " << in->read();
16        }
17      }
18    }
19  };
```

Die Verwendung des „Event Finders" zeigt Listing 5.24, in welchem wir das Modul `Receiver`
aus Listing 5.22 so modifizieren, dass wir in Zeile 2 eine Instanz unseres spezialisierten Ports
anlegen und in Zeile 7 den „Event Finder" des Ports für die statische Sensitivität benutzen.
Dies führt nun dazu, dass der Scheduler die Zuordnung des Ereignisses verzögert, bis ein Kanal an diesen Port gebunden wurde. Die Implementierung der Interface-Methode des Kanals
definiert dann letztlich, welches Ereignis verwendet wird. In unserem Fall ist es das Ereignis
`valueChangedEvent` aus dem Kanal `Channel`. Wir können nun den Prozess in Zeile 13 mit
statischer Sensitivität suspendieren, so dass wir wieder das gleiche Simulationsergebnis wie für
die dynamische Sensitivität aus Listing 5.22 erhalten. Zu beachten ist im übrigen, dass wir für
den Methodenaufruf des „Event Finders" in Zeile 7 den Punkt-Operator benutzen, da es sich
ja um eine Methode des Ports handelt und nicht um eine Interface-Methode des später gebundenen Kanals, wie es bei den Methoden `read()` und `getStartDetectedEvent()` der Fall
ist.

Man kann dann auf einen „Event Finder" verzichten, wenn der Kanal die `default_event()`-
Methode implementiert (wie in Listing 5.4). Legt man nun im Beispiel aus Listing 5.24 statt
des spezialisierten Ports einen Port `in` vom Typ `sc_port<ReadIF>` an, so kann man den Port
`in` direkt in der Sensitivitätsliste angeben. Da das Interface `ReadIF` von `sc_interface` abgeleitet ist, wird bei Angabe des Ports (oder des Kanals wie in Listing 5.5) in der Sensitivitätsliste automatisch die Member-Funktion `default_event()` von `sc_interface` aufgerufen.
Diese muss daher in dem ebenfalls von `ReadIF` und damit von `sc_interface` abgeleiteten
Kanal überschrieben werden und ein entsprechendes Ereignis zurückliefern. Wird die Methode
`default_event()` nicht im Kanal überschrieben und der Port (oder der Kanal) in der Sensitivitätsliste verwendet, so erhält man folgende Warnung:
`Warning: (W116) channel doesn't have a default event`
Mit dieser Vorgehensweise erspart man sich die Erstellung eines spezialisierten Ports; es kann
dann allerdings nur ein Ereignis als „Default Event" in der Sensitivitätsliste verwendet werden,
was für unser Beispiel allerdings ausreichend gewesen wäre.

5.4   Event Queues

Wenn wir bei einem Ereignis-Objekt die Methode `notify()` mehrfach aufrufen, obwohl eine
vorherige Notifikation noch nicht abgearbeitet wurde, dann wird die frühest mögliche Notifikation ausgeführt und alle späteren Notifikationen werden gelöscht (vgl. [21, Seite 97 ff.]). Ein
`sc_event`-Objekt kann also nicht mehrere Notifikationen speichern. Um dieses Problem zu
lösen, ist in der SystemC-Bibliothek die so genannte „Event Queue"-Klasse `sc_event_queue`
implementiert (vgl. [21, Seite 186 ff.], [16, Seite 78 f.]). Es handelt sich dabei allerdings um
einen hierarchischen Kanal, der Notifikationen mittels der Methode `notify()` speichern kann,
und nicht um ein Ereignis. Die „Event Queue" selbst kann daher nicht für die dynamische Sensitivität in der `wait()`-Methode verwendet werden, da diese als Argument ein Ereignis erwartet,
also ein Objekt vom Typ `sc_event`. Allerdings implementiert die „Event Queue" die Methode
`default_event()`, so dass die „Event Queue" in der statischen Sensitivitätsliste benutzt werden kann (siehe Listing 5.25), und diese Methode kann auch für die dynamische Sensitivität benutzt werden. Ferner ist das Interface `sc_event_queue_if` verfügbar, so dass man auch über
Ports die `notify()`-Methode des „Event Queue"-Kanals aufrufen kann oder den Port direkt in
der Sensitivitätsliste verwenden kann, da die „Event Queue" die Methode `default_event()`

implementiert (siehe voriger Abschnitt). Bei Aufruf der Methode `notify()` *muss* ein Zeit-Argument angegeben werden, so dass wir Delta- und Zeit-Notifikationen durchführen können; unmittelbare Notifikationen sind nicht möglich.

Listing 5.25: Beispiel mit „Event Queue" (Datei k5b7module.h)

```
1   struct Module : public sc_module {
2     SC_HAS_PROCESS(Module);
3     //Constructor
4     Module(sc_module_name name) {
5       SC_THREAD(triggerProcess);
6       SC_THREAD(displayProcess);
7       sensitive << triggerEQ;
8     }
9     //Processes
10    void triggerProcess(){ //Execute completely in first delta cycle
11      int i = 0;
12      for(int i = 0; i<7; i++) {
13        triggerEQ.notify(i*10, SC_NS);
14      }
15    }
16    void displayProcess(){
17      char displayVar[] = "SystemC";
18      int i = 0;
19      while(displayVar[i] != 0) {
20        wait();
21        cout << "@ " << setw(6) << sc_time_stamp();
22        cout << " | delta cycle "<< setw(3) << sc_delta_count();
23        cout << " | " << displayVar[i] << endl;
24        i++;
25      }
26    }
27    //Event queue
28    sc_event_queue triggerEQ;
29  };
```

Das Beispiel in Listing 5.25 zeigt die Verwendung einer „Event Queue". Betrachten wir zunächst den Prozess `triggerProcess()`: Dieser wird in der ersten Evaluate-Phase (Delta-Zyklus 0) des Schedulers einmal komplett ausgeführt, da keine Suspendierung durch `wait()`-Funktionen stattfindet. In der **for**-Schleife wird nun die `notify()`-Methode mehrfach aufgerufen, so dass hier mehrere Notifikationen ausgeführt werden, ohne dass die vorherigen abgearbeitet worden wären, da dieser Prozess ja nicht suspendiert wird. Würden wir in Zeile 28 von Listing 5.25 statt der „Event Queue" ein Ereignis-Objekt benutzen, so würde der Prozess `displayProcess()` – der in der ersten Evaluate-Phase bis zur `wait()`-Anweisung läuft und dort suspendiert wird – genau einmal „getriggert" werden und zwar im Delta-Zyklus 1. Wir würden also in der Ausgabe nur die erste Zeile von Abbildung 5.18 sehen. Nehmen wir statt eines Ereignis-Objektes den „Event Queue"-Kanal `triggerEQ`, so können diese Zeit-Notifikationen gespeichert werden. Wir können an der Ausgabe des Programms in Abbildung 5.18 sehen, dass der Prozess nun durch die „Event Queue" `triggerEQ`, die in der statischen

Sensitivitätsliste des Prozesses aufgeführt ist, zu den entsprechenden Notifikationszeitpunkten „getriggert" wird.

```
@    0 s | delta cycle   1 | S
@   10 ns | delta cycle   2 | y
@   20 ns | delta cycle   3 | s
@   30 ns | delta cycle   4 | t
@   40 ns | delta cycle   5 | e
@   50 ns | delta cycle   6 | m
@   60 ns | delta cycle   7 | C
```

Abb. 5.18: Ausgabe des Programms aus Listing 5.25.

```
@   0 s | delta cycle   1 | S          @   55 ns | delta cycle   1 | S
@   0 s | delta cycle   2 | y          @   55 ns | delta cycle   2 | y
@   0 s | delta cycle   3 | s          @   55 ns | delta cycle   3 | s
@   0 s | delta cycle   4 | t          @   55 ns | delta cycle   4 | t
@   0 s | delta cycle   5 | e          @   55 ns | delta cycle   5 | e
@   0 s | delta cycle   6 | m          @   55 ns | delta cycle   6 | m
@   0 s | delta cycle   7 | C          @   55 ns | delta cycle   7 | C
```
a)   b)

Abb. 5.19: Ausgabe des Programms mit Delta-Notifikationen (a) und Zeit-Notifikationen für den gleichen Zeitpunkt (b).

Die Notifikationen in Zeile 13 von Listing 5.25 sind für aufeinanderfolgende Zeitpunkte mit einem Abstand von 10 ns angegeben und werden so auch ausgeführt. Was passiert nun, wenn wir statt dessen die Notifikation mit `triggerEQ.notify(SC_ZERO_TIME)` vornehmen, also sieben Delta-Notifikationen? In diesem Fall werden daraus sieben *aufeinander folgende* Delta-Notifikationen für den Modellzeitpunkt $t = 0$ ns, so dass der Prozess an sieben aufeinander folgenden Delta-Zyklen jeweils „getriggert wird"; dies kann Abbildung 5.19a entnommen werden. In gleicher Weise werden mehrere Zeit-Notifikationen für den *gleichen* Zeitpunkt in aufeinander folgende Delta-Zyklen in diesem Zeitpunkt umgesetzt. Abbildung 5.19b zeigt das Ergebnis für den Aufruf mit `triggerEQ.notify(55, SC_NS)` in Zeile 13 von Listing 5.25. Im Übrigen können sämtliche Notifikationen einer „Event Queue" mit der Methode `cancel_all()` gelöscht werden.

5.5 Dynamische Prozesse

Mit der Version 2.1 von SystemC, welche die Grundlage für den Standard IEEE1666 war, wurden dynamische Prozesse eingeführt. Dynamisch bedeutet im Wesentlichen, dass man in der Lage ist, während der Laufzeit der Simulation aus einem Prozess heraus neue Prozesse zu erzeugen. Bislang haben wir Prozesse in der Elaborationsphase im Konstruktor der Module durch die entsprechenden Makros erzeugt; diese würde man daher sinngemäß als statische Prozesse bezeichnen. Dynamische Prozesse sind in klassischen Hardwarebeschreibungssprachen wie VHDL nicht möglich; ihre Anwendungen liegen im Bereich der Verifikation und Testbenches oder in der Modellierung von Software und Betriebssystemen (vgl. auch [15, Seite 89 ff.]). An dieser Stelle sollte man dynamische Prozesse nicht mit den schon besprochenen dynamischen Sensitivitäten verwechseln: Dynamische Prozesse können ebenfalls mit einer statischen Sensitivitätsliste und mit dynamischer Sensitivität sowie auch mit „Time-Outs" gesteuert werden und unterscheiden sich in dieser Hinsicht nicht von den bisher besprochenen statischen Prozessen.

5.5.1 Erzeugen von Prozessen mit der Funktion sc_spawn

Um dynamische Prozesse aus einem statischen Prozess heraus während der Laufzeit der Simulation zu erzeugen, benötigt man die Funktion sc_spawn(). Es handelt sich hierbei um eine globale Funktion aus der SystemC-Bibliothek, für die eine Reihe von überladenen Versionen existiert und die sich somit in ihrer Signatur unterscheiden. Wir können aus Platzgründen nicht alle Varianten darstellen und verweisen für eine Übersicht über alle Möglichkeiten auf [21, Seite 61 ff.] oder [16, Seite 179 ff.]. In der einfachsten Variante übergibt man der Funktion mit sc_spawn(&dynProc) die Adresse einer globalen Funktion, die man als Prozess starten möchte. Per Voreinstellung sind dynamische Prozesse immer Thread-Prozesse. Man hat jedoch die Möglichkeit, mit Hilfe eines Objektes der Klasse sc_spawn_options, welches der Funktion sc_spawn() übergeben werden kann, die Eigenschaften eines Prozesses einzustellen – beispielsweise ob es statt eines Thread-Prozesses ein Method-Prozess sein soll oder man kann eine statische Sensitivitätsliste definieren. Für unsere Beispiele benutzen wir Thread-Prozesse mit dynamischer Sensitivität, so dass wir dieses Eigenschafts-Objekt nicht benötigen. Die Funktion sc_spawn() kann in Thread-, Method- und CThread-Prozessen aufgerufen werden – auch aus dynamischen Prozessen heraus können weitere dynamische Prozesse gestartet werden. Ferner kann die Funktion auch während der Elaboration in Modulen oder Kanälen und sogar in der Main-Funktion aufgerufen werden (vgl. [21, Seite 64]).

Wir zeigen im Beispiel aus Listing 5.26 die Verwendung eines dynamischen Prozesses. Hierzu ist es zunächst notwendig, dass wir *vor* der Inklusion der Header-Datei <systemc> die Verwendung von dynamischen Prozessen durch **#define** SC_INCLUDE_DYNAMIC_PROCESSES anzeigen; anderenfalls resultieren Compilerfehler. Wir definieren im Konstruktor des Moduls Module zunächst zwei statische Prozesse triggerProcess() und parentProcess(); der erste Prozess hat dabei die Aufgabe, alle 10 ns das Ereignis triggerEvent zu aktivieren. Der Prozess parentProcess() hat nur eine einzige Aufgabe: Er soll bei $t = 5$ ns den dynamischen Prozess childProcess() starten. Weil es sich bei childProcess() um eine Methode des Moduls handelt und Argumente verwendet werden, können wir die einfache Form sc_spawn(&childProcess) für den Funktionsaufruf in Zeile 24 von Listing 5.26 nicht verwenden. Die Übergabe einer Methode, die wir als Prozess starten möchten, an sc_spawn() erfolgt in solchen Fällen sinnvollerweise mit der Funktion sc_bind(); es handelt sich dabei letztlich um eine Funktion aus den „Boost"-C++-Bibliotheken (siehe [7]), welche diese Aufgabe erleichtert. Das erste Argument ist wieder die Adresse der Methode, also der Member-Funktion des Moduls. Das zweite Argument ist der **this**-Zeiger; in diesem Zeiger ist die Adresse des Objektes gespeichert – also der Instanz des Moduls Module –, in welcher wir die Methode aufrufen. Das dritte Argument ist dasjenige, welches wir der Methode übergeben möchten; wären weitere Argumente zu übergeben, so würde man diese hier fortlaufend hinzufügen. Durch die Funktion sc_bind() binden wir die Argumente an die Methode des Modul-Objektes und erhalten dadurch letztlich die Übergabe dieser Methode **this**->childProcess(1) an die Funktion sc_spawn(), was diese Methode beim Scheduler anmeldet.

Listing 5.26: Beispiel mit dynamischem Prozess (Datei k5b8module.h)

```
1   #define SC_INCLUDE_DYNAMIC_PROCESSES
2   #include <systemc>
3   using namespace sc_core;
4   using namespace sc_dt;
5
6   struct Module : public sc_module {
7     SC_HAS_PROCESS(Module);
8     //Constructor
9     Module(sc_module_name name) {
10      SC_THREAD(triggerProcess);
11      SC_THREAD(parentProcess);
12    }
13    //Static processes
14    void triggerProcess(){
15      int i = 0;
16      for(int i = 0; i<7; i++) {
17        wait(10, SC_NS);
18        triggerEvent.notify(SC_ZERO_TIME);
19      }
20    }
21    void parentProcess(){
22      wait(5, SC_NS);
23      cout << "Launch child process @ " << sc_time_stamp() << endl;
24      sc_spawn( sc_bind(&Module::childProcess, this, 1) );
25    }
26    //Dynamic process
27    void childProcess(int procId) {
28      char displayVar[] = "SystemC";
29      int i = 0;
30      cout << "Child process " << procId << " started";
31      cout << " @ " << sc_time_stamp() << endl;
32      while(displayVar[i] != 0) {
33        wait(triggerEvent);
34        cout << "@ " << setw(6) << sc_time_stamp();
35        cout << " | " << displayVar[i] << endl;
36        i++;
37      }
38    }
39    //Event
40    sc_event triggerEvent;
41  };
```

Der dynamische Prozess `childProcess()` ist nun ein „Kind-Prozess" des „Eltern-Prozesses" `parentProcess()`. Wir können die Ereignisobjekte des Moduls auch im Kind-Prozess für die dynamische Sensitivität verwenden. Wir geben beim Start von `childProcess()` zunächst eine Textmeldung zusammen mit dem übergebenen Argument als Prozessnummer aus und suspendieren dann in Zeile 33 den Prozess mit einer `wait()`-Funktion, die auf das Ereignis `triggerEvent` sensitiv ist. Sobald das Ereignis aktiviert wird, geben wir den Zeitstempel und ein Zeichen aus der Zeichenkette aus. Das Ergebnis der Simulation zeigt Abbildung 5.20. Sind alle Zeichen ausgegeben, so ist der Prozess beendet.

```
Launch child process @ 5 ns
Child process 1 started @ 5 ns
@   10 ns | S
@   20 ns | y
@   30 ns | s
@   40 ns | t
@   50 ns | e
@   60 ns | m
@   70 ns | C
```

Abb. 5.20: *Ausgabe des Programms von Listing 5.26.*

Da die Funktion `sc_spawn()` auch während der Elaborationsphase im Modul-Konstruktor aufgerufen werden kann, können wir mit ihr auch *statische* Prozesse beim Scheduler anmelden. Wir können beispielsweise die Registrierung des statischen Prozesses `triggerProcess()` durch das `SC_THREAD`-Makro in Zeile 10 von Listing durch

`sc_spawn( sc_bind(&Module::triggerProcess, `**`this`**`) );`

ersetzen. Die mit der SystemC-Version 2.1 eingeführte `sc_spawn()`-Funktion bietet somit eine erweiterte Funktionalität gegenüber den `SC_THREAD`- und `SC_METHOD`-Makros und damit ist es auch möglich, statischen Prozessen Argumente zu übergeben. Will man diese erweiterten Funktionalitäten aber nicht nutzen, so sind die bislang in unseren Beispielen benutzten Makros einfacher in der Anwendung. Ob ein Prozess statisch oder dynamisch ist, hängt letztlich davon ab, an welcher Stelle wir ihn mit der `sc_spawn()`-Funktion beim Scheduler registrieren: Wenn wir ihn im Konstruktor eines Moduls registrieren, handelt es sich um einen statischen Prozess, und wenn wir ihn innerhalb eines Prozesses starten – also auch beim Scheduler registrieren – dann handelt es sich um einen dynamischen Prozess.

Des Weiteren kann man mit Hilfe der Funktion `sc_spawn()` auch erreichen, dass ein Prozess einen Wert zurückgeben kann. Nehmen wir an, wir hätten einen Prozess

`int`` process(`**`int`**` arg1, `**`int`**` arg2){...}`

in einem Modul `Module` dem zwei Integer-Argumente übergeben werden und welcher einen Integer-Wert zurückliefert. Um diesen Prozess statisch oder dynamisch beim Scheduler zu registrieren, nutzen wir folgende Form der `sc_spawn()`-Funktion:

`sc_spawn(&returnValue, sc_bind(&Module::process, `**`this`**`, varA, varB));`

Der Rückgabewert wird nun per Referenz in der Variablen `returnValue` gespeichert. Es ist nun wichtig, dass die Variable noch gültig ist, wenn der Prozess endet. Wie wir im Beispiel in Listing 5.26 vielleicht erkannt haben, endet der Eltern-Prozess `parentProcess()` vor dem Kind-Prozess `childProcess()`; eine lokale und automatische Variable des Eltern-Prozesses wäre daher nicht mehr gültig, wenn der Kind-Prozess endet. Daher empfiehlt es sich, eine Member-Variable des Moduls für den Rückgabewert zu benutzen.

Bei der Übergabe von Argumenten in der bisher beschriebenen Form mit der `sc_bind()`-Funktion wird der Wert der Variablen übergeben („call-by-value"). Will man die Variable per Referenz oder konstanter Referenz („call-by-reference") übergeben, so kann man hierfür die Funktion `sc_ref()` und `sc_cref()` verwenden:

```
sc_spawn(&returnValue, sc_bind(&Module::process, this,
        sc_ref(varA), sc_cref(varB)));
```
In diesem Fall würde nun die Variable varA als Referenz übergeben und die Variable varB als konstante Referenz.

5.5.2   Prozess-Handles

Die Funktion sc_spawn() liefert auch etwas zurück und zwar handelt es sich dabei um ein Objekt vom Typ sc_process_handle. Ein „Handle" (dt.: Griff oder Henkel) ist eine Referenz auf den Prozess und das sc_process_handle-Objekt erlaubt den Zugriff auf den damit verbundenen Prozess und insbesondere das Auslesen von Informationen zu diesem Prozess. Weil ein Prozess ja während der Simulation terminieren kann, wäre ein Zugriff auf einen Prozess über einen einfachen Zeiger unsicher; ein Prozess-Handle existiert aber auch nach der Terminierung des Prozesses weiter. Ein Prozess-Handle ist gültig, wenn es mit einem Prozess verbunden ist, anderenfalls ungültig. Der Zustand kann mit der Methode handleObject.valid() abgefragt werden (wenn handleObject das Prozess-Handle ist), welche ein **true** liefert, wenn das Handle gültig ist. Mit einem Prozess können auch mehrere Handles verbunden sein. Da sowohl statische als auch dynamische Prozesse mit sc_spawn() beim Scheduler angemeldet und gestartet werden können, können wir auch für statische Prozesse Handles anlegen. Die im Handle-Objekt gespeicherten Informationen können mit Hilfe von Methoden abgefragt werden. Wir möchten aus Platzgründen nicht alle Methoden hier darstellen und verweisen auf [16, Seite 157 f.] oder [21, Seite 67 ff.]. So kann man beispielsweise herausfinden, von welchem Typ ein Prozess ist (Method oder Thread, statisch oder dynamisch) oder man kann Informationen über den Eltern-Prozess oder über weitere Kind-Prozesse erhalten.

Listing 5.27: Beispiel Prozess-Handle (Datei k5b9module.h)

```
1   #define SC_INCLUDE_DYNAMIC_PROCESSES
2   #include <systemc>
3   using namespace sc_core;
4   using namespace sc_dt;
5
6   struct Module : public sc_module {
7     SC_HAS_PROCESS(Module);
8     //Constructor
9     Module(sc_module_name name) {
10      //Register as static thread process, dynamic sensitivity
11      sc_spawn( sc_bind(&Module::parentProcess, this) );
12    }
13    //Processes
14    void parentProcess(){
15      wait(5, SC_NS);
16      cout << "Parent process : launch child processes @ ";
17      cout << sc_time_stamp() << endl;
18      sc_process_handle handle1 = sc_spawn( sc_bind(
19        &Module::childProcess, this, 1, sc_time(10, SC_NS)) );
20      sc_process_handle handle2 = sc_spawn( sc_bind(
21        &Module::childProcess, this, 2, sc_time(20, SC_NS)) );
22      sc_process_handle handle3 = sc_spawn( sc_bind(
```

```
23            &Module::childProcess, this, 3, sc_time(30, SC_NS)) );
24         wait( handle1.terminated_event() &
25            handle2.terminated_event() & handle3.terminated_event() );
26         cout << "Parent process : terminating @ ";
27         cout << sc_time_stamp() << endl;
28      }
29      void childProcess(int procId, sc_time &delay) {
30         cout << "Child process " << procId << ": started";
31         cout << " @ " << sc_time_stamp() << endl;
32         wait(delay);
33         cout << "Child process " << procId << ": terminating";
34         cout << " @ " << sc_time_stamp() << endl;
35      }
36   };
```

Was insbesondere interessant sein kann, ist die Frage, ob ein Thread-Prozess noch läuft oder schon terminiert hat. Hierzu ist die Methode `terminated()` verfügbar, die ein **true** zurückliefert, wenn der Prozess terminiert hat. Ferner liefert die Methode `terminated_event()` ein Ereignis (`sc_event`) zurück, wenn der Thread-Prozess terminiert. Damit kann man im Eltern-Prozess beispielsweise per dynamischer Sensitivität auf das Terminieren von Prozessen warten. Diese Methoden zur Terminierung können allerdings nicht sinnvoll auf Method-Prozesse angewendet werden, da diese per Definition immer komplett ausgeführt werden und somit immer terminieren (vgl. [21, Seite 72]).

```
Parent process : launch child processes @ 5 ns
Child process 1: started @ 5 ns
Child process 2: started @ 5 ns
Child process 3: started @ 5 ns
Child process 1: terminating @ 15 ns
Child process 2: terminating @ 25 ns
Child process 3: terminating @ 35 ns
Parent process : terminating @ 35 ns
```

Abb. 5.21: Ausgabe des Programms von Listing 5.27.

Wir zeigen anhand von Listing 5.27 die Verwendung von Prozess-Handles. Das Beispiel besteht aus dem statischen Prozess `parentProcess()` (dieser wird zur Demonstration ebenfalls mit `sc_spawn()` beim Scheduler angemeldet), in welchem wir drei Instanzen des Prozesses `childProzess()` in den Zeilen 18 bis 23 starten. Diesen Prozessen wird jeweils ein Integer-Wert als Prozessidentifikation übergeben sowie als zweites Argument ein Zeitwert. Der jeweilige Prozess gibt eine Textmeldung aus und wird dann mit „Time-Out" für den übergebenen Zeitwert suspendiert. Die Prozess-Handles, welche die `sc_spawn()`-Funktionen liefern, werden in die Handles `handle1`, `handle2` und `handle3` kopiert, so dass wir über die Handles jeweils die Verbindung zu den Prozessen haben. In Zeile 24 und 25 im Eltern-Prozess warten wir nun auf die Terminierung von allen drei Prozessen. Dies wird über eine UND-Ereignisliste implementiert, in welcher die jeweilige `terminated_event()`-Methode der Handles benutzt wird. Abbildung 5.21 zeigt die Ausgabe des Programms: Es ist erkennbar, dass der Eltern-Prozess `parentProcess()` wartet, bis der letzte Kind-Prozess bei $t = 35$ ns beendet wird.

5.6   Callback-Funktionen für Elaboration und Simulation

Während der Ausführung der Elaboration und Simulation ruft der SystemC-Simulationskern vier so genannte „Callback-Funktionen" auf. Diese Callback-Funktionen sind Bestandteil der Klassen `sc_module`, `sc_prim_channel`, `sc_port` und `sc_export` und implementieren dort als virtuelle Funktionen keine Funktionalität. In den davon abgeleiteten SystemC-Objekten (Module, Kanäle, Ports und Exports) kann man diese Callback-Funktionen überschreiben und eigene Funktionalität implementieren. Die Callback-Funktionen werden in *jedem* SystemC-Objekt vom Simulationskern aufgerufen. Der gesamte Ablauf von Elaboration und Simulation mit dem Aufruf der Callback-Funktionen sieht folgendermaßen aus (weitergehende Informationen zu den Callback-Funktionen können [21, Seite 23 ff.] entnommen werden):

1. Elaboration: Aufbau der Modulhierarchie, Aufruf der Konstruktoren und Port-Kanal-Bindungen.

2. Elaboration: Aufruf der Callback-Funktionen `before_end_of_elaboration()`
   In diesen Callback-Funktionen ist es möglich, weitere SystemC-Objekte wie Module, Kanäle oder Ports zu instanzieren oder Port-Bindungen vorzunehmen und damit die Modulhierarchie nachträglich noch zu verändern. Ferner können auch weitere Prozesse beim Scheduler angemeldet werden, diese sind dann statisch.

3. Elaboration: Aufruf der Callback-Funktionen `end_of_elaboration()`
   Diese Callback-Funktionen werden aufgerufen, nachdem alle Callbacks des vorherigen Schritts ausgeführt wurden. Damit ist sichergestellt, dass alle Bindungen vorhanden sind und die Modulhierarchie komplett ist. Es ist daher nicht mehr gestattet, noch weitere SystemC-Objekte, wie Module, Kanäle oder Ports, hinzuzufügen oder Bindungen vorzunehmen. Allerdings können hier ebenfalls noch Prozesse beim Scheduler angemeldet werden, diese sind dann aber dynamisch. Des Weiteren können hier Aktionen vorgenommen werden, die von der fertiggestellten Modulhierarchie oder den fertigen Bindungen abhängen, oder es können Diagnosemeldungen ausgegeben werden.

4. Simulation: Aufruf der Callback-Funktionen `start_of_simulation()`
   Diese Funktionen werden nach Aufruf von `sc_start()` ausgeführt. Hier können beispielsweise Text- oder Trace-Dateien geöffnet werden oder weitere Diagnosemeldungen abgesetzt werden. Ferner ist es auch hier noch möglich, dynamische Prozesse beim Scheduler zu registrieren, dies sollte allerdings – im Unterschied zu den vorherigen Callbacks – ausschließlich mit `sc_spawn()` erfolgen und nicht durch die Makros.

5. Simulation: Initialisierungsphase des Schedulers, wie in Abschnitt 5.1.1 beschrieben

6. Simulation: Ausführung des Schedulers, wie in Abschnitt 5.1.1 beschrieben.

7. Simulation: Aufruf der Callback-Funktionen `end_of_simulation()`
   Diese Funktionen werden nur dann ausgeführt, wenn die Simulation mit Hilfe der Funktion `sc_stop()` und damit vom Anwender beendet wird. Wenn die Simulation ohne Aufruf der Funktion `sc_stop()` und damit vom Scheduler beendet wird (wie dies bislang in unseren Beispielen zumeist der Fall war), dann erfolgt auch kein Aufruf dieser

Callbacks. In diesen Funktionen können beispielsweise Text- oder Trace-Dateien wieder geschlossen werden.

8. Simulation: Aufruf der Destruktoren der Modulhierarchie und Ende des Programms.

Listing 5.28: Beispiel Callback-Funktionen (Datei k5b10module.h)

```
1  struct Module : public sc_module {
2    sc_in<bool> clock;
3    SC_HAS_PROCESS(Module);
4    //Constructor
5    Module(sc_module_name name) {
6    }
7    //Processes
8    void demo(){
9      for(int i = 0; i<3; i++){
10       wait();
11       cout << "Process demo: i = " << i << endl;
12     }
13     sc_stop(); //Stop simulation here
14   }
15   //Callback functions
16   void before_end_of_elaboration(){
17     cout << "CALLBACK: before_end_of_elaboration" << endl;
18     SC_THREAD(demo);
19     sensitive << clock.posedge_event();
20   }
21   void end_of_elaboration(){
22     cout << "CALLBACK: end_of_elaboration" << endl;
23   }
24   void start_of_simulation(){
25     cout << "CALLBACK: start_of_simulation" << endl;
26     fp = sc_create_vcd_trace_file("traces");
27     sc_trace(fp, clock, "clock");}
28   void end_of_simulation(){
29     cout << "CALLBACK: end_of_simulation" << endl;
30     sc_close_vcd_trace_file(fp);
31   }
32   sc_trace_file *fp;
33 };
```

Wir zeigen die Verwendung der Callback-Funktionen am Beispiel von Listing 5.28. Es besteht aus einem Modul mit einem Prozess `demo()` und einem Port `clock`. Der Port ist in der Main-Datei (Listing 5.29) an einen Taktgenerator vom Typ `sc_clock` angeschlossen, der ein periodisches Taktsignal erzeugt. Wir implementieren zu Demonstrationszwecken alle vier Callback-Funktionen, wobei die Callback-Funktion `end_of_elaboration()` außer einer Textausgabe keine weitere Funktionalität besitzt – diese könnte man auch weglassen.

Wir benutzen die Callback-Funktion `before_end_of_elaboration()`, um nachträglich den Prozess `demo()` beim Simulator anzumelden – etwas was wir bisher immer im Konstruktor vorgenommen haben. Der Vorteil der nachträglichen Registrierung ist der folgende: In den Abschnitten 3.5.3 und 5.3 haben wir die Notwendigkeit von „Event Findern" diskutiert. Diese waren notwendig geworden, da bei der Definition der Sensitivitätsliste während des Konstruktoraufrufs des Moduls noch keine Bindung des Ports an den Kanal vorliegt und somit Ereignis-Methoden des Kanals nicht benutzt werden können. Mit Hilfe der Callback-Funktionen kann man dieses Problem umgehen (vgl. [26]). Wenn `before_end_of_elaboration()` durch den Scheduler aufgerufen wird, ist das Modul `m1` und der Kanal `clock` instanziert und die Bindung des Ports `clock` des Moduls `m1` an den Kanal ist durchgeführt worden. Das heißt wir stehen also in der Ausführung der Main-Datei zwischen den Zeilen 7 und 9, also vor Ausführung der Funktion `sc_start()` und damit des Schedulers. Nun ist es möglich, auf Ereignis-Methoden des Kanals zuzugreifen, wie hier die Methode `clock.posedge_event()`. Wenn wir also selbst Kanäle schreiben, können wir uns spezielle Ports für die „Event Finder" hierdurch ersparen und die Ereignis-Methoden benutzen.

Listing 5.29: Main-Datei für das Beispiel (Ausschnitt, Datei k5b10.cpp)

```
 1   ...
 2   int sc_main (int argc , char *argv[]) {
 3     //Modules and Channels
 4     Module m1("m1");
 5     sc_clock clock("clock", 10, SC_NS);
 6     //Port bindings
 7     m1.clock(clock);
 8     //Start simulation
 9     sc_start();
10     return 0;
11   }
```

```
CALLBACK: before_end_of_elaboration
CALLBACK: end_of_elaboration
CALLBACK: start_of_simulation
Process demo: i = 0
Process demo: i = 1
Process demo: i = 2
SystemC: simulation stopped by user.
CALLBACK: end_of_simulation
```

Abb. 5.22: Ausgabe des Programms von Listing 5.28.

Wir hätten die Anmeldung des Prozesses `demo` auch in der `end_of_elaboration()`-Funktion vornehmen können, dann wäre `demo` ein dynamischer Prozess, was aber für die Ausführung unseres Beispiels keinen Unterschied macht. Um noch eine weitere Anwendung zu zeigen, legen wir in der Callback-Funktion `start_of_simulation()` eine Trace-Datei an und zeichnen den Port `clock` darin auf. Die Callback-Funktion `end_of_simulation()` dient dann zum Schließen der Datei. Hierbei ist darauf zu achten, dass wir die `sc_stop()`-Funktion aufrufen, ansonsten würde diese Callback-Funktion nicht ausgeführt und die Trace-Datei nicht geschlossen. Wir tun dies in Zeile 13 von Listing 5.28, kurz bevor der Prozess terminiert. Es wäre auch möglich, die Funktion `sc_stop()` in der Main-Datei nach `sc_start()` aufzurufen; wobei wir dann `sc_start()` mit einer Zeitdauer versehen müssten. Die Ausgabe des Programms zeigt Listing 5.22. Die Meldung `SystemC: simulation stopped by user` zeigt hier an, dass die Simulation durch den Aufruf der Funktion `sc_stop()` vom Anwender im SystemC-Programm beendet wurde und nicht vom Scheduler.

5.7   Der SystemC Report-Handler

SystemC verfügt über Mechanismen, um Informationen, Warnungen oder Fehlermeldungen in einer strukturierten Art und Weise ausgeben zu können. Die Konfiguration und Ausgabe von Meldungen erfolgt über eine zentrale Klasse `sc_report_handler` und so genannte statische Methoden dieser Klasse („static member functions", vgl. [10]). Wir können aus Platzgründen wieder nicht alle Möglichkeiten darstellen und zeigen an dieser Stelle nur die Verwendung der Mechanismen, so wie sie vorkonfiguriert sind. Für eine ausführliche Darstellung der Konfigurationsmöglichkeiten sei auf [21, Seite 391 ff.] verwiesen.

Eine Meldung besteht aus dem „Meldungstyp" und einem Freitext. Bei beiden handelt es sich um einen Textstring. Im Meldungstyp sollte die Firma und der Projektname oder der Name des IP-Blocks und möglicherweise weitere Unterkategorien enthalten sein, so dass in einem großen Projekt letztlich eindeutige Meldungen entstehen, die entsprechenden Teilen des Gesamtsystems zugeordnet werden können. Des Weiteren werden die Meldungen in Kategorien eingeteilt, die den Schweregrad des Problems charakterisieren. Mit jeder Kategorie sind dann bestimmte Aktionen verbunden. Die Meldungen werden auf der Konsole ausgegeben und um eine zusätzliche Ausgabe in eine Log-Datei zu erhalten, muss diese mit der statischen Methode der Report-Handler-Klasse `set_log_file_name()`, wie in Zeile 8 von Listing 5.31 gezeigt, angelegt werden; das Öffnen und Schließen der Datei übernimmt der Report-Handler.

In seiner einfachsten Form kann man das SystemC-Berichtssystem über folgende Makros für vier unterschiedliche Schweregrade benutzen, wobei `msgId` ein entsprechender String für den Meldungstyp darstellt:

- `SC_REPORT_INFO(msgId, "Freitext")` : Es handelt sich um eine reine Information.

- `SC_REPORT_WARNING(msgId, "Freitext")` : Es handelt sich um eine Warnung, die mit zusätzlichen Informationen ausgegeben wird und auf ein mögliches Problem hindeutet.

- `SC_REPORT_ERROR(msgId, "Freitext")` : Es handelt sich um ein ernsteres Problem. Neben der Ausgabe der Meldung wird auch eine C++-"Exception" erzeugt, so dass diese später von einem „Exception Handler" behandelt werden kann (vgl. [10]). Das Programm und damit die Simulation wird jedoch bis zum Ende durchgeführt.

- `SC_REPORT_FATAL(msgId, "Freitext")` : Es handelt sich um ein sehr schweres Problem, welches einen Programmabbruch erforderlich macht. Es wird eine Meldung generiert und danach die C++-Funktion `abort()` aufgerufen, welche das Programm abbricht.

Eine weitere nützliche Funktion in diesem Zusammenhang ist `sc_assert()`: Wenn das übergebene Argument **false** ist, dann wird die Simulation wie bei `SC_REPORT_FATAL` abgebrochen. Man kann dies nutzen, um Vergleiche durchzuführen und in Abhängigkeit davon dann das Programm abbrechen.

Listing 5.30: *Beispiel Report-Handler (Datei k5b11module.h)*

```
 1  struct Module : public sc_module {
 2    sc_in<bool> clock;
 3    SC_HAS_PROCESS(Module);
 4    //Constructor
 5    Module(sc_module_name name, int id) {
 6      SC_THREAD(demo);
 7      sensitive << clock.pos();
 8      moduleId = id;
 9      sc_assert(moduleId > 0);
10    }
11    //Processes
12    void demo(){
13      SC_REPORT_INFO(msgId, "Process demo started.");
14      for(int i = 0; i<3; i++){
15        wait();
16        cout << "Process demo: i = " << i << endl;
17      }
18      SC_REPORT_WARNING(msgId, "Stopping simulation.");
19      sc_stop();
20    }
21    int moduleId;
22  };
```

Das Beispiel in Listing 5.30 und 5.31 zeigt die Verwendung der SystemC-Reports. Die Report-Handler-Klasse muss im Programm nicht gesondert instanziert werden, sie ist in der SystemC-Bibliothek vorhanden. Wir können also direkt die Methoden des Report-Handlers benutzen oder die Makros verwenden. Wir legen in Zeile 2 von Listing 5.31 zunächst einen globalen String msgId als Meldungstyp an, den wir für alle Meldungen des Programms benutzen. In Zeile 8 legen wir dann die Log-Datei „k5b11.log" an, in welcher die Meldungen zusätzlich gespeichert werden sollen.

In der Main-Datei und im Modul geben wir verschiedene Informationsmeldungen und eine Warnung am Ende des Prozesses demo aus, dass wir die Simulation an dieser Stelle stoppen. Des Weiteren überprüfen wir in Zeile 9 von Listing 5.30 mit der Methode sc_assert() ob eine dem Konstruktor des Moduls übergebene Zahl größer als Null ist, anderenfalls wird die Simulation abgebrochen. Den Inhalt der Log-Datei zeigt Abbildung 5.23: Die Meldungen werden mit Zeitstempel und Schweregrad angezeigt. Gegenüber der „Info" werden bei der „Warning" noch weitere Informationen angezeigt, die den Ort genau lokalisieren, wo die Meldung generiert wurde. Diese Informationen können für das „Debugging" eines größeren Systemmodells sehr nützlich sein. In der Ausgabe auf der Konsole erhält man dann sowohl die normalen mit cout generierten Textmeldungen und die Meldungen des Report-Handlers. Man kann nun mit der Methode set_actions() des Report-Handlers die vordefinierten Aktionen verändern. Beispielsweise kann man durch die Anweisungen in Zeile 9 und 10 von Listing 5.31 dafür sorgen, dass die „Infos" und „Warnings" nur in der Log-Datei und nicht auf der Konsole ausgegeben werden, da dies möglicherweise störend ist. Weitere Informationen hierzu findet man in [21, Seite 394]. Wenn wir bei der Instanzierung des Moduls für den zweiten Parameter des Konstruktors einen Wert 0 übergeben, dann erhalten wir auf der Konsole im Übrigen die Ausgabe nach Abbildung 5.24 und das Programm wird abgebrochen.

Listing 5.31: Main-Datei für das Beispiel (Ausschnitt, Datei k5b11.cpp)

```
1   ...
2   const char *msgId = "/SystemCBook/Example 5.11";
3
4   #include "k5b11module.h"
5
6   int sc_main (int argc , char *argv[]) {
7     //Set report handler options
8     sc_report_handler::set_log_file_name("k5b11.log");
9     sc_report_handler::set_actions(SC_INFO, SC_LOG);
10    sc_report_handler::set_actions(SC_WARNING, SC_LOG);
11    //Modules and Channels
12    Module m1("m1", 1);
13    sc_clock clock("clock", 10, SC_NS);
14    //Port bindings
15    m1.clock(clock);
16    SC_REPORT_INFO(msgId, "Start simulation");
17    //Start simulation
18    sc_start();
19    SC_REPORT_INFO(msgId, "Finished simulation");
20    return 0;
21  }
```

```
0 s: Info: /SystemCBook/Example 5.11: Start simulation
0 s: Info: /SystemCBook/Example 5.11: Process demo started.
20 ns: Warning: /SystemCBook/Example 5.11: Stopping simulation.
In file: c:\design\systemc\systemc_buch\k5\bsp11\k5b11module.h:18
In process: m1.demo @ 20 ns
20 ns: Info: /SystemCBook/Example 5.11: Finished simulation
```

Abb. 5.23: Inhalt der Log-Datei „k5b11.log".

```
Fatal: (F4) assertion failed: moduleId > 0
In file: c:\design\systemc\systemc_buch\k5\bsp11\k5b11module.h:9
```

Abb. 5.24: Ausgabe des Programms, bei Instanzierung des Moduls mit `Module m1("m1", 0)`*.*

5.8   Kontrollfragen und Übungsaufgaben

Aufgabe 5.1:
Erläutern Sie das Prinzip einer diskreten, ereignisgesteuerten Simulation.

Aufgabe 5.2:
Wie wird sichergestellt, dass ein Thread-Prozess ohne Sensitivitätsliste zur Ausführung kommt?

Aufgabe 5.3:
Wozu sind die so genannten „Delta-Zyklen" notwendig und aus welchen Phasen bestehen sie?

Aufgabe 5.4:
Wodurch kann ein zeitlicher Fortschritt in der Simulation erzielt werden?

Aufgabe 5.5:
Schreiben Sie ein Simulationsmodell zur Demonstration von „Zero Delay"-Oszillationen, welches aus einem einzigen Thread-Prozess besteht. Der Prozess soll in einer Endlosschleife ein Signal vom Typ **bool** invertieren und soll auf Änderungen dieses Signals selbst wiederum statisch sensitiv sein (mit `wait()`). In der Simulation sollte nun kein zeitlicher Fortschritt entstehen. Stellen Sie sicher, dass die Simulation nach einer bestimmten Anzahl von Delta-Zyklen abgebrochen wird (z.B. 20 Zyklen).

Aufgabe 5.6:
Welche wesentlichen Bestandteile und Voraussetzungen benötigt ein Kanal, damit er den „Request-Update"-Mechanismus des Simulators unterstützen kann? Erläutern Sie diesen Mechanismus und seinen wesentlichen Zweck.

Aufgabe 5.7:
Zeigen Sie anhand eines einfachen Beispiels die Steuerung eines Prozesses durch dynamische Sensitivität. Bechreiben Sie hierzu in einem Modul zwei Thread-Prozesse. Ein Thread-Prozess `p1` soll mit Hilfe von Time-Outs im Abstand von 10 ns drei Ereignisse aktivieren (als Delta-Notifikation), auf welche ein weiterer Prozess `p2` dynamisch durch eine UND-Verknüpfung von Ereignissen sensitiv ist. Modifizieren Sie das Beispiel und machen Sie sich die ODER-Verknüpfung und die Kombination von Ereignissen und Time-Outs klar. Geben Sie zur Überprüfung die Zeitpunkte und Delta-Zyklen aus, zu welchen die Ereignisse aktiviert wurden und zu welchen der zweite Prozess `p2` auf die Ereignisse reagiert.

Aufgabe 5.8:
Wann wird eine Interface-Methode als blockierend bezeichnet und weshalb können solche Methoden nicht innerhalb eines Method-Prozesses aufgerufen werden?

Aufgabe 5.9:
Schreiben Sie einen hierarchischen Kanal, über welchen Sie einzelne Zeichen (Typ **char**) mit Hilfe von `read()` und `write()`-Interface-Methoden übertragen können (siehe auch FIFO-Beispiel aus Abschnitt 4.2.1 und Übungsaufgabe 4.9 aus dem letzten Kapitel). Verzichten Sie nun aber auf eine Steuerung durch einen Takt und steuern Sie Senden und Empfangen der Zeichen ausschließlich mit Hilfe von blockierenden Interface-Methoden. Legen Sie hierzu wieder einen Kanal mit zwei Interfaces an, welche jeweils die Methode `read()` und die Methode `write()` deklarieren und implementieren Sie die beiden Methoden im Kanal. Legen Sie im Kanal zwei Ereignisse (mit Delta-Notifikationen) an, welche anzeigen, dass auf den Datenpuffer (Member-Variable vom Typ **char**) im Kanal geschrieben wurde oder dass von ihm gelesen

wurde. „Verriegeln" Sie die Interface-Methoden mit Hilfe der Ereignisse und einer zusätzlichen Variablen, welche den Zustand des Puffers anzeigt (voll/leer), so dass nicht mehr geschrieben werden kann, wenn der Puffer voll ist, und nicht mehr gelesen werden kann, wenn der Puffer leer ist. Verwenden Sie für den Test ein Sender- und ein Empfänger-Modul analog zum FIFO-Beispiel aus Abschnitt 4.2.1, wobei allerdings auf den Takt verzichtet wird. Simulieren Sie das Modell zunächst ohne Zeitfortschritt und testen Sie dann unterschiedliche Schreib- und Lese-Raten, indem Sie im Sender und Empfänger jeweils zusätzlich noch Time-Outs einführen.

Aufgabe 5.10:
Erläutern Sie die Unterschiede zwischen unmittelbaren Notifikationen, Delta-Notifikationen und Zeit-Notifikationen von Ereignissen.

Aufgabe 5.11:
Erläutern Sie, unter welchen Umständen „Event Finder" notwendig werden.

Aufgabe 5.12:
Modifizieren Sie die Aufgabe 5.9 indem Sie den Receiver-Prozess statisch sensitiv auf das Kanal-Ereignis machen, dass Daten im Kanal geschrieben wurden. Legen Sie hierzu einen spezialisierten Port an, den Sie im Receiver verwenden und der über einen entsprechenden „Event Finder" verfügt. Die Methode `read()` soll nun nicht-blockierend sein.

Aufgabe 5.13:
Modifizieren Sie die Aufgabe 5.12 indem Sie statt eines spezialisierten Ports einen normalen Port `sc_port` verwenden und diesen in der Sensitivitätsliste angeben. Tip: Sie müssen hierzu im Kanal die Methode `default_event()` des Interfaces überschreiben.

Aufgabe 5.14:
Was unterscheidet eine „Event Queue" von einem Ereignis?

Aufgabe 5.15:
Modifizieren Sie das Beispiel aus Listing 5.25 in Abschnitt 5.4 folgendermaßen: Legen Sie zwei Module an, wobei ein Modul den Prozess `triggerProcess()` beinhaltet und das andere Modul den Prozess `displayProcess()`. Instanzieren Sie die Module und koppeln Sie die beiden Module über eine „Event Queue". Hierzu müssen Sie in den beiden Modulen entsprechende Ports anlegen. Verwenden Sie im Prozess `displayProcess()` eine dynamische Sensitivität auf die „Event Queue".

Aufgabe 5.16:
Als Beispiel für die Verwendung von dynamischen Prozessen sollen Sie einen Interrupt-Controller für einen Mikroprozessor modellieren. Der Controller soll als hierarchischer SystemC-Kanal über eine Interface-Methode `sendIRQ()` mit folgender Signatur verfügen:
void `sendIRQ(`**unsigned int** `irqNum)`
Dabei soll `irqNum` die Nummer des Interrupts sein. Zu Testzwecken schreiben Sie ein weiteres Modul, welches dem Interrupt-Controller über dieses Interface Interrupts mit entsprechenden Nummern zu verschiedenen Zeiten sendet. Die Interface-Methode hat zwei Aufgaben: Zum einen soll der Interrupt in einem zugehörigen Flag (Member-Variable des Kanals) gespeichert werden und zum anderen soll ein (statischer) Prozess `irqMainProcess()` durch ein entsprechendes Ereignis getriggert werden. In diesem Prozess sollen dann die Flags abgefragt werden und die zugehörigen Interrupt-Handler als dynamische Prozesse gestartet werden. Es sollen zunächst drei Interrupts mit entsprechenden drei unterschiedlichen Interrupt-Handlern verwaltet werden können. Warten Sie im `irqMainProcess()` auf die Terminierung jedes Handler-

Prozesses, bevor Sie den nächsten Prozess starten. Die Handler-Prozesse sollen keine spezielle Funktion ausführen, sondern nur das zugehörige Flag zurücksetzen und eine bestimmte Zeit warten, wobei die Zeiten für die Handler-Prozesse unterschiedlich sein sollen. Achten Sie auf folgendes: Da während der Ausführung eines Handler-Prozesses weitere Interrupts eintreffen können und der `irqMainProcess()` auf die Terminierung wartet, können die durch die weiteren Interrupts ausgelösten Ereignisse verloren gehen. Wenn Sie also mit der Abarbeitung der Handler-Prozesse fertig sind, sollten Sie nochmals alle Flags überprüfen und gegebenenfalls die zugehörigen Handler-Prozesse ausführen, bevor der `irqMainProcess()` wieder auf das von `sendIRQ()` ausgelöste Ereignis wartet. Wenn ein Interrupt mehrfach nacheinander durch `sendIRQ()` ausgelöst wird, so kann das Flag nicht mehrfach gesetzt werden und der Interrupt geht verloren. Sehen Sie in der Interface-Methode `sendIRQ()` eine Erkennung dieses Problems vor und geben Sie mit `SC_REPORT_WARNING()` eine Warnung aus; ansonsten muss in diesem Fall nichts weiter getan werden. Geben Sie ebenfalls eine Warnung aus, wenn eine Interrupt-Nummer gesendet wird, für die kein Handler existiert. Zusatzaufgabe: Schreiben Sie den Interrupt-Controller so, dass er einfach um zusätzliche Interrupt-Nummern und deren Handler erweitert werden kann (Tip: Benutzen Sie ein Feld für die Flags und ein Feld von Funktionszeigern für die Handler-Prozesse).

Aufgabe 5.17:
Was versteht man unter „Callback Funktionen"?

6 Transaction-Level-Modellierung mit SystemC

Im Kapitel 3 haben wir Mechanismen wie Ports, Module und Prozesse benutzt, um Modelle digitaler Hardware auf Register-Transfer-Ebene zu beschreiben. Wir haben aber in den darauf folgenden Kapiteln gesehen, dass SystemC weitere Mechanismen, wie hierarchische Kanäle, Ereignisobjekte oder dynamische Prozesse, bereitstellt, welche die Möglichkeiten klassischer Hardwarebeschreibungssprachen wie VHDL übersteigen. Das Anwendungsgebiet von SystemC ist daher nicht nur die RTL-Modellierung von digitaler Hardware, sondern insbesondere die Modellierung von komplexen Systemen, die aus Hardware und Software bestehen; man spricht hier vom so genannten „virtuellen Prototypen" eines Systems. Solche Systeme bestehen in der Regel aus einem oder mehreren Mikroprozessoren, Bussystemen, Speicher und Peripherieeinheiten nebst der zugehörigen Software, die auf den Prozessoren ausgeführt wird – häufig auch mit Betriebssystemen.

Eine Simulation der Ausführung von Software auf einem Register-Transfer-Modell des Systems (in VHDL oder Verilog) dauert – wie wir schon im ersten Kapitel ausgeführt haben – viel zu lange; der Grund liegt in der Vielzahl von Signalen und Prozessen, die aufgrund des geringen Abstraktionsgrades zu modellieren sind. Die so genannte „Transaction-Level-Modellierung" (TLM) erreicht durch eine gegenüber der RTL-Modellierung stärkere Abstraktion erheblich höhere Simulationsleistungen, so dass es möglich wird, einen entsprechenden virtuellen Prototypen eines Systems zu benutzen, um auf ihm beispielsweise Software entwickeln zu können oder die Leistungsfähigkeit von unterschiedlichen Systemarchitekturen durch Simulationen bewerten zu können. Hierzu setzt TLM im Wesentlichen an zwei Punkten an: Zum einen wird die strukturelle Genauigkeit des Modells verringert, indem man darauf verzichtet, Hardware-Signale und deren Port-Anschlüsse genau darzustellen. Dies betrifft insbesondere die Bussysteme - ein On-Chip-Bussystem wie beispielsweise AMBA-AHB [4] erfordert schon mehr als hundert Signalleitungen. Die wesentliche Idee von TLM liegt darin, die Transaktionen auf solchen Bussystemen nicht mehr durch Signalverläufe auf Leitungen zu modellieren, sondern diese durch den Aufruf von Interface-Methoden zu ersetzen. Der zweite Punkt betrifft die zeitliche Genauigkeit: RTL-Modelle sind taktzyklengenau. Wenn wir also in der Simulation einen nennenswerten Zeitabschnitt simulieren möchten, so entstehen dabei sehr viele Taktzyklen und jeder zu simulierende Taktzeitpunkt kann wiederum aus einer Vielzahl von Delta-Zyklen bestehen. Wenn wir dies wieder auf die Bussysteme beziehen, so bestehen einzelne Bus-Transaktionen aus mehreren Taktzyklen und die Idee besteht darin, den zeitlichen Verlauf von Bustransaktionen nicht mehr zyklengenau darzustellen, sondern auch das Zeitverhalten stärker zu abstrahieren.

Die Transaction-Level-Modellierung beschäftigt sich hauptsächlich mit der effizienten Modellierung von Bussystemen und deren Transaktionen (daher der Name), da diese einen wesentlichen Bestandteil von elektronischen Systemen darstellen. Wir möchten in diesem Kapitel zunächst anhand eines einfachen Beispiels zeigen, wie man mit SystemC ein Transaction-Level-Modell für ein einfaches Bussystem schreiben kann. Für die TL-Modellierung von Bussystemen ist von Accellera eine generische TLM-Bibliothek verfügbar (TLM-2.0), welche mittlerweile in die SystemC-Bibliothek integriert wurde und auf dem bislang besprochenen SystemC-Standard aufbaut. Das Ziel der TLM-2.0-Bibliothek ist die effiziente Modellierung von On-Chip-Bussystemen, die nach dem „Memory-Mapped I/O"-Prinzip arbeiten. Grundlage für eine Steigerung der Simulations-Performance gegenüber RTL-Modellen sind die oben besprochenen Maßnahmen. Ein weiteres wichtiges Ziel ist die so genannte „Interoperabilität": Im Rahmen der TL-Modellierung von On-Chip-Bussystemen versteht man darunter die Tatsache, dass entsprechende Standards bezüglich der Bus-Transaktionen eingehalten werden, so dass man TL-Modelle verschiedener Hersteller problemlos zu einem Gesamtsystem kombinieren kann – diese also „kompatibel" sind. Hierzu werden in der TLM-2.0-Bibliothek Interface-Methoden für die Transaktionen und zugehörige, spezielle Ports definiert sowie ein Transaktionsobjekt. Darüber hinaus wird ein grundlegendes Protokoll für die Bustransaktionen definiert und zwei unterschiedliche Möglichkeiten für die zeitliche Genauigkeit. Mit Hilfe von Erweiterungen können auch anwenderspezifische Busprotokolle realisiert werden. Wir werden in diesem Kapitel zunächst eine Einführung in die TLM-2.0-Bibliothek geben und zeigen, wie man damit ein System modellieren kann. Die Modellierung der zeitlichen Abläufe mit dem Basisprotokoll und weitere Mechanismen der TLM-Bibliothek werden in den beiden folgenden Kapiteln beschrieben.

An dieser Stelle muss noch deutlich gemacht werden, dass sich die TLM-2.0-Bibliothek mit der Modellierung der Kommunikationseinrichtungen des Systems beschäftigt – also mit den Bussystemen und den Bus-Interfaces der Komponenten. TLM-2.0 macht allerdings keine speziellen Vorgaben, was die Modellierung der Komponenten selbst angeht. Hier kann man sowohl RTL-Modelle verwenden als auch SystemC-Modelle, welche die Funktionalität der Komponenten abstrakter modellieren, beispielsweise so genannte Instruktionssatz-Simulatoren (ISS) für Mikroprozessoren oder algorithmische Modelle für Peripheriekomponenten. Auch hier wird man natürlich bei abstrakteren Komponentenmodellen einen Performance-Gewinn für das Gesamtmodell erreichen können. Wir verwenden für unsere Beispiele einen selbstentwickelten Instruktionssatz-Simulator für den DLX-Mikroprozessor [33] sowie sehr einfache Modelle für Speicher- und Peripheriekomponenten. Mittlerweile sind von verschiedenen Anbietern TLM-2.0-kompatible Komponenten verfügbar, insbesondere auch Instruktionssatz-Simulatoren für verschiedene Mikroprozessoren (beispielsweise Open Virtual Platforms [31], Carbon Design Systems [11]). Auch die großen EDA-Hersteller, wie Mentor [29] oder Synopsys [40], bieten SystemC-TLM-kompatible IP-Komponenten und Werkzeuge für den Systementwurf an.

6.1   Modellierung von Systemen auf der Transaktionsebene

In den folgenden Abschnitten wollen wir zunächst anhand eines einfachen Beispiels die prinzipielle Vorgehenweise bei der Transaction-Level-Modellierung und die Unterschiede zur RTL-Modellierung zeigen. Wir verzichten dabei zunächst auf die TLM-2.0-Bibliothek und benutzen nur die bislang besprochenen SystemC-Mechanismen, wie Ports, Interfaces, Module und hierarchische Kanäle.

6.1.1   Modellierung eines einfachen Bussystems

Um die Unterschiede zwischen der Register-Transfer-Ebene und der Transaktionsebene zu zeigen, betrachten wir das Modell eines einfachen Bussystems nach Abbildung 6.1: Der „Initiator", welcher häufig auch als „Master" bezeichnet wird, kann Transfers oder Transaktionen auf dem Bussystem durchführen. Ein Initiator ist typischerweise ein Mikroprozessor oder beispielsweise eine DMA-Einheit (DMA: Direct Memory Access). Eine Transaktion ist im einfachsten Fall der Transfer von Daten in Form eines Bytes oder eines Multi-Byte-Wortes über den Bus. Hierzu ist eine Adresse notwendig und mindestens die Angabe, ob der Initiator schreibt oder liest. Die „Targets" (auch als „Slave" bezeichnet) sind typischerweise Speicher- oder Peripherieinheiten. Sie sind passiv, das heißt sie können selbst keine Transaktionen durchführen und müssen auf die Transaktionsanforderungen des Initiators reagieren. Fast alle Bussysteme arbeiten heute nach dem „Memory-Mapped I/O"-Prinzip: Der gesamte Adressraum wird so aufgeteilt, dass sowohl die Speichereinheiten als auch die Peripherieeinheiten in diesem Adressraum zu finden sind. Dies hat den Vorteil, dass man softwaremäßig die Peripherieeinheiten wie Speichereinheiten ansprechen kann und keine speziellen Befehle benötigt. Aus den Adressen wird dann dekodiert, welche Speicher- oder Peripherieeinheit in der aktuellen Transaktion ausgewählt wird; dies ist eine wesentliche Aufgabe des Busses, der in Abbildung 6.1 als „Router" bezeichnet wird.

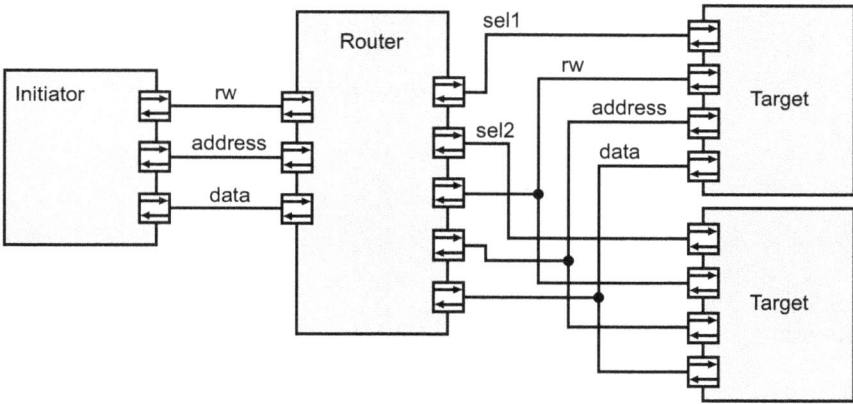

Abb. 6.1: *Modell eines einfachen Bussystems auf Register-Transfer-Ebene. Die Signale* rw *zeigen Schreiben oder Lesen an, die Signale* address *und* data *sind die Adressen und Daten. Die Auswahl der Targets erfolgt mit den Signalen* sel1 *und* sel2.

Reale On-Chip-Bussysteme umfassen erheblich mehr Signale – insbesondere Steuersignale. Sie können in der Regel mehr als einen Initiator verwalten („Multi-Master"-Fähigkeit) und können auch unterschiedliche Transferarten (Single-Transfer, Burst-Transfer, etc.) ausführen (vgl. beispielsweise [4]), so dass eine Vielzahl von Steuersignalen nötig wird. Die Adressbreite beträgt häufig 32 Bit und damit hat man einen Adressraum von 2^{32} Byte zur Verfügung. Die Datenbreite beträgt häufig ebenfalls 32 Bit, kann jedoch für höhere Busbandbreiten auch 64 oder 128 Bit betragen. Die Gesamtzahl aller nötigen Steuer-, Adress- und Datenleitungen kann damit deutlich über hundert Signale betragen. Modelliert man nun ein solches Bussystem auf RT-Ebene, wird eine entsprechende Anzahl von VHDL-Signalen oder SystemC-Signal-Kanälen notwendig. Im Hinblick auf die Simulation ist noch zu bedenken, dass eine Transaktion in der Regel mehrere Taktschritte benötigt, da es sich häufig um synchrone Bussysteme handelt. Dies erfordert letztlich eine Vielzahl von Delta-Zyklen.

Wenn wir das Bussystem aus Abbildung 6.1 auf Transaktionsebene modellieren, dann sieht es wie in Abbildung 6.2 gezeigt aus. Wir ersetzen nun die Signale der RT-Ebene durch Interface-Methodenaufrufe, so dass wir zunächst vom Initiator aus über den Port des Initiators eine Interface-Methode des gebundenen Router-Kanals aufrufen, so wie wir dies in den Kapiteln 4 und 5 schon getan haben. Der Router ruft über einen Port wiederum die Interface-Methode des entsprechenden Target-Kanals auf. Eine Transaktion besteht somit aus dem Aufruf von Interface-Methoden und ist deutlich weniger aufwändig als die Simulation von Transaktionen auf RT-Ebene, zumal in der Regel auch deutlich weniger Delta-Zyklen für die Transaktionen benötigt werden.

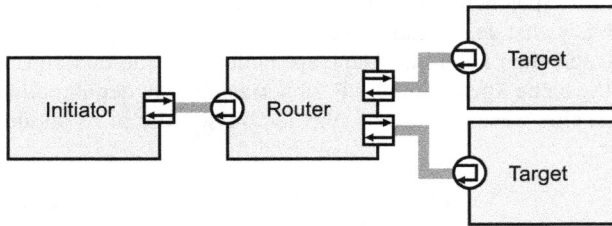

Abb. 6.2: *Modell eines einfachen Bussystems auf Transaktionsebene.*

Listing 6.1: *Transaktionsobjekt und Interface für das Bus-Beispiel (Datei k6b1interface.h)*

```
1   enum Cmd {READ, WRITE};
2
3   struct TransObject {
4     Cmd transCmd;
5     char data;
6     unsigned int address;
7   };
8
9   struct BusIF : public sc_interface {
10    virtual void transaction(TransObject&) = 0;
11  };
```

Wir möchten nun das in Abbildung 6.2 gezeigte System mit den in den vorangegangenen Kapiteln beschriebenen SystemC-Mechanismen modellieren. Hierzu legen wir zunächst die Interface-Klasse `BusIF` an und definieren die Interface-Methode `transaction()` (Listing 6.1). Das Argument welches wir der Methode übergeben ist vom Typ `TransObject`. Dies ist eine ebenfalls in dieser Datei definierte C++-Struktur, die aus den drei Member-Variablen `transCmd` (vom Aufzählungstyp `Cmd`), `data` und `address` besteht. Sie sollen die Art der Transaktion (Read, Write) als Kommando und die Adresse und das Datum der Transaktion speichern; wir bezeichnen dies als „Transaktionsobjekt". Diese Informationen werden im RTL-Modell über die Signale übertragen; im TL-Modell findet die Übertragung statt, indem wir der Methode `transport()` eine *Referenz* auf das Transaktionsobjekt übergeben.

Listing 6.2: Initiator (Datei k6b1initiator.h)

```
1  struct Initiator : public sc_module {
2    sc_port<BusIF> busPort;
3    SC_HAS_PROCESS(Initiator);
4    //Constructor
5    Initiator(sc_module_name name) {
6      SC_THREAD(generateTransactions);
7    }
8    //Processes
9    void generateTransactions(){
10     startTransaction(WRITE, 0, 't');
11     startTransaction(WRITE, 32, 'e');
12     startTransaction(WRITE, 1, 's');
13     startTransaction(WRITE, 33, 't');
14     startTransaction(READ, 0, 0);
15     startTransaction(READ, 32, 0);
16     startTransaction(READ, 1, 0);
17     startTransaction(READ, 33, 0);
18     startTransaction(READ, 31, 0);
19     startTransaction(READ, 63, 0);
20   }
21   //Transaction object
22   TransObject t1;
23 private:
24   void startTransaction(Cmd tCmd,
25     unsigned int address, char data){
26     t1.address = address;
27     t1.data = data;
28     t1.transCmd = tCmd;
29     busPort->transaction(t1);
30     cout <<"@ "<<setw(6)<<sc_time_stamp();
31     if(tCmd == READ){
32       cout <<" | Initiator READ  | A: "<<setw(3)<<address;
33       cout <<" | D: "<<t1.data<<endl;
34     }
35     else {
36       cout <<" | Initiator WRITE | A: "<<setw(3)<<address;
37       cout <<" | D: "<<t1.data<<endl;
38     }
39     wait(10, SC_NS);
40   }
41 };
```

Das Modell des Initiators in Listing 6.2 besteht aus dem Port busPort, welcher das Interface BusIF als Typ hat, einem Prozess generateTransactions(), dem Transaktionsobjekt t1 als Member-Variable und einer Hilfsmethode startTransaction(). Diese Methode wird im Prozess generateTransactions() jeweils mit dem Kommando tCmd, der Adresse address und dem Datum data aufgerufen. Im Falle einer Lese-Transaktion (tCmd = READ), ist der Wert des Datums beliebig. Nun werden in den Zeilen 26 bis 28 diese Informationen im Transaktionsobjekt gespeichert und dann die Interface-Methode `transaction()` in Zeile 29 aufgerufen, wobei das Transaktionsobjekt per Referenz übergeben wird. Im Rest der Methode `startTransaction()` werden die Daten der Transaktion auf der Konsole ausgegeben und am Ende wird die `wait()`-Methode aufgerufen, wodurch der `generateTransactions()`-Prozess für 10 ns suspendiert wird.

Listing 6.3: Router (Datei k6b1router.h)

```
 1    struct Router : public sc_module, public BusIF {
 2      sc_port<BusIF> targetPort[NO_OF_TARGETS];
 3      //Constructor
 4      Router(sc_module_name name) {
 5      }
 6      //Interface method
 7      void transaction(TransObject &tObj){
 8        unsigned int targetIndex;
 9        targetIndex = tObj.address / SIZE;
10        sc_assert(targetIndex < NO_OF_TARGETS);
11        tObj.address = tObj.address - targetIndex*SIZE;
12        targetPort[targetIndex]->transaction(tObj);
13      }
14    };
```

Wir verfolgen nun den Aufruf der Methode `transaction()` über den Port `busPort` des Initiators weiter: In Listing 6.5 ist der Toplevel unseres Modells zu finden (die nicht abgedruckte Main-Datei ist trivial und instanziert den Toplevel); dieser instanziert den Initiator, den Router und zwei Targets dynamisch. Ferner wird der Port des Initiators an den Router gebunden. Der Router selbst (Listing 6.3) ist ein hierarchischer Kanal und daher vom Interface `BusIF` abgeleitet. Er instanziert aber das Port-Array `targetPort` und ist insofern auch ein Modul – so wie der Initiator. Die Anzahl der Array-Elemente entspricht der Anzahl der Targets (`NO_OF_TARGETS`) Je ein Element des `targetPort` wird an ein Target gebunden; der Quellcode für das Target ist in Listing 6.4 zu finden.

In der im Router implementierten Interface-Methode `transaction()` müssen wir nun das entsprechende Element des Port-Arrays `targetPort` herausfinden, über welchen wir letztlich dann die Methode `transport()` im zugehörigen Target aufrufen und damit die Transaktion zum Abschluss bringen. Dieser Vorgang entspricht in der Hardware oder im RTL-Modell der Adressdekodierung und der Erzeugung der Auswahlsignale. Hierzu muss man die Aufteilung der Adressbereiche auf die einzelnen Targets kennen – dies wird zumeist als „Memory Map" bezeichnet.

Wir nehmen der Einfachheit halber an, dass die Targets jeweils die gleiche Adressbereichsgröße von 32 Byte (`SIZE`) aufweisen und legen eine Aufteilung nach Tabelle 6.1 fest. Wir bestimmen im Router in Zeile 9 von Listing 6.3 zunächst den Index des Target-Ports, indem wir die Adresse der Transaktion ganzzahlig durch die in `SIZE` definierte Adressbereichsgröße dividieren. Anschließend überprüfen wir durch ein `sc_assert()`, dass der Index kleiner als 2 ist und wir somit keine Adresse haben, die größer als 63 ist. Innerhalb des Targets (Listing 6.4) werden die Daten in einem Feld gespeichert, welches jeweils von 0 bis 31 indiziert werden muss. Wir müssen daher dafür sorgen, dass die vom Initiator gelieferten Adressen, die von 0 bis 63 reichen können, in den lokalen Adressbereich des jeweiligen Targets von 0 bis 31 abgebildet werden. Wir verändern hierzu die Adresse im Transaktionsobjekt gemäß $NeueAdresse = Adresse - Index \times Size$ (Zeile 11 von Listing 6.3), bevor wir die Methode `transaction()` im Target aufrufen und das Transaktionsobjekt wieder per Referenz übergeben.

Adressbereich	Target-Port-Index	Target
0 ... 31	0	Target 1 (t1)
32 ... 63	1	Target 2 (t2)

Tabelle 6.1: *Memory Map für das Beispiel.*

Listing 6.4: *Target (Datei k6b1target.h)*

```
1  struct Target : public sc_module, public BusIF {
2    //Constructor
3    Target(sc_module_name name){
4      for(int i=0;i<SIZE;i++){
5        memArray[i] = '?';
6      }
7    }
8    //Interface method
9    void transaction(TransObject &tObj){
10     wait(5, SC_NS);
11     sc_assert((tObj.address >= 0) && (tObj.address < SIZE));
12     if(tObj.transCmd == WRITE){
13       memArray[tObj.address] = tObj.data;
14     }
15     else {
16       tObj.data = memArray[tObj.address];
17     }
18   }
19 private:
20   char memArray[SIZE]; //Memory array
21 };
```

Die Interface-Methode im Target führt nun zunächst ein „Time-Out" von 5 ns aus; hierdurch soll die Verarbeitungszeit im Target modelliert werden. Damit ist `transaction()` offensichtlich eine blockierende Methode und die Frage ist nun, welcher Prozess hierdurch blockiert wird? Die Antwort ist in diesem Fall einfach, da das ganze Modell nämlich nur einen einzigen Prozess im Initiator beinhaltet – der Router und das Target weisen keinen Prozess auf. Man muss sich auch klar machen, dass, wenn die Transaktion im Target angekommen ist, mehrere geschachtelte Funktionsaufrufe ausgeführt wurden, die vom Prozess `generateTransactions()` im Initiator ausgehen:

`startTransaction()`⟹`busPort->transaction(t1)`

⟹`targetPort[targetIndex]->transaction(tObj)`
Dies ist der Grund, weshalb wir letztlich den Prozess `generateTransactions()` im Initiator durch dieses `wait()` im Target blockieren und somit darauf achten müssen, dass wir im Initiator einen Thread-Prozess verwenden und keinen Method-Prozess. Wir werden später bei der TLM-2.0-Bibliothek noch andere Möglichkeiten kennenlernen, wie man solche Zeitverzögerungen modellieren kann.

Wir prüfen im Target in Zeile 11 noch, ob die Adresse im gültigen Bereich ist. Anschließend kopieren wir bei einer Schreib-Transaktion den vom Transaktionsobjekt gelieferten Wert in das durch die Adresse indizierte Feld `memArray[]` des Targets und speichern somit die Daten. Bei den Daten handelt es sich um Übrigen um Bytes, dargestellt durch den Datentyp **char**. Im Falle einer Lese-Transaktion kopieren wir das entsprechende Byte aus dem Feld in das Datum des Transaktionsobjekt. Da wir das Transaktionsobjekt per Referenz übergeben, arbeiten wir hier de facto mit dem im Initiator instanzierten Objekt. Abschließend kehrt die Methode `transaction()` zurück zum Router und damit wiederum dessen Methode `transaction()` zum Initiator, so dass die nächste Transaktion gestartet werden kann.

Listing 6.5: *Toplevel (Ausschnitt, Datei k6b1top.h)*

```
 1   ...
 2   #define SIZE 32 //Target size in bytes
 3   #define NO_OF_TARGETS 2 //Number of targets
 4   #include "k6b1interface.h"
 5   #include "k6b1initiator.h"
 6   #include "k6b1target.h"
 7   #include "k6b1router.h"
 8   struct Toplevel : public sc_module {
 9     Initiator *i1;
10     Target *t1, *t2;
11     Router *r1;
12     //Constructor
13     Toplevel(sc_module_name name) {
14        i1 = new Initiator("i1");
15        t1 = new Target("t1");
16        t2 = new Target("t2");
17        r1 = new Router("r1");
18        i1->busPort(*r1);
19        r1->targetPort[0](*t1);
20        r1->targetPort[1](*t2);
21     }
22   };
```

Das Ergebnis der Simulation zeigt Abbildung 6.3: Wir können erkennen, dass die Werte, welche der Initiator in beide Targets schreibt, wieder korrekt zurückgelesen werden können. Die letzten beiden Lesezugriffe gehen auf Feldelemente in den Targets, die vorher nicht beschrieben wurden und somit den im Konstruktor des Targets zugewiesenen Initialisierungswert lesen.

Dieses Beispiel zeigt einen wesentlichen Mechanismus der Transaction-Level-Modellierung, bei welchem die Signalverläufe der RT-Ebene durch einfache Aufrufe von Interface-Methoden

ersetzt werden. Neben der gröberen zeitlichen Modellierung ergibt dies den wesentlichen Gewinn an Leistungsfähigkeit gegenüber der Register-Transferebene. Wir hätten in unserem Beispiel auf ein spezielles Transaktionsobjekt verzichten können und einfach das Kommando, die
Adresse und das Datum als Argumente an die Interface-Methode übergeben können. Das Beispiel soll allerdings schon auf die in der TLM-2.0-Bibliothek implementierten Mechanismen
hinführen, die in einer ähnlichen Art und Weise arbeiten.

```
@   5 ns | Initiator WRITE | A:   0 | D: t
@  20 ns | Initiator WRITE | A:  32 | D: e
@  35 ns | Initiator WRITE | A:   1 | D: s
@  50 ns | Initiator WRITE | A:  33 | D: t
@  65 ns | Initiator READ  | A:   0 | D: t
@  80 ns | Initiator READ  | A:  32 | D: e
@  95 ns | Initiator READ  | A:   1 | D: s
@ 110 ns | Initiator READ  | A:  33 | D: t
@ 125 ns | Initiator READ  | A:  31 | D: ?
@ 140 ns | Initiator READ  | A:  63 | D: ?
```

Abb. 6.3: Simulationsergebnis zum Bus-Beispiel.

6.1.2   Darstellung von Transaktionen mit Sequenzdiagrammen

Wie man an dem Beispiel aus dem vorigen Abschnitt sieht, kann es unter Umständen schwierig
sein, die Bus-Transaktionen zu verfolgen. Ein Möglichkeit, Transaktionen übersichtlich darzustellen, sind so genannte „Nachrichten-Sequenzdiagramme" (engl.: message sequence chart,
MSC). Diese werden benutzt, um Systemabläufe und die Kommunikation von Prozessen darzustellen und wurden von der ITU (International Telecommunication Union) standardisiert. Man
findet sie in ähnlicher Form in UML („Unified Modeling Language") und sie werden auch
im IEEE Standard 1666-2011 benutzt ([21]), welcher die TLM-2.0-Bibliothek beschreibt. Wir
möchten daher ebenfalls im Folgenden Sequenzdiagramme benutzen, um Transaktionen darzustellen.

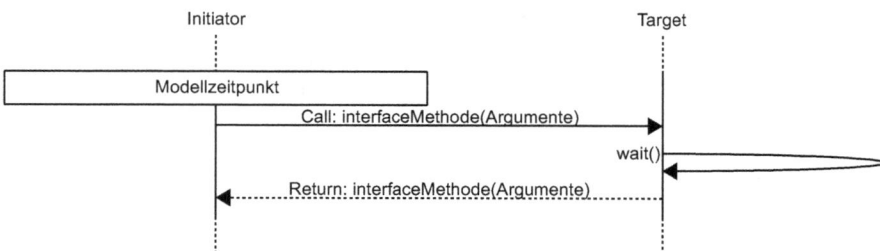

Abb. 6.4: Beispiel für ein Sequenzdiagramm.

Wenn wir Sequenzdiagramme auf die TLM-Modellierung anwenden, dann ist eine Nachricht
der Aufruf einer Interface-Methode. In Abbildung 6.4 ist das Prinzip eines Sequenzdiagramms
für den Fall dargestellt, dass ein Initiator und ein Target vorhanden ist. Der Initiator ruft eine Interface-Methode des Targets auf; dies wird durch den durchgezogenen Pfeil als „Call"

dargestellt. Sofern es sich um eine blockierende Methode handelt, stellen wir den Aufruf der `wait()`-Methode ebenfalls durch einen Pfeil dar, der auf das Target selbst verweist. Wenn die Methode zum Aufrufer, also dem Initiator, zurückkehrt, dann stellen wir dies durch einen gestrichelten Pfeil vom Target zum Initiator dar. Dies ist der so genannte „Return-Pfad" der Interface-Methode. Um die Diagramme übersichtlich zu halten, lassen wir in der Folge die Angaben „Call" und „Return" weg und stellen dies jeweils nur durch den durchgezogenen (Call) oder den gestrichelten Pfeil (Return) dar.

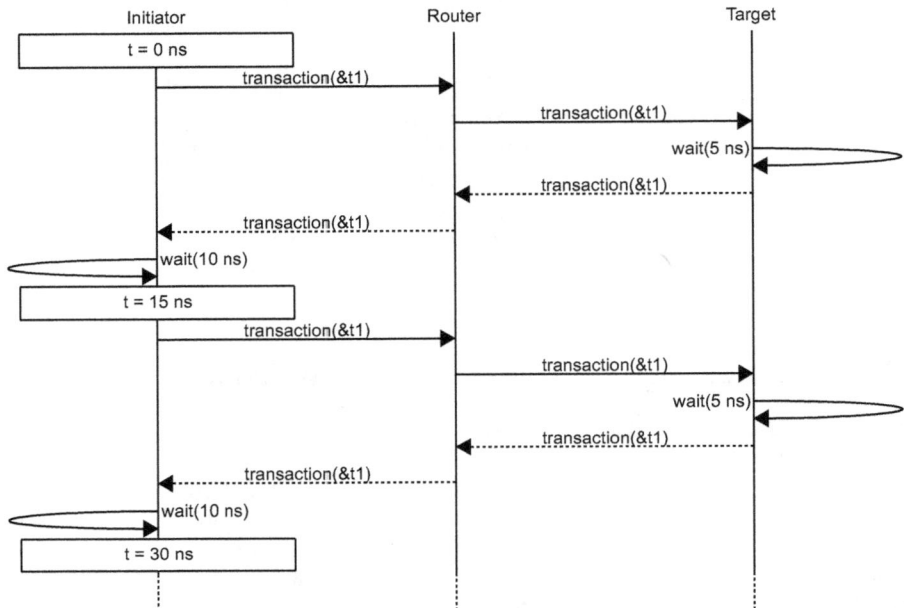

Abb. 6.5: Sequenzdiagramm für das Beispiel aus dem letzten Abschnitt.

Wir können nun die Transaktionen des Beispiels aus dem vorigen Abschnitt durch ein Sequenzdiagramm darstellen, dies ist in Abbildung 6.5 gezeigt, und zwar beispielhaft die ersten beiden Transaktionen. Mit Hilfe des Sequenzdiagramms kann man gut die verschachtelten Aufrufe der Interface-Methoden und den zeitlichen Ablauf verfolgen. Wir können die Ausgaben des Programms aus Abbildung 6.3 nun auch in der zeitlichen Reihenfolge der Methodenaufrufe einordnen. Bei der ersten Transaktion kehrt die Interface-Methode `transaction()` nach 5 ns zurück und danach erfolgt die Ausgabe. Durch die Suspendierung des Initiator-Prozesses von weiteren 10 ns wird die zweite Transaktion dann bei $t = 15$ ns gestartet.

6.2   Die TLM-2.0 Bibliothek

Die TLM-2.0-Bibliothek ist eine C++-Klassenbibliothek, welche auf der bislang besprochenen SystemC-Bibliothek aufbaut. Sie ist Teil der von Accellera [1] erhältlichen SystemC-Bibliotheken und besteht im Wesentlichen aus den in Abbildung 6.6 gezeigten „Mechanismen".

Neben der Sicherstellung einer hohen Simulationsleistung ist die *Interoperabilität* das wichtigste Ziel von TLM-2.0. Hierzu definiert TLM-2.0 einen Satz von Interfaces und zugehörigen Interface-Methoden, die den eigentlichen Kern der „Interoperabilitätsschicht" ausmachen. Dies wird auch als API (engl.: application programming interface), also als Programmierschnittstelle, bezeichnet. TLM-2.0-kompatible Komponenten *müssen* daher diese Interface-Methoden implementieren. Hinzu kommen noch die notwendigen Ports, über welche die Interface-Methoden aus einem Modul heraus aufgerufen werden können. In einem so genannten „Socket" vereint TLM-2.0 einen SystemC-Port mit einem SystemC-Export; mit einem Socket kann der Aufbau hierarchischer Strukturen vereinfacht werden. Ähnlich wie in unserem einleitenden Beispiel aus Abschnitt 6.1.1 findet der Datentransport über ein spezielles Transaktionsobjekt statt, welches als „Generic Payload" bezeichnet wird. In ihm werden alle notwendigen Daten für eine Transaktion abgespeichert und das Transaktionsobjekt wird den Interface-Methoden per Referenz als Argument übergeben. Die Benutzung der „Generic Payload" ist allerdings nicht zwingend, wird jedoch empfohlen. Das Transaktionsobjekt kann darüber hinaus durch so genannte „Extensions" (dt.: Erweiterungen) an spezielle Erfordernisse eines Busprotokolls angepasst werden. Das Transaktionsobjekt definiert zusammen mit den „Phasen" ein generisches Busprotokoll, welches auch als TLM-2.0-„Basisprotokoll" bezeichnet wird.

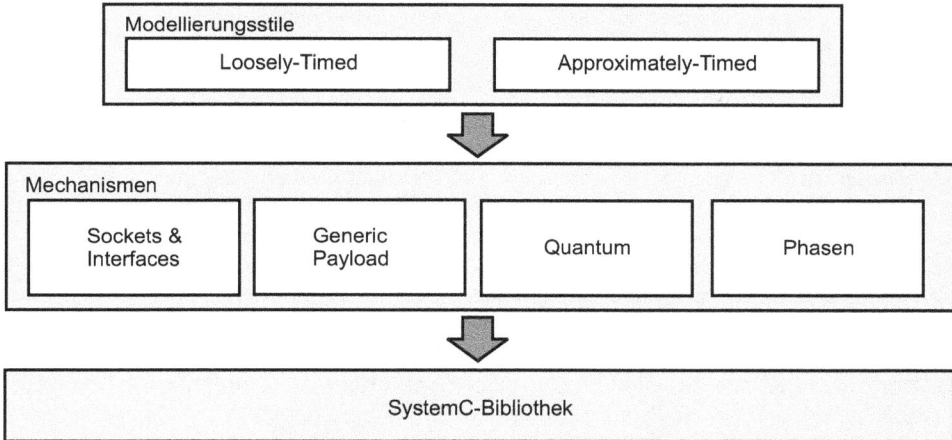

Abb. 6.6: *Aufbau der TLM-2.0-Bibliothek (vgl. auch [21, Seite 416]).*

Zusammen mit dem so genannten „Quantum" unterstützt das Basisprotokoll zwei unterschiedliche Modellierungstile, die in [21] als „Coding Styles" bezeichnet werden. Damit ist die Modellierung der zeitlichen Abläufe im Modell des Bussystems gemeint. Diese Modellierungstile sind nur als Vorschläge zu betrachten und sind nicht Bestandteil der eigentlichen Interoperabilitätsschicht. Der „Loosely-Timed"-Stil modelliert die Bustransaktionen sehr grob – in der Regel durch einen einzigen Methodenaufruf – und sein Ziel ist eine möglichst hohe Simulationsperformanz. Durch das „Quantum" ist es insbesondere möglich, die Anzahl der Prozesssuspendierungen auf ein Miniumum zu reduzieren, indem man den Komponenten erlaubt, ohne Ausführung von `wait()`-Methoden die Modellzeit lokal während der Ausführung eines Prozesses fortschreiten zu lassen. Dies wird als „zeitliche Entkopplung" bezeichnet (engl.: temporal decoupling) und bedeutet, dass die beteiligten Prozesse nicht mehr ständig über Suspendierungen synchronisiert werden. Anwendungen für diesen Modellierungsstil liegen beispielsweise in der Softwareentwicklung für ein auf dem virtuellen Prototypen laufendes Betriebssystem. Die zeitliche Genauigkeit muss hier nur hinreichend sein, um Timer- oder Interrupt-Ereignisse korrekt modellieren zu können.

Beim „Approximately-Timed"-Stil werden die Bustransaktionen sehr viel genauer mit Hilfe von so genannten „Phasen" modelliert, so dass eine Transaktion in der Regel aus mehreren Funktionsaufrufen besteht. Dieser Stil ermöglicht eine viel genauere Modellierung des Busprotokolls, die nahezu zyklengenau ist. Es ist damit beispielsweise möglich, das Pipelining von Bustransaktionen darzustellen. Dies macht es auch erforderlich, dass die beteiligten Prozesse sich über Suspendierungen ständig synchronisieren – im Unterschied zum „Loosely-Timed"-Stil. Es dürfte einleuchten, dass die Simulationsperformanz geringer sein wird, verglichen mit einem „Loosely-Timed"-Modell. Die Anwendungen für den „Approximately-Timed"-Stil liegen beispielsweise in der Untersuchung der Leistungsfähigkeit eines Bussystems oder in der Untersuchung von Systemarchitekturen.

Welcher der beiden Modellierungsstile benutzt wird, kann über die unterschiedlichen Interface-Methoden unterschieden werden, so dass eine Komponente beide Stile unterstützen kann. Damit kann man innerhalb eines Simulationslaufs auch beide Modellierungsstile benutzen: Man könnte beispielsweise mit Hilfe des „Loosely-Timed"-Stils sehr schnell bis zu einem bestimmten Zeitpunkt simulieren und dann auf den „Approximately-Timed"-Stil umschalten, um die Details des Zeitverhaltens genauer zu erfassen.

Wir werden in diesem Kapitel zunächst die Interfaces, die Sockets und das Transaktionsobjekt besprechen, die den Kern der TLM-2.0-Bibliothek ausmachen. Die Aspekte der zeitlichen Modellierung werden wir dann erst in Kapitel 7 behandeln. Über diese Kern-Mechanismen und die Mechanismen für die zeitliche Modellierung hinaus, verfügt die Bibliothek noch über so genannte „Utilities". Sie sind nicht Teil der Interoperabilitätsschicht, erleichtern aber die Erstellung von TLM-2.0-Komponenten; einige davon werden wir an den geeigneten Stellen einführen. Im Rahmen dieses Buches können wir die TLM-2.0-Bibliothek nicht vollständig darstellen und verweisen wieder auf das Dokument zum IEEE Standard 1666-2011 [21] für eine detailliertere Darstellung. Wir werden die für den Anwender wichtigen Aspekte im Folgenden herausarbeiten. Die TLM-2.0-Bibliothek, welche wir für die folgenden Beispiele benutzen, ist seit Juli 2012 in die SystemC-Bibliothek (Version 2.3) integriert.

6.3   Interfaces und Sockets

In den folgenden Abschnitten wollen wir zunächst einen Überblick über den Zusammenhang zwischen den Sockets, ihren Interfaces und dem Transaktionsobjekt geben und dann die Interfaces und die Sockets detaillierter darstellen. Ferner stellen wir eine vereinfachte Form der Sockets vor.

6.3.1   Interfaces, Sockets und das Transaktionsobjekt

Der Kern-Mechanismus der TLM-2.0-Bibliothek besteht aus den Sockets und den Interfaces mit ihren Interface-Methoden; Abbildung 6.7 zeigt die Zusammenhänge. Zunächst muss einerseits unterschieden werden zwischen dem Initiator-Socket und dem Target-Socket und andererseits zwischen dem so genannten „Vorwärtspfad" (engl.: forward path) und dem „Rückwärts-pfad" (engl.: backward path). Auf dem Vorwärtspfad kann man aus dem Initiator heraus über den Initiator-Socket die in Abbildung 6.7 gezeigten Methoden des `tlm_fw_transport_if`-Interfaces aufrufen. Das Target muss diese Methoden implementieren. Obwohl hier Sockets verwendet werden, haben wir einen ähnlichen Mechanismus wie in unserem einführenden Bei-spiel zu diesem Kapitel, wo wir normale SystemC-Ports für den Vorwärtspfad benutzt haben. Neu ist der „Rückwärtspfad": Über diesen Pfad ist es dem Target möglich, auch Interface-Methoden im Initiator aufzurufen; dies sind die Methoden des `tlm_bw_transport_if`-Inter-faces, welche der Initiator implementieren muss. Ein Rückwärtspfad wird beispielsweise für den Modellierungsstil „Approximately-Timed" nötig, was wir im nächsten Kapitel genauer besprechen werden. Für die Beispiele in diesem Kapitel werden wir auf den Rückwärtspfad verzichten.

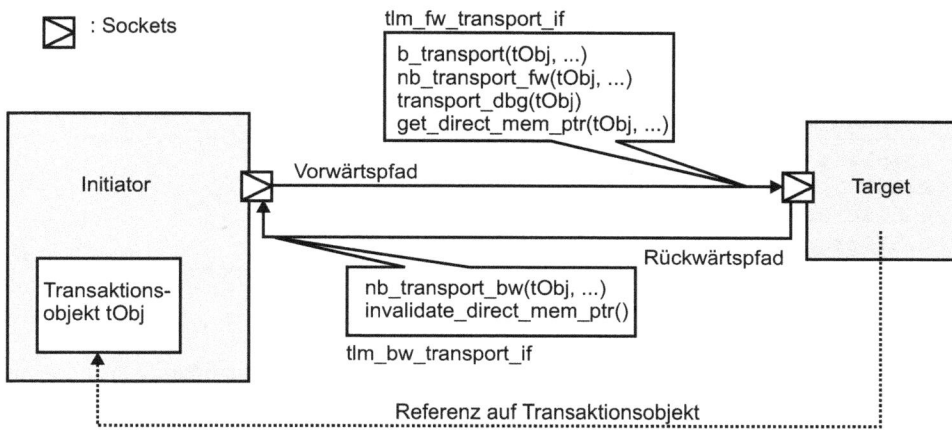

Abb. 6.7: Sockets, Interfaces und Interface-Methoden und das Transaktionsobjekt.

Bei den Sockets handelt es sich jeweils um eine Kombination eines Ports mit einem Export. Im Target wird man das Target selbst an den Target-Socket und damit an dessen Export binden; das Target wird hierzu vom Interface des Vorwärtspfades abgeleitet. Durch die Bindung werden de facto die im Target implementierten Interface-Methoden aufgerufen. Auf dem Rückwärts-pfad passiert sinngemäß das Gleiche: Der Initiator wird vom Interface des Rückwärtspfades abgeleitet und an den Initiator-Socket und damit dessen Export gebunden. Somit landen die Methodenaufrufe des Targets bei den im Initiator implementierten Interface-Aufrufen. Auf der nächsten Hierarchieebene werden die Sockets aneinander gebunden und nicht mehr ein Port an einen Kanal, so wie wir dies bisher gewohnt waren.

Das Transaktionsobjekt ist eine Instanz der Klasse `tlm_generic_payload` (in Abbildung 6.7 mit dem Instanznamen `tObj` bezeichnet) und wird im Initiator instanziert und den Interface-Methoden als Referenz übergeben. Hierdurch erhält das Target Zugriff auf das Transaktionsob-jekt. In diesem sind alle für eine Bus-Transaktion notwendigen Daten gespeichert und können über entsprechende `set`- und `get`-Methoden geschrieben und gelesen werden.

6.3.2   Interfaces für den Vorwärtspfad

Die TLM-2.0-Interfaces, welche die Interoperabilitätsschicht ausmachen (engl.: core interfaces), umfassen einen Satz von sechs Interfaces in Form von abstrakten Basisklassen, welche von sc_interface abgeleitet werden. Damit sind sie in der gleichen Art und Weise definiert, wie die Interfaces, die wir bislang verwendet haben. Jedes der Interfaces definiert genau eine Interface-Methode. Wir besprechen zunächst die Interfaces für den Vorwärtspfad und zeigen in Listing 6.6 als erstes das tlm_blocking_transport_if-Interface mit der Interface-Methode b_transport. Es handelt sich um eine Template-Klasse, wobei der Template-Parameter den Typ des Transaktionsobjektes festlegt. Der Ersatzwert ist hier die „Generic Payload", also die tlm_generic_payload-Klasse. Wie schon erwähnt, ist die Verwendung der „Generic Payload" nicht zwingend und man könnte an dieser Stelle auch einen anderen Typ für das Transaktionsobjekt definieren; die Benutzung der „Generic Payload" wird jedoch empfohlen. Wir werden daher im weiteren Verlauf ausschließlich die „Generic Payload" verwenden, welche das erste Argument der Interface-Methode b_transport() ist. Das zweite Argument ist ein SystemC-Zeitobjekt; beide Argumente werden im Übrigen als Referenz übergeben.

Listing 6.6: Blockierendes Transport-Interface (Quelle: [21])

```
1  template <typename TRANS = tlm_generic_payload>
2  class tlm_blocking_transport_if :
3  public virtual sc_core::sc_interface {
4  public:
5    virtual void b_transport(TRANS& trans, sc_core::sc_time& t) = 0;
6  };
```

Das Interface tlm_blocking_transport_if gehört zu den so genannten „Transport-Interfaces". Die Transport-Interfaces sind die Interfaces mit denen die normalen Transaktionen eines Bussystems modelliert werden. Da es erlaubt ist, in der Methode b_transport() eine wait()-Methode aufzurufen und damit einen Thread-Prozess im Aufrufer zu suspendieren, wird dieses Interface auch als blockierendes Transport-Interface bezeichnet (engl.: blocking transport interface). Die Methode b_transport() wird benutzt, wenn man Bustransaktionen relativ einfach durch einen einzigen Methodenaufruf modellieren möchte. Das Zeitobjekt als zweites Argument der Methode wird benutzt, um Anfang und Ende der Transaktion zu modellieren. Die Methode b_transport() wird insbesondere für den Modellierungsstil „Loosely-Timed" benutzt. Da b_transport() einfacher in der Anwendung ist, verglichen mit den nichtblockierenden Interfaces, werden wir das blockierende Transport-Interface für die Beispiele in diesem Kapitel benutzen.

Das nicht-blockierende Transport-Interface tlm_fw_nonblocking_transport_if in Listing 6.7 definiert die Interface-Methode nb_transport_fw() für den Vorwärtspfad. Die Methode soll nicht-blockierend sein, das heißt, dass sie immer sofort zum Aufrufer zurückkehren muss und damit keine wait()-Funktion enthalten darf. Neben dem Transaktionsobjekt als erstes Argument und dem Zeitobjekt als drittem Argument ist das zweite Argument vom Typ des Template-Parameters PHASE. Der Ersatzwert hierfür ist eine Klasse tlm_phase, welche für den Modellierungsstil „Approximately-Timed" und das dafür definierte so genannte „Basis-Protokoll" benötigt wird. In diesem Zusammenhang ist dann auch noch der Rückgabewert der Methode nb_transport_fw() vom Typ tlm_sync_enum wichtig, welcher der in Listing 6.7

definierte Aufzählungstyp ist. Statt des Basisprotokolls kann auch ein anderes Protokoll definiert werden; wir werden im Folgenden aber ausschließlich das Basisprotokoll benutzen. Informationen zur Verwendung eigener Transaktionsobjekte und Protokolle können [21] entnommen werden. Das hauptsächliche Anwendungsgebiet für das nicht-blockierende Transport-Interface ist der Modellierungsstil „Approximately-Timed", welcher eine relativ genaue Modellierung von Bustransaktionen ermöglicht. Wir werden die Details dieses Modellierungsstils und damit die Verwendung des nicht-blockierenden Transport-Interfaces in Kapitel 7 genauer besprechen.

Listing 6.7: Nicht-blockierendes Transport-Interface (Quelle: [21])

```
1  enum tlm_sync_enum { TLM_ACCEPTED, TLM_UPDATED, TLM_COMPLETED };
2
3  template <typename TRANS = tlm_generic_payload,
4            typename PHASE = tlm_phase>
5  class tlm_fw_nonblocking_transport_if :
6  public virtual sc_core::sc_interface {
7  public:
8    virtual tlm_sync_enum nb_transport_fw(TRANS& trans,
9          PHASE& phase, sc_core::sc_time& t) = 0;
10 };
```

Listing 6.8: Debug-Transport-Interface (Quelle: [21])

```
1  template <typename TRANS = tlm_generic_payload>
2  class tlm_transport_dbg_if :
3  public virtual sc_core::sc_interface {
4  public:
5    virtual unsigned int transport_dbg(TRANS& trans) = 0;
6  };
```

Das so genannte „Debug-Transport-Interface" in Listing 6.8 definiert die Interface-Methode `transport_dbg()`. Im Unterschied zu den bisher besprochenen Interfaces verzichtet das Debug-Transport-Interface auf die Übergabe eines Zeitobjekts und damit eine Zeitmodellierung. Das Anwendungsgebiet des Debug-Transport-Interfaces liegt im schnellen Zugriff auf die Speicherbereiche der Targets (Speicherinhalt oder Registerinhalt der Peripherieeinheiten). Zum Beispiel könnte man dieses Interface verwenden, um mit dem Debugger eines Instruktionssatzsimulators die Speicherinhalte des Systems anzuzeigen oder den Programmspeicherinhalt zu Beginn der Simulation zu laden. Da die Interface-Methode das Transaktionsobjekt verwendet, kann man die im Bussystem verwendeten Adressdekodierungen benutzen, um auf die Targets zuzugreifen.

Listing 6.9: Direct-Memory-Interface (Quelle: [21])

```
1  template <typename TRANS = tlm_generic_payload>
2  class tlm_fw_direct_mem_if :
3  public virtual sc_core::sc_interface {
4  public:
5    virtual bool get_direct_mem_ptr(TRANS& trans,
6                tlm_dmi& dmi_data) = 0;
7  };
```

Mit der Methode `get_direct_mem_ptr()` des Direct-Memory-Interfaces (DMI) kann man einen Zeiger auf einen Speicherbereich in einem Target anfordern. Der Initiator erhält darauf-hin den Zeiger in Form eines so genannten DMI-„Deskriptors", welches ein Objekt der Klasse `tlm_dmi` ist. Wenn der Initiator mit Hilfe des Deskriptors über einen Zeiger auf den Speicher-bereich eines Targets verfügt, kann er in der Folge unter Umgehung des Busses direkt mit dem Speicher des Targets arbeiten. Dies ist noch schneller, verglichen mit der Benutzung des Debug-Transport-Interfaces.

Alle vier bisher genannten Interfaces werden, wie in Abbildung 6.7 gezeigt, zu einem so ge-nannten kombinierten Interface (engl.: combined interface) `tlm_fw_transport_if` zusam-mengefasst, um die Benutzung in den Sockets und Modulen zu vereinfachen. Über einen Initia-tor-Socket können die vier genannten Interface-Methoden dann aufgerufen werden. Ein Target, welches über einen Target-Socket mit dem Initiator verbunden ist, muss diese Methoden imple-mentieren.

6.3.3   Interfaces für den Rückwärtspfad

Für das nicht-blockierende Transport-Interface existiert auch ein Interface für den Rückwärts-pfad. Dieses ist in Listing 6.10 zu sehen und definiert die Methode `nb_transport_bw()`. Diese Methode weist die gleichen Argumenttypen und den gleichen Typ des Rückgabewerts auf, wie die entsprechende Methode des Interfaces auf dem Vorwärtspfad; es handelt sich eben-falls um eine nicht-blockierende Methode. Die Interface-Methode wird vom Target beim Initia-tor aufgerufen für die Implementierung des Basisprotokolls im Rahmen des Modellierungsstils „Approximately-Timed", was wir in Kapitel 7 diskutieren werden.

Listing 6.10: Nicht-blockierendes Transport-Interface (Quelle: [21])

```
1  template <typename TRANS = tlm_generic_payload,
2  typename PHASE = tlm_phase>
3  class tlm_bw_nonblocking_transport_if :
4  public virtual sc_core::sc_interface {
5  public:
6    virtual tlm_sync_enum nb_transport_bw(TRANS& trans,
7            PHASE& phase, sc_core::sc_time& t) = 0;
8  };
```

Mit Hilfe der Methode `invalidate_direct_mem_ptr()` aus dem DMI für den Rückwärts-pfad in Listing 6.11 kann ein Target einen zuvor mit dem DMI auf dem Vorwärtspfad angefor-derten Zeiger auf einen Speicherbereich für ungültig erklären.

Listing 6.11: Direct-Memory-Interface (Quelle: [21])

```
1  class tlm_bw_direct_mem_if :
2  public virtual sc_core::sc_interface {
3  public:
4    virtual void invalidate_direct_mem_ptr(
5            sc_dt::uint64 start_range,
6            sc_dt::uint64 end_range) = 0;
7  };
```

Auch auf dem Rückwärtspfad werden die beiden Interfaces aus Listing 6.10 und 6.11 zu einem kombinierten Interface `tlm_bw_transport_if` zur einfacheren Handhabung in den Sockets und Modulen zusammengefasst. Über einen Target-Socket können die beiden Interface-Methoden aufgerufen werden; der Initiator muss wiederum diese Methoden implementieren.

6.3.4   Initiator- und Target-Sockets

Wie wir schon erwähnt haben, vereint ein Socket einen SystemC-Port mit einem SystemC-Export. Ein Initiator-Socket hat einen Port für den Vorwärtspfad und einen Export für den Rückwärtspfad. Ein Target-Socket hat einen Port für den Rückwärtspfad und einen Export für den Vorwärtspfad. Die Sockets bieten eine Reihe von Vorteilen und vereinfachen den notwendigen Quellcode beim Aufbau eines SystemC-Modells. So ist es insbesondere möglich, mit dem Aufruf einer einzigen Bindungsfunktion den Initiator-Port an den Target-Export für den Vorwärtspfad und den Target-Port an den Initiator-Export für den Rückwärtspfad zu binden. Des Weiteren wird den Sockets das Protokoll in Form des Typs des Transaktionsobjekts und des Typs der Phasen des Basisprotokolls übergeben, so dass bei der Bindung von Sockets eine Überprüfung auf Kompatibilität bezüglich des Protokolls möglich ist. Der Initiator- und der Target-Socket sind Elemente der TLM-2.0-Interoperabilitätsschicht.

Listing 6.12: Template-Parameter der Sockets (Quelle: [21])

```
1   template <  unsigned int BUSWIDTH = 32,
2     typename TYPES = tlm_base_protocol_types,
3     int N = 1,
4     sc_core::sc_port_policy POL = sc_core::SC_ONE_OR_MORE_BOUND >
```

Der Initiator-Socket wird durch die Klasse `tlm_initiator_socket<>` implementiert und der Target-Socket durch die Klasse `tlm_target_socket<>`. Beides sind Template-Klassen mit den in Listing 6.12 aufgeführten Template-Parametern, welche jeweils mit Ersatzwerten belegt sind. Wenn wir also beim Anlegen eines Sockets keine Template-Parameter angeben, werden diese Ersatzwerte eingesetzt. Der erste Parameter BUSWIDTH gibt die modellierte Busbreite des Sockets an (in Bit!). Damit können im Bussystem bestimmte Berechnungen angestellt werden. Beispielsweise kann man die Anzahl der Einzel-Transfers eines so genannten „Burst"-Transfers ausrechnen, wenn man die Busbreite und die Gesamtmenge der Daten kennt, und daraus die Latenzzeit des Bursts bestimmen. Die Busbreite kann mit der Socket-Methode `get_bus_width()` abgefragt werden.

Der zweite Template-Parameter definiert das Protokoll in Form des Typs des Transaktionsobjekts und der Phasen. Der voreingestellte Typ `tlm_base_protocol_types` fasst hierzu den Typ `tlm_generic_payload` der „Generic Payload" und den Typ der Phasen `tlm_phase` zusammen. Mit den beiden letzten Parametern N und POL können „Multi-Sockets" angelegt werden, so wie dies in Abschnitt 4.4.1 für die SystemC-Ports beschrieben wurde. Möchten wir beispielsweise einen 32-Bit-Multi-Socket mit zwei Elementen anlegen, wobei beide Socket-Elemente gebunden sein müssen, dann könnten wir dies folgendermaßen definieren:
`tlm_initiator_socket<32, tlm_base_protocol_types, 2, SC_ALL_BOUND>`

Wir zeigen die Zusammenhänge wieder anhand eines Beispiels, wobei wir das Beispiel aus Abschnitt 6.1.1 so modifizieren, dass wir die TLM-2.0-Sockets mit den Interface-Methoden und einem „Generic Payload"-Transaktionsobjekt verwenden. Wir binden zunächst nur ein Target

direkt an den Initiator, ohne eine Buskomponente zu benutzen. Um die TLM-2.0-Bibliothek
nutzen zu können, müssen wir die Datei „tlm.h" inkludieren (siehe Zeile 7 von Listing 6.15)
und dem Compiler den Pfad zu dieser Datei bekannt machen. In den Beispielen im IEEE-1666-
LRM [21] oder den von Doulos [17] erhältlichen Beispielen wird üblicherweise der TLM-
Namensraum nicht geöffnet, so dass jedem Element aus der Bibliothek der Namensraum mit
dem „Scope"-Operator vorangestellt werden muss, beispielsweise so:
`tlm::tlm_initiator_socket<>.`
Obgleich es möglicherweise kein guter Programmierstil ist, öffnen wir in den folgenden Beispielen den Namensraum `tlm` und können damit auf die explizite Angabe des Namensraums bei
jedem Element verzichten. Dies macht den Quellcode besser lesbar. Im TLM-2.0-Transaktions-
objekt wird für die Adressen der Transaktion der Datentyp `uint64` verwendet. Dieser ist in der
Datei „sc_nbdefs.h" (Namensraum `sc_dt`) als Alias für **unsigned long long** definiert; es
handelt sich also um einen 64-Bit-Integer. Wir benutzen darüber hinaus in den Beispielen auch
den ebenfalls in dieser Datei deklarierten Alias `uchar` für **unsigned char**.

Listing 6.13: *Initiator mit TLM-2.0-Interface (Datei k6b2initiator.h)*

```
1   struct Initiator : public sc_module, tlm_bw_transport_if<> {
2     tlm_initiator_socket<> iSocket;
3     SC_HAS_PROCESS(Initiator);
4     //Constructor
5     Initiator(sc_module_name name) : iSocket("iSocket") {
6       SC_THREAD(generateTransactions);
7       iSocket.bind(*this);
8     }
9     //Processes
10    void generateTransactions(){
11      startTransaction(TLM_WRITE_COMMAND, 0, 't');
12      startTransaction(TLM_WRITE_COMMAND, 1, 'l');
13      startTransaction(TLM_WRITE_COMMAND, 2, 'm');
14      startTransaction(TLM_READ_COMMAND, 0, 0);
15      startTransaction(TLM_READ_COMMAND, 1, 0);
16      startTransaction(TLM_READ_COMMAND, 2, 0);
17    }
18    //TLM-2.0 Interface methods (dummy)
19    tlm_sync_enum nb_transport_bw( tlm_generic_payload& tObj,
20                        tlm_phase& phase, sc_time& delay ) {
21      return TLM_ACCEPTED;
22    }
23    void invalidate_direct_mem_ptr(uint64 startAddress,
24                        uint64 endAddress) {
25    }
26  private:
27    void startTransaction(tlm_command cmd,
28        uint64 address, uchar data){
29      delay = SC_ZERO_TIME;
30      dataBuf = data;
31      //Setup transaction object
32      t1.set_command(cmd);
```

```
33        t1.set_address(address);
34        t1.set_data_ptr(&dataBuf);
35        //Call interface method
36        iSocket->b_transport(t1, delay);
37        cout <<"@ "<<setw(6)<<sc_time_stamp();
38        if(cmd == TLM_READ_COMMAND){
39          cout <<" | Initiator READ  | A: "<<setw(3)<<address;
40          cout <<" | D: "<<dataBuf<<endl;
41        }
42        else {
43          cout <<" | Initiator WRITE | A: "<<setw(3)<<address;
44          cout <<" | D: "<<dataBuf<<endl;
45        }
46        wait(10, SC_NS);
47      }
48      sc_time delay;
49      uchar dataBuf;
50      tlm_generic_payload t1;
51    };
```

Das Initiator-Modul in Listing 6.13 muss vom Interface `tlm_bw_transport_if<>` abgeleitet werden und daher müssen auch die entsprechenden Interface-Methoden in diesem Modul implementiert werden. Man kann davon ausgehen, dass das Target die Methode des Rückwärtspfads `nb_transport_bw()` nur dann aufrufen wird, wenn der Initiator zuvor auf dem Vorwärtspfad die Methode `nb_transport_fw()` aufgerufen hat (siehe Abschnitt 7.2 im nächsten Kapitel). Ist dies nicht der Fall, weil man ausschließlich mit `b_transport()` arbeitet, so genügt eine Dummy-Implementierung der Methode `nb_transport_bw()` (wie im Beispiel von Listing 6.13 in Zeile 19-25).

In Zeile 2 instanzieren wir den Initiator-Socket `iSocket`, wobei wir die Ersatzwerte der Template-Parameter benutzen; es handelt sich also um einen 32-Bit-Einzel-Socket mit dem TLM-2.0-Protokoll, wobei der Socket gebunden werden muss. Es ist optional möglich, dem Konstruktor des Sockets einen Namen für den Socket zu übergeben; im Beispiel wird dies in der Initialisierungliste des Modulkonstruktors durch `iSocket("iSocket")` vorgenommen. Nun müssen wir noch im Konstruktor in Zeile 7 das Modul selbst (als Dereferenzierung des **this**-Zeigers) an den Socket und damit an seinen Export binden. Dies ist zwingend, anderenfalls können wir vom Target aus die Interface-Methoden nicht aufrufen und erhalten folgenden Laufzeitfehler:

`Error: (E120) sc_export instance has no interface`

Zur Durchführung von Transaktionen legen wir in den Zeilen 48 bis 50 ein Zeitobjekt, einen Datenpuffer und ein Transaktionsobjekt als Member-Variablen an. Die `startTransaction()`-Methode wird im `generateTransactions()`-Prozess für die Ausführung der Transaktionen benutzt. Die Art der Transaktion oder das Kommando (Lesen, Schreiben) wird als erstes Argument übergeben; es handelt sich hierbei um die Werte des Aufzählungstyps `tlm_command`. Ferner übergeben wir noch die Adresse und die bei einer Schreib-Transaktion zu übertragenden Daten. Anschließend müssen wir das Transaktionsobjekt für die Transaktion vorbereiten: Wir benutzen hier nicht alle möglichen und normalerweise auch nötigen Einstellungen und beschränken uns zunächst auf den einfachsten Fall. Mit Hilfe von entsprechenden set-

Methoden belegen wir die Daten (auch als „Attribute" bezeichnet) des Transaktionsobjekts mit
Werten. Dies ist das Kommando, die Adresse und das Datum. Als Datum muss ein Zeiger
auf `unsigned char` übergeben werden. Üblicherweise legt man hierzu im Initiator ein Feld
als Datenpuffer an und übergibt dem Transaktionsobjekt einen Zeiger darauf. Der Datenpuffer
muss dann so groß sein, dass auch Multi-Byte-Werte übertragen oder Bursts durchgeführt werden können. In unserem Beispiel beschränken wir uns auf Einzeltransfers von Bytes und übergeben einfach die Adresse der Variablen `dataBuf`, welche genau ein Byte aufnehmen kann. Die
Transaktion wird dann durch den Aufruf der Methode `b_transport()` am Socket `iSocket`
ausgeführt. Danach geben wir wieder die Daten der Transaktion auf der Konsole aus.

Das Target in Listing 6.14 wird von `tlm_fw_transport_if<>` abgeleitet und instanziert in
Zeile 2 einen Target-Socket `tSocket`. Nun muss wiederum das Target-Modul im Konstruktor an den Socket gebunden werden, damit die Interface-Methoden vom Initiator aufgerufen
werden können (Zeile 8). Von den Interface-Methoden füllen wir nur die `b_transport()`-
Methode mit Leben, die anderen Methoden werden wir für das Beispiel nicht benutzen. Wir
extrahieren zunächst mit Hilfe von entsprechenden `get`-Methoden die notwendigen Daten aus
dem Transaktionsobjekt (Kommando, Adressen und Datenzeiger) und überprüfen dann wieder den Adressbereich. Anschließend dereferenzieren wir den Datenzeiger und kopieren beim
Schreiben die Daten vom Datenpuffer des Initiators in das durch die Adresse indizierte Speicherfeld. Beim Lesen kopieren wir vom Speicherfeld in den Datenpuffer des Initiators. Es
sei an dieser Stelle nochmals deutlich darauf hingewiesen, dass sowohl das Transaktionsobjekt als auch der Datenpuffer im Initiator existieren und wir an das Target lediglich Referenzen oder Zeiger auf das Transaktionsobjekt und den Datenpuffer übergeben. Dies macht die
Durchführung der Transaktionen sehr schnell, da keine Objekte oder Datenbereiche über die
verschiedenen an den Transaktionen beteiligten Module hinweg kopiert werden müssen.

Listing 6.14: *Target mit TLM-2.0-Interface (Datei k6b2target.h)*

```
 1  struct Target : public sc_module, tlm_fw_transport_if<> {
 2    tlm_target_socket<> tSocket;
 3    //Constructor
 4    Target(sc_module_name name){
 5      for(int i=0;i<SIZE;i++){
 6        memArray[i] = '?';
 7      }
 8      tSocket.bind(*this);
 9    }
10    //TLM-2.0 Interface methods
11    void b_transport(tlm_generic_payload& tObj, sc_time& delay){
12      tlm_command    cmd = tObj.get_command();
13      uint64         address = tObj.get_address();
14      uchar          *dataPtr = tObj.get_data_ptr();
15      sc_assert((address >= 0) && (address < SIZE));
16      if(cmd == TLM_WRITE_COMMAND){
17        memArray[address] = *dataPtr;
18      }
19      else {
20        *dataPtr = memArray[address];
21      }
```

```
22        wait(5, SC_NS);
23      }
24      //Dummy methods
25      tlm_sync_enum nb_transport_fw( tlm_generic_payload& tObj,
26                      tlm_phase& phase, sc_time& delay ) {
27        return TLM_ACCEPTED;
28      }
29      bool get_direct_mem_ptr(tlm_generic_payload& tObj,
30            tlm_dmi& dmiData) {
31        return false;
32      }
33      unsigned int transport_dbg(tlm_generic_payload& tObj) {
34        return 0;
35      }
36 private:
37      char memArray[SIZE]; //Memory array
38 };
```

Listing 6.15: Toplevel für das Beispiel (Datei k6b2top.h)

```
 1 #include <iostream>
 2 #include <iomanip>
 3 using namespace std;
 4 #include <systemc>
 5 using namespace sc_core;
 6 using namespace sc_dt;
 7 #include "tlm.h"
 8 using namespace tlm;
 9
10 #define SIZE 32 //Target size in bytes
11 #include "k6b2initiator.h"
12 #include "k6b2target.h"
13 struct Toplevel : public sc_module {
14    Initiator *i1;
15    Target    *t1;
16    //Constructor
17    Toplevel(sc_module_name name) {
18      i1 = new Initiator("i1");
19      t1 = new Target("t1");
20      i1->iSocket.bind(t1->tSocket);
21    }
22 };
```

Zur Vervollständigung des Beispiels werden im Toplevel in Listing 6.15 der Initiator und das Target wieder dynamisch instanziert. Die Bindung der Sockets erfolgt in Zeile 20: Wir rufen hierzu die Bindungsmethode `bind()` des Initiator-Sockets auf und übergeben den Target-Socket als Argument. Hierdurch wird die Bindung Initiator-Port⇒Target-Export und die Bindung Target-Port⇒Initiator-Export ausgeführt. Damit eine Bindung möglich ist, müssen beide Sockets in ihren Interfaces und Busweiten übereinstimmen. Alternativ hätte man die Bindung auch durch den ()-Operator mit `i1->iSocket(t1->tSocket)` durchführen können. Im Übrigen ist es auch möglich, den Initiator-Socket an den Target-Socket mit der Konstruktion `t1->tSocket(i1->iSocket)` zu binden; das Verfahren ist symmetrisch, wobei die Richtung des Vorwärts- und Rückwärtspfad in beiden Fällen gleich bleibt. Die Ausgabe des Programms zeigt Listing 6.8.

```
@   5 ns | Initiator WRITE | A:  0 | D: t
@  20 ns | Initiator WRITE | A:  1 | D: l
@  35 ns | Initiator WRITE | A:  2 | D: m
@  50 ns | Initiator READ  | A:  0 | D: t
@  65 ns | Initiator READ  | A:  1 | D: l
@  80 ns | Initiator READ  | A:  2 | D: m
```

Abb. 6.8: *Ausgabe des Programms von Listing 6.15.*

6.3.5 Initiator-, Target- und Interconnect-Komponenten

Mit den TLM-2.0-Sockets und -Interfaces sind wir in der Lage, Bussysteme zu modellieren. Die Initiatoren starten Transaktionen auf einem Bussystem und sprechen dabei die Targets über die Adressen an. Das Bussystem selbst kann aus mehreren Komponenten und Teil-Bussystemen bestehen. Was wir im einführenden Beispiel in Abschnitt 6.1.1 gezeigt hatten, war ein einfacher „Router", welcher im Prinzip nur eine Adressdekodierung durchführt und die Interface-Methodenaufrufe an den entsprechenden Ports zum ausgewählten Target weiterleitet. Abbildung 6.9 zeigt das gleiche System, nun aber mit TLM-2.0-Sockets und -Interfaces implementiert. Ein solcher einfacher Router wird in TLM-2.0 auch als „Interconnect"-Komponente bezeichnet. Die wesentliche Funktionalität besteht im Weiterleiten von Interface-Methodenaufrufen und damit auch in der Weitergabe der Referenz auf das Transaktionsobjekt im Initiator.

Buskomponenten können jedoch auch deutlich mehr an Funktionalität benötigen, als sie eine einfache Interconnect-Komponente zur Verfügung stellt. Ein Multi-Master-Bussystem benötigt beispielsweise einen so genannten „Arbiter", welcher die Buszuteilung regelt. Ferner kann ein Bussystem aus mehreren Teil-Bussystemen mit unterschiedlichen Busprotokollen bestehen. In diesem Fall wird eine so genannte „Bridge" benötigt, die die Teil-Bussysteme miteinander verbindet und eine Protokollumsetzung durchführt (wie beispielsweise das AMBA-Bussystem [4], bestehend aus den AHB- und APB-Teil-Bussystemen). Die Bridge ist dabei sowohl Target im einen Bussystem als auch Initiator im anderen Bussystem, wie Abbildung 6.10 zeigt. Für die Protokollumsetzung wird es in der Regel notwendig sein, ein eigenes Transaktionsobjekt zu generieren.

Wir können bei der Transaction-Level-Modellierung immer folgende Rollen der Komponenten unterscheiden (vgl. [21, Seite 420 ff.]):

- Initiator: Ein Initiator ist ein SystemC-Modul welches Transaktionen initiieren kann. Hierzu instanziert es ein Transaktionsobjekt und gibt dieses per Referenz durch den Aufruf der Interface-Methoden an Interconnect-Komponenten und schließlich an ein Target weiter. Ein Initiator verfügt über mindestens einen Initiator-Socket.

- Target: Ein Target ist ein SystemC-Modul und das Ziel einer Transaktion. Es führt die Anforderungen des Initiators aus und sendet gegebenenfalls eine Antwort. Im Falle des Schreibens schreibt der Initiator mit Hilfe der Interface-Methoden und des Transaktions- objekts Daten auf einen Speicherbereich des Targets, im Falle des Lesens liest der In- itiator Daten von einem Speicherbereich des Targets. Ein Target verfügt über mindestens einen Target-Socket.

- Interconnect: Ein Interconnect-Modul ist ein SystemC-Modul, welches weder als Initia- tor oder als Target agiert, sondern Interface-Aufrufe und damit die Referenz auf das Transaktionsobjekt weiterleitet. Ein Beispiel hierfür wäre ein Router. Ein Interconnect- Modul kann beispielsweise zur Adressdekodierung auf das Transaktionsobjekt zugreifen und auch die Adresse des Transaktionsobjekts verändern. Ein Interconnect-Modul in- stanziert in der Regel kein eigenes Transaktionsobjekt. Ein Interconnect-Modul verfügt sowohl über Initiator- als auch Target-Sockets.

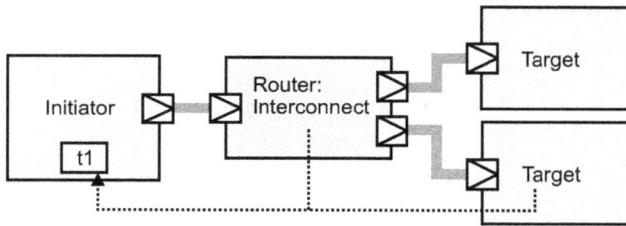

Abb. 6.9: *TLM-2.0-Verbindung von Initiator und zwei Targets über eine Interconnect-Komponente (Rou- ter). Die Bindungen der Sockets bestehen jeweils aus den Bindungen des Vorwärts- und des Rückwärts- pfades. Die Interface-Methoden geben an die Interconnect-Komponente und das Target eine Referenz auf das Transaktionsobjekt* t1 *im Initiator weiter.*

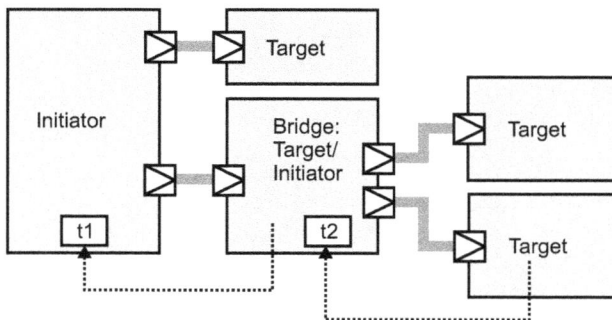

Abb. 6.10: *Verbindung von Teil-Bussystemen über eine Bridge, welche über ein eigenes Transaktionsobjekt* t2 *verfügt. Die Bridge ist Target im linken Teil-Bussystem und Initiator im rechten Teil-Bussystem.*

Die Rollen der Module oder Komponenten können sich im Verlauf der Transaktionen ändern: Eine Bridge ist im einen Fall ein Target und im anderen Fall ein Initiator. Eine Transaktion besteht aus Aufrufen von Interface-Methoden auf dem Vorwärtspfad, also vom Initiator zum

Target, und kann zusätzlich auch aus Aufrufen auf dem Rückwärtspfad, also vom Target zum Initiator, bestehen. Auf dem Pfad zwischen Initiator und Target können mehrere Interconnect-Komponenten liegen. Eine Verbindung von zwei benachbarten Komponenten auf diesem Pfad wird im Englischen als „Hop" (dt.: Sprung) bezeichnet. Die Anzahl der Sprünge oder „Hops" auf dem Pfad vom Inititator zum Target ist um eins größer als die Anzahl der Interconnect-Komponenten zwischen Initiator und Target (vgl. [21, Seite 422]).

Wir möchten im Folgenden das System aus Abbildung 6.9 als TLM-2.0-Modell implementieren. Hierzu verwenden wir den Initiator und das Target aus dem letzen Abschnitt (Listing 6.13 und 6.14) und verbinden mit dem Router aus Listing 6.16 einen Initiator mit zwei Targets gemäß Listing 6.17. Die Funktionalität entspricht dabei dem einführenden Beispiel aus Abschnitt 6.1.1; wir implementieren die Konnektivität jedoch mit TLM-2.0-Sockets und Interfaces. Der Router verfügt über einen Target-Socket `tSocket` und über zwei Initiator-Sockets als Socket-Feld `iSocket[NO_OF_TARGETS]`, wobei die Anzahl der Targets `NO_OF_TARGETS` = 2 ist für unser Beispiel. Da beide Socket-Typen vorhanden sind, muss der Router auch von beiden Interfaces abgeleitet werden und alle Methoden der beiden Interfaces implementieren! Ferner müssen wir das Router-Modul selbst jeweils an alle Sockets binden, damit der Initiator und die Targets die Interface-Methoden aufrufen können. Dies wird im Konstruktor in Zeile 7 bis 9 von Listing 6.16 ausgeführt.

Listing 6.16: *Router-Beispiel (Datei k6b2router.h)*

```
 1  struct Router : public sc_module,
 2    tlm_bw_transport_if<>, tlm_fw_transport_if<> {
 3    tlm_target_socket<> tSocket;
 4    tlm_initiator_socket<> iSocket[NO_OF_TARGETS];
 5    //Constructor
 6    Router(sc_module_name name) {
 7      tSocket.bind(*this);
 8      iSocket[0].bind(*this);
 9      iSocket[1].bind(*this);
10    }
11    //Interface methods forward path
12    void b_transport(tlm_generic_payload& tObj, sc_time& delay){
13      unsigned int targetIndex = getTarget(tObj);
14      iSocket[targetIndex]->b_transport(tObj, delay);
15    }
16    tlm_sync_enum nb_transport_fw( tlm_generic_payload& tObj,
17                  tlm_phase& phase, sc_time& delay ) {
18      unsigned int targetIndex = getTarget(tObj);
19      return iSocket[targetIndex]->
20          nb_transport_fw(tObj, phase, delay);
21    }
22    bool get_direct_mem_ptr(tlm_generic_payload& tObj,
23        tlm_dmi& dmiData) {
24      unsigned int targetIndex = getTarget(tObj);
25      return iSocket[targetIndex]->
26          get_direct_mem_ptr(tObj, dmiData);
27    }
28    unsigned int transport_dbg(tlm_generic_payload& tObj) {
```

```
29        unsigned int targetIndex = getTarget(tObj);
30        return iSocket[targetIndex]->transport_dbg(tObj);
31      }
32      //Interface methods backward path
33      tlm_sync_enum nb_transport_bw( tlm_generic_payload& tObj,
34                        tlm_phase& phase, sc_time& delay ) {
35        return tSocket->nb_transport_bw(tObj, phase, delay);
36      }
37      void invalidate_direct_mem_ptr(uint64 startAddress,
38                        uint64 endAddress) {
39        tSocket->invalidate_direct_mem_ptr(startAddress, endAddress);
40      }
41  private:
42      unsigned int getTarget(tlm_generic_payload& tObj) {
43        unsigned int index;
44        index = unsigned int(tObj.get_address() / SIZE);
45        sc_assert(index < NO_OF_TARGETS);
46        tObj.set_address( tObj.get_address() - uint64(index*SIZE) );
47        return index;
48      }
49  };
```

Listing 6.17: Toplevel für das Beispiel (Ausschnitt, Datei k6b2_1top.h)

```
1   ...
2   struct Toplevel : public sc_module {
3   ...
4     //Constructor
5     Toplevel(sc_module_name name) {
6       i1 = new Initiator("i1");
7       t1 = new Target("t1");
8       t2 = new Target("t2");
9       r1 = new Router("r1");
10      i1->iSocket.bind(r1->tSocket);
11      r1->iSocket[0].bind(t1->tSocket);
12      r1->iSocket[1].bind(t2->tSocket);
13    }
14  };
```

Auf dem Vorwärtspfad müssen die Interface-Methodenaufrufe des Initiators an den entsprechenden Socket weitergeleitet werden. Hierzu müssen wir wieder durch eine Dekodierung der Adresse den Index des Socket-Feldes herausfinden und die Adresse auf den lokalen Adressbereich des Targets umsetzen; wir implementieren dies in ähnlicher Weise wie im Beispiel in Abschnitt 6.1.1 gezeigt. Da wir diesen Vorgang aber für alle Interface-Methoden des Vorwärtspfades benötigen, implementieren wir eine Hilfsmethode getTarget() hierfür (Zeile 42-48). Wir übergeben der Methode das Transaktionsobjekt per Referenz und bestimmen den Index des Sockets, indem wir die Adresse aus dem Transaktionsobjekt auslesen und durch die Größe des Adressraums der Targets dividieren. Hier ist zu beachten, dass der Rückgabewert der Methode `get_address()` vom Typ `uint64` ist und somit ein „Type-Cast" nach **unsigned int** notwendig wird. Abschließend bilden wir in Zeile 46 die vom Initiator eingesetzte Adresse auf den lokalen Adressbereich des Targets ab (auch hier ist ein „Type-Cast" notwendig) und geben den Wert des Index zurück.

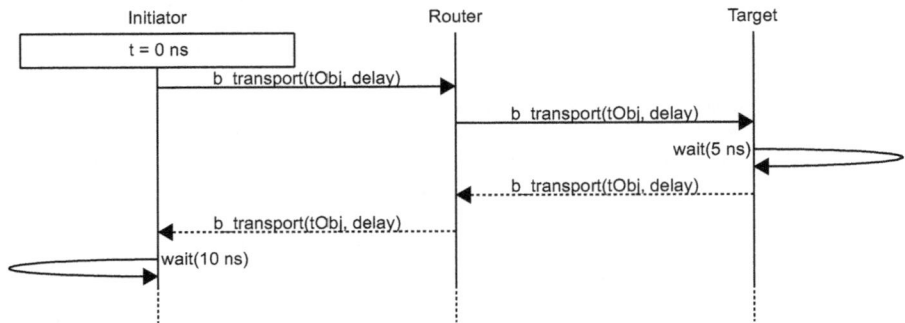

Initiator   Router   Target

t = 0 ns

b_transport(tObj, delay)

b_transport(tObj, delay)

wait(5 ns)

b_transport(tObj, delay)

b_transport(tObj, delay)

wait(10 ns)

Abb. 6.11: *Sequenzdiagramm für eine Transaktion auf dem Vorwärtspfad mit der Interface-Methode* `b_transport()`.

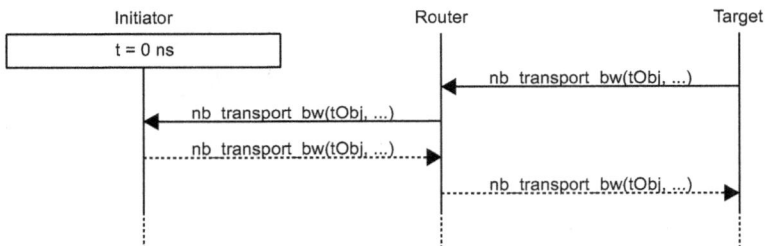

Initiator   Router   Target

t = 0 ns

nb_transport_bw(tObj, ...)

nb_transport_bw(tObj, ...)

nb_transport_bw(tObj, ...)

nb_transport_bw(tObj, ...)

Abb. 6.12: *Sequenzdiagramm für eine Transaktion auf dem Rückwärtspfad mit der Interface-Methode* `nb_transport_bw()`.

In jeder Interface-Methode des Vorwärtspfades rufen wir nun die Hilfsmethode `getTarget()` auf und verwenden den Index `targetIndex` anschließend für den Aufruf der Interface-Methode am entsprechenden Socket und damit am daran gebundenen Target, beispielsweise bei der Methode `b_transport()` in der Form:
`iSocket[targetIndex]->b_transport(tObj, delay)`
Dies leitet nun den Methodenaufruf des Initiators an das Target weiter, so dass wir wieder einen geschachtelten Methodenaufruf haben, wie dies im Sequenzdiagramm in Abbildung 6.11 für die Methode `b_transport()` gezeigt ist. Sofern eine Interface-Methode eines Targets einen Rückgabewert liefert, muss dieser als Rückgabewert an den Initiator weitergegeben werden. Das Simulationsergebnis entspricht im Übrigen dem in Abbildung 6.8 aus dem vorangegangenen Abschnitt.

Auf dem Rückwärtspfad müssen die über einen der Target-Sockets hereinkommenden Interface-Methodenaufrufe an den Initiator weitergeleitet werden, indem wir die entsprechende Interface-Methode am Initiator-Socket aufrufen. Dabei entsteht ebenfalls ein geschachtelter

Methodenaufruf auf dem Rückwärtspfad, wie das Sequenzdiagramm in Abbildung 6.12 für die Methode `nb_transport_bw()` beispielhaft zeigt. In unserem Beispiel werden diese Interface-Methoden jedoch nie aufgerufen, da wir im Initiator ausschließlich mit `b_transport()` arbeiten. Die Verwendung der nicht-blockierenden Interfaces für den Vorwärts- und Rückwärtspfad wird im nächsten Kapitel im Zusammenhang mit dem „Approximately-Timed"-Modellierungsstil gezeigt.

6.3.6   Hierarchische Socket-Bindungen

Wie wir schon in Kapitel 4 angesprochen haben, können beim Aufbau von Systemen auch hierarchische Bindungen notwendig werden. Diese sind auch mit Sockets möglich und wir möchten in diesem Abschnitt anhand eines Beispiels die Vorgehensweise zeigen. Wir nehmen hierzu den Initiator und das Target aus den vorangegangenen Beispielen und instanzieren sie jeweils in einer weiteren Hierarchieebene gemäß Abbildung 6.13. Die Module `InitiatorHier` und `TargetHier` in den Listings 6.18 und 6.19 instanzieren einen Initiator und ein Target. Beide Module werden dann auf dem Toplevel in Listing 6.20 über ihre Sockets wie gehabt verbunden.

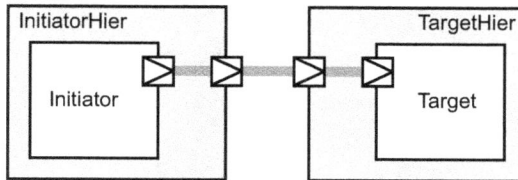

Abb. 6.13: Hierarchische Socket-Bindungen.

Listing 6.18: Initiator mit hierarchischer Bindung (Datei k6b3initiator_hier.h)

```
1  struct InitiatorHier : public sc_module {
2    tlm_initiator_socket<> iSocketHier;
3    Initiator *i1; //Instantiate initiator
4    //Constructor
5    InitiatorHier(sc_module_name name) {
6      i1 = new Initiator("i1");
7      i1->iSocket.bind(iSocketHier);
8    }
9  };
```

In den hierarchischen Initiator- und Target-Modulen besteht die Aufgabe darin, die Sockets des Eltern-Moduls (`InitiatorHier` und `TargetHier`) mit den Sockets der Kind-Module (`Initiator` und `Target`) zu binden. Hierbei ist nun die Reihenfolge wichtig, anderenfalls resultieren Bindungsfehler. Ein Initiator-Socket ist von einem SystemC-Port abgeleitet – ist also im Kern ein Port – und instanziert einen SystemC-Export (vgl. [21, Seite 461]). Daher muss die Socket-Socket-Bindung wie in Zeile 7 von Listing 6.18 vorgenommen werden. Um mit den Definitionen im SystemC-LRM [21] konsistent zu sein, sollte für die Bindungen folgende Sprechweise verwendet werden (die wir bislang nicht konsequent angewendet haben): Wenn wir die Bindungsmethode eines Sockets aufrufen und dieser einen anderen Socket als

Argument übergeben, dann binden wir den aufrufenden Socket an den Argument-Socket. Sinngemäß wird ein Socket an ein Modul gebunden, wenn das Modul als Argument übergeben wird. Für die normalen SystemC-Ports gilt sinngemäß das Gleiche: Man bindet einen Port an ein Modul (oder das Interface des Moduls) und nicht das Modul an den Port. Dies hat allerdings nichts mit der Funktionalität der Bindungen zu tun, sondern ist nur eine Frage der Definition. Für hierarchische Initiator-Socket-Bindungen muss daher der Socket des Kind-Moduls an den Socket des Eltern-Moduls gebunden werden, wie in Zeile 7 von Listing 6.18 gezeigt. Dabei ist iSocketHier der Socket des Eltern-Moduls und iSocket der Socket des Kind-Moduls.

Listing 6.19: Target mit hierarchischer Bindung (Datei k6b3target_hier.h)

```
1   struct TargetHier : public sc_module {
2     tlm_target_socket<> tSocketHier;
3     Target *t1; //Instantiate Target
4     //Constructor
5     TargetHier(sc_module_name name){
6        t1 = new Target("t1");
7        tSocketHier.bind(t1->tSocket);
8     }
9   };
```

Listing 6.20: Toplevel für die hierarchische Bindung (Ausschnitt, Datei k6b3top.h)

```
1   ...
2   #define SIZE 32 //Target size in bytes
3   #include "k6b2initiator.h"
4   #include "k6b2target.h"
5   #include "k6b3initiator_hier.h"
6   #include "k6b3target_hier.h"
7   struct Toplevel : public sc_module {
8     InitiatorHier *i1;
9     TargetHier    *t1;
10    //Constructor
11    Toplevel(sc_module_name name) {
12       i1 = new InitiatorHier("i1");
13       t1 = new TargetHier("t1");
14       i1->iSocketHier.bind(t1->tSocketHier);
15    }
16  };
```

Bei einem Target-Socket sind die Verhältnisse genau umgekehrt: Ein Target-Socket ist von einem Export abgeleitet – ist also im Kern ein Export – und instanziert einen Port. Daher muss bei einer hierarchischen Socket-Socket-Bindung, wie sie in Listing 6.20 in Zeile 7 vorgenommen wird, der Socket des Eltern-Moduls tSocketHier an den Socket des Kind-Moduls iSocket gebunden werden. Der geneigte Leser vergleiche dies mit den hierarchischen Port- und Export-Bindungen in Abschnitt 4.3: Auch dort war es so, dass bei Port-Port-Bindungen (Listing 4.10) der Kind-Port an den Eltern-Port gebunden wurde (nach obiger Sprechweise) und bei der Export-Kanal-Bindung (Listing 4.12) der Export des Eltern-Kanals an den Kind-Kanal gebunden wurde. Die hierarchischen Socket-Bindungen sind also konsistent mit der Vorgehensweise bei hierarchischen Bindungen von SystemC-Ports und -Exports, da ein Initiator-Socket im Kern ein Port ist und ein Target-Socket im Kern ein Export. Davon unbeeinflusst bleiben die Bindungen zwischen Initiator-Socket und Target-Socket: Die Bindungsreihenfolge ist, wie schon besprochen, nicht vorgegeben. Wir hätten also auf dem Toplevel in Listing 6.20 die Bindung in Zeile 14 auch durch `t1->tSocketHier.bind(i1->iSocketHier)` vornehmen können und damit den Socket des Targets an den Initiator-Socket binden können.

6.3.7 Vereinfachte Sockets

Die so genannten „Utilities" (vgl. [21]) der TLM-2.0-Bibliothek sind nicht Teil der Interoperabilitätsschicht, bieten jedoch verschiedene Mechanismen in Form von Klassen an, welche die Kodierung erleichtern. Ein Teil der „Utilities" sind die „Convenience Sockets" und wir möchten an dieser Stelle daraus die vereinfachten Initiator- und Target-Sockets (engl.: simple sockets) vorstellen (vgl. [21, Seite 523 ff.]). Sie vereinfachen den Code für Initiatoren und Targets, da nicht mehr alle Methoden eines Interfaces implementiert werden müssen. Im Falle der vereinfachten Sockets erfolgt die Zuordnung von Interface-Methoden zu einem Socket nicht wie bisher, indem wir an das Modul den Socket binden, sondern indem wir so genannte „Callback-Methoden" beim Socket „registrieren" oder anmelden. Damit wird es auch möglich, in einem Modul verschiedenen Sockets verschiedene Interface-Methoden zuzuordnen.

Listing 6.21: Target mit vereinfachtem Socket (Datei k6b4target.h)

```
1  struct Target : public sc_module {
2    simple_target_socket<Target> tSocket;
3    //Constructor
4    Target(sc_module_name name){
5      tSocket.register_b_transport(this, &Target::transport);
6      for(int i=0;i<SIZE;i++){
7        memArray[i] = '?';
8      }
9    }
10   //Interface method
11   void transport(tlm_generic_payload& tObj, sc_time& delay){
12     tlm_command    cmd = tObj.get_command();
13     uint64         address = tObj.get_address();
14     uchar          *dataPtr = tObj.get_data_ptr();
15     sc_assert((address >= 0) && (address < SIZE));
16     if(cmd == TLM_WRITE_COMMAND){
17       memArray[address] = *dataPtr;
18     }
19     else {
20       *dataPtr = memArray[address];
21     }
22     wait(5, SC_NS);
23   }
24 private:
25   char memArray[SIZE]; //Memory array
26 };
```

Listing 6.21 zeigt die Verwendung von vereinfachten Sockets am Beispiel des Targets. Um die Sockets benutzen zu können, müssen die entsprechenden Header-Dateien, wie in Listing 6.23 gezeigt, eingebunden werden (wir öffnen hier wieder den Namensraum `tlm_utils`!). Da die Sockets dynamische Prozesse benutzen, ist es ferner nötig, den entsprechenden „Define" hierfür anzugeben. Das Instanzieren eines vereinfachten Target-Sockets ist in Zeile 2 von Listing 6.21 gezeigt. Ein zwingend anzugebender Template-Parameter ist der Name des Moduls, in welchem der Socket instanziert wird. Des Weiteren ist es nach Bedarf möglich, die Busbreite zu verändern, die auf 32 Bit wieder voreingestellt ist, oder ein anderes Protokoll anzugeben. Im Unterschied zu den Standard-Sockets sind die vereinfachten Sockets nicht Multi-Port-fähig, so dass diese Parameter auch nicht vorhanden sind.

Listing 6.22: *Initiator mit vereinfachtem Socket (Ausschnitt, Datei k6b4initiator.h)*

```
1   struct Initiator : public sc_module {
2     simple_initiator_socket<Initiator> iSocket;
3     SC_HAS_PROCESS(Initiator);
4     //Constructor
5     Initiator(sc_module_name name) : iSocket("iSocket") {
6       SC_THREAD(generateTransactions);
7     }
8     //Processes
9     void generateTransactions(){
10  ...
11    }
12  private:
13    void startTransaction(tlm_command cmd,
14        uint64 address, uchar data){
15  ...
16      iSocket->b_transport(t1, delay);
17  ...
18    }
19  };
```

Um die Interface-Methode am Socket anmelden zu können, ist im Socket für jede Interface-Methode eine „Registerungs-Methode" `register_xxx` vorhanden, wobei für `xxx` der entsprechende Name der Interface-Methode einzusetzen ist. Im Falle eines Initiator-Sockets sind dies die Methoden des Rückwärtspfades aus Abschnitt 6.3.3 und für einen Target-Socket sind dies die Methoden des Vorwärtspfades aus Abschnitt 6.3.2. Beim Aufruf der Registrierungsmethode müssen zwei Argumente übergeben werden: Der **this**-Zeiger auf das Modul und die Adresse der als Interface-Methode zu registrierenden Methode, wie in Zeile 5 von Listing 6.21 gezeigt (der „Scope"-Operator ist hier notwendig!). Bei letzterer muss der Name zwar nicht mit dem Namen der Methoden aus dem entsprechenden Interface übereinstimmen, es ist jedoch zwingend, dass die Argumente übereinstimmen!

Die Vereinfachung der „Simple Sockets" liegt nun darin, dass nicht alle Methoden registriert werden müssen. Für diejenigen, die nicht registriert werden, existiert in den Sockets eine „Dummy"-Implementierung. Allerdings ist es für ein Target notwendig, dass mindestens eine Transport-Methode implementiert und entweder als `b_transport()` oder `nb_transport_fw()` registriert wird. Wird die jeweils nicht-registrierte Methode aufgerufen, so wird der Aufruf zur registrierten Methode umgeleitet. Für diese Umleitung greifen dann die Regeln des in Kapitel 7 noch zu besprechenden Basisprotokolls. Es ist insbesondere so, dass, wenn der Initiator die nicht-registrierte Methode `nb_transport_fw()` aufruft, hierfür die registrierte Methode `b_transport()` aufgerufen wird und dann ebenfalls *automatisch* ein „Rückruf" der Methode `nb_transport_bw()` vom Target zum Initiator erfolgt. In diesem Fall muss der Initiator diese Methode implementieren oder diese an einem vereinfachten Initiator-Socket registriert haben! Für detailliertere Informationen zu diesen Konversionen sei auf [21, Seite 526 ff.] verwiesen. In unserem Initiator-Beispiel aus Listing 6.22 verzichten wir darauf und instanzieren nur einen vereinfachten Initiator-Socket. Es ist noch zu bemerken, dass die Module bei Verwendung von vereinfachen Sockets nicht mehr von den Interfaces abgeleitet werden müssen.

Listing 6.23: Toplevel (Ausschnitt, Datei k6b4top.h)

```
 1  ...
 2  #define SC_INCLUDE_DYNAMIC_PROCESSES
 3  #include <systemc>
 4  ...
 5  #include "tlm_utils/simple_initiator_socket.h"
 6  #include "tlm_utils/simple_target_socket.h"
 7  using namespace tlm_utils;
 8
 9  #define SIZE 32 //Target size in bytes
10  #include "k6b4initiator.h"
11  #include "k6b4target.h"
12  struct Toplevel : public sc_module {
13  ...
14      i1->iSocket.bind(t1->tSocket);
15      }
16  };
```

Es ist nicht möglich (und eigentlich auch nicht notwendig), einen vereinfachten Socket in einem Eltern-Modul zu benutzen und daran einen Socket in einem Kind-Modul zu binden. Vereinfachte Sockets können jedoch als Sockets in einem Kind-Modul an die Standard-Sockets in einem Eltern-Modul gebunden werden. Auf der gleichen Hierarchieebene kann ein vereinfachter Initiator-Socket auch an einen Standard-Target-Socket gebunden werden und ein Standard-Initiator-Socket kann an einen vereinfachten Target-Socket gebunden werden (vgl. auch [21, Seite 522]).

6.4   Das Transaktionsobjekt

In den folgenden Abschnitten wollen wir das Transaktionsobjekt „Generic Payload", welches
Bestandteil der TLM-2.0-Bibliothek ist, darstellen. Ferner soll anhand von Beispielen gezeigt
werden, welche verschiedenen Transaktionen damit modelliert werden können.

6.4.1   Attribute und Methoden des Transaktionsobjekts

Für maximale Interoperabilität sollte das Transaktionsobjekt „Generic Payload" aus der TLM-
2.0-Bibliothek verwendet werden. Wie wir schon in den vorangegangenen Abschnitten gesehen
haben, handelt es sich um die Klasse `tlm_generic_payload`. Mit Hilfe dieses Transaktionsobjekts und den schon dargestellten Sockets und Interfaces können Bussysteme, welche nach
dem „Memory-Mapped I/O"-Prinzip arbeiten, relativ einfach modelliert werden. Das Transaktionsobjekt beinhaltet „Attribute" (Member-Variablen) wie Adressen, Daten, Byte-Enables mit
denen sich die wesentlichen Mechanismen von Bussystemen wie Einzel-Transfers, „Burst"-
Transfers oder die Antwort eines Targets modellieren lassen (vgl. [21, Seite 465 ff.]). Das
Schreiben und Lesen dieser Attribute erfolgt über entsprechende Set-/Get-Methoden. Die Tabellen 6.2 und 6.3 fassen die Attribute mit ihren jeweiligen Datentypen und den Get-/Set-
Methoden zusammen.

Attribut	Datentyp	Ändern erlaubt für
Kommando	`tlm_command`	Initiator
Start-Adresse	`uint64`	Initiator/Interconnect
Datenzeiger	**unsigned char***	Initiator
Datenlänge	**unsigned int**	Initiator
Byte-Enable-Zeiger	**unsigned char***	Initiator
Byte-Enable-Länge	**unsigned int**	Initiator
Streaming-Weite	**unsigned int**	Initiator
DMI Hinweis	**bool**	Initiator/Interconnect/Target
Antwort-Status	`tlm_response_status`	Initiator/Target
Erweiterungen	`(tlm_extension_base*)[]`	Initiator/Interconnect/Target

Tabelle 6.2: *Attribute des Transaktionsobjekts „Generic Payload" (Quelle: [21]).*

Obwohl die Verwendung der „Generic Payload" für die Sockets und Interfaces nicht zwingend
ist, wird deren Benutzung im Sinne der Interoperabilität empfohlen. Spezifische Eigenschaften
eines bestimmten Bus-Protokolls können über die so genannten „Extensions" (dt.: Erweiterungen) hinzugefügt werden. Wir werden im Rahmen des Buches allerdings nicht auf die Erweiterungen eingehen (siehe hierzu [21]). Das Transaktionsobjekt wird im Initiator instanziert
und den Interface-Methoden als Referenz übergeben. Die Instanzierung eines Transaktionsobjektes (Aufruf des Konstruktors) und auch dessen Zerstörung (Aufruf des Destruktors) sind

rechenzeitintensiv. Insofern empfiehlt es sich nicht, für jede Transaktion ein neues Transaktionsobjekt zu instanzieren, indem man es beispielsweise als lokale Variable einer Methode oder eines Prozesses instanziert. Das Transaktionsobjekt sollte am besten als Member-Variable des Initiator-Moduls angelegt werden und für jede Transaktion wiederverwendet werden. Einige Mechanismen, wie beispielsweise die im vorangegangenen Abschnitt erwähnte Konversion eines nicht-blockierenden Interface-Methodenaufrufs in eine blockierende Methode durch den vereinfachten Socket, funktionieren auch nicht, wenn das Transaktionsobjekt als lokale Variable in einem Prozess oder einer Methode angelegt wird. Im Zusammenhang mit dem Modellierungsstil „Approximately-Timed" im nächsten Kapitel werden wir durch den so genannten „Memory Manager" dann eine weitere Möglichkeit für die Verwaltung von Transaktionsobjekten kennenlernen.

Das Transaktionsobjekt besteht aus zehn Attributen – also Member-Variablen –, die in Tabelle 6.2 aufgeführt sind, wobei für jedes Attribut ein Ersatzwert vorgegeben ist. Die Attribute werden vom Initiator vor Aufruf der Interface-Methode gesetzt, wobei die ersten sieben Attribute Informationen vom Initiator zum Interconnect und Target übertragen. Es wird empfohlen, vor jeder Transaktion alle Attribute (mit Ausnahme der Erweiterungen) zu setzen – gerade bei Verwendung eines „Memory Managers", da man sich nicht darauf verlassen kann, dass die Attribute noch ihre Ersatzwerte aufweisen. Wir werden dies in unseren Beispielen nicht immer konsequent durchhalten, um den Code kompakt zu halten. Die Interconnect- und Target-Module dürfen nur bestimmte Attribute ändern; dies ist in Tabelle 6.2 vermerkt. Während einer Transaktion darf der Initiator die Attribute des Transaktionsobjektes nicht ändern. Die Start-Adresse der Transaktion darf vom Interconnect verändert werden; dies wird typischerweise zur Berechnung einer lokalen Adresse des Target benutzt (analog zu Listing 6.16). Obgleich der Datenzeiger selbst nicht vom Target verändert werden darf, so wird das Target beim Lesen den Inhalt eines Datenpuffers im Initiator, auf welchen der Datenzeiger zeigt, verändern. Ferner wird vom Target erwartet, dass es den Antwort-Status verändert. Im Folgenden werden wir auf die Funktionen der einzelnen Attribute genauer eingehen, mit Ausnahme der Attribute „DMI Hinweis" und „Erweiterungen".

Listing 6.24: Aufzählungstypen der „Generic Payload" (Quelle: [21])

```
1  enum tlm_command {
2    TLM_READ_COMMAND,
3    TLM_WRITE_COMMAND,
4    TLM_IGNORE_COMMAND };
5
6  enum tlm_response_status {
7    TLM_OK_RESPONSE = 1,
8    TLM_INCOMPLETE_RESPONSE = 0,
9    TLM_GENERIC_ERROR_RESPONSE = -1,
10   TLM_ADDRESS_ERROR_RESPONSE = -2,
11   TLM_COMMAND_ERROR_RESPONSE = -3,
12   TLM_BURST_ERROR_RESPONSE = -4,
13   TLM_BYTE_ENABLE_ERROR_RESPONSE = -5 };
```

Das Kommando für die Transaktion „Lesen vom Target" (TLM_READ_COMMAND) oder „Schreiben auf das Target" (TLM_WRITE_COMMAND) ist vom Aufzählungstyp tlm_command (siehe Listing 6.24). Das Attribut kann mit der entsprechenden Set-Methode aus Tabelle 6.3 gesetzt werden und mit der Get-Methode ausgelesen werden. Darüber hinaus existieren noch die beiden Methoden `set_read()` und `set_write()`, mit welchen das Attribut auf den Wert `TLM_READ_COMMAND` oder `TLM_WRITE_COMMAND` gesetzt werden kann. Ob das Attribut auf Lesen oder Schreiben gesetzt wurde, kann mit den Methoden `is_read()` und `is_write()` abgefragt werden, die dann jeweils **true** zurückliefern. Der Wert `TLM_IGNORE_COMMAND` kann im Zusammenhang mit den Erweiterungen benutzt werden, wenn man bei speziellen Transaktionen kein Lesen oder Schreiben durchführen möchte. Wenn ein Target nicht in der Lage ist, ein vom Initiator angefordertes Lesen oder Schreiben durchzuführen, dann sollte der Antwort-Status auf `TLM_COMMAND_ERROR_RESPONSE` gesetzt werden.

Attribut/Ersatzwert	Get-/Set-Methode

Kommando
 	
`TLM_IGNORE_COMMAND`
	`tlm_command get_command()`
	
	`set_command(tlm_command)`

Start-Adresse
 	
0
	`uint64 get_address()`
	
	`set_address(uint64)`

Datenzeiger 0	**unsigned char**`* get_data_ptr()` `set_data_ptr(`**unsigned char**`*)`
Datenlänge 0	**unsigned int** `get_data_length()` `set_data_length(`**unsigned int**`)`
Byte-Enable-Zeiger 0	**unsigned char**`* get_byte_enable_ptr()` `set_byte_enable_ptr(`**unsigned char**`*)`
Byte-Enable-Länge 0	**unsigned int** `get_byte_enable_length()` `set_byte_enable_length(`**unsigned int**`)`
Streaming-Weite 0	**unsigned int** `get_streaming_width()` `set_streaming_width(`**unsigned int**`)`
DMI Hinweis **false**	`set_dmi_allowed(`**bool**`)` **bool** `is_dmi_allowed()`

Antwort-Status
 	
`TLM_INCOMPLETE_RESPONSE`
	`tlm_response_status get_response_status()`
	
	`set_response_status(tlm_response_status)`

Tabelle 6.3: *Attribute des Transaktionsobjekts, Ersatzwerte und Get-/Set-Methoden (Quelle: [21]).*

Das Attribut „Start-Adresse" soll vom Target als Start-Adresse einer Lese- oder Schreib-Transaktion interpretiert werden, ab der eine bestimmte Anzahl von Bytes zu lesen oder schreiben ist. Es ist dabei nicht zwingend, dass die Adresse auf die Bus- oder Wortbreite (Template-Parameter `BUSWIDTH`) des Sockets *ausgerichtet* ist. Eine Adresse ist ausgerichtet, wenn sie ein Vielfaches der Wortbreite (in Byte!) beträgt. Ist also `BUSWIDTH = 32` so ist die Wortbreite 4 Byte und ausgerichtete Adressen wären dann 0, 4, 8, 12 und so weiter. Wenn das Target eine Transaktion nicht durchführen kann, weil es sich nicht um eine gültige Adresse handelt, dann soll das Target den Antwort-Status auf `TLM_ADDRESS_ERROR_RESPONSE` setzen.

Wie wir schon am Beispiel aus den vorangegangenen Abschnitten gesehen haben, werden die Daten nicht im Transaktionsobjekt selbst übertragen, sondern es wird ein Zeiger auf Daten im Initiator übertragen. Typischerweise wird man im Initiator ein Feld als Datenpuffer anlegen, welches diese Daten hält. Es versteht sich von selbst, dass der Initiator diesen Datenpuffer so lange zur Verfügung stellen muss, bis die Transaktion beendet ist; anderenfalls würde ein Target auf nicht mehr existente Daten zugreifen, was einen Programmabsturz nach sich ziehen würde. Der Datenpuffer muss auch ausreichend für die im Attribut „Datenlänge" spezifizierte Größe der Transaktion sein. Im Target wird man typischerweise den Target-Speicher oder die Register eines Peripherieblocks ebenfalls mit entsprechenden Feldern implementieren. Der Datenzeiger ist ein Byte-Zeiger und wird in der Regel benutzt, um mit Hilfe der C++-Funktion `memcpy` die Daten sehr effizient vom Initiator-Feld zum Target-Feld (Schreiben) oder vom Target-Feld zum Initiator-Feld (Lesen) zu kopieren. Die Initiator- und Target-Felder können Byte-Felder (z.B. Datentyp der Feldelemente: **unsigned char**) oder Multi-Byte-Felder sein (z.B. Datentyp **unsigned int**) und müssen nicht zwingend vom gleichen Datentyp sein.

Das Attribut „Datenlänge" spezifiziert die Anzahl der in einer Transaktion zu übertragenden Bytes. Dabei werden Bytes mitgezählt, die durch eventuelle „Byte-Enables" deaktiviert werden. Mit Hilfe des Attributs und der für den jeweiligen Socket spezifizierten Busbreite kann bestimmt werden, ob es sich um einen Einzeltransfer oder einen so genannten „Burst"-Transfer handelt. Ein Burst-Transfer besteht dabei aus mehreren Einzeltransfers, die auch als „Beat" bezeichnet werden (siehe Abschnitt 1.6). Wenn DL die Datenlänge in Bytes ist und BW die Busbreite in Bytes ist (= `BUSWIDTH`/8) dann ist die Anzahl der Beats oder die Burstlänge $BL = \lceil DL/BW \rceil$. Wenn $BL = 1$ ist, dann handelt es sich um einen Einzeltransfer. Aus der Burstlänge kann dann beispielsweise die Latenzzeit des Bursts berechnet werden. Wenn ein Target eine Transaktion aufgrund zu großer Datenlänge nicht verarbeiten kann, dann soll das Target den Antwort-Status auf `TLM_BURST_ERROR_RESPONSE` setzen.

Das Attribut „Byte-Enable-Zeiger" ist ebenfalls ein Zeiger auf ein Feld im Initiator. Darin werden die so genannten „Byte-Enables" gespeichert, die zur Deaktivierung von Bytes in einer Transaktion dienen können. Das Attribut „Byte-Enable-Länge" gibt dabei die Länge dieses Feldes an. Wenn Byte-Enables nicht benutzt werden sollen, muss der Zeiger auf Null gesetzt werden und wenn das Target nicht in der Lage ist, die Byte-Enables zu verarbeiten, sollte der Antwort-Status auf `TLM_BYTE_ENABLE_ERROR_RESPONSE` gesetzt werden. Wir werden die Verwendung von Byte-Enables in Abschnitt 6.4.3 zeigen. Mit Hilfe des Attributs „Streaming-Weite" können spezielle Adressierungsmodi in Transaktionen definiert werden; dies werden wir in Abschnitt 6.4.4 zeigen. Soll dies nicht benutzt werden, dann sollte die Streaming-Weite gleich oder größer der Datenlänge sein.

Über das Attribut „Antwort-Status" signalisiert das Target, ob eine Transaktion erfolgreich war oder ob Fehler aufgetreten sind, wie schon weiter oben erwähnt wurde. Eine Interconnect-Komponente darf das Attribut nicht verändern. Der Initiator muss dieses Attribut vor Beginn der Transaktion auf `TLM_INCOMPLETE_RESPONSE` setzen. Im Fall einer erfolgreichen Transaktion setzt das Target das Attribut auf `TLM_OK_RESPONSE`. Für die Abfrage, ob die Transaktion erfolgreich war, kann die Methode `is_response_ok()` des Transaktionsobjekts verwendet werden, die **true** liefert, wenn die Antwort des Targets `TLM_OK_RESPONSE` ist.

Die Methode `is_response_error()` liefert in allen anderen Fällen ein **true**. Die Methode `get_response_string()` liefert die Antwort des Targets als C++-String für die Textausgabe. Falls ein Fehler auftritt, der nicht in die bisher besprochenen Kategorien fällt, dann sollte der Antwort-Status auf `TLM_GENERIC_ERROR_RESPONSE` gesetzt werden. Im IEEE Standard 1666 [21, Seite 484] werden zwei Möglichkeiten definiert, was ein Target wahlweise tun soll, wenn eine Transaktion nicht erfolgreich durchgeführt werden kann (dies wird als „standard error response" bezeichnet): Im einen Fall setzt das Target den Antwort-Status wie besprochen auf einen der fünf Fehlerwerte und im anderen Fall erzeugt das Target eine Fehlermeldung mit Hilfe des SystemC-Report-Handlers und gibt den Antwort-Status `TLM_OK_RESPONSE` zurück.

6.4.2   Einzel-Transfers und Burst-Transfers

Wir zeigen am Beispiel von Listing 6.25 und 6.26 die Verwendung des Transaktionsobjektes mit verschiedenen Transaktionen und das Kopieren von Datenfeldern zwischen Initiator und Target. Das Beispiel besteht nur aus einem Initiator und einem Target; der Toplevel für das Beispiel ist nicht abgedruckt und entspricht dem Toplevel aus Listing 6.23 aus Abschnitt 6.3.7. Wir benutzen für dieses Beispiel wieder die vereinfachten Sockets. Im Initiator legen wir in Zeile 39 in Listing 6.25 ein Transaktionsobjekt als Member-Variable des Initiators an. In Zeile 10 legen wir einen Datenpuffer `dataBuf` als Integer-Feld mit drei Elementen an, welches wir mit Werten initialisieren. Der Datenpuffer wird der Einfachheit halber als lokale Variable des Prozesses angelegt. Das Feld `dataBuf` besteht aus 12 Bytes, da der Datentyp **unsigned int** 32 Bit oder 4 Byte belegt.

Listing 6.25: Initiator (Datei k6b5initiator.h)

```
 1  struct Initiator : public sc_module {
 2    simple_initiator_socket<Initiator> iSocket;
 3    SC_HAS_PROCESS(Initiator);
 4    //Constructor
 5    Initiator(sc_module_name name) {
 6      SC_THREAD(generateTransactions);
 7    }
 8    //Processes
 9    void generateTransactions(){
10      unsigned int dataBuf[3] = {0x12345678,
11        0xDEADC0DE, 0xDEADC0DE};
12      delay = SC_ZERO_TIME;
13      t1.set_command(TLM_WRITE_COMMAND);
14      t1.set_address(4);
15      t1.set_data_ptr((uchar*)dataBuf);
16      t1.set_data_length(4);
17      t1.set_response_status(TLM_INCOMPLETE_RESPONSE);
18      iSocket->b_transport(t1, delay);
19      if(t1.is_response_error())
20        SC_REPORT_ERROR("Initiator", "Response error.");
21      wait(delay);
22      delay = SC_ZERO_TIME;
23      t1.set_command(TLM_READ_COMMAND);
24      t1.set_address(0);
```

```
25        t1.set_data_ptr((uchar*)dataBuf);
26        t1.set_data_length(12);
27        t1.set_response_status(TLM_INCOMPLETE_RESPONSE);
28        iSocket->b_transport(t1, delay);
29        if(t1.is_response_error())
30          SC_REPORT_ERROR("Initiator", "Response error.");
31        wait(delay);
32        cout <<"@ "<<setw(6)<<sc_time_stamp();
33        cout <<", Initiator array: ";
34        for(int i=0; i<3; i++){
35          cout <<hex<< dataBuf[i] << " ";
36        }
37        cout << endl;
38      }
39      tlm_generic_payload t1;
40      sc_time delay;
41    };
```

In den Zeilen 13 bis 17 von Listing 6.25 bereiten wir die Transaktion vor und setzen die notwendigen Attribute des Transaktionsobjektes (mit Ausnahme der Byte-Enables und der Streaming-
Weite). Die Transaktion soll an der Adresse 4 starten und 4 Bytes ab dieser Adresse aus dem
Datenpuffer dataBuf in das Target schreiben. Ferner setzen wir den Datenzeiger des Transaktionsobjektes in Zeile 15 auf den Anfang des Feldes dataBuf. Die Adresse des ersten Feldele-
mentes ist &dataBuf[0] was gleichbedeutend ist mit dataBuf. Diese Adresse eines Integer-
Feldes müssen wir nun über einen „Type-Cast" in einen Zeiger auf **unsigned char** (= uchar)
umwandeln, da die Methode set_data_ptr() diesen Datentyp erwartet. Wir benutzen hier
den Cast-Operator aus C weil es sich um Standard-C-Datentypen handelt; mit den C++-Type-
Casts könnte man dies auch so formulieren:
```
t1.set_data_ptr(reinterpret_cast<unsigned char*>(dataBuf));
```
Nachdem wir die Transaktion in Zeile 18 durchgeführt haben, suspendieren wir den Prozess.
Die Zeitdauer ist in der Variablen delay gespeichert, die wir ebenfalls der Interface-Methode
übergeben haben, und wird im Initiator zunächst auf Null gesetzt. Das Target kann diese Zeit
verändern, da das Argument als Referenz übergeben wird.

Um die Schreib-Transaktion weiter zu verfolgen, müssen wir den Code des Targets in Listing
6.26 betrachten. Das Target verfügt über ein Datenfeld mem, welches allerdings vom Datentyp
uchar ist, jedoch ebenfalls 12 Bytes umfasst (SIZE). Die Methode transport() wird wieder
als Interface-Methode b_transport() am Socket registriert und wir extrahieren in dieser
Methode zunächst die Werte der wichtigsten Attribute. In Zeile 16 überprüfen wir zunächst,
ob mit der Transaktion gegebenenfalls die Feldgrenze des Target-Feldes überschritten wird.
Dies könnte zu einem katastrophalen Fehler führen, falls wir dann versuchen auf das Target-
Feld zuzugreifen; wir beenden daher die Interface-Methode in einem solchen Fall durch das
Setzen des Antwort-Status auf den entsprechenden Fehlerwert. Im Initiator wird dies nach der
Transaktion in Zeile 29 ausgewertet.

Das eigentliche Durchführen der Schreib-Transaktion findet in Zeile 21 von Listing 6.26 statt.
Hierzu wird üblicherweise die Funktion memcpy() aus der C-Bibliothek verwendet, die einen
sehr schnellen Transfer der Daten ermöglicht. Das erste Argument ist dabei ein Zeiger auf das

Ziel, das zweite Argument ein Zeiger auf die Quelle und das dritte Argument legt die Anzahl der zu kopierenden Bytes fest. Die Zeiger sind jeweils als Anfangsadressen zu verstehen, wobei der Zeigertyp nicht relevant ist, da `memcpy()` grundsätzlich ein Kopieren Byte-für-Byte über die angegebene Länge durchführt. Wir übergeben als Ziel mit `&mem[startAdr]` die Adresse des durch `startAdr` indizierten Elementes aus dem Target-Feld. Die Quelle ist der Datenzeiger des Transaktionsobjektes, welcher auf das Initiator-Feld zeigt, und die Anzahl der zu kopierenden Bytes ist die Datenlänge.

Listing 6.26: Target (Datei k6b5target.h)

```
 1  #define SIZE 12 //Target size in bytes
 2  struct Target : public sc_module {
 3     simple_target_socket<Target> tSocket;
 4     //Constructor
 5     Target(sc_module_name name){
 6        tSocket.register_b_transport(this, &Target::transport);
 7        memset(mem, 0, SIZE); //Initialize array
 8     }
 9     //Interface method
10     void transport(tlm_generic_payload& tObj, sc_time& delay){
11        tlm_command    cmd = tObj.get_command();
12        uint64         startAdr = tObj.get_address();
13        uchar          *dataPtr = tObj.get_data_ptr();
14        unsigned int   transferLen = tObj.get_data_length();
15        unsigned int   burstSize = transferLen/4;
16        if(startAdr > SIZE-transferLen) {
17           tObj.set_response_status(TLM_ADDRESS_ERROR_RESPONSE);
18           return;
19        }
20        if(cmd == TLM_WRITE_COMMAND){
21           memcpy(&mem[startAdr], dataPtr, transferLen);
22           cout << "Target Write, Burst Length = "<<burstSize<<endl;
23        }
24        else {
25           memcpy(dataPtr, &mem[startAdr], transferLen);
26           cout << "Target Read, Burst Length = "<<burstSize<<endl;
27        }
28        tObj.set_response_status(TLM_OK_RESPONSE);
29        delay = delay + sc_time(burstSize*10, SC_NS);
30     }
31  private:
32     uchar mem[SIZE]; //Memory array
33  };
```

Für das Verständnis wichtig ist nun die Tatsache, dass die Integer-Daten auf einem x86-Computer, für welchen unser Beispiel kompiliert wurde, im so genannten „Little-Endian"-Format gespeichert werden. Beispielsweise besteht der numerische 32-Bit-Integer-Wert `0x12345678` aus vier Bytes, die an vier aufeinanderfolgenden Hauptspeicheradressen auf unserem Computer gespeichert werden; dies ist in Abbildung 6.14 gezeigt. Im „Little-Endian"-Format liegt an der niederwertigsten Adresse, die gleichzeitig auch die Anfangsadresse der Integer-Variablen ist, das numerisch niederwertigste Byte – also der Wert 78. An der höchstwertigen Adresse liegt das höchstwertige Byte – also der Wert 12. Beim so genannten „Big-Endian"-Format ist die Byte-Reihenfolge vertauscht, so dass an der niederwertigsten Adresse das numerisch höchstwertige Byte liegt (vgl. [42]). Dies wird als so genannte „Endianness" bezeichnet und sie beschreibt die Byte-Reihenfolge von Multi-Byte-Variablen; für Einzel-Byte-Variablen vom Typ **char** hat sie keine Bedeutung. Die „Endianness" des modellierten Systems kann sich im Übrigen von der „Endianess" des Entwicklungsrechners („Host-Endianness") unterscheiden. Da memcpy() die Daten einfach Byte-für-Byte kopiert, sieht der Inhalt des Target-Feldes nach Abschluss der Schreib-Transaktion wie in Abbildung 6.14 gezeigt aus (was man mit dem Debugger übrigens gut überprüfen kann!).

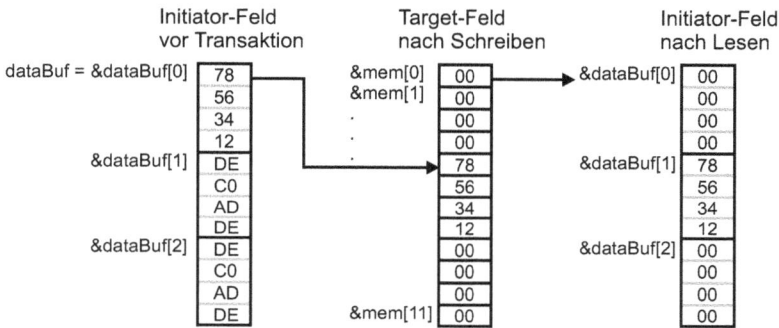

Initiator-Feld vor Transaktion		Target-Feld nach Schreiben		Initiator-Feld nach Lesen	
dataBuf = &dataBuf[0]	78	&mem[0]	00	&dataBuf[0]	00
	56	&mem[1]	00		00
	34	.	00		00
	12	.	00		00
&dataBuf[1]	DE	.	78	&dataBuf[1]	78
	C0		56		56
	AD		34		34
	DE		12		12
&dataBuf[2]	DE		00	&dataBuf[2]	00
	C0		00		00
	AD		00		00
	DE	&mem[11]	00		00

Abb. 6.14: *Kopieren der Datenfelder zwischen Initiator und Target für Adresse = 4 und Datenlänge = 4 beim Schreiben.*

Wir schließen die Schreib-Transaktion in Zeile 28 und 29 von Listing 6.14 ab, indem wir den Antwort-Status setzen und eine Verarbeitungszeit in Abhängigkeit von der Burst-Länge berechnen und dem per Referenz übergebenen Zeit-Objekt wieder zuweisen. Im Initiator wird dann der Prozess für diese Zeitdauer suspendiert. Danach starten wir im Initiator ab Zeile 23 eine Lese-Transaktion und lesen von der Adresse 0 insgesamt 12 Bytes, so dass wir das gesamte Target-Feld wieder in das Initiator-Feld kopieren. Damit haben wir einen Burst-Transfer modelliert, welcher aus 3 Einzel-Transfers oder „Beats" besteht und somit entsprechend länger dauert. Schließlich geben wir den Inhalt des Initiator-Feldes auf der Konsole aus, was Abbildung 6.15 zeigt. Die Ausgabe entspricht dem in Abbildung 6.14 gezeigten Inhalt des Initiator-Feldes nach dem Lesen („Little-Endian"-Format!).

```
Target Write, Burst Length = 1
Target Read, Burst Length = 3
@   40 ns, Initiator array: 0 12345678 0
```

Abb. 6.15: *Ausgabe des Programms.*

Um die Zusammenhänge noch etwas zu verdeutlichen, verändern wir die Schreib-Transaktion, indem wir die Start-Adresse auf 2 setzen und die Datenlänge auf 8; somit ist die Schreib-Transaktion ein Burst, welcher aus 2 Beats besteht. Zu beachten ist nun, dass diese Adresse nicht auf eine 32-Bit-Wortgrenze ausgerichtet ist. Die Lage der Daten im Target-Feld zeigt Abbildung 6.16. Wir bekommen nun ein Problem, wenn wir das Target-Feld wieder mit der Lese-Transaktion zurücklesen. Die einzelnen Teil-Bytes der Originaldaten liegen nun in unterschiedlichen Integer-Elementen des Initiator-Feldes. Da die Feldelemente für die Ausgabe auf der Konsole in Abbildung 6.17 vom Compiler aber wieder im „Little-Endian"-Format interpretiert werden, erhält man auf den ersten Blick etwas „seltsame" Werte, welche man jedoch anhand von Abbildung 6.16 verstehen kann. Man kann diese Probleme dadurch umgehen, indem man bei Verwendung von Integer-Feldern darauf achtet, dass die Adressen für die Transaktionen auf Wortgrenzen ausgerichtet sind.

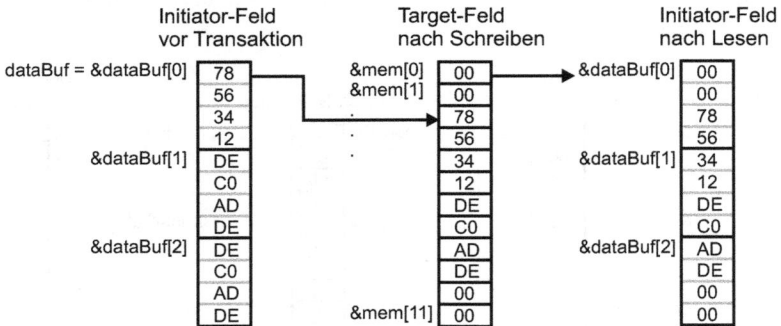

Abb. 6.16: *Kopieren der Datenfelder zwischen Initiator und Target für Adresse = 2 und Datenlänge = 8 beim Schreiben.*

```
Target Write, Burst Length = 2
Target Read, Burst Length = 3
@   50 ns, Initiator array:  56780000 c0de1234 dead
```

Abb. 6.17: *Ausgabe des Programms für Adresse = 2 und Datenlänge = 8.*

6.4.3   Verwendung von Byte-Enables

Bei einem Bussystem, dessen Datenbus mehr als ein Byte breit ist, können so genannte „Byte-Enables" benutzt werden, um den Targets zu signalisieren, auf welchen so genannten „Byte Lanes" gültige und zu übernehmende Daten ankommen (vgl. [42]). Bei einem 32-Bit-Bus sind vier Byte-Lanes vorhanden und damit sind vier Byte-Enables nötig. Für die Modellierung von Byte-Enables verfügt das TLM-2.0-Transaktionsobjekt über einen Zeiger auf ein Byte-Enable-Feld im Initiator. Um die Verwendung der Byte-Enables zu demonstrieren, wandeln wir das Beispiel aus dem vorangegangenen Abschnitt etwas ab. Listing 6.27 zeigt auszugsweise den Code des Initiators, wobei wir den Teil für das Zurücklesen des Targets nicht abgedruckt haben, dies ist ähnlich wie in Listing 6.25. Um Byte-Enables verwenden zu können, muss man eine Variable oder ein Feld anlegen, in welchem die Werte für die Byte-Enables definiert werden, und dem Attribut „Byte-Enable-Zeiger" des Transaktionsobjekts einen Zeiger vom Typ `uchar` darauf übergeben. Wenn der Byte-Enable-Zeiger auf Null gesetzt wird, bedeutet dies, dass keine Byte-Enables verwendet werden sollen. Im Beispiel benutzen wir die Integer-Variable `byteEnables`, welche aus vier Bytes besteht. Aufgrund des Integer-Datentyps müssen wir für den Zeiger wieder eine Typkonversion durchführen. Jedes Byte aus dieser Variablen (oder allgemein aus einem Byte-Enable-Feld) ist ein Byte-Enable. Der Wert eines Byte-Enables definiert dabei, ob ein zugeordnetes Byte aus dem Datenfeld aktiviert (engl.: enable, Wert = 0xFF) werden soll oder nicht (engl.: disable, Wert = 0x00). Zusätzlich muss das Attribut „Byte-Enable-Länge" auf die Länge des Byte-Enable-Feldes gesetzt werden, dies ist in unserem Fall der Wert 4.

Listing 6.27: Initiator mit Byte-Enables (Ausschnitt, Datei k6b6initiator.h)

```
 1   struct Initiator : public sc_module {
 2   ...
 3     //Processes
 4     void generateTransactions(){
 5       unsigned int dataBuf[3] = {0x12345678,
 6         0xDEADBEEF, 0xDEADBEEF};
 7       unsigned int byteEnables = 0xff00ff00;
 8       delay = SC_ZERO_TIME;
 9       t1.set_write();
10       t1.set_address(4);
11       t1.set_data_ptr((uchar*)dataBuf);
12       t1.set_data_length(8);
13       t1.set_byte_enable_ptr((uchar*)&byteEnables);
14       t1.set_byte_enable_length(4);
15       t1.set_streaming_width(8);
16       t1.set_response_status(TLM_INCOMPLETE_RESPONSE);
17       iSocket->b_transport(t1, delay);
18       if(t1.is_response_error())
19         SC_REPORT_ERROR("Initiator", "Response error.");
20       wait(delay);
21   ...
22     }
23   ...
24   };
```

Die Werte des Byte-Enable-Felds werden beim Kopieren von Initiator- und Target-Datenfeldern verwendet. Die Bytes des Target-Datenfeldes, welche durch das Byte-Enable-Feld deaktiviert wurden, dürfen beim Schreiben nicht verändert werden. Werden Byte-Enables auch beim Lesen benutzt, so dürfen die deaktivierten Bytes des Initiator-Datenfeldes nicht verändert werden. Wenn das Byte-Enable-Feld kleiner ist als die Datenlänge, dann wird es wiederholt angewendet. Listing 6.28 zeigt den Code des Targets, welches die Byte-Enables beim Schreiben verarbeiten soll; beim Lesen sollen keine Byte-Enables verwendet werden.

Wir initialisieren in Zeile 7 von Listing 6.28 zunächst die Elemente des Target-Datenfelds, welches vom Datentyp `uchar` ist, auf den Wert `0x55`, um später sehen zu können, dass die deaktivierten Bytes oder Feldelemente nicht verändert wurden. Wir extrahieren wieder die Werte der Attribute des Transaktionsobjektes in lokale Variablen und überprüfen anschließend, ob die Transaktion nicht die Feldgrenzen überschreitet. In diesem Beispiel haben wir die zweite Möglichkeit für die Fehlerantwort des Targets gewählt: Wir senden immer den Antwort-Status

`TLM_OK_RESPONSE` zurück und geben im Fehlerfall im Target eine Meldung mit dem Report-Handler aus.

Listing 6.28: Target mit Byte-Enables (Datei k6b6target.h)

```
 1  #define SIZE 12 //Target size in bytes
 2  struct Target : public sc_module {
 3    simple_target_socket<Target> tSocket;
 4    //Constructor
 5    Target(sc_module_name name){
 6      tSocket.register_b_transport(this, &Target::transport);
 7      memset(mem, 0x55, SIZE); //Initialize array
 8    }
 9    //Interface method
10    void transport(tlm_generic_payload& tObj, sc_time& delay){
11      uint64       startAdr = tObj.get_address();
12      uchar        *dataPtr = tObj.get_data_ptr();
13      uchar        *bePtr = tObj.get_byte_enable_ptr();
14      unsigned int beLen = tObj.get_byte_enable_length();
15      unsigned int transferLen = tObj.get_data_length();
16      unsigned int burstSize = transferLen/4;
17      tObj.set_response_status(TLM_OK_RESPONSE);
18      if(startAdr > SIZE-transferLen) {
19        SC_REPORT_ERROR("Target", "Address out of range.");
20        return;
21      }
22      if(tObj.is_write()){
23        if(bePtr != 0){ //Transfer using byte enables
24          for(unsigned int i=0; i<transferLen; i++){
25            if(bePtr[i%beLen] == 0xFF)
26              mem[startAdr+i] = dataPtr[i];
27          }
28        }
29        else { //No byte enables
30          memcpy(&mem[startAdr], dataPtr, transferLen);
31        }
32        cout << "Target Write, Burst Length = "<<burstSize<<endl;
33      }
34      else {
35        memcpy(dataPtr, &mem[startAdr], transferLen);
36        cout << "Target Read, Burst Length = "<<burstSize<<endl;
37      }
38      delay = delay + sc_time(burstSize*10, SC_NS);
39    }
40  private:
41    uchar mem[SIZE]; //Memory array
42  };
```

Wenn es sich um eine Schreib-Transaktion handelt, was durch `tObj.is_write() == TRUE` erkannt werden kann, dann muss abgefragt werden, ob der Byte-Enable-Zeiger von Null verschieden ist und in diesem Fall die Byte-Enables berücksichtigt werden. Wenn keine Byte-Enables verwendet werden sollen (bePtr == 0), dann kopieren wir die Werte wie gewohnt aus dem Initiator-Feld in das Target-Feld. Für Lese-Transaktionen wurde in diesem Beispiel keine Byte-Enable-Funktionalität implementiert.

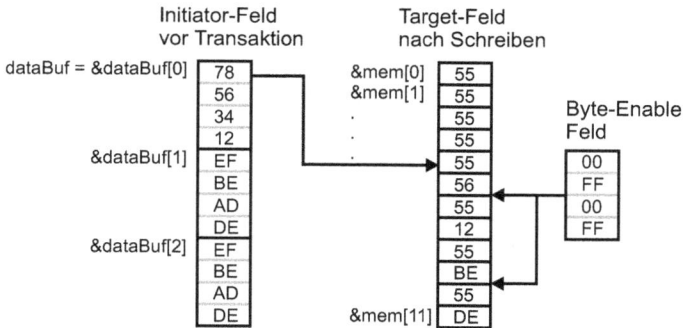

Abb. 6.18: Kopieren der Datenfelder zwischen Initiator und Target beim Schreiben mit Berücksichtigung der Byte-Enables.

Um die Byte-Enables beim Schreiben zu verarbeiten, müssen wir in einer Schleife in Zeile 24 von Listing 6.28, in Abhängigkeit von der Datenlänge, byteweise die Feldinhalte bearbeiten und kopieren. Wir müssen nochmals betonen, dass wir mit dem **char**-Zeiger dataPtr auf ein Integer-Feld im Initiator zeigen. Es wird daher die **char**-Zeiger-Arithmetik angewendet: Mit jedem Inkrement der Schleife schreiten wir um ein Byte im Initiator-Feld fort, so wie das die memcpy()-Funktion ebenfalls macht. In gleicher Weise addressieren wir das Byte-Enable-Feld über den Byte-Enable-Zeiger vom Datentyp **char** (hier, wie auch an anderer Stelle, wird die Zeiger-Feld-Dualität ausgenutzt und der Zeiger syntaktisch als Feld verwendet). Wir indizieren das Feld, indem wir mit dem Modulo-Operator den Rest der ganzzahligen Division von Schleifenvariable i durch die Länge des Byte-Enable-Feldes beLen bestimmen. Wenn, wie in der Beispiel-Transaktion, die Datenlänge transferLen größer als beLen ist, dann führt dies zur in diesem Fall vorgesehenen wiederholten Anwendung des Byte-Enable-Feldes. Wenn das entsprechende Element des Byte-Enable-Feldes den Wert 0xff aufweist, dann werden die Daten vom Initiator-Feldelement zum Target-Datenfeld kopiert; anderenfalls werden keine Daten kopiert und somit behält das entsprechende Element des Target-Datenfeldes seinen alten Wert. Der Inhalt des Target-Feldes nach Abschluss der Schreib-Transaktion kann Abbildung 6.18 entnommen werden. Da wir danach das gesamte Target-Feld durch eine Lese-Transaktion wieder in den Initiator wie im vorangegangenen Beispiel zurückkopieren, erhalten wir die Ausgabe des Programms nach Abbildung 6.19.

```
Target Write, Burst Length = 2
Target Read, Burst Length = 3
@  50 ns, Initiator array: 55555555 12555655 de55be55
```

Abb. 6.19: Ausgabe des Programms für Adresse = 4 und Datenlänge = 8.

6.4.4   Verwendung des Streaming-Weite-Attributs

Das Attribut „Streaming-Weite" des Transaktionsobjektes soll gemäß dem IEEE-Standard 1666 [21, Seite 482] folgendermaßen verstanden werden: Normalerweise werden die Bytes einer Transaktion an fortlaufende Adressen ab der übergebenen Start-Adresse im Target geschrieben oder von dort gelesen. Die Endadresse EA im Target-Datenfeld ergibt sich also zu $EA = SA + DL - 1$, wenn SA die Start-Adresse ist und DL die Datenlänge der Transaktion. Wenn die Streaming-Weite SW kleiner als die Datenlänge DL ist, dann soll gelten: $EA = SA + SW - 1$. Wenn $SW \geq DL$ ist, dann gilt der normale Modus, also $EA = SA + DL - 1$. Ein Wert von $SW = 0$ ist unzulässig. Wenn $SW < DL$ und die Endadresse erreicht ist, dann werden die folgenden Daten wieder ab der Start-Adresse auf das Target-Feld geschrieben oder von dort gelesen – der Adress-Zeiger im Target-Feld bricht also um auf die Start-Adresse, wenn jeweils die Endadresse erreicht ist.

Der Vollständigkeit halber möchten wir am Beispiel von Listing 6.29 und 6.30 diese spezielle Funktionalität der Streaming-Weite demonstrieren. Der Initiator und das Target sind wieder über ein entsprechendes Toplevel verbunden (aus Platzgründen nicht abgedruckt). Man kann zwar die Streaming-Weite auch mit Byte-Enables kombinieren, aber wir benutzen die Byte-Enables zunächst der Einfachheit halber nicht. Daher haben wir im Code des Initiators ein „Define" USE_BYTE_ENABLES eingeführt, mit welchem wir den Byte-Enable-Zeiger entweder auf Null setzen oder auf das Feld byteEnables[2]. Wir setzen die Schreib-Transaktion wie gewohnt auf, wobei die Start-Adresse auf 4 und die Datenlänge auf 12 (Bytes) gesetzt wird. Nun setzen wir aber auch das Attribut „Streaming-Weite" in Zeile 18 auf den Wert 4. Bislang hatten wir dieses Attribut nicht gesetzt, so dass es immer den Ersatz-Wert 0 hatte, welcher eigentlich unzulässig ist. Um eine korrekte Funktionalität von Targets, welche die Streaming-Weite verwenden, sicherzustellen, muss dieses Attribut daher auf jeden Fall auf einen von Null verschiedenen Wert gesetzt werden und auf einen Wert $SW \geq DL$, falls die Streaming-Funktionalität nicht benutzt werden soll.

Listing 6.29: Initiator mit Byte-Enables und Streaming (Ausschnitt, Datei k6b7initiator.h)

```
 1   #define USE_BYTE_ENABLES 0
 2   struct Initiator : public sc_module {
 3   ...
 4     void generateTransactions(){
 5       unsigned int dataBuf[3] = {0x12345678,
 6         0xDEADBEEF, 0xDEADC0DE};
 7       unsigned int byteEnables[2] = {0xffff0000, 0x0000ffff};
 8       delay = SC_ZERO_TIME;
 9       t1.set_write();
10       t1.set_address(4);
11       t1.set_data_ptr((uchar*)dataBuf);
12       t1.set_data_length(12);
13       if(USE_BYTE_ENABLES)
14         t1.set_byte_enable_ptr((uchar*)byteEnables);
15       else
16         t1.set_byte_enable_ptr(0);
17       t1.set_byte_enable_length(8);
18       t1.set_streaming_width(4);
19       t1.set_response_status(TLM_INCOMPLETE_RESPONSE);
```

```
20        iSocket->b_transport(t1, delay);
21    ...
22        t1.set_read();
23        t1.set_address(4);
24        t1.set_data_ptr((uchar*)dataBuf);
25        t1.set_data_length(12);
26        t1.set_byte_enable_ptr(0);
27        t1.set_byte_enable_length(0);
28        t1.set_streaming_width(4);
29        t1.set_response_status(TLM_INCOMPLETE_RESPONSE);
30        iSocket->b_transport(t1, delay);
31    ...
32      }
33    ...
34  };
```

Um genauer zu verstehen, was die Streaming-Weite bewirkt, sehen wir uns den Code des Targets in Listing 6.30 und Abbildung 6.20 an. Wir extrahieren wieder die Attribute des Transaktionsobjektes, wobei wir die Start-Adresse `startAdr` gleich in einen 32-Bit-Integer per TypeCast wandeln. Ferner extrahieren wir die Streaming-Weite in die Variable `sWid`. Die Überprüfung, ob wir mit der Transaktion das Ende des Target-Datenfelds überschreiten, nehmen wir in Zeile 18 nun aber mit Hilfe der Streaming-Weite vor. Wenn die Streaming-Weite kleiner als die Datenlänge ist, dann bricht der Adress-Zeiger des Target-Datenfeldes um, so das die Streaming-Weite in diesem Fall die relevante Größe ist.

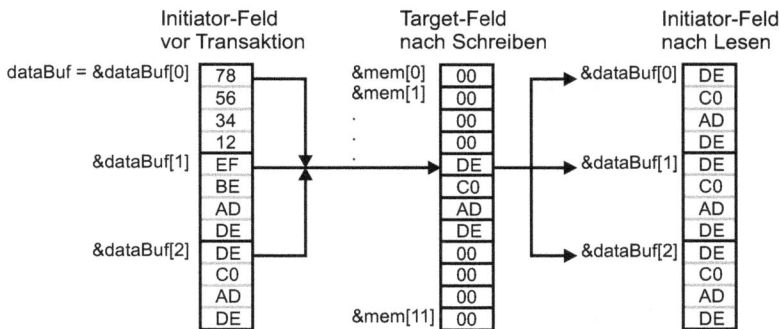

Abb. 6.20: *Kopieren der Datenfelder zwischen Initiator und Target beim Schreiben mit Berücksichtigung der Streaming-Weite (Adresse = 4, Datenlänge = 12 und Streaming-Weite = 4, Byte-Enables werden nicht verwendet).*

Für das Schreiben der Daten in das Target-Datenfeld müssen wir die Streaming-Weite und gegebenenfalls auch die Byte-Enables beachten. Wir kopieren daher in der Schleife ab Zeile 23 die Daten Byte-für-Byte aus dem Initiator-Datenfeld. Wenn Byte-Enables verwendet werden (`bePtr!=0`) und aufgrund `bePtr[i%beLen] == 0xFF` das entsprechende Byte-Enable-Feldelement gesetzt ist oder keine Byte-Enables verwendet werden (`bePtr==0`), dann werden die Daten kopiert. Das Umbrechen des Index für das Target-Datenfeld implementieren wir wieder, indem wir den Rest der ganzzahlige Division von Schleifenzähler `i` und Streaming-Weite sWid bestimmen und zur Start-Adresse addieren. In unserem Beispiel für startAdr = 4, sWid = 4 und transferLen = 12, läuft der Index für das Target-Feld mem[] also von 4 bis 7 und bricht dann wieder auf 4 um.

Listing 6.30: *Target mit Byte-Enables und Streaming (Datei k6b7target.h)*

```
 1  #define SIZE 12 //Target size in bytes
 2  struct Target : public sc_module {
 3    simple_target_socket<Target> tSocket;
 4    //Constructor
 5    Target(sc_module_name name){
 6      tSocket.register_b_transport(this, &Target::transport);
 7      memset(mem, 0, SIZE); //Initialize array
 8    }
 9    //Interface method
10    void transport(tlm_generic_payload& tObj, sc_time& delay){
11      unsigned int  startAdr = (unsigned int)tObj.get_address();
12      uchar         *dataPtr = tObj.get_data_ptr();
13      uchar         *bePtr = tObj.get_byte_enable_ptr();
14      unsigned int  beLen = tObj.get_byte_enable_length();
15      unsigned int  transferLen = tObj.get_data_length();
16      unsigned int  sWid = tObj.get_streaming_width();
17      tObj.set_response_status(TLM_OK_RESPONSE);
18      if(startAdr > SIZE-sWid) {
19        SC_REPORT_ERROR("Target", "Address out of range.");
20        return;
21      }
22      if(tObj.is_write()){
23        for(unsigned int i=0; i<transferLen; i++){
24          if(((bePtr!=0)&&(bePtr[i%beLen] == 0xFF))
25             || (bePtr==0)){
26            mem[startAdr + i%sWid] = dataPtr[i];
27          }
28        }
29      }
30      else {
31        for(unsigned int i=0; i<transferLen; i++){
32          dataPtr[i] = mem[i%sWid + startAdr];
33        }
34      }
35      delay = sc_time(10, SC_NS);
36    }
37  private:
38    uchar mem[SIZE]; //Memory array
39  };
```

Die Vorgänge beim Kopieren der Daten können aus Abbildung 6.20 entnommen werden. Es ist ersichtlich, dass die drei Worte, aus denen das Initiator-Feld besteht, jeweils auf den gleichen Bereich im Target-Feld kopiert werden, da die Adresse im Target-Feld nach jeweils vier kopierten Bytes umbricht. Im Endergebnis erhalten wir also nur das letzte Wort `0xDEADCODE` im Target-Feld. Wenn wir beim Zurücklesen ebenfalls die Streaming-Weite auf 4 setzen und die Datenlänge auf 12, dann erhalten wir am Ende den in Abbildung 6.20 gezeigten Inhalt des Initiators. Die vier Bytes aus dem Target-Feld werden nun dreimal gelesen und an die drei aufeinander folgenden Worte im Initiator kopiert, was auch die Ausgabe des Programms in Abbildung 6.21 zeigt.

```
@  20 ns, Initiator array: deadc0de deadc0de deadc0de
```

Abb. 6.21: *Ausgabe des Programms für Adresse = 4, Datenlänge = 12 und Streaming-Weite = 4, Byte-Enables werden nicht verwendet.*

Den Inhalt des Datenfeldes im Target nach Abbildung 6.20 hätten wir natürlich genauso erhalten können, wenn man nur das letzte Wort im Initiator durch eine Transaktion mit vier Bytes auf die Adresse im Target kopiert hätte. Man mag sich daher fragen, welchen Sinn eine Schreibtransaktion hat, bei der drei aufeinander folgende Worte aus dem Initiator auf das gleiche Wort im Target geschrieben werden? Denkbar wäre es hier beispielsweise, dass sich an dieser Wort-Adresse im Target ein FIFO befindet und man während dieser Transaktion die drei Worte in den FIFO schreibt. Für ein normales Speichermodul oder ein einfaches Peripheriemodul werden solche Transaktionen aber wohl weniger Sinn machen, so dass man dies in der Regel nicht implementieren wird und dann im Target aber zumindest überprüfen muss, ob die Streaming-Weite größer oder gleich der Datenlänge ist und anderenfalls eine Fehlermeldung erzeugt. Wenn der Initiator sicherstellen will, dass eine gegebenenfalls vorhandene Streaming-Funktionalität in einem Target nicht benutzt werden soll, muss er ebenfalls die Streaming-Weite gleich oder größer der Datenlänge setzen.

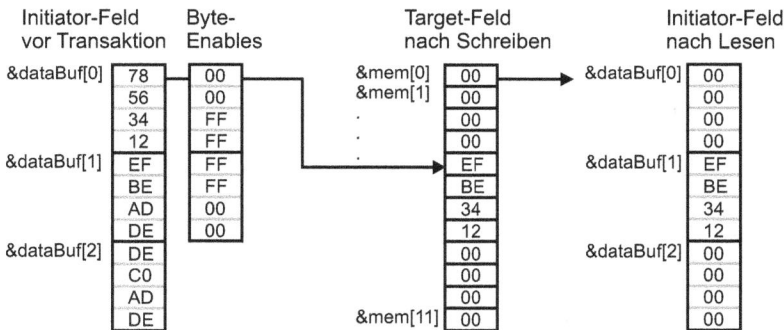

Abb. 6.22: *Kopieren der Datenfelder zwischen Initiator und Target: Schreiben mit Adresse = 4, Datenlänge = 8, Verwendung von Byte-Enables, Streaming-Weite = 4. Lesen mit Adresse = 0, keine Byte-Enables, Datenlänge = Streaming-Weite = 12.*

Abschließend wollen wir uns noch ansehen, was passiert, wenn wir die Streaming-Funktionalität mit Byte-Enables kombinieren. Hierzu setzen wir im Initiator den Byte-Enable-Zeiger auf das Byte-Enable-Feld indem wir den „Define" `USE_BYTE_ENABLES` auf 1 setzen. Ferner setzen wir für die Schreib-Transaktion die Datenlänge auf 8 und die Streaming-Weite auf 4. Abbildung

6.22 zeigt nun die Vorgänge beim Kopieren der Datenfelder. Wenn das erste Wort aus dem Initiator-Feld kopiert wird, werden durch die Byte-Enables nur die letzten beiden Bytes `0x34` und `0x12` kopiert. Beim zweiten Wort, welches auf das gleiche Wort im Target-Feld kopiert wird, werden durch die Byte-Enables nur die ersten beiden Bytes `0xEF` und `0xBE` kopiert. Das Endergebnis der Schreib-Transaktion entspricht einem so genannten „Wrapping-Burst" (vgl. [4]): Wir beginnen die Burst-Transaktion an einer Adresse und sobald eine bestimmte Adressgrenze erreicht ist – dies wäre im Beispiel eine Wortgrenze – bricht der Adresszeiger um, und kopiert die Daten in den unteren Teil des Wortes. Die Implementierung mit Hilfe von Byte-Enables ist allerdings etwas umständlich, man würde hierfür wohl eher eine Erweiterung des Transaktionsobjektes benutzen. Das Zurücklesen des Target-Feldes in das Initiator-Feld erfolgt hier im Übrigen so, dass wir die Streaming-Weite gleich der Datenlänge setzen und damit das ganze Target-Feld in den Initiator kopieren.

```
@  20 ns, Initiator array: 0 1234beef 0
```

Abb. 6.23: *Ausgabe des Programms: Schreiben mit Adresse = 4, Datenlänge = 8, Verwendung von Byte-Enables, Streaming-Weite = 4. Lesen mit Adresse = 0, keine Byte-Enables, Datenlänge = Streaming-Weite = 12.*

6.5   Aufbau von System-Modellen auf Transaktionsebene

Wir möchten in den nachfolgenden Abschnitten anhand eines etwas komplexeren Systemmodells zeigen, wie man bei der Codierung von TLM-Modellen vorgehen kann. Es soll insbesondere gezeigt werden, dass man die Komponenten des Systems sinnvollerweise aufteilt in einen Teil, welcher den Datenverarbeitungsteil modelliert (engl.: computation), und in einen Teil, welcher den Kommunikationsteil (engl.: communication) als TLM-2.0-Schnittstelle modelliert. Ferner möchten wir auch zeigen, wie man einen Instruktionssatzsimulator (ISS) in das System einbinden kann, auf welchem dann die Software des Systems zur Ausführung kommt. Obwohl mittlerweile einige Instruktionssatzsimulatoren für bekannte Mikroprozessorarchitekturen, wie beispielsweise ARM-, MIPS-, oder PowerPC-Prozessoren, erhältlich sind (siehe z.B. [31]) – zum Teil sogar kostenfrei –, benutzen wir für unser Beispiel einen selbst geschriebenen ISS für den DLX-Mikroprozessor [33]. Der DLX wurde ursprünglich von John Hennessy und David Patterson in der ersten Ausgabe ihres Buches „Computer Architecture: A Quantitative Approach" benutzt, um an ihm die wesentlichen Merkmale von 32-Bit RISC-Prozessoren zu zeigen. Er wird heute immer noch in vielen Lehrveranstaltungen zur Rechnerarchitektur benutzt und man findet im Internet Werkzeuge wie Assembler und Simulatoren und sogar VHDL-Modelle. Es handelt sich beim DLX im Prinzip um eine stark vereinfachte MIPS-Architektur. Aufgrund der Einfachheit des Instruktionssatzes können wir ihn gut in diesem Buch einsetzen. Das Beispiel-System in den folgenden Abschnitten verwendet den DLX-ISS als Initiator sowie ein Speichermodell und eine einfache Peripherieeinheit. Die Verbindung der Komponenten erfolgt über einen Router. Das Beispiel ist wieder bewusst einfach gehalten, um die wesentlichen Zusammenhänge zu zeigen. Wir benutzen daher für das Beispiel als Transport-Interface ausschließlich die Methode `b_transport()` und die vereinfachten Sockets. Ferner werden wir auch die Methode `transport_dbg()` für die Implementierung eines einfachen „Debuggers" im DLX-ISS verwenden.

6.5.1 Vorgehensweise beim Aufbau von TLM-Modellen

Wie die bisherige Diskussion der TLM-2.0-Mechanismen gezeigt hat, sind diese für die Modellierung der Kommunikationseinrichtungen eines Systems gedacht und stellen mit Hilfe der TLM-2.0-Interfaces die Interoperabilität der Komponenten des Systems sicher. Eine wesentliche Idee der Transaction-Level-Modellierung ist es, den Teil der Datenverarbeitung – also die „Computation" – von der „Communication" zu trennen, was wir durch die Aufteilung des Systems in Initiator-, Interconnect- und Target-Module erreicht haben. Wenn wir einen Initiator oder ein Target betrachten, so bestehen diese Module selbst wiederum aus einem Teil, welcher die TLM-2.0-Funktionalität implementiert („Communication") und einem Teil, welcher den eigentlichen Datenverarbeitungsteil der Komponente darstellt („Computation"). Es empfiehlt sich aus Gründen der Modularität und Wiederverwendbarkeit auch beim Aufbau der Initiator- und Target-Komponenten auf eine Trennung von „Communication" und „Computation" zu achten (vgl. [38]). Eine sinnvolle Vorgehensweise für eine solche Trennung ist es, für den Datenverarbeitungsteil eine eigene Klasse oder Klassenhierarchie anzulegen, wobei man dies nun als reine C++-Klasse implementieren kann oder, wenn man beispielsweise Prozesse benötigt, als SystemC-Modul. Dieser Datenverarbeitungsteil wird auch als „Computation Core" bezeichnet (vgl. [38]). Die „Communication" kann man dann durch einen so genannten „Communication Wrapper" als SystemC-Modul-Klasse implementieren, welcher die „Computation"-Komponenten instanziert. Im Wrapper sind ferner die TLM-Sockets instanziert und die TLM-Interface-Methoden implementiert; der Wrapper implementiert damit die Busschnittstelle der Komponente. Diese Vorgehensweise entspricht damit auch der Vorgehensweise bei der Entwicklung von Bus-Komponenten auf Register-Transfer-Ebene: Auch hier wird man einen hierarchischen Aufbau der Komponente wählen, so dass die Busschnittstelle vom Datenverarbeitungsteil der Komponente getrennt wird.

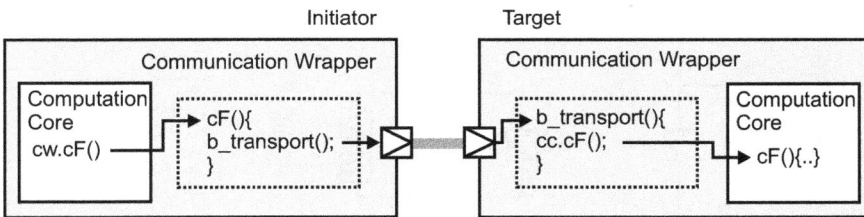

Abb. 6.24: Trennung von „Communication" und „Computation" in einem SystemC-TLM-Modell.

Abbildung 6.24 zeigt die Idee für eine Trennung von Communication und Computation in einer Initiator- und Target-Komponente. In der „Computation Core"-Klasse des Initiators rufen wir eine Methode `cF()` des Wrappers auf, welche wiederum die TLM-2.0-Interface-Methode `b_transport()` aufruft (oder eine andere Interface-Methode). Man kann dies beispielsweise dadurch erreichen, dass man dem „Computation Core", welcher ja hierarchisch im Wrapper instanziert ist, einen Zeiger auf den Wrapper übergibt, so dass man Methoden des Wrappers aufrufen kann. Eine andere Möglichkeit könnte auch darin bestehen, dass man im Wrapper eine weitere Klasse für die TLM-2.0-Busschnittstelle instanziert und den „Computation Core" mit der Busschnittstelle über einen SystemC-Port mit einem eigenen, in der Busschnittstelle implementierten Interface verbunden. Die Busschnittstelle wird dann wiederum hierarchisch an den TLM-Socket angebunden. Wir wollen im folgenden Systembeispiel jedoch den ersten, etwas einfacheren Weg gehen.

Im Target-Wrapper werden die Interface-Methoden des TLM-2.0-Interfaces implementiert (in Abbildung 6.24 stellvertretend die Methode `b_transport()`). Diese ruft nun wiederum eine Methode `cf()` des „Computation Cores" im Target auf. Das Transaktionsobjekt wird dabei sinnvollerweise im Initiator-Wrapper instanziert und wir übergeben aus dem Initiator-Core heraus die notwendigen Daten für eine Transaktion. Im Target-Wrapper übergeben wir dann wiederum die notwendigen Daten aus dem Transaktionsobjekt an den Target-Core. Auch im Target könnte man alternativ die TLM-2.0-Funktionalität in einer eigenen Busschnittstellen-Instanz implementieren und diese wiederum über einen SystemC-Port mit eigenem Interface mit dem Core verbinden.

Der Vorteil der geschilderten Vorgehenweise ist es, dass man die Schnittstellen zu den „Computation Cores" sehr einfach halten kann, so dass diese sogar als normale C++-Klassen entwickelt werden können (wie wir in unserem Beispiel sehen werden), und man sich bei der Entwicklung der Cores nicht mit den doch recht komplexen TLM-2.0-Interfaces und -Protokollen beschäftigen muss. Ferner lassen sich einmal entwickelte TLM-2.0-Wrapper wiederverwenden und relativ einfach an andere Komponenten-Cores anpassen. Um die Vorgehensweise zu illustrieren, möchten wir in den folgenden Abschnitten ein Beispielsystem beschreiben, welches in Abbildung 6.25 gezeigt ist. Es besteht aus dem schon angesprochenen DLX-Instruktionssatzsimulator, einem Modell für den Hauptspeicher des Systems, einem einfachen Modell für eine Peripherieeinheit sowie einem Modell für das Bussystem, welches die Komponenten miteinander verbindet. Den DLX-ISS und das Peripheriemodell betten wir jeweils in einen TLM-Wrapper ein, welcher die TLM-2.0-Schnittstellen modelliert. Da der Hauptspeicher nur aus einem Feld besteht, verzichten wir darauf, hierfür einen separaten Core vorzusehen.

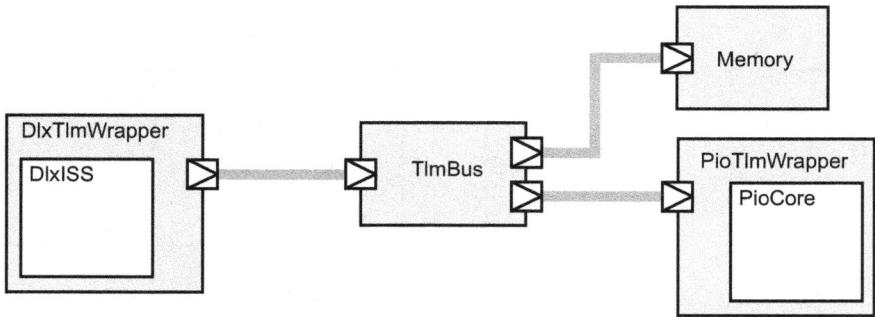

Abb. 6.25: Beispielsystem mit DLX-ISS.

6.5.2　Der DLX-Mikroprozessor als Initiator

Beim DLX handelt es sich um einen 32-Bit RISC-Mikroprozessor mit einer so genannten „Load-Store-Architektur". Diese legt fest, dass die Operanden von arithmetischen Operationen nur die internen Arbeitsregister des Prozessors sind und dass es folglich Load- und Store-

Befehle geben muss, welche diese Arbeitsregister aus dem Hauptspeicher laden oder Werte aus den Registern zurückspeichern. Der DLX verfügt über 32 Register, wobei alle Register eine Breite von 32 Bit aufweisen und die ALU folglich 32-Bit-Daten verarbeiten kann. Jeder Befehl ist ebenfalls 32 Bit groß und ist in einem von drei Instruktionsformaten codiert; Tabelle 6.4 zeigt einen Auszug aus der Befehlsliste (vgl. [33]). Der DLX kann drei unterschiedliche Datenformate verarbeiten: Byte (8 Bit), Halfword (16 Bit) und Word (32 Bit), entsprechend den üblichen Datenformaten für Integer-Daten. Daher ist für jedes Datenformat ein entsprechender Load- und Store-Befehl notwendig. Normalerweise wird für den DLX auch ein 32 Bit breites Bussystem verwendet, so dass ein Befehl oder ein Datum mit einer Bustransaktion geholt werden kann. Für die TLM-Schnittstelle des DLX können wir daher schon mal festhalten, dass die Busbreite 32 Bit und die Datenlänge entweder 1, 2 oder 4 Byte beträgt; Burst-Transaktionen sind nicht notwendig.

Mnemonic	Funktion des Befehls
lhi rd, imm	rd = imm$<<$16 + 0
lw rd, imm(rs1)	Load Word: rd = MEM[rs1 + imm]
lh rd, imm(rs1)	Load Halfword: rd = MEM[rs1 + imm]
lb rd, imm(rs1)	Load Byte: rd = MEM[rs1 + imm]
sw imm(rs1), rd	Store Word: MEM[rs1 + imm] = rd
sh imm(rs1), rd	Store Halfword: MEM[rs1 + imm] = rd
sb imm(rs1), rd	Store Byte: MEM[rs1 + imm] = rd
add rd, rs1, rs2	rd = rs1 + rs2
sub rd, rs1, rs2	rd = rs1 - rs2
addi rd, rs1, imm	rd = rs1 + imm
subi rd, rs1, imm	rd = rs1 - imm
beqz rs1, dest	Wenn rs1 = 0, springe zur Marke dest
bnez rs1, dest	Wenn rs1 != 0, springe zur Marke dest

Tabelle 6.4: Einige Befehle des DLX: Für rs1, rs2 *und* rd *können beliebige Arbeitsregister des DLX* (r0 - r31) *eingesetzt werden.* MEM[] *ist das Hauptspeicherfeld, welches durch eine 32-Bit-Adresse adressiert wird. Die Adresse wird aus dem Inhalt eines Arbeitsregisters plus einem Festwert* (imm) *berechnet. Der Festwert oder Immediate-Wert* imm, *welcher auch bei den arithmetischen Befehlen verwendet werden kann, ist 16 Bit groß. Alle Register werden am Anfang auf Null gesetzt.*

Des Weiteren ist zu beachten, dass der DLX im „Big Endian"-Format arbeitet. Nehmen wir an, der Inhalt des Arbeitsregisters r1 sei r1 = 0x12345678 und wir speichern diesen Inhalt an eine Adresse 512 (die aus dem Inhalt eines weiteren Arbeitsregisters r2 = 0x512 plus einem Festwert 0 berechnet wird) im Hauptspeicher mit dem Befehl sw 0(r2), r1. Der Inhalt des Hauptspeichers ist dann MEM[512] = 0x12, MEM[513] = 0x34, MEM[514] = 0x56 und

MEM[515] = 0x78 – das numerisch höchstwertige Byte 0x12 wird an der niederwertigsten Adresse 512 abgespeichert. Entsprechendes gilt auch für Halfwords, wobei dann nur zwei Bytes abgespeichert werden. Beim Laden von Daten aus dem Hauptspeicher ist dann ebenfalls zu beachten, dass die Daten im „Big-Endian"-Format sind. Wenn wir dies in unserem Modell berücksichtigen möchten und die Daten im Hauptspeichermodell tatsächlich auch im „Big-Endian"-Format gespeichert sein sollen, so ist zu beachten – wenn wir beispielsweise auf einem x86-Computersystem arbeiten – dass sich nun die „Endianness" des modellierten Systems von der „Host-Endianness" unterscheiden kann. Solange wir in C++ mit **char**-Feldern arbeiten, ist dies kein Problem, wenn wir allerdings mit dem Datentyp **int** arbeiten, müssen wir dafür sorgen, dass die Bytes entsprechend richtig sortiert werden.

Listing 6.31: Header-Datei des DLX-ISS (Ausschnitt, Datei DlxISS.h)

```
1   ...
2   #include "dlx.h"
3   #include "perfmeter.h"
4
5   struct DlxTlmWrapper;
6   struct DlxISS : public sc_module {
7     SC_HAS_PROCESS(DlxISS);
8     DlxISS(sc_module_name name, DlxTlmWrapper *dlxWrap);
9     void issMainProcess();
10  private:
11    DlxTlmWrapper *dlxWrap; //Pointer to wrapper (parent)
12    //Methods
13    void instDecode(unsigned int);
14    void instExecute(void);
15  ...
16    bool loadMem(void);
17  ...
18    PerfMeter perfMeter;
19  }; // end class
20  #endif
```

Obgleich der DLX viele Merkmale eines kommerziellen RISC-Prozessors aufweist, so fehlen ihm doch einige Mechanismen, die ein Prozessor normalerweise benötigt, wie beispielsweise die ALU-Flags (Carry, Overflow, etc.) oder ein Interruptsystem. Es wäre natürlich möglich, den DLX dahingehend zu erweitern. Ferner gibt es eine Spezifikation für eine Gleitkommaerweiterung, die wir in unserem DLX-ISS jedoch nicht implementiert haben. Der DLX-ISS modelliert auch nicht das Zeitverhalten des DLX, der über eine fünfstufige Pipeline verfügt. Darüber hinaus sind auch keine Caches vorhanden und daher wird auch die Harvard-Architektur des DLX nicht modelliert; es gibt nur einen Port zum Speichersystem. Ein weiterer Punkt ist die Software: Wir benutzen für unsere einfachen Beispiele Assembler-Programme, welche wir mit dem von David Knight geschriebenen und unter [34] erhältlichen DLX-Assembler in eine HEX-Datei assemblieren, die der DLX-ISS zu Beginn der Simulation einliest und das Programm an die entsprechende Stelle im Hauptspeichermodell mit Hilfe des TLM-2.0-Debug-Transport-Interfaces transport_dbg() speichert. Wir können im Folgenden aus Platzgründen nicht den kompletten Umfang der Quellcodes des DLX-Systems beschreiben, insbesondere nicht des

DLX-ISS, und beschränken uns auf die Beschreibung der Zusammenhänge für die Durchführung von Transaktionen mit der `b_transport()`-Interface-Methode.

Listing 6.31 zeigt die Header-Datei der Klasse `DlxISS` – dies ist der DLX-ISS, welcher nur aus einer Klasse besteht. Da wir im DLX-ISS einen Prozess verwenden, muss die Klasse `DlxISS` als SystemC-Modul angelegt werden. In der Include-Datei „dlx.h" sind Konstanten und Datenstrukturen definiert, die im Wesentlichen für die Dekodierung und Ausführung der DLX-Instruktionen benötigt werden. In der Datei „perfmeter.h" ist eine Klasse `PerfMeter` beschrieben, die wir für die Ermittlung der Simulationsleistung benötigen. Wir werden darauf in Abschnitt 6.6 zurückkommen. Dem Konstruktor des DLX-Moduls `DlxISS` übergeben wir, neben dem üblichen Modulnamen, einen Zeiger auf die hierarchisch darüber stehende Wrapper-Klasse `DlxTlmWrapper`. Diesen Zeiger benötigen wir, um die Methoden der Wrapper-Klasse aus dem `DlxISS` heraus aufrufen zu können und Transaktionen zu veranlassen. Die Funktionalität des DLX-ISS wird durch den Prozess `issMainProcess()` implementiert, welcher entsprechende Methoden aufruft, um einen Befehl zu holen, ihn zu dekodieren und auszuführen (`instDecode()` und `instExecute()`). Weitere Methoden, die wir hier nicht alle abdrucken und besprechen können, implementieren einen einfachen Debugger und eine Disassembler-Funktion. Mit der Methode `loadMem()` wird das Programm, in Form einer vom Assembler erzeugten HEX-Datei, in das Speichermodell geladen.

Wir möchten anhand des Ausschnitts aus dem Quellcode der Implementierungsdatei des DLX-ISS in Listing 6.23 die wesentliche Funktionsweise und insbesondere die Aufrufe der Wrapper-Methode `busTransaction()` zur Durchführung der Bustransaktionen während des Holens und Ausführens von Instruktionen besprechen. Der Debugger und die Methode `loadMem()` benutzen das TLM-2.0-Debug-Transport-Interface und rufen die `busTransportDebug()`-Methode im Wrapper auf. Für den Aufruf der Wrapper-Methoden ist zunächst wichtig, dass wir beim Aufruf des Konstruktors den Zeiger `dlxWrap` auf die Wrapper-Klasse übergeben; diesen speichern wir in der gleichnamigen Member-Variablen `dlxWrap` ab (siehe Initialisierungsliste des Konstruktors).

Im Prozess `issMainProcess()` wird in Zeile 12 mit der Methode `loadMem()` der Hauptspeicher mit dem Inhalt der vom Assembler erzeugten HEX-Datei geladen. Die Anfangsadresse ergibt sich aus der Assembler-Datei und ist normalerweise 0, da der DLX hier die erste Instruktion erwartet. Sollte die Datei nicht korrekt geladen werden können, generiert die Methode entsprechende Diagnosemeldungen und gibt den Wert **false** zurück. Hierdurch wird die Simulation durch den SystemC-Report-Handler abgebrochen. Anschließend wird in Zeile 16 die Debugger-Methode `debugger()` ausgeführt, worauf der Benutzer die Möglichkeit hat, verschiedene Debug-Funktionen auszuführen, wie beispielsweise Haltepunkte (engl.: breakpoint) zu setzen, Speicher- und Registerinhalte zu betrachten oder in den Einzelschritt-Modus zu wechseln. Die Debugger-Funktionen sind im Anhang A.3 zusammengefasst. Die Debugger-Methode liefert einen **char**-Wert zurück, welcher drei mögliche Werte aufweisen kann: „r" für „run", „s" für „single step" oder „q" für „quit". Bei „r" wird anschließend die Endlosschleife ausgeführt, in welcher die Befehle durch die Methode `instDecode()` geholt und dekodiert und durch die Methode `instExecute()` ausgeführt werden. Der Programmzähler `progCtr` wird zu Beginn auf Null gesetzt und dann während der Ausführung einer Instruktion entweder inkrementiert oder bei einem Sprungbefehl auf die Sprungadresse gesetzt. Die Programmausführung wird in Zeile 26 abgebrochen, wenn entweder die spezielle Instruktion „trap" erreicht ist oder die höchste Adresse erreicht ist (`ADDRESS_SPACE`). Daraufhin wird wieder der Debugger ausgeführt, so dass man Speicher- oder Registerinhalte betrachten kann und danach mit „q" die Simulation beenden kann.

Listing 6.32: Implementierungs-Datei des DLX-ISS (Ausschnitt, Datei DlxISS.cpp)

```
 1  #include "DlxISS.h"
 2  #include "DlxTlmWrapper.h"
 3  //constructor
 4  DlxISS::DlxISS(sc_module_name name, DlxTlmWrapper *dlxWrap) :
 5      dlxWrap(dlxWrap), perfMeter(CLOCK_PERIOD){
 6  ...
 7    SC_THREAD(issMainProcess);
 8  ...
 9  }
10  void DlxISS::issMainProcess(){
11  ...
12    if(!loadMem()) {
13      SC_REPORT_ERROR("DLX","Memory loading failed.");
14    }
15    cout << "DLX ISS: Starting debugger."<<endl;
16    debugControl = debugger();
17    perfMeter.startMeasurement();
18
19    while(1){ //execute DLX simulator in endless loop
20      if(debugControl == 'q')
21        break; //Leave the simulation
22  ...
23      instDecode(progCtr); //Fetch and decode the instruction
24      instExecute(); //Execute the instruction
25  ...
26      if((instReg.opcString == "trap")||(progCtr >= ADDRESS_SPACE)){
27        cout <<endl<< "DLX ISS: Program terminated."<<endl;
28        //Generate performance info
29        perfMeter.stopMeasurement();
30        perfMeter.printSimulationPerformance();
31        debugControl=debugger();
32      }
33    };
34  ...
35    sc_stop();
36  }
37  void DlxISS::instDecode(unsigned int address){
38    unsigned int instWord;
39    uchar data[4]; //byte buffer for TLM memory transaction
40  ...
41    dlxWrap->busTransaction('r', address, data, 4);
42    instWord =(data[0]<<24)+(data[1]<<16)+(data[2]<<8)+data[3];
43  ...
44  }
45  void DlxISS::instExecute(){
```

```
46   ...
47     uchar data[4]; //byte buffer for TLM memory transaction
48   ...
49     if(instReg.opcString == "lw"){
50        dlxWrap->busTransaction('r', memAddress, data, 4);
51        regFile[instReg.rd] =
52          (data[0]<<24)+(data[1]<<16)+(data[2]<<8)+data[3];
53     }
54   ...
55     if(instReg.opcString == "sb"){
56        data[0] = (uchar)(regFile[instReg.rd]&BYTE3MASK);
57        dlxWrap->busTransaction('w', memAddress, data, 1);
58     }
59   ...
60   }
61   ...
```

Um das Zusammenspiel des DLX-ISS mit dem TLM-Wrapper genauer zu verstehen, sehen wir uns einen Ausschnitt aus der Methode instDecode() ab Zeile 37 von Listing 6.32 an, welcher das Holen des Befehls aus dem Speicher zeigt. Der Aufruf der Wrapper-Methode findet in Zeile 41 durch dlxWrap->busTransaction(...) statt, wofür der schon angesprochene Zeiger auf die Wrapper-Klasse notwendig ist. Die Argumente der Funktionen spezifizieren eine Lese-Transaktion ('r') von 4 Bytes von der Adresse address, welche der aktuelle Wert des Programmzählers ist. Ferner wird ein Zeiger auf den Byte-Puffer data[4] übergeben: In diesem Puffer wird letztlich das Target die zu lesenden Werte abspeichern. Nun möchten wir der Einfachheit halber für das nachfolgende Dekodieren des Befehls diesen in der Variablen instWord vom Typ **unsigned int** speichern. Daher müssen wir beim Kopieren der Werte aus dem Byte-Puffer in diese Variable berücksichtigen, dass die Bytes im Hauptspeicher im „Big-Endian"-Format vorliegen und einen so genannten „Byte-Swap" durchführen. Hierzu schieben wir die Bytes um die Stellenzahl entsprechend ihrer Wertigkeit nach links und addieren die so entstandenen Werte zum Gesamtwert (wir machen uns hier eine implizite Typkonvertierung von uchar nach **unsigned int** zunutze). Würden wir als Datenpuffer für die Transaktion eine Variable vom Typ **unsigned int** benutzen, so würden die Daten im „Host-Endian"-Format übertragen, was auf einem x86-Computersystem eben „Little-Endian" wäre – wie in Abschnitt 6.4 in den Beispielen gezeigt wurde.

Das gleiche Prinzip benutzen wir, wenn wir einen Load- oder Store-Befehl ausführen. Ab Zeile 45 in Listing 6.32 zeigen wir beispielhaft die Ausführung eines lw-Befehls (Load Word) und eines sb-Befehls (Store Byte). Wir benutzen auch hier einen Byte-Puffer data, den wir, wie schon zuvor gesehen, dem Aufruf der Wrapper-Methode übergeben und die Bytes danach wiederum entsprechend ihrer Wertigkeit verschieben, bevor wir sie einem Element aus einem Integer-Feld übergeben, welches die Arbeitsregister des DLX modelliert. Beim sb-Befehl wählen wir ein Byte aus dem entsprechenden Arbeitsregister über eine Maske aus und übergeben es dem ersten Element des Byte-Puffers; anschließend rufen wir wieder die Wrapper-Methode auf, nun aber mit einer Datenlänge von 1 Byte und als Schreib-Transaktion ('w'). Die Adresse memAddress wurde im Übrigen jeweils vorher aus dem Inhalt des im Befehl angegebenen Registers und dem Immediate-Wert berechnet.

Wir können also festhalten, dass wir die „Endianness" des DLX beim Transport der Daten über das Bussystem dadurch modellieren, dass die Daten im Byte-Puffer im „Big-Endian"-Format gespeichert sind – somit können wir beispielsweise die Daten im **char**-Feld des Hauptspeichers im „Big Endian"-Format ohne Umformatierung speichern. Davon betroffen sind aber auch Peripherieeinheiten, wo wir gegebenenfalls in einem Target die gezeigten Konvertierungen ebenfalls durchführen müssen, wenn wir dort mit dem Datentyp **int** – und damit mit der „Host-Endianness" – weiterarbeiten möchten. Nachteilig an unserem Ansatz ist daher, dass wir die Modell-„Endianness" des DLX in allen Komponenten des Bussystems berücksichtigen müssen. Im IEEE Standard 1666 [21] wird aber festgelegt, dass die Byte-Anordnung in der „Generic Payload" grundsätzlich im „Host-Endian"-Format sein soll – also im „Little-Endian"-Format auf einem x86-Computersystem –, um die Interoperabilität der Komponenten zu verbessern; damit müssen die Komponenten eines Systems nichts von der „Endianness" der anderen Komponenten wissen. Unser DLX-System-Modell verstößt also gegen diese Regel. Wir können im Rahmen des Buches auf die Problematik der „Endianness" der Daten des Transaktionsobjektes im Sinne der Interoperabilität nicht weiter eingehen und verweisen auf den IEEE Standard 1666 [21, Seite 487 ff.] für entsprechende Vorgaben, die die Interoperabilität im Hinblick auf die „Host"- und „Modell-Endianness" sicherstellen. Dort sind auch Hilfsfunktionen für die Konversion der „Endianness" beschrieben, welche Teil der TLM-2.0-Bibliothek sind.

Listing 6.33: *Header-Datei des DLX-Wrappers (Datei DlxTlmWrapper.h)*

```
 1  #ifndef DLXTLMWRAPPER_H
 2  #define DLXTLMWRAPPER_H
 3  #include "dlx.h"
 4
 5  struct DlxISS;
 6  struct DlxTlmWrapper : public sc_module {
 7    simple_initiator_socket<DlxTlmWrapper> iSocket;
 8    DlxTlmWrapper(sc_module_name name);
 9    DlxISS *dlx;
10    tlm_generic_payload tObj;
11    void busTransaction(char cmd, unsigned int address,
12      uchar *data, unsigned int length);
13    int busTransportDebug(char cmd, unsigned int address,
14      uchar *data, unsigned int length);
15  };
16  #endif
```

In der Header-Datei des TLM-Wrappers `DlxTlmWrapper` in Listing 6.33 instanzieren wir den (vereinfachten) Initiator-Socket `iSocket`, den Zeiger für den DLX-ISS und das Transaktionsobjekt `tObj` als Member-Variable der Klasse. In der Implementierungs-Datei des Wrappers von Listing 6.34 wird der DLX-ISS in Zeile 4 dynamisch instanziert. Zu beachten ist das zweite Argument des Konstruktors, welches ja wie erläutert der Zeiger auf die Instanz der Wrapper-Klasse ist; folglich müssen wir hier den **this**-Zeiger als Argument übergeben.

Die Methode `busTransaction()`, welche vom DLX-ISS aufgerufen wird, konfiguriert das Transaktionsobjekt aus den übergebenen Argumenten – wie wir dies in den vorangegangenen Abschnitten schon besprochen hatten. Als Zeiger auf die Daten nehmen wir den übergebenen Zeiger `data`, welcher ja auf den jeweiligen Byte-Puffer im DLX zeigt. Ein Target erhält damit also letztlich Zugriff auf diese Byte-Puffer im DLX-ISS. In Zeile 19 rufen wir dann die Interface-Methode `b_transport()` am Initiator-Socket auf und anschließend die `wait()`-Methode mit der Zeit-Variablen `delay`, welche normalerweise im Target auf die zu modellierende Latenzzeit des Targets gesetzt wird. Wichtig ist, sich klar zu machen, dass wir damit den Prozess `issMainProcess()` im DLX-ISS suspendieren! Hierzu betrachte man die Reihenfolge der Methodenaufrufe (beispielsweise wenn eine Instruktion geholt wird): Aus dem Prozess `issMainProcess()` wird die Methode `instDecode()` aufgerufen, diese ruft die Methode `busTransaction()` des Wrappers auf.

Listing 6.34: Implementierungs-Datei des DLX-Wrappers (Datei DlxTlmWrapper.cpp)

```
 1  #include "DlxTlmWrapper.h"
 2  #include "DlxISS.h"
 3  DlxTlmWrapper::DlxTlmWrapper(sc_module_name name) {
 4     dlx = new DlxISS("dlx", this);
 5  }
 6  void DlxTlmWrapper::busTransaction(char cmd,
 7      unsigned int address, uchar *data, unsigned int length){
 8     sc_time delay = SC_ZERO_TIME;
 9     if(cmd == 'w')
10       tObj.set_write();
11     else
12       tObj.set_read();
13     tObj.set_address((uint64)address);
14     tObj.set_data_ptr(data);
15     tObj.set_data_length(length);
16     tObj.set_byte_enable_ptr(0);
17     tObj.set_streaming_width(length);
18     tObj.set_response_status(TLM_INCOMPLETE_RESPONSE);
19     iSocket->b_transport(tObj, delay);
20     wait(delay);
21  }
22  int DlxTlmWrapper::busTransportDebug(char cmd,
23      unsigned int address, uchar *data, unsigned int length){
24  ...
25  }
```

Die Methode `busTransportDebug()` ist aus Platzgründen nicht vollständig abgedruckt. Sie ist aber ähnlich aufgebaut wie die Methode `busTransaction()`; die Unterschiede liegen darin, dass sie die Interface-Methode `transport_dbg()` verwendet und damit auch keine Latenzzeit modelliert. Eine Suspendierung des Prozesses findet nicht statt. Wie schon erwähnt wurde, wird diese Methode von den Debugger-Methoden des DLX-ISS und beim anfänglichen Laden des Programms in den Hauptspeicher benutzt. Hier kann es auch sein, dass wir mehr als 1, 2 oder 4 Bytes aus dem Speicher oder einer Peripherieeinheit laden, wobei die Daten ebenfalls im „Big-Endian"-Format transportiert werden.

6.5.3   Interconnect und Hauptspeicher

Für unser Beispielsystem mit dem DLX verbinden wir ein Hauptspeichermodul und eine Peripherieinheit als Targets mit dem DLX-Initiator. Wir benutzen zur Verbindung ein Bus-Modul TlmBus (Listings 6.35 und 6.36), welches wieder als „Router" arbeitet. Um die Router-Funktionalität wieder möglichst einfach zu halten, teilen wir den Adressraum nach Tabelle 6.5 in gleich große Teil-Adressräume von je 1024 Byte für den Speicher und die Peripherieeinheit auf. Wir werden später sehen, dass die Peripherieeinheit tatsächlich aber nur 3 Byte belegt und implementiert. Die Größe des Teil-Adressraums wird durch das Symbol SIZE (= 1024) in der (nicht abgedruckten) Projekt-Header-Datei „k6b8.h" deklariert.

Adressbereich	Target-Port-Index	Target
0 ... 1023	0	Hauptspeicher
1024 ... 2047	1	PIO-Peripherieeinheit

Tabelle 6.5: *Memory Map für das DLX-System.*

Listing 6.35: *Header-Datei des Busses (Datei k6b8TlmBus.h)*

```
 1  #ifndef K6B8TLMBUS_H
 2  #define K6B8TLMBUS_H
 3  #include "k6b8.h"
 4
 5  struct TlmBus : public sc_module {
 6      simple_target_socket<TlmBus> busTargetSocket;
 7      simple_initiator_socket<TlmBus>
 8              busInitiatorSocket[NO_OF_TARGETS];
 9      TlmBus(sc_module_name name);
10      void b_transport( tlm_generic_payload&, sc_time&);
11      unsigned int transport_dbg( tlm_generic_payload&);
12  private:
13      unsigned int getTarget(tlm_generic_payload& tObj);
14  };
15  #endif
```

Der Bus arbeitet nach dem Prinzip, welches schon in den Listings 6.3 und 6.16 gezeigt wurde. Wir benutzen hier allerdings wieder vereinfachte Target- und Initiator-Sockets, an denen wir die beiden Interface-Methoden b_transport() und transport_dbg() registrieren. Diese rufen wieder die Methode getTarget() auf, welche den Socket-Index aus der Adresse bestimmt und die Adresse wieder in eine lokale Adresse des Targets abbildet.

Die Listings 6.37 und 6.38 zeigen den Quellcode für das Speicher-Modul Memory. Dieses muss die beiden Interface-Methoden b_transport() und transport_dbg() implementieren und am vereinfachte Target-Socket targetSocket registrieren; aus Platzgründen zeigen wir nur die Implementierung der b_transport()-Methode. Wir modellieren den Speicher selbst als **char**-Feld mem[] mit der durch SIZE definierten Größe – also 1024 Bytes. Hier ist der Datentyp **char** sinnvoll, da wir uns dann nicht um das Problem „Host-Endianness" kümmern müssen

– die Daten werden ja im „Big-Endian"-Format abgespeichert. Beim Speicher ist im Übrigen zu beachten, dass wir eine so genannte „von-Neumann"-Architektur des Speichers haben: Das Programm und die Daten des Programms liegen im gleichen Speicher und wir haben nur insgesamt 1024 Bytes für beides zur Verfügung (was man natürlich problemlos vergrößern kann). Dies ist dann im Assembler-Programm entsprechend zu berücksichtigen.

Listing 6.36: Implementierungs-Datei des Busses (Datei k6b8TlmBus.cpp)

```
1  #include "k6b8TlmBus.h"
2  TlmBus::TlmBus(sc_module_name name) {
3    busTargetSocket.register_b_transport(this,
4            &TlmBus::b_transport);
5    busTargetSocket.register_transport_dbg(this,
6            &TlmBus::transport_dbg);
7  }
8  void TlmBus::b_transport( tlm_generic_payload &tObj,
9            sc_time &delay) {
10   unsigned int targetIndex = getTarget(tObj);
11   busInitiatorSocket[targetIndex]->b_transport(tObj, delay);
12  }
13 unsigned int TlmBus::transport_dbg(tlm_generic_payload &tObj) {
14   unsigned int targetIndex = getTarget(tObj);
15   return busInitiatorSocket[targetIndex]->transport_dbg(tObj);
16  }
17 unsigned int TlmBus::getTarget(tlm_generic_payload& tObj) {
18   unsigned int index;
19   index = unsigned int(tObj.get_address() / SIZE);
20   sc_assert(index < NO_OF_TARGETS);
21   tObj.set_address( tObj.get_address() - uint64(index*SIZE) );
22   return index;
23  }
```

Listing 6.37: Header-Datei des Speicher-Moduls (Datei k6b8Memory.h)

```
1  #ifndef K6B8MEMORY_H
2  #define K6B8MEMORY_H
3  #include "k6b8.h"
4
5  struct Memory : public sc_module {
6    simple_target_socket<Memory> targetSocket;
7    Memory(sc_module_name name);
8    void b_transport(tlm::tlm_generic_payload&, sc_time&);
9    unsigned int transport_dbg(tlm_generic_payload&);
10 private:
11   unsigned char mem[SIZE]; //Memory array
12  };
13 #endif
```

Der Code für die Interface-Methode b_transport() (und auch die nicht gezeigte Methode transport_dbg()) entspricht im Wesentlichen der in den vorangegangenen Abschnitten diskutierten Vorgehensweise. Wir extrahieren zunächst wieder die notwendigen Informationen aus dem Transaktionsobjekt und überprüfen die Argumente in Zeile 17; das Memory-Target unterstützt keine Byte-Enables und auch kein „Streaming". Die Transaktionen werden implementiert, indem wir wieder mit der `memcpy()`-Funktion die entsprechende Anzahl von Bytes ab der angegebenen Adresse Byte-für-Byte kopieren. Wie schon erwähnt wurde, finden die Kopiervorgänge zwischen dem Feld des Targets und dem Byte-Puffer des DLX-ISS statt, wobei der DLX-ISS die Daten im „Big-Endian"-Format im Puffer liefert. Die Latenzzeit des Speichermodells beträgt `MEM_LATENCY` = 10 ns.

Listing 6.38: Implementierungs-Datei des Speicher-Moduls (Ausschnitt, Datei k6b8Memory.cpp)

```
 1  #include "k6b8Memory.h"
 2  Memory::Memory(sc_module_name name) {
 3    targetSocket.register_b_transport(this,
 4       &Memory::b_transport);
 5    targetSocket.register_transport_dbg(this,
 6       &Memory::transport_dbg);
 7    memset(mem, 0, SIZE); //Fill memory with 0s
 8  }
 9  void Memory::b_transport( tlm_generic_payload &tObj,
10                     sc_time  &delay) {
11    unsigned int   startAdr = (unsigned int)tObj.get_address();
12    unsigned char* dataPtr = tObj.get_data_ptr();
13    unsigned int   transLen = tObj.get_data_length();
14    unsigned char* bePtr = tObj.get_byte_enable_ptr();
15    unsigned int   sWid = tObj.get_streaming_width();
16    tObj.set_response_status(TLM_OK_RESPONSE);
17    if (startAdr >= SIZE-transLen  || bePtr != 0
18       || sWid < transLen){
19      SC_REPORT_ERROR("Memory","Transaction not supported.");
20      return;
21    }
22    if(tObj.is_write()){
23       memcpy(&mem[startAdr], dataPtr, transLen);
24    }
25    else {
26       memcpy(dataPtr, &mem[startAdr], transLen);
27    }
28    delay = delay + sc_time(MEM_LATENCY, SC_NS);
29  }
30  unsigned int Memory::transport_dbg(tlm_generic_payload &tObj) {
31    ...
32  }
```

6.5.4   Ein Peripheriemodell

Als Peripheriemodell soll eine Komponente dienen, mit welcher Daten auf der Konsole ausgegeben oder von der Konsole eingelesen werden können – also ein einfaches Modell einer
„Parallel Input/Output"-Komponente (PIO). Gemäß Abbildung 6.25 implementieren wir für
diese Komponente einen TLM-Wrapper in welchem der eigentliche „Core" instanziert wird.
Der Wrapper `PioTlmWrapper` ist in den Listings 6.39 und 6.40 zu sehen. Er instanziert einen
(vereinfachten) Target-Socket `targetSocket` und wir registrieren wieder die beiden Interface-
Methoden `b_transport()` und `transport_dbg()`, die dann im Wrapper zu implementieren
sind (wir verzichten aus Platzgründen wieder auf die Methode `transport_dbg()`).

Listing 6.39: Header-Datei des PIO-Wrappers (Datei k6b8PioTlmWrapper.h)

```
 1  #ifndef K6B8PIOTLMWRAPPER_H
 2  #define K6B8PIOTLMWRAPPER_H
 3  #include "k6b8.h"
 4
 5  struct PioCore;
 6  struct PioTlmWrapper : public sc_module {
 7    simple_target_socket<PioTlmWrapper> targetSocket;
 8    PioTlmWrapper(sc_module_name name);
 9    void b_transport(tlm_generic_payload&, sc_time&);
10    unsigned int transport_dbg( tlm_generic_payload&);
11  private:
12    PioCore *core; //Pointer to target core
13  };
14  #endif
```

Der Core wird dynamisch in Zeile 6 von Listing 6.40 instanziert. Um die Funktionalität des
Cores möglichst einfach zu halten, legen wir fest, dass nur Transaktionen mit der Datenlänge 1
Byte zulässig sein sollen. Dies bedeutet, dass wir vom DLX aus gesehen jeweils nur ein Byte
mit Hilfe des `sb`-Befehls schreiben oder mit Hilfe des `lb`-Befehls lesen dürfen. Wir überprüfen
dies in Zeile 13 von Listing 6.40. Des Weiteren legen wir fest, dass der Core ein Feld von 3
Bytes ab der lokalen Adresse 0 (System-Adresse 1024) implementiert. Da der Adressraum der
PIO-Komponente jedoch zur einfacheren Dekodierung im Bus 1024 Bytes beträgt, müssen wir
in Zeile 17 überprüfen, dass keine Adresse größer als 2 angelegt wird (das Symbol `PIO_SIZE`
ist in der Header-Datei des Cores in Listing 6.41 deklariert). In der Interface-Methode wird
dann für eine Schreib-Transaktion die Methode `writeRegs()` des Cores aufgerufen und im
Fall einer Lese-Transaktion wird die Methode `readRegs()` aufgerufen. Die Latenzzeit der
PIO-Komponente ist auf `PIO_LATENCY` = 20 ns eingestellt.

Der Core `PioCore` für die PIO-Komponente ist kein SystemC-Modul, sondern eine normale
C++-Klasse, da wir hier keine Prozesse benötigen. Die Klasse besteht aus dem `userRegs[]`-
Feld, welches drei „User-Register" modellieren soll – jeweils mit der Größe 1 Byte. Ferner sind
die beiden Methoden zu implementieren, welche die Schnittstelle zum Wrapper bilden.

In der Methode `writeRegs()` speichern wir zunächst das über den Zeiger `dataPtr` – welcher auf den Byte-Puffer im DLX-ISS zeigt – übergebene Byte im entsprechenden Feldelement
ab. Ist die Adresse = 1, so fordern wir zur Eingabe eines Wertes auf der Konsole auf. Dies

muss ein einzelnes ASCII-Zeichen sein und wir speichern den ASCII-Code dieses Zeichens in `userRegs[0]` ab. Nachfolgend könnten wir dann beispielsweise `userRegs[0]` mit einem `lb`-Befehl in ein Arbeitsregister des DLX einlesen. Ist die Adresse = 2, so wird das dem numerischen Wert von `userRegs[0]` entsprechende ASCII-Zeichen auf der Konsole ausgegeben. Wenn wir also beispielsweise vorher mit dem `sb`-Befehl den Inhalt eines Arbeitsregisters in `userRegs[0]` geschrieben haben, so wird dieser ausgegeben. Da wir hier mit **char**-Daten arbeiten, entspräche dies einer PIO mit 8 Bit Breite, wobei wir die Funktionalität einer bidirektionalen Schnittstelle durch die Ein- und Ausgabe der Daten über die Konsole relativ abstrakt modelliert haben.

Listing 6.40: *Implementierungs-Datei des PIO-Wrappers (Ausschnitt, Datei k6b8PioTlmWrapper.cpp)*

```
1  #include "k6b8PioCore.h"
2  #include "k6b8PioTlmWrapper.h"
3  PioTlmWrapper::PioTlmWrapper(sc_module_name name) {
4  ...
5    core = new PioCore();
6  }
7  void PioTlmWrapper::b_transport( tlm_generic_payload &tObj,
8                 sc_time  &delay) {
9    unsigned int    startAdr = (unsigned int)tObj.get_address();
10   unsigned char* dataPtr = tObj.get_data_ptr();
11   unsigned int    transLen = tObj.get_data_length();
12   tObj.set_response_status(TLM_OK_RESPONSE);
13   if(transLen > 1){
14     SC_REPORT_ERROR("PIO", "Only byte transfer supported.");
15     return;
16   }
17   if(startAdr >= PIO_SIZE){
18     SC_REPORT_ERROR("PIO", "Adress error.");
19     return;
20   }
21   if(tObj.is_write()){
22     core->writeRegs(startAdr, dataPtr);
23   }
24   else {
25     core->readRegs(startAdr, dataPtr, 1);
26   }
27   delay = delay + sc_time(PIO_LATENCY, SC_NS);
28 }
29 unsigned int PioTlmWrapper::transport_dbg(
30                 tlm_generic_payload &tObj) {
31 ...
32 }
```

Die Methode `readRegs()` kopiert den Inhalt des PIO-Register-Feldes in den Byte-Puffer des DLX-ISS, wobei die Anzahl der Bytes in der übergebenen Datenlänge steht. Wird die Methode von der Wrapper-Methode `b_transport()` aus aufgerufen, wird die Datenlänge immer gleich 1 sein, da wir ja nur Byte-Transfers zulassen. Diese Methode kann jedoch zu Debug-Zwecken auch aus der (nicht gezeigten) Methode `transport_dbg()` aus aufgerufen werden und in diesem Fall könnte man mehr als ein Byte auslesen. Die Debug-Methode wird ja nicht während der normalen Ausführung des DLX-Programms aufgerufen, sondern aus dem Debugger heraus, um die Inhalte der Speicherzellen oder der Register im Debugger anzeigen zu können.

Listing 6.41: Header-Datei des PIO-Cores (Datei k6b8PioCore.h)

```
 1  #ifndef K6B8PIOCORE_H
 2  #define K6B8PIOCORE_H
 3  #include "k6b8.h"
 4  #define PIO_SIZE 3
 5  struct PioCore {
 6    PioCore();
 7    void writeRegs(int address, uchar* dataPtr);
 8    void readRegs(int address,
 9      uchar* dataPtr, unsigned int length);
10  private:
11    uchar userRegs[PIO_SIZE];
12  };
13  #endif
```

Listing 6.42: Implementierungs-Datei des PIO-Cores (Datei k6b8PioCore.cpp)

```
 1  #include "k6b8PioCore.h"
 2  PioCore::PioCore() {
 3    //Initialize registers
 4    memset(userRegs, 0, PIO_SIZE);
 5  }
 6  void PioCore::writeRegs(int address, uchar* dataPtr){
 7    userRegs[address] = *dataPtr;
 8    if (address == 1){
 9      cout<<"PIO Input: ";
10      cin>>userRegs[0];
11    }
12    if(address == 2){
13      cout<<"PIO Output: "<<userRegs[0]<<endl;
14    }
15  }
16  void PioCore::readRegs(int address,
17      uchar* dataPtr, unsigned int length) {
18    memcpy(dataPtr, &userRegs[address], length);
19  }
```

6.5.5 Toplevel und Simulation des Systems

Schließlich benötigen wir noch einen „Toplevel", in welchem wir die Komponenten des Systems instanzieren und miteinander verbinden. Dieser Toplevel ist in den Listings 6.43 und 6.44 gezeigt. Die bisher besprochenen Komponenten werden gemäß Abbildung 6.25 dynamisch instanziert und die Sockets entsprechend gebunden.

Listing 6.43: Header-Datei des Toplevels (Datei k6b8Top.h)

```
 1  #ifndef K6B8TOP_H
 2  #define K6B8TOP_H
 3  #include "k6b8.h"
 4
 5  struct DlxTlmWrapper;
 6  struct TlmBus;
 7  struct Memory;
 8  struct PioTlmWrapper;
 9  struct BusTrace;
10  struct Toplevel : public sc_module {
11    Toplevel(sc_module_name name, bool traceOn);
12
13    DlxTlmWrapper *dlx;
14    Memory        *memory;
15    TlmBus        *bus;
16    PioTlmWrapper *pio;
17    BusTrace      *trace;
18  };
19  #endif
```

Eine Besonderheit des Toplevels besteht darin, dass wir wahlweise ein `BusTrace`-Modul instanzieren können, mit welchem wir die vom Initiator ausgehenden Transaktionen als Text-
Datei („bus_trace.txt") und im VCD-Format („bus_trace.vcd", siehe auch Abschnitt 3.6.3) aufzeichnen können. Ob wir das Modul instanzieren möchten, wird über das Konstruktor-Argu-
ment `traceOn` festgelegt. Wenn das Trace-Modul instanziert wird, wird es zwischen dem
DLX-Initiator und dem Bus mit deren entsprechenden Sockets verbunden. Das Trace-Modul
„hört" also auf dem Bus mit und zeichnet die Transaktionen auf dem Bus auf. Hierzu werden
die Interface-Methoden implementiert, aus dem Transaktionsobjekt die notwendigen Informationen entnommen und dann die Interface-Methode des Busses über den Socket aufgerufen.
Wir werden später jedoch sehen, dass das „Tracing" der Bus-Transaktionen durch die Ausgaben in die entsprechenden Dateien einiges an Rechenzeit erfordert und es daher sinnvoll ist,
dass Trace-Modul auch abschalten zu können. Wir drucken den Quellcode des Trace-Moduls
(Datei „k6b8BusTrace.h") aus Platzgründen nicht ab.

Listing 6.44: Implementierungs-Datei des Toplevels (Datei k6b8Top.cpp)

```
 1  #include "DlxTlmWrapper.h"
 2  #include "k6b8TlmBus.h"
 3  #include "k6b8Memory.h"
 4  #include "k6b8PioTlmWrapper.h"
 5  #include "k6b8BusTrace.h"
 6  #include "k6b8Top.h"
 7  Toplevel::Toplevel(sc_module_name name, bool traceOn):
 8            sc_module(name) {
 9    dlx = new DlxTlmWrapper("dlx");
10    memory = new Memory("memory");
11    bus = new TlmBus("bus");
12    pio = new PioTlmWrapper("pio");
```

```
13     if(traceOn)
14       trace = new BusTrace("trace");
15
16     if(traceOn){
17       dlx->iSocket.bind(trace->tSocket);
18       trace->iSocket.bind(bus->busTargetSocket);
19     }
20     else {
21       dlx->iSocket.bind(bus->busTargetSocket);
22     }
23     bus->busInitiatorSocket[0].bind(memory->targetSocket);
24     bus->busInitiatorSocket[1].bind(pio->targetSocket);
25   }
```

Wir möchten die Simulation des Systems zunächst anhand eines kleinen Speichertests zeigen.
Das Assembler-Programm ist in Listing 6.45 abgedruckt. In Zeile 3 definieren wir ein Symbol
MEM, welches wir danach als Adresse im Hauptspeicher verwenden, ab welcher die Daten gespeichert werden sollen. Das Programm besteht aus den sechs Befehlen ab Zeile 6, wobei wir
über die org-Direktive festlegen, dass das Programm ab Adresse 0 beginnen soll. In Zeile 6
und 7 laden wir das Register r2 mit dem 32-Bit-Festwert 0x12345678. Aufgrund des 32-Bit-
Instruktionsformats sind nur 16-Bit-Festwerte pro Befehl möglich und wir müssen das Laden
eines 32-Bit-Festwertes mit zwei Befehlen durchführen, wobei wir mit dem lhi-Befehl den
ersten Festwert in den oberen Teil des Registers laden und danach mit Hilfe des addi-Befehls
den unteren Teil des Registers laden (das Register r0 ist immer konstant Null). In Zeile 8 laden
wir das Register r1 mit dem Wert des Symbols MEM, so dass der Registerinhalt anschließend
512 beträgt. In der Folge speichern wir mit dem sw-Befehl den Inhalt des Registers r2 ab der
im Register r1 gespeicherten Adresse 512 im Hauptspeicher. Der sh-Befehl speichert das nie-
derwertigere Halbwort des Registerinhalts von r2 im Speicher ab Adresse r1+4 = 516 und der
sb-Befehl speichert das niederwertigste Byte des Registerinhalts an der Adresse r1+6 = 518.

Listing 6.45: Speichertest-Programm

```
1   ;**** Show word, halfword, byte transfers
2   ;Data section in main memory
3   MEM    .equ 512
4   ;Program begins here at memory location 0
5       .org 0
6       lhi r2, 16#1234       ; load upper part of r2
7       addi r2, r2, 16#5678  ; load lower part of r2
8       addi r1, r0, MEM      ; load r1 as pointer to MEM
9       sw 0(r1), r2          ; store a word at MEM
10      sh 4(r1), r2          ; store a halfword at MEM+4
11      sb 6(r1), r2          ; store a byte at MEM+6
12
13  end:   trap 0 ;Stop the DLX-ISS here
```

Abbildung 6.26 zeigt einen Ausschnitt aus dem Bus-Trace für das Programm aus Listing 6.45.
In der ersten Transaktion wird der sw-Befehl aus dem Speicher geholt. In der darauf folgenden

Transaktion wird der Inhalt des Registers r2 in den Speicher geschrieben ab der Adresse 512 und damit dieser Befehl ausgeführt. Die nachfolgenden Transaktionen zeigen sinngemäß das Holen und Ausführen des sh- und sb-Befehls. Abbildung 6.27 zeigt die Ausgabe des Debuggers nach Ende des Programms. Angezeigt wird der Inhalt des Speichers ab der Adresse 512; es ist erkennbar, dass die Daten im „Big-Endian"-Format in den Speicher geschrieben werden.

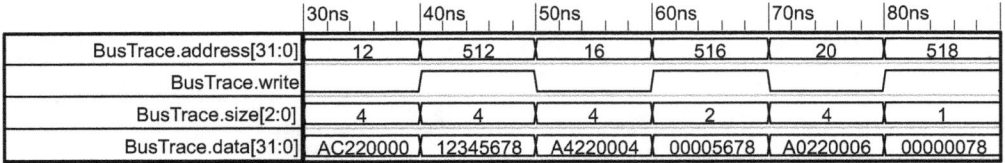

	30ns	40ns	50ns	60ns	70ns	80ns
BusTrace.address[31:0]	12	512	16	516	20	518
BusTrace.write						
BusTrace.size[2:0]	4	4	4	2	4	1
BusTrace.data[31:0]	AC220000	12345678	A4220004	00005678	A0220006	00000078

Abb. 6.26: *Waveform-Trace für die Ausführung der Befehle von Zeile 9 bis 11 des Programm aus Listing 6.45. Die Werteangaben für die Daten (data) sind hexadezimal, für die Adressen (address) dezimal. Das Signal* write *zeigt eine Schreib-Transaktion an, wenn es 1 ist, anderenfalls eine Lese-Transaktion.* size *zeigt die Länge der Transaktion an.*

```
DLX ISS @ 100 ns >v m 512
Memory content (Bytes, hex):
Addr: 512 Data:  | 12 34 56 78 | 56 78 78 00 | 00 00 00 00 | 00 00 00 00
Addr: 528 Data:  | 00 00 00 00 | 00 00 00 00 | 00 00 00 00 | 00 00 00 00
Addr: 544 Data:  | 00 00 00 00 | 00 00 00 00 | 00 00 00 00 | 00 00 00 00
Addr: 560 Data:  | 00 00 00 00 | 00 00 00 00 | 00 00 00 00 | 00 00 00 00
```

Abb. 6.27: *Ausgabe des DLX-Debuggers.*

Listing 6.46: *PIO-Test-Programm*

```
 1    ;*********** Test the PIO peripheral *************
 2    ;PIO base address
 3    PIOBASE .equ 1024
 4    ;Program begins here at memory location 0
 5        .org 0
 6    main:
 7        addi r1, r0, PIOBASE   ;Set pointer to PIO base address
 8        sb 1(r1), r0       ;Get character from console
 9        lb r10, 0(r1)      ;Load PIO-buffer to r10
10        addui r10, r10, 1    ;r10 = r10 + 1
11        sb 0(r1), r10      ;Store r10 to PIO-buffer
12        sb 2(r1), r0       ;Put character to console
13
14    end:  trap 0 ;Stop the DLX-ISS here
```

Mit Hilfe des Assembler-Programms aus Listing 6.46 möchten wir noch die Funktionalität der PIO-Schnittstelle zeigen. Wir setzen das Register r1 zunächst auf die erste Adresse des PIO-Moduls, also auf userRegs[0] (PIO-Puffer). Indem wir danach mit dem sb-Befehl auf die Adresse r1+1 schreiben und damit auf userRegs[1], erzeugen wir die in Abbildung 6.28

gezeigte Ausgabe und fordern zur Eingabe eines Zeichens auf – dies ist hier ein 'b' (ASCII-Code: 0x62) – welches im PIO-Puffer gespeichert wird. Anschließend laden wir den PIO-Puffer in das Register `r10` und addieren eine 1 auf den Wert. Schließlich laden wir wieder den PIO-Puffer mit verändertem Wert und schreiben das Zeichen im PIO-Puffer durch Schreiben auf `userRegs[2]` (Adresse r1+2 = 1026) auf die Konsole. Dies ergibt die Ausgabe des Zeichens 'c' (ASCII-Code: 0x63) auf der Konsole. Das Programm terminiert wieder durch den `trap`-Befehl in Zeile 14 von Listing 6.46.

```
DLX ISS, Version 3.0
(c) Frank Kesel, HS Pforzheim, 2011
Input:  dlx.hex
Output: dlx_disasm.txt


DLX ISS: memory loading complete.
DLX ISS: Starting debugger.

DLX ISS @ 0 s >r
PIO Input: b
PIO Output: c

DLX ISS: Program terminated.
```

Abb. 6.28: *Ausgabe des Programms aus Listing 6.46.*

Einen Ausschnitt aus dem Bus-Trace für das Programm zeigt Abbildung 6.29. Es zeigt das Holen und die Ausführung der beiden `sb`-Befehle in Zeile 11 und 12 von Listing 6.46. Man kann erkennen, dass das Schreiben auf die PIO-Register mit 20 ns doppelt so lange dauert, wie der Zugriff auf den Hauptspeicher für das Holen der Befehle. Dies ist die Latenzzeit, welche wir im Modell der PIO eingetragen hatten.

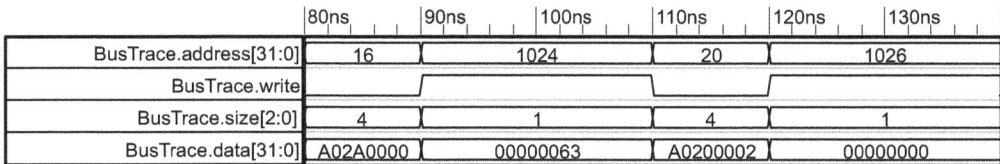

	80ns	90ns	100ns	110ns	120ns	130ns
BusTrace.address[31:0]	16		1024	20		1026
BusTrace.write						
BusTrace.size[2:0]	4		1	4		1
BusTrace.data[31:0]	A02A0000		00000063	A0200002		00000000

Abb. 6.29: *Waveform-Trace für die Ausführung der Befehle von Zeile 11 und 12 des Programm aus Listing 6.46. Die Werteangaben für die Daten (`data`) sind hexadezimal, für die Adressen (`address`) dezimal.*

6.6   Messung der Simulationsleistung

Um die Leistungsfähigkeit eines Simulationsmodells beurteilen zu können, muss man in der Lage sein, diese messen zu können. Wie in Abschnitt 1.5 gezeigt, kann die Simulationsleistung oder „Performance" P des Modells als „Simulationsfrequenz" $P = N/T_A$ angegeben werden (in Zyklen/sec, im Englischen auch als „cps" bezeichnet), wobei T_A die Ausführungszeit des

Modells ist und N die Anzahl der simulierten Taktzyklen. In einem TLM-Modell wird man aber in der Regel kein Taktsignal mehr haben, sondern nur noch Zeitkonstanten in Form von Latenzzeiten für die Transaktionen annehmen. Die Zeitkonstanten wird man jedoch auch auf die Annahme einer bestimmten Taktfrequenz des Busses oder des Systems stützen, so dass man die Anzahl der simulierten Taktzyklen daraus errechnen kann. In unserem Beispiel des DLX-Systems aus den vorangegangenen Abschnitten hatten wir ja eine Bustransaktion mit dem Speicher in 10 ns abgeschlossen; wenn wir annehmen, dass dies im realen System einen Taktzyklus benötigt, können wir also von einer Taktfrequenz von 100 MHz ausgehen.

Während man die simulierte Zeit T_S in einem SystemC-Modell relativ einfach mit Hilfe der Funktion `sc_time_stamp()` bestimmen kann und damit, bei angenommener Taktfrequenz, auch die Anzahl der simulierten Taktzyklen N berechnen kann, so ist die korrekte Ermittlung der Ausführungszeit nicht einfach. Man könnte natürlich mit der Stoppuhr vor den Rechner sitzen und die Ausführungszeit des Programms messen; dies wird aber aus mehreren Gründen sehr ungenau sein. Ein wesentliches Problem besteht schon mal darin, das während der Laufzeit des SystemC-Programms auch noch andere Prozesse und Programme auf dem Rechner laufen, welche ebenfalls Rechenzeit benötigen und das Messergebnis somit unter Umständen verfälschen können. Die Zeit, welche der Rechner für die Ausführung unseres Programmes benötigt (engl.: processor time), kann also erheblich von der verstrichenen Zeit (die wir mit der Stoppuhr messen könnten, engl.: wall clock time) abweichen. Besser ist es, entsprechende Funktionen des Betriebssystems zu verwenden, um die tatsächliche Ausführungszeit des Programms zu bestimmen. Während man auf UNIX-Systemen das „time"-Kommando benutzen kann, um dies zu erreichen, so ist dies auf einem Windows-Rechner nicht so einfach möglich.

Listing 6.47: Klasse zur Ermittlung der Performance (Ausschnitt, Datei perfmeter.h)

```
1    ...
2    struct PerfMeter {
3      PerfMeter(double cp);
4      void startMeasurement();
5      void stopMeasurement();
6      void printSimulationPerformance();
7    ...
8    };
```

```
DLX ISS: Program terminated.

============= Simulation Statistics =============
Simulator execution time: 69.8708 s
Simulated time: 20971550 ns
Simulated clock frequency: 100 MHz
Simulated clock cycles: 2097155
Simulation performance: 30014.8 Cycles/s
=================================================
```

Abb. 6.30: Simulationsleistung für Release-Version des DLX-Systems mit Trace-Ausgabe.

Um dennoch für die Programme in diesem Buch eine Performance angeben zu können und auch verschiedene Einflussfaktoren auf die Performance zeigen zu können, wurde vom Autor eine Klasse `PerfMeter` geschrieben, deren Header-Datei ausschnittsweise in Listing 6.47 gezeigt ist. Man übergibt dem Konstruktor einen Wert für die modellierte Taktperiodendauer in Sekunden und kann dann die Messung durch die Methode `startMeasurement()` starten und durch `stopMeasurement()` beenden. Mit der Methode `printSimulationPerformance()` kann man dann die ermittelte Performance ausgeben. Wir benutzen zur Ermittlung der Zeitdifferenz zwischen Start und Ende der Messung den Zeitstempelzähler des Prozessors den man über die Windows-API-Funktion `QueryPerformanceCounter()` erhalten kann. Man erhält damit zwar eine Zeitmessung, welche genauer ist als die Stoppuhr, der große Nachteil ist aber, dass die verstrichene Zeit gemessen wird und nicht die Zeit, welche der Prozessor für unser Programm benötigt. Die Zeitmessung wird also beeinflusst von den anderen Prozessen und Programmen, welche zum Zeitpunkt der Messung auf dem Rechner laufen. Für eine exakte Ermittlung der Performance ist diese Vorgehensweise also nicht genau genug. Macht man aber mehrere Messungen für das gleiche Modell, so zeigt sich, dass die Streuung (Standardabweichung σ) der Messergebnisse für die Performance kleiner als 1 % ist. Insofern kann man die Messergebnisse gut nutzen, um relative Vergleiche zwischen verschiedenen Varianten eines Systemmodells durchführen zu können – mehr benötigen wir für die weiteren Ausführungen auch nicht.

Wir benutzen diese Klasse beispielsweise im DLX-ISS und starten die Messung beim Eintritt in die Hauptschleife des DLX-Simulators und beenden die Messung, wenn die `trap`-Instruktion erreicht ist. Abbildung 6.30 zeigt die Ausgabe der Performance am Ende der Simulation, wobei hier ein spezielles Assembler-Programm für den DLX benutzt wurde, welches in einer Schleife läuft und den Inhalt eines Registers dekrementiert bis er Null ist. Wir können sehen, dass in diesem Fall eine Zeit von $T_S = 20,97$ ms simuliert wurde und dafür eine Ausführungszeit von $T_A = 69,87$ s benötigt wurde. Das Verhältnis Ausführungszeit zu simulierter Zeit beträgt also $T_A/T_S \approx 3.331$, was bedeutet, dass wir für eine Sekunde simulierter Zeit eine Ausführungszeit von 3.331 Sekunden oder ungefähr 1 Stunde benötigen. Da wir eine Taktfrequenz von 100 MHz angenommen haben, entspricht die simulierte Zeit von 20,97 ms einer Anzahl von 2.097.155 Taktzyklen und damit erhalten wir eine Performance von $P = N/T_A = 2.097.155/69,87$ s $= 30.014,8$ Zyklen/s. Zum Vergleich ergab die Messung eines RTL-Modells eines (in etwa vergleichbaren) Xilinx-MicroBlaze-Systems eine Performance von ungefähr 2.500 Zyklen/s (auf dem gleichen Computer ermittelt).

```
============== Simulation Statistics ==============
Simulator execution time: 5.38806 s
Simulated time: 20971550 ns
Simulated clock frequency: 100 MHz
Simulated clock cycles: 2097155
Simulation performance: 389222 Cycles/s
===================================================
```

Abb. 6.31: *Simulationsleistung für Release-Version des DLX-Systems ohne Trace-Ausgabe.*

Dieser Vergleich ist zunächst enttäuschend, da damit der Unterschied in der Performance zwischen einem RTL-Modell und einem TLM-Modell nur etwa ein Faktor 12 wäre! Es ist jedoch zu bemerken, dass wir in der Simulation von Abbildung 6.30 die Dateiausgaben des Trace-Moduls dabei haben, welche Zeit kosten. Wenn wir das Trace-Modul abschalten, dann erhalten wir die in Abbildung 6.31 angegebene Performance von 389.222 Zyklen/s und somit ist unser TLM-

Modell um den Faktor 155 schneller als das RTL-Modell und das Verhältnis Ausführungszeit zu simulierter Zeit verbessert sich auf einen Faktor 257 – für eine Sekunde simulierter Zeit benötigen wir also ungefähr 4,3 Minuten Rechnerzeit. Um leistungsfähige Modelle zu erhalten, muss man also die Ausgabe in Dateien oder auf die Konsole auf ein Minumum beschränken.

Ferner beeinflussen die Einstellungen des Compilers die Performance: Die in den Abbildungen 6.30 und 6.31 gezeigten Ergebnisse wurden für die „Release"-Version ermittelt, wobei die Compilereinstellungen so gewählt wurden, dass der Code auf Geschwindigkeit optimiert wurde. Wenn wir die nicht-optimierte Debug-Version wählen, dann erhalten wir eine Performance von 23.583 Zyklen/s (ohne Tracing). Zwischen einer nicht-optimierten Debug- und der Release-Version des gleichen Programms besteht also schon ein Unterschied von einem Faktor 16 in der Performance!

Die Ergebnisse für die Performance in diesem Buch wurden auf einem Windows-XP-Rechner mit einer Intel Core2-CPU (T7400, 2,16 Ghz, 2 GB RAM) ermittelt. Natürlich kann man durch einen leistungsfähigeren Rechner und weitere Optimierungen hinsichtlich der Ausführung des Programms auch die Leistungsfähigkeit des Simulationsmodells steigern. Insbesondere spielt auch die Leistungsfähigkeit des verwendeten Instruktionssatzsimulators eine große Rolle in Systemen mit einem oder mehreren Prozessorkernen; optimierte Instruktionssatzsimulatoren wie beispielsweise von „Open Virtual Platforms" (OVP, [31]) können die Leistungsfähigkeit des Gesamtsystems erheblich erhöhen. Für die im vorliegenden Buch verwendeten Beispiele, insbesondere auch der DLX-ISS, stand die Optimierung der Leistungsfähigkeit allerdings nicht im Vordergrund. Üblicherweise kann man mit SystemC-TLM-Modellen Simulationsleistungen erreichen, welche mehr als 1.000.000 Zyklen/s (1 MCycles/s oder 1 M cps) betragen können. Es ist dabei für Vergleiche aber immer zu fragen, auf welchem Rechner und wie die Leistung ermittelt wurde. Insofern ist die Leistung von ungefähr 400 kCycles/s unseres Simulationsmodells, welches nicht weiter optimiert wurde und auf einem einfachen PC läuft, zunächst nicht so schlecht. Wir werden im nächsten Kapitel besprechen, wie man die Performance eines TLM-Modells durch den Modellierungsstil „Loosely-Timed" noch weiter verbessern kann.

6.7 Kontrollfragen und Übungsaufgaben

Aufgabe 6.1:
Erläutern Sie, weshalb die Simulation auf Transaktionsebene zu deutlich höheren Simulationsleistungen führt, verglichen mit der Simulation auf Register-Transfer-Ebene.

Aufgabe 6.2:
Was versteht man unter einem Socket?

Aufgabe 6.3:
Erläutern Sie, was man unter den TLM-2.0-Interfaces versteht, welche die so genannte „Interoperabilitätsschicht" definieren.

Aufgabe 6.4:
Erstellen Sie den minimal notwendigen SystemC-Code für einen Initiator und ein Target, so dass beide jeweils über einen TLM-2.0-Socket verfügen. Implementieren Sie die jeweiligen Interface-Methoden ohne besondere Funktionalität. Instanzieren Sie für den Test des Codes Initiator und Target in `sc_main` und binden Sie die Sockets von Initiator und Target. Testen Sie am Initiator-Socket verschiedene Einstellungen für die „Binding Policy", indem Sie die Template-Parameter des Sockets verwenden.

Aufgabe 6.5:
Welche Aufgaben hat ein so genanntes „Interconnect-Modul" im Rahmen der TLM-2.0-Modellierung?

Aufgabe 6.6:
Wer ruft die Interface-Methoden `nb_transport_fw()` und `nb_transport_bw()` auf und wer implementiert diese Methoden?

Aufgabe 6.7:
Nehmen Sie an, `targetChild` sei ein Modul mit dem Socket `socketChild` und wird im Target `targetParent`, welches über einen Port `parentSocket` verfügt, instanziert. Es handelt sich jeweils um Sockets vom Typ `tlm_target_socket`. Geben Sie eine gültige Bindung der beiden Sockets an.

Aufgabe 6.8:
Wandeln Sie Aufgabe 6.4 ab, indem Sie die vereinfachten Sockets benutzen. Registrieren Sie im Target nur die Interface-Methode `b_transport()` und geben Sie in dieser Methode die Adresse und das Datum des Transaktionsobjektes aus. Für den Test implementieren Sie im Initiator einen Prozess, welcher über den Socket die Interface-Methode aufruft. Legen Sie hierzu ein Transaktionsobjekt als Member-Variable an (nicht als lokale Variable des Prozesses!) sowie die benötigten weiteren Variablen ebenfalls als Member-Variablen. Überprüfen Sie die Auswirkungen, wenn Sie im Initiator statt `b_transport()` die Methode `nb_transport_fw()` aufrufen (Hierzu benötigen Sie noch eine Variable vom Typ `tlm_phase`). Sie müssen für eine korrekte Funktion dann zusätzlich die Methode `nb_transport_bw()` im Initiator implementieren und am Socket registrieren.

Aufgabe 6.9:
Woraus besteht das TLM-2.0-Transaktionsobjekt „Generic Payload" im Wesentlichen?

Aufgabe 6.10:
Erläutern Sie, wie mit Hilfe des Transaktionsobjektes Daten zwischen Initiator und Target übertragen werden.

Aufgabe 6.11:
Wie signalisiert das Target dem Initiator die erfolgreiche Durchführung einer Transaktion?

Aufgabe 6.12:
Implementieren Sie einen Initiator und ein Target ähnlich wie in Abschnitt 6.4.2. Legen Sie nun aber im Target ein Datenfeld mem vom Datentyp **unsigned int** mit drei Elementen an und modifizieren Sie den Code entsprechend. Verwenden Sie ebenfalls memcpy zum Kopieren der Daten. Geben Sie bei einem Schreiben auf das Datenfeld des Targets dieses zur Kontrolle vollständig auf der Konsole aus. Den Initiator können Sie ähnlich wie in Listing 6.25 gestalten und testen Sie damit das Target, indem Sie eine Schreib- und eine anschließende Lesetransaktion mit verschiedenen Parametern durchführen. Geben Sie hier ebenfalls zur Kontrolle den Inhalt des Datenfelds im Initiator vor Beginn der Transaktionen und nach Abschluss der Transaktionen aus. Das Target soll in folgenden Fällen eine „standard error response" generieren (Fehlermeldung mit Report-Handler und TLM_OK_RESPONSE): Wenn die Adresse nicht auf eine Wortgrenze ausgerichtet ist (also nicht ein Vielfaches von 4 ist) oder wenn das Datenfeld im Target beim Kopieren überschritten würde. Ferner soll das Target weder Byte-Enables noch „Streaming" unterstützen; generieren Sie auch hier eine entsprechende Fehlermeldung, falls dies vom Initiator signalisiert würde. Machen Sie sich die Auswirkungen verschiedener Datenlängen beim Kopieren der Daten zwischen Intitiator und Target klar – insbesondere, wenn die Datenlänge kein Vielfaches von 4 ist!

Aufgabe 6.13:
Implementieren Sie ein Target, welches einen FIFO beinhaltet. Benutzen Sie hierzu einen primitiven FIFO-Kanal sc_fifo und stellen Sie für den FIFO einen Datentyp **unsigned int** und eine Tiefe von 16 ein. Wenn ein Initiator Daten auf das Target schreibt, sollen diese in den FIFO gespeichert werden. Benutzen Sie für das Schreiben die nicht-blockierende Methode nb_write() des FIFOs. Sehen Sie im Target ferner einen Prozess vor, welcher aus dem FIFO Daten liest und diese auf der Konsole anzeigt. Dieser Prozess soll durch die blockierende read()-Methode des FIFOs gesteuert werden und soll ferner die Latenzzeit bei jedem Lesen des FIFOs durch ein Time-Out modellieren. Um Daten von einem Initiator zu diesem Target zu transportieren, soll hierzu das Streaming-Weite-Attribut benutzt werden, welches einen Wert von 4 haben muss (mit entsprechender Fehlermeldung überprüfen). Die Datenlänge soll ferner ein Vielfaches von 4 sein und die Start-Adresse muss immer 0 sein (ebenfalls überprüfen). Dies bedeutet also, dass bei den Daten eines Bursts (wenn also die Datenlänge größer als 4 ist) die Adresse nach vier Bytes immer auf 0 umbricht, so dass jeweils ein Wort des Bursts in den FIFO geschrieben werden kann. Das FIFO-Target implementiert somit im Adressraum des Systems nur 4 Byte ab der lokalen Adresse 0, wobei nur Wort-Transfers (wegen des Datentyps **unsigned int**) möglich sind. Testen Sie das Target durch einen geeigneten Initiator. Ein Lesen vom Target soll nicht möglich sein.

Aufgabe 6.14:
Implementieren Sie ein TLM-Modell für ein System bestehend aus einem Initiator, einem Bus sowie drei Targets. Ein Target soll ein Speichermodell sein (Vorlage Listing 6.37 und 6.38 in Abschnitt 6.5.3) und ein weiteres Target eine PIO (mit Wrapper, analog zu den Listings in Abschnitt 6.5.4). Die Methode transport_dbg() müssen Sie für das Beispiel nicht imple-

mentieren. Ändern Sie die PIO so ab, dass ganze Zahlen eingelesen und ausgegeben werden können (mit `cin` Datentyp **int** einlesen und dann nach `uchar` konvertieren). Als Busmodell können Sie die Vorlage aus Abschnitt 6.5.3 benutzen. Sehen Sie für alle Targets einen Adressbereich von 32 Byte vor. Als Initiator verwenden Sie nicht den DLX, sondern einen Initiator wie er in Abschnitt 6.3.7 verwendet wurde (mit vereinfachtem Socket). Teilen Sie den Initiator aber auf in Header- und Implementierungsteil. Als drittes Target sollen Sie eine Komponente erstellen, die ein Mittelwertfilter, wie in Kapitel 3 in Abschnitt 3.2 definiert, implementiert. Teilen Sie das Target auf in den Core und einen Wrapper, wie bei der PIO. Das Filter-Target implementiert nur die lokale Byte-Adresse 0, bei Zugriffen zu alle anderen Byte-Adressen soll eine Fehlermeldung erzeugt werden. Bei Schreiben eines Wertes (**unsigned char**) auf die lokale Adresse 0 des Filters soll ein neuer Ergebnis-Wert y gemäß dem Filter-Algorithmus im Core berechnet werden. Wenn die Adresse 0 gelesen wird, soll der aktuelle Ergebnis-Wert von y aus dem Core gelesen werden. Implementieren Sie daher für den Core eine Methode `write()` und `read()` mit der geschilderten Funktionalität, welche jeweils vom Wrapper aus aufgerufen werden kann. Überprüfen Sie nun die Funktion des Filters mit Hilfe des Initiators folgendermaßen: Lesen Sie zehn Werte von der PIO ein (am besten die gleichen Werte wie in Abschnitt 3.2) und schreiben Sie diese zunächst in den Speicher (ab Adresse 0). Lesen Sie dann diese zehn Werte aus dem Speicher und schreiben Sie diese auf das Filter, wobei Sie nach jedem Wert den neu berechneten Ergebniswert in den Speicher schreiben (ab Adresse 10). Anschließend geben Sie die berechneten und im Speicher abgespeicherten Werte über die PIO wieder aus. Wenn alles richtig arbeitet, sollten Sie als Ergebnis die Zahlenfolge aus Abschnitt 3.2 haben. Als Variante könnte man als Initiator auch das DLX-Modell benutzen und für den DLX ein entsprechendes Programm schreiben.

7 Modellierung der zeitlichen Abläufe in TL-Modellen

Im vorangegangenen Kapitel haben wir die wesentlichen Mechanismen der TLM-2.0-Bibliothek vorgestellt, wie Interfaces und Sockets und das Transaktionsobjekt. Die Latenzzeiten der Transaktionen haben wir unter Verwendung der `b_transport()`-Methode durch das entsprechende Argument der Methode vom Target zum Initiator übertragen, wobei der Initiator dann den Prozess entsprechend suspendiert hatte. Die Modellierung des zeitlichen Verhaltens des System-Modells ist im Grunde nicht Bestandteil der Interoperabilitätsschicht von TLM-2.0, aber die Transport-Interfaces und ihre Methoden schaffen die Voraussetzungen für zwei im IEEE Standard 1666 [21] vorgeschlagene Modellierungsstile für die zeitlichen Abläufe; diese sind der „Loosely-Timed"- und der „Approximately-Timed"-Stil. Für den „Loosely-Timed"-Stil soll die Methode `b_transport()` verwendet werden. Dieser Stil ermöglicht eine relative grobe Modellierung der zeitlichen Abläufe von Transaktionen und kann zu Simulationsmodellen mit hoher Simulationsleistung führen. Für den „Approximately-Timed"-Stil sollen die beiden Methoden `nb_transport_fw()` und `nb_transport_bw()` verwendet werden. Er ermöglicht eine deutlich genauere Modellierung der zeitlichen Abläufe von Transaktionen, so beispielsweise auch die Modellierung von Bus-Pipelining-Effekten. Im Folgenden möchten wir beide Modellierungsstile vorstellen, wobei wir mit der „Loosely-Timed"-Modellierung anfangen.

7.1 Modellierungsstil „Loosely-Timed"

Im Fokus des „Loosely-Timed"-Stils (LT) steht eine möglichst hohe Leistungsfähigkeit des Simulationsmodells. Ziel eines solchen Modells soll es sein, darauf Software entwickeln zu können – auch unter Einbeziehung eines Betriebssystems. Die Transaktionen auf dem Bussystem werden zeitlich so modelliert, dass man nur den Anfangs- und Endzeitpunkt und damit die Latenzzeit einer Transaktion feststellen kann. Die detaillierten zeitlichen Abläufe eines Busprotokolls können damit nicht modelliert werden. Eine wesentliche Idee des „Loosely-Timed"-Stils – um zu einer möglichst hohen Simulationsleistung zu kommen – besteht darin, die Suspendierungen der Prozesse auf ein Minimum zu reduzieren, da häufige Prozesswechsel durch den Scheduler den Rechenaufwand erhöhen und damit die Simulationsleistung verringern. Hierzu werden die Prozesse zeitlich „entkoppelt" (engl.: temporal decoupling). Wir möchten zunächst die Idee der zeitlichen Entkopplung von Prozessen beschreiben und dann die in der TLM-2.0-Bibliothek vorhandenen Hilfsmittel wie das „globale Quantum" und den „Quantum Keeper" beschreiben, mit denen man die zeitliche Entkopplung recht einfach implementieren kann. Anhand von zwei Beispielen möchten wir dann untersuchen, wie die Leistungsfähigkeit der Simulation hierdurch verbessert werden kann.

7.1.1   Zeitliche Entkopplung von Prozessen

Für das Verständnis der folgenden Diskussion müssen wir uns nochmals die Ausführungen zum Simulationsverfahren aus Abschnitt 5.1 und die Arbeitsweise der bisher erläuterten Beispiele vor Augen führen: Unser Modell wird aus einem oder mehreren Prozessen bestehen, wobei in der TLM-Modellierung vorzugsweise Thread-Prozesse verwendet werden. Wenn ein Thread-Prozess in einem bestimmten Zeitpunkt und Delta-Zyklus ausgeführt wird, so wird er in der Regel durch eine entsprechende `wait()`-Funktion in dieser Evaluate-Phase des Delta-Zyklus und damit im gleichen Zeitpunkt auch wieder suspendiert; wobei durch das Argument der `wait()`-Funktion festgelegt wird, zu welchem späteren Zeitpunkt der Prozess wieder „aufzuwecken" und wieder auszuführen ist. Nach der Suspendierung dieses Prozesses können dann weitere Prozesse in der gleichen Evaluate-Phase gerechnet werden. Der Simulator „springt" dann von Zeitpunkt zu Zeitpunkt und führt in jedem zu simulierenden Zeitpunkt in einem oder mehreren Delta-Zyklen die Prozesse aus.

Wenn wir speziell an das Systemmodell mit dem DLX-ISS aus Abschnitt 6.5 nochmals zurückdenken, so hatten wir dort Latenzzeiten von 10 ns oder 20 ns durch die Transaktionen, für welche der DLX-ISS-Prozess jeweils suspendiert wurde. Wenn der DLX nur auf den Hauptspeicher zugreift, wird er alle 10 ns suspendiert. Nur durch diese Latenzzeiten erhalten wir im Übrigen überhaupt einen zeitlichen Fortschritt: Wenn wir sie zu Null setzen, führt das Modell komplett im Zeitpunkt $t = 0$ sec aus und wir sehen in der Simulation keinen zeitlichen Fortschritt! Die Suspendierungen von Prozessen – insbesondere wenn mehrere Prozesse zu verwalten sind – kosten den Simulator allerdings Rechenzeit und häufige Suspendierungen erfordern entsprechend mehr Delta-Zyklen; dies alles wirkt sich negativ auf die Simulationsleistung aus. Wenn wir mit unserem DLX-Modell beispielsweise eine Zeit von 1 Sekunde simulieren möchten, so erhalten wir $1\,\text{s}/10\,\text{ns} = 100.000.000$ Delta-Zyklen oder Prozess-Suspendierungen.

Sofern es also nur darum geht, dass der DLX sein Programm aus dem Hauptspeicher ausführt, müsste man ihn nicht nach jeder Bustransaktion suspendieren. Die Idee der zeitlichen Entkopplung besteht darin, auf die ständigen Suspendierungen zu verzichten und die Endlosschleife des DLX-ISS-Prozesses einfach weiterlaufen zu lassen – im Extremfall bis das DLX-Programm komplett bis zur `trap`-Instruktion abgearbeitet ist. Es ist allerdings wichtig, zu verstehen, dass diese weitere Ausführung des Prozesses in *ein und derselben* Evaluate-Phase des aktuellen Delta-Zyklus stattfindet (dies wird bei $t = 0$ sec sein)! Im Extremfall könnten wir also die gesamte Abarbeitung des DLX-Programms in einem einzigen Delta-Zyklus durchführen (was wir später noch zeigen werden) und am Ende ein einziges Mal die `wait()`-Funktion aufrufen. Der Prozess würde für die gesamte Zeit, die wir für die Ausführung des DLX-Programmes modellieren, suspendiert und damit könnten wir den Simulator beispielsweise zu $t = 1$ sec „springen" lassen.

Was sind nun die Konsequenzen? Zum einen sollte die Simulation durch die zeitliche Entkopplung deutlich schneller werden, da man sich ja die Prozess-Suspendierungen durch den Simulator und die vielen Delta-Zyklen spart. Auf der anderen Seite ist es aber so, dass andere Prozesse (die im DLX-Beispiel nicht vorhanden waren) in der Zwischenzeit nicht ausgeführt werden können, da der DLX-ISS-Prozess in der Endlosschleife im gleichen Delta-Zyklus bis zum Schluss läuft. Es könnte ja sein, dass Peripherieeinheiten vorhanden sind, die ebenfalls Prozesse beinhalten, die ausgeführt werden müssen. Ein Problem erhalten wir dann, wenn diese Prozesse mit Zeitkonstanten arbeiten, die kleiner sind, als die modellierte Zeit für die Ausführung des Programms auf dem Prozessor (was eher die Regel als die Ausnahme sein dürfte). Denken wir beispielsweise an eine Interrupteinheit, welche den Prozessor bei $t = 20$ ms unterbrechen soll. Wenn wir das Programm auf dem Prozessor in einem Delta-Zyklus bei $t = 0$ sec ausführen und den Prozess dann bis $t = 1$ sec suspendieren, dann würde das Prozessormodell den Interrupt nicht rechtzeitig verarbeiten und wir würden ein falsches Verhalten des Systems simulieren. Es wird also bei einer solchen Vorgehensweise so genannte „Synchronisationszeitpunkte" geben müssen, auf welche wir die verschiedenen Prozesse des Systems synchronisieren, so dass wir weiterhin das korrekte Verhalten des Systems simulieren können. Mit „synchronisieren" ist dabei gemeint, dass wir die Prozesse häufiger – also in kürzeren Abständen der Modellzeit – suspendieren müssen, so dass diese die möglichen Änderungen von Variablen, Signalen oder Ereignissen mitbekommen.

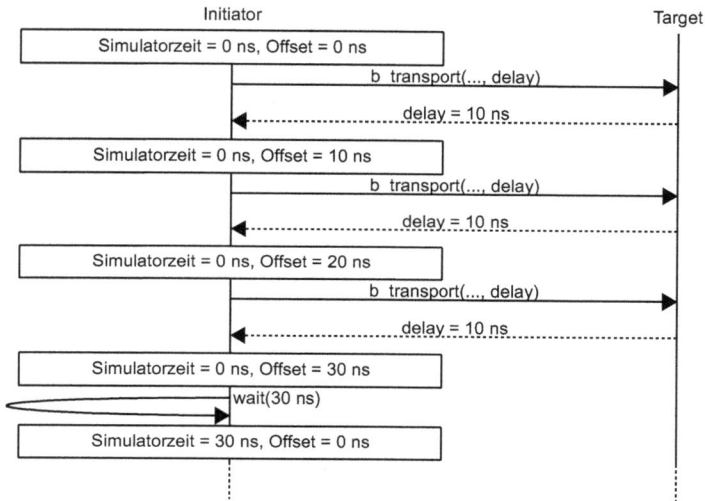

Abb. 7.1: *Zeitliche Entkopplung eines Prozesses. Die Simulatorzeit ist die Zeit des aktuellen Delta-Zyklus wie sie mit* `sc_time_stamp()` *abgerufen werden kann, „Offset" ist der lokale Zeit-Offset des Prozesses. Auf dem „Return"-Pfad der* `b_transport()`*-Methode wurde nur das per Referenz übergebene und durch das Target veränderte Delay-Argument angegeben.*

Die zeitliche Entkopplung, wie sie im Modellierungsstil „Loosely-Timed" im IEEE-Standard vorgeschlagen wurde (vgl. [21, Seite 416 ff.]), besteht also darin, dass wir die Prozesse nicht nach jeder Transaktion für die entsprechenden modellierten Latenzzeiten suspendieren, sondern die Ausführung weiter fortsetzen. Die Latenzeiten werden dabei als lokaler „Zeit-Offset" aufakkumuliert. Abbildung 7.1 zeigt die Vorgehensweise: Nehmen wir an, wir führen den Prozess im Initiator zum Zeitpunkt $t = 0$ ns aus. Die Simulatorzeit, die wir mit der Funktion `sc_time_stamp()` abrufen können, ist daher 0 ns. Wenn wir eine Transaktion mit der Methode `b_transport()` durchführen, erhalten wir beispielsweise eine Latenzzeit durch das Target von 10 ns. Ohne zeitliche Entkopplung würden wir nun den Prozess mit `wait(delay)` für 10 ns suspendieren. Damit wäre klar, dass wir bei $t = 10$ ns den nächsten Delta-Zyklus benötigen, in welchem wir den Prozess fortführen. Bei einer Entkopplung suspendieren wir den Prozess hingegen nicht, sondern führen ihn weiter fort. Wir speichern aber den modellierten Zeitfortschritt als lokalen Zeit-Offset. Zwei weitere Transaktionen erhöhen diesen Offset im Beispiel von Abbildung 7.1 weiter, bis der Offset 30 ns beträgt. Wenn wir nun festlegen, dass sich die Prozesse spätestens alle 30 ns synchronisieren müssen, dann bedeutet dies für den betrachteten Prozess, dass nun die `wait()`-Funktion aufzurufen ist und der Prozess suspendiert werden muss, bis der Simulator $t = 30$ ns erreicht hat. Nun können weitere Prozesse gerechnet werden, die möglicherweise wieder zu Änderungen führen, die unser betrachteter Prozess dann bei der weiteren Ausführung bei $t = 30$ ns berücksichtigen kann. Der Offset muss bei Aufruf der `wait()`-Methode wieder auf Null gesetzt werden, da wir nun wieder synchron zur Simulatorzeit sind.

Die Synchronisationsgrenzen werden in der TLM-2.0-Bibliothek durch ein so genanntes „globales Quantum" implementiert. Das Quantum wird als global bezeichnet, weil alle Prozesse eines Modells sich nach dem selben Quantum richten. Quantum bedeutet, dass die Synchronisationszeitpunkte durch die Angabe eines Wertes für das Quantum *äquidistant* sind. Wenn das Quantum also beispielsweise $T_{Quantum} = 30$ ns beträgt, dann sind die Synchronisationszeitpunkte 0 ns, 30 ns, 60 ns, 90 ns oder $t_{sync} = N \times T_{Quantum}$. Das Quantum gibt ein Zeitraster vor, zu welchem die Prozesse *spätestens* zu synchronisieren sind. Die Prozesse müssen also immer wieder vergleichen, ob sie mit ihrem lokalen Zeit-Offset den nächsten Synchronisationszeitpunkt erreicht haben. Die vom Simulator zu simulierenden Zeitpunkte können identisch mit den Synchronisationszeitpunkten sein, es können aber auch weitere Zeitpunkte zwischen den durch das Quantum vorgegebenen Rasterpunkten möglicherweise zu simulieren sein.

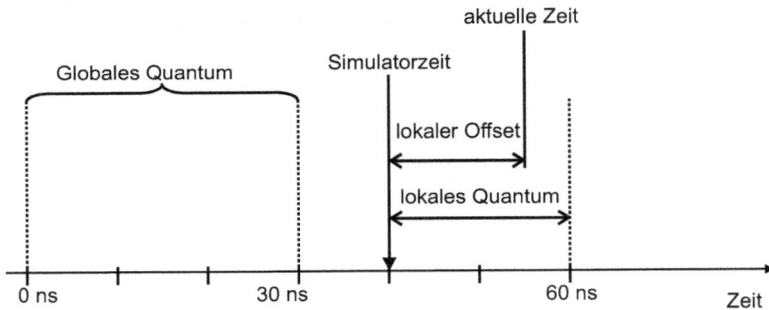

Abb. 7.2: *Zusammenhang zwischen globalem Quantum, Simulatorzeit, lokalem Quantum, lokalem Zeit-Offset und aktueller Zeit.*

Nehmen wir an, wir führen einen Prozess in einem Delta-Zyklus zum Zeitpunkt $t = 40$ ns aus, wie in Abbildung 7.2 gezeigt. Die Simulatorzeit, die man jetzt mit `sc_time_stamp()` abrufen könnte, ist also $t_{sim} = 40$ ns. Nehmen wir ferner an, der *lokale Zeit-Offset* beträgt durch eine ausgeführte Transaktion $t_{off} = 15$ ns. Der zeitlich entkoppelte Prozess befindet sich daher bei der *aktuellen Zeit* $t_{akt} = t_{sim} + t_{off} = 55$ ns. Diese aktuelle Zeit, die auch als effektive lokale Zeit bezeichnet wird, gilt nur für diesen Prozess und somit ist der Prozess nicht mehr synchron zur Simulatorzeit. Der Prozess läuft der Simulatorzeit voraus bis zum nächsten Sychronisationszeitpunkt – dies wird im Englischen als „time warp" (dt.: Zeitsprung) bezeichnet und ist der Kern-Mechanismus der Prozessentkopplung (vgl. [21, Seite 417 ff.]). Der Zeitabstand von der Simulatorzeit t_{sim} zum nächsten durch das Quantum vorgegebenen Synchronisationszeitpunkt $t_{sync} = 60$ ns wird als „lokales Quantum" bezeichnet und beträgt im Beispiel von Abbildung 7.2 $T_{lokQuantum} = t_{sync} - t_{sim} = 20$ ns. Es ist also zu synchronisieren, wenn der lokale Zeit-

Offset das lokale Quantum erreicht oder überschritten hat, also $t_{off} \geq T_{lokQuantum}$. Sind wir in einem Simulatorzeitpunkt, welcher einem Synchronisationszeitpunkt entspricht, so ist das lokale Quantum gleich dem globalen Quantum; es gilt dabei immer $T_{lokQuantum} \leq T_{Quantum}$.

Bei der zeitlichen Entkopplung von Prozessen stellt sich im Wesentlichen die Frage, wie groß man das globale Quantum und damit das zeitliche Raster für die Synchronisation wählt. Es muss auf der einen Seite groß genug sein, um eine Steigerung der Performance zu ermöglichen und auf der anderen Seite klein genug, um das Verhalten des Systems noch korrekt erfassen zu können. Hierzu ist es notwendig, dass man die entsprechenden Zeitkonstanten des Systems, insbesondere der Peripherieeinheiten kennt. Das globale Quantum ist nur ein Hilfsmittel zur Synchronisation, es garantiert aber per se kein korrektes Verhalten des Systems. Es sei nochmals klar herausgestellt, dass der Prozess in einem Delta-Zyklus in einem bestimmten Simulatorzeitpunkt läuft und seinen lokalen Zeit-Offset voranschreiten lässt. Ein Zugriff auf Objekte oder Variablen ergibt aber immer den Wert, welcher dem momentanen Simulatorzeitpunkt zugeordnet ist. Andere Prozesse oder der Scheduler wissen nichts von diesem lokalen Zeit-Offset. Werden in diesem entkoppelten Prozess insbesondere Signale gelesen, so tragen diese den Wert, den sie vor Beginn der Evaluationsphase des aktuellen Delta-Zyklus hatten – egal wie groß der lokale Zeit-Offset ist. Eine weitere Fragestellung im Zusammenhang mit der Entkopplung von Prozessen ist die Frage, wie sich die Performance in Abhängigkeit von der Größe des Quantums verändert. Wir werden dieser Frage im Abschnitt 7.1.4 nachgehen.

Eine Bemerkung muss noch bezüglich der Transport-Methode `b_transport()` gemacht werden: Das `b_` steht ja für „blockierend", was bedeutet, dass der Aufruf dieser Methode im *Target* den Prozess im Initiator durch den Aufruf einer `wait()`-Funktion blockieren *kann*. Aus diesem Grund sollte man ja im Initiator einen Thread-Prozess verwenden. Im Rahmen der „Loosely-Timed"-Modellierung sollte man allerdings darauf verzichten, im Target die `wait()`-Funktion aufzurufen, da wir ja damit die zeitliche Entkopplung zunichte machen und wieder bei jeder Transaktion suspendieren. Daher wird die `b_transport()`-Methode im Kontext der „Loosely-Timed"-Modellierung normalerweise nicht-blockierend verwendet (wie wir dies im DLX-Beispiel schon getan haben) und die Latenzzeiten vom Target an den Initiator übergeben, welcher damit die Kontrolle über die Synchronisation des Initiator-Prozesses behält. Eine Konsequenz daraus ist, dass das Target die Transaktion immer sofort durchführt und auch mehrere Transaktionen, die von unterschiedlichen Initiatoren kommen können, in der Reihenfolge ausgeführt werden, wie das Target diese empfangen hat.

7.1.2   Das globale Quantum und der „Quantum Keeper"

Für die einfache Implementierung des „Loosely-Timed"-Modellierungsstils stellt die TLM-2.0-Bibliothek als Teil der so genannten „Utilities" die Klasse `tlm_quantumkeeper` für den so genannten „Quantum Keeper" zur Verfügung. Der Quantum Keeper kann benutzt werden, um den Wert für das globale Quantum einzustellen. Er implementiert auch die komplette „Buchführung" für einen Prozess, das heißt er berechnet jeweils das lokale Quantum, den Zeit-Offset und die aktuelle Zeit und über den Quantum Keeper kann man auch herausfinden, wann der Prozess zu synchronisieren ist. Jedes Modul beziehungsweise jeder Prozess benötigt einen eigenen Quantum Keeper. Das globale Quantum existiert allerdings nur ein einziges Mal im gesamten Systemmodell und der Zugriff auf das globale Quantum erfolgt typischerweise über die lokalen Quantum Keeper. Beim globalen Quantum handelt es sich um eine so genannte „singleton class" (dt.: Einzelstück): Von dieser Klasse kann nur ein einziges Objekt erzeugt werden, welches dann auch global verfügbar ist. In Tabelle 7.1 sind die wesentlichen Methoden des Quantum Keeper aufgelistet. Wir möchten anhand des schon im vorangegangenen Kapitel besprochenen Beispiels des DLX-Wrappers die notwendigen Änderungen diskutieren, welche für die Implementierung der zeitlichen Entkopplung notwendig sind. Der Aufbau des DLX-Initiators mit dem DLX-ISS-Kern und dem Wrapper bleibt dabei erhalten.

Die wesentlichen Änderungen betreffen den Wrapper, diese sind in den Listings 7.1 und 7.2 gezeigt. In der Header-Datei wird der Quantum Keeper in Zeile 5 instanziert, der Rest bleibt wie in Listing 6.33. Die Datei `tlm_utils/tlm_quantumkeeper.h` muss noch an entsprechender Stelle inkludiert werden; sie beinhaltet den Quantum Keeper. In der Implementierungsdatei in Listing 7.2 wird im Konstruktor in Zeile 6 der Wert des globalen Quantums eingestellt. Wenn mehrere Module oder Initiatoren in einem System vorhanden sind, welche das globale Quantum einstellen möchten, so sollte man über eine Strategie nachdenken, welche zu einer konsistenten Einstellung führt, da das globale Quantum ja nur einmal vorhanden ist. Stellt man dieses von unterschiedlichen Modulen aus ein, so „gewinnt" die Einstellung welche als letztes vorgenommen wurde. Das wird in der Regel der letzte Konstruktoraufruf sein und so kann möglicherweise eine inkonsistente Einstellung resultieren. Ein Lösungsmöglichkeit wäre es, auf dem Toplevel ebenfalls einen Quantum Keeper zu instanzieren und diesen dann nur zur Einstellung des globalen Quantums zu benutzen – in den Modulen entfällt dann die Einstellung. Das globale Quantum wird im Übrigen durch den ersten Aufruf der Methode `set_global_quantum()` instanziert.

Methode	Beschreibung
`set_global_quantum(sc_time&)`	Globales Quantum setzen
`get_global_quantum()`	Globales Quantum abfragen
`reset()`	Lokaler Zeit-Offset wird auf Null gesetzt und das lokale Quantum neu berechnet.
`get_current_time()`	Gibt aktuelle Zeit zurück
`get_local_time()`	Gibt lokalen Zeit-Offset zurück
`inc(sc_time&)`	Argument zu lokalem Zeit-Offset addieren
`set(sc_time&)`	Lokalen Zeit-Offset setzen
`need_sync()`	Gibt TRUE zurück, wenn der lokale Zeit-Offset das lokale Quantum erreicht oder überschreitet.
`sync()`	= `wait(lokaler Zeit-Offset)`, Prozess wird suspendiert bis die Simulatorzeit gleich der aktuellen Zeit ist, lokaler Zeit-Offset wird auf Null gesetzt und das lokale Quantum neu berechnet.

Tabelle 7.1: Die wichtigsten Methoden des „Quantum Keeper" (Quelle: [21]).

Was aber in jedem Modul gemacht werden muss, ist der Aufruf der Methode `reset()` des Quantum Keepers. Diese setzt den lokalen Zeit-Offset auf Null und berechnet das lokale Quantum neu. Es ist sehr wichtig, dass dies passiert *nachdem* das globale Quantum eingestellt wurde – da für die Berechnung des lokalen Quantums der Wert des globalen Quantums erforderlich ist – und *bevor* die Simulation startet. In unserem Beispiel führen wir dies im Konstruktor durch. Wenn man das globale Quantum aber an anderer Stelle einstellt, so sollte man den Aufruf der `reset()`-Methode nicht im Konstruktor vornehmen, sondern in der Callback-Funktion `start_of_simulation()` des jeweiligen Moduls.

Listing 7.1: Header-Datei des DLX-Wrappers (Ausschnitt, Datei DlxTlmWrapperLT.h)

```
1   ...
2   struct DlxISS;
3   struct DlxTlmWrapper : public sc_module {
4   ...
5     tlm_quantumkeeper quantumKeeper;
6   };
```

Listing 7.2: Implementierungs-Datei des DLX-Wrappers (Ausschnitt, Datei DlxTlmWrapperLT.cpp)

```
1   #include "DlxTlmWrapperLT.h"
2   #include "DlxISS.h"
3   DlxTlmWrapper::DlxTlmWrapper(sc_module_name name) {
4     dlx = new DlxISS("dlx", this);
5
6     quantumKeeper.set_global_quantum( sc_time(10, SC_NS) );
7     quantumKeeper.reset();
8     cout<<"Global quantum: "
9         <<quantumKeeper.get_global_quantum()<<endl;
10  }
11  void DlxTlmWrapper::busTransaction(char cmd,
12      unsigned int address, uchar *data, unsigned int length){
13    sc_time delay = SC_ZERO_TIME;
14  ...
15    iSocket->b_transport(tObj, delay);
16    quantumKeeper.inc(delay);
17    if ( quantumKeeper.need_sync() ){
18      quantumKeeper.sync();
19    }
20  }
21  int DlxTlmWrapper::busTransportDebug(char cmd,
22  ...
23  }
```

Eine Transaktion wird wie üblich vorbereitet, dies ist in Listing 7.2 nicht gezeigt, da es genau die gleichen Schritte sind wie in Listing 6.34. Das Delay-Objekt `delay` wird vor der Transaktion auf Null gesetzt und bei der Ausführung der `b_transport()`-Methode im Target dann entsprechend verändert. Die entscheidenden Unterschiede zum Wrapper-Modell aus dem vorangegangenen Kapitel sind in den Zeilen 16 bis 19 von Listing 7.2 zu sehen. Der Wert des

Delay-Objektes `delay` wird nicht benutzt, um die `wait()`-Funktion aufzurufen und damit den Prozess im DLX-ISS zu suspendieren, sondern wir erhöhen damit den lokalen Zeit-Offset um diesen Betrag mit Hilfe der `inc()`-Methode des Quantum Keepers. Anschließend müssen wir prüfen, ob hierdurch der lokale Zeit-Offset das lokale Quantum erreicht hat oder überschreitet. Dies wird mit der Methode `need_sync()` bewerkstelligt, welche beim Erreichen oder Überschreiten ein **true** liefert. In diesem Fall müssen wir die Methode `sync()` des Quantum Keepers aufrufen. Sie hat im Prinzip zwei Funktionen: Zum einen wird der Prozess nun suspendiert, was dem Aufruf von `wait()` mit dem lokalen Zeit-Offset als Argument entspricht. Der Prozess wird also wieder fortgeführt, wenn der Simulator den entsprechenden Zeitpunkt erreicht hat. Des Weiteren wird der lokale Zeit-Offset auf Null gesetzt, da der Prozess beim Fortführen wieder synchron mit der Simulatorzeit ist. Es ist möglich, dass der lokale Zeit-Offset durch die letzte Transaktion nicht gleich sondern größer als das lokale Quantum geworden ist. In diesem Fall wird der Prozess erst *nach* dem nächsten durch das globale Quantum vorgegebenen Zeitrasterpunkt fortgeführt, so dass eben auch Zeitpunkte vom Simulator zu simulieren sind, die zwischen den Rasterpunkten liegen. Wir werden dies im nächsten Abschnitt noch genauer diskutieren.

Listing 7.3: Variante zum Wrapper (Ausschnitt)

```
1   void DlxTlmWrapper::busTransaction(char cmd,
2       unsigned int address, uchar *data, unsigned int length){
3     sc_time delay = quantumKeeper.get_local_time();
4   ...
5     iSocket->b_transport(tObj, delay);
6     quantumKeeper.set(delay);
7     if ( quantumKeeper.need_sync() ){
8       quantumKeeper.sync();
9     }
10  }
```

Eine Variante zur Vorgehensweise aus Listing 7.2 ist in Listing 7.3 gezeigt: Statt das Delay-Objekt vor der nächsten Transaktion auf Null zu setzen, wird es mit der `get_local_time()`-Methode auf den Wert des Zeit-Offsets gesetzt. Im Target wird die Latenzzeit zum Wert dazu addiert und wir erhalten nach Abschluss der Transaktion den entsprechend vergrößerten Wert im Zeit-Objekt `delay`. Daher *setzen* wir den Zeit-Offset mit der Methode `set()` auf den neuen Wert – jetzt die `inc()`-Methode zu benutzen, wäre falsch. Wir erreichen damit letztlich für unser Beispiel die gleiche Funktionalität, wie in Listing 7.2. Die in Listing 7.3 gezeigte Vorgehensweise ist insbesondere dann anzuwenden, wenn man nicht sicher sein kann, ob das Target nicht doch die `wait()`-Methode aufgerufen und damit den Prozess synchronisiert hat. In diesem Fall würde das Target das Delay-Objekt auf Null setzen, so dass man mit der `set()`-Methode den lokalen Offset korrekterweise ebenfalls auf Null setzt. Mit der Vorgehensweise aus Listing 7.2 könnte man, nach der Synchronisation durch das Target, einen lokalen Zeit-Offset größer Null erhalten und damit letztlich einen Fehler in der zeitlichen Modellierung. Die Vorgehensweise aus Listing 7.3 sollte daher bevorzugt angewendet werden. Hierzu ist es aber notwendig, dass das Target seine Latenzzeit zum Delay-Objekt hinzuaddiert und nicht das Delay-Objekt auf den Wert der Latenzzeit setzt.

Ein weiteres Problem in unserem DLX-Beispiel muss noch angesprochen werden: Wenn man einen Wert des globalen Quantums einstellt, welcher größer als die kleinste Zeitkonstante – beispielsweise die Taktperiodendauer – ist, dann kann es passieren, dass das Programm im DLX zu Ende ist, bevor noch der letzte Synchronisationszeitpunkt erreicht wurde. Dieser Fall wird eher die Regel als die Ausnahme sein, weil man den Wert des Quantums immer größer wählen wird als die kleinste Zeitkonstante. In diesem Fall würde die Simulation durch den DLX-ISS beendet, ohne dass nochmals synchronisiert wurde. Damit hätten wir am Ende nicht den korrekten Endwert für die Simulatorzeit, so dass beispielsweise unsere Performance-Berechnungen falsch wären. Wir lösen das Problem, indem wir eine Synchronisation am Ende erzwingen. Dazu müssen wir im DLX-ISS aber wissen, welchen Wert der lokale Zeit-Offset im Wrapper hat. Der einfachste Weg besteht daher darin, aus dem DLX-ISS die `sync()`-Methode im Wrapper aufzurufen, welche ja wie gewünscht den Prozess wieder durch den Aufruf von `wait(lokaler Zeit-Offset)` synchronisiert. Diese Änderung müssen wir im Code des DLX-ISS noch vornehmen und ist in Listing 7.4 Zeile 8 gezeigt. Dieser Vorgang, dass ein Prozess suspendiert und damit synchronisiert wird, bevor der lokale Zeit-Offset das lokale Quantum erreicht hat, wird als „synchronisation-on-demand" bezeichnet.

Listing 7.4: Prozess des DLX-ISS (Ausschnitt)

```
 1  void DlxISS::issMainProcess(){
 2  ...
 3    while(1){ //execute DLX simulator in endless loop
 4  ...
 5      if((instReg.opcString == "trap")||(progCtr >= ADDRESS_SPACE)){
 6        cout <<endl<< "DLX ISS: Program terminated."<<endl;
 7        //Synchronize the DLX-ISS at the end
 8        dlxWrap->quantumKeeper.sync();
 9  ...
10      }
11    };
12  ...
13  }
```

7.1.3   Transaktionen mit entkoppelten Prozessen

Wir möchten im Folgenden anhand des DLX-Beispiels zeigen, wie die Transaktionen mit einem zeitlich entkoppelten Prozess ausgeführt werden. Wir nehmen zunächst an, dass das vom DLX adressierte Target eine Latenzzeit von 10 ns aufweist. Abbildung 7.3 zeigt eine Folge von vier Transaktionen mit der Methode `b_transport()`, wobei angenommen wird, dass der Simulator sich in einem Delta-Zyklus im Zeitpunkt $t = 30$ ns befindet. Wir benutzen hier zur einfacheren Darstellung das inkrementelle Modell des Wrappers aus Listing 7.2; das heißt wir übergeben dem Target das Argument `delay` = 0 und inkrementieren dann jeweils den lokalen Zeit-Offset im Initiator entsprechend dem durch das Target veränderten `delay`-Argument.

Wenn wir nun weiterhin annehmen, dass das globale Quantum auf 30 ns eingestellt wurde, dann ist der lokale Zeit-Offset nach drei Transaktionen gleich dem lokalen und globalen Quantum. Die Abfrage in Zeile 17 von Listing 7.2 mit der Methode `need_sync()` des Quantum Keepers ergibt daher **true** und somit wird die Synchronisation mit der Methode `sync()` ausgeführt, wie es auch in Abbildung 7.3 gezeigt ist. Die Synchronisation besteht aus einer Suspendierung des Prozesses mit `wait(30 ns)`, da der lokale Offset 30 ns beträgt. Ferner wird der lokale

Zeit-Offset auf Null gesetzt, wie auch aus Abbildung 7.3 entnommen werden kann. Die vierte Transaktion wird durchgeführt, wenn der Simulator den Zeitpunkt $t = 60$ ns erreicht und somit in einem Delta-Zyklus den Prozess wieder ausführt. Durch die vierte Transaktion wird nun der lokale Zeit-Offset wieder auf 10 ns gesetzt und es können weitere Transaktionen folgen, bis die nächste Synchronisationsgrenze bei $t = 90$ ns erreicht ist – also wenn der lokale Zeit-Offset das lokale Quantum erreicht hat.

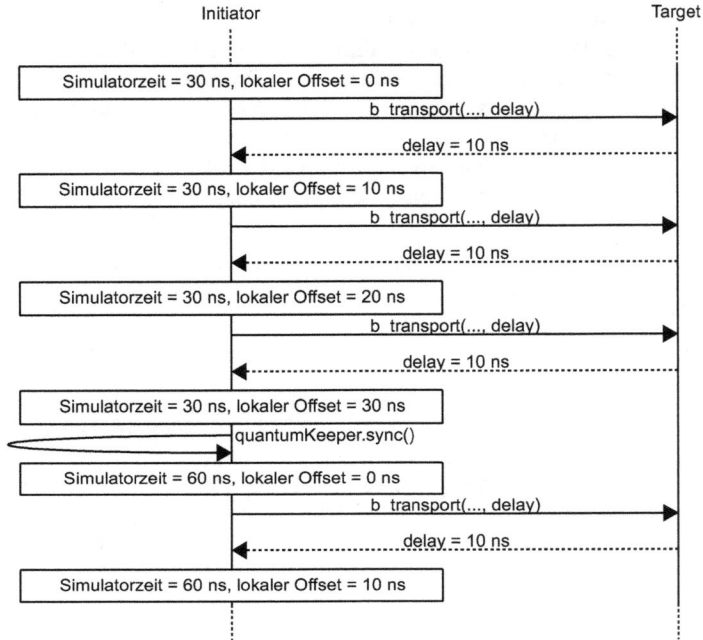

Abb. 7.3: *Beispiel für Transaktionen mit einem zeitlich entkoppelten Prozess. Die Latenzzeit des Targets beträgt 10 ns, das globale Quantum 30 ns. Auf dem Return-Pfad werden jeweils die durch das Target veränderten Delay-Werte angegeben.*

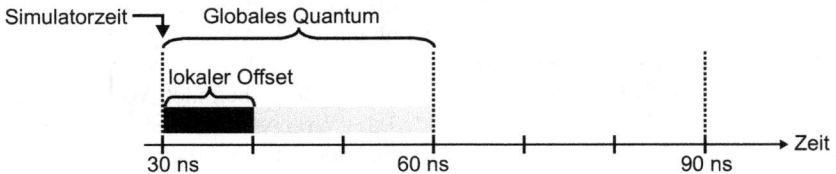

Abb. 7.4: *Zustand des Quantum Keepers nach der ersten Transaktion aus Abbildung 7.3.*

Die Abbildungen 7.4 und 7.5 zeigen die Zustände des Quantum Keepers und die Beziehungen zwischen globalem Quantum, der Simulatorzeit und dem lokalen Zeit-Offset bei der Ausführung der Transaktionen von Abbildung 7.3 nach der ersten und nach der vierten Transaktion. Im Beispiel-Fall entspricht das lokale Quantum dem globalen Quantum.

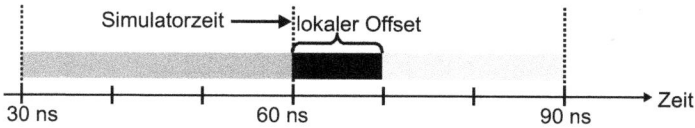

Abb. 7.5: *Zustand des Quantum Keepers nach der vierten Transaktion aus Abbildung 7.3.*

In dem Beispiel aus Abbildung 7.3 war das Quantum zufälligerweise so gewählt, dass es ein ganzzahliges Vielfaches der Latenzzeit war. Wir untersuchen nun in Abbildung 7.6 den Fall, wenn dies nicht gegeben ist und nehmen an, dass die Latenzzeit des Targets 20 ns beträgt und das globale Quantum weiterhin 30 ns. Wir beginnen in diesem Beispiel beim Zeitpunkt $t = 0$ ns. Nach der ersten Transaktion beträgt der lokale Zeit-Offset 20 ns. Da das lokale Quantum zunächst dem globalen Quantum entspricht, verbleiben noch 10 ns bis das lokale Quantum erreicht wäre. Führen wir nun die zweite Transaktion durch, so beträgt der lokale Offset 40 ns und damit ist das lokale Quantum überschritten, so dass eine Synchronisation notwendig wird.

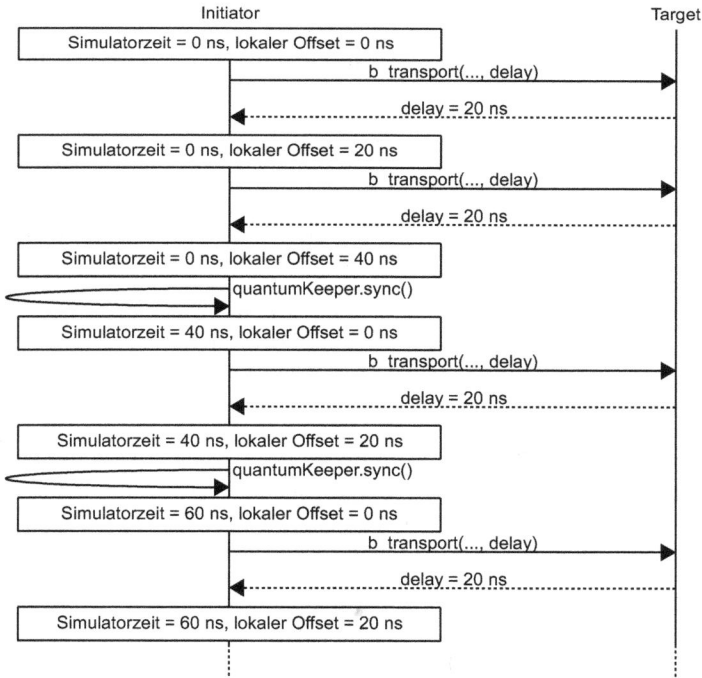

Abb. 7.6: *Beispiel für Transaktionen mit einem zeitlich entkoppelten Prozess. Die Latenzzeit des Targets beträgt 20 ns, das globale Quantum 30 ns.*

Wenn die Synchronisation durch die Ausführung der `sync()`-Methode des Quantum Keepers durchgeführt wird, so erfolgt wieder eine Suspendierung des Prozesses mit der `wait()`-

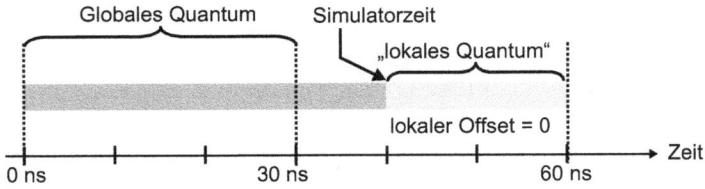

Abb. 7.7: *Zustand des Quantum Keepers nach der zweiten Transaktion aus Abbildung 7.6.*

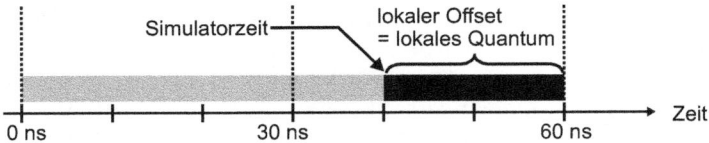

Abb. 7.8: *Zustand des Quantum Keepers nach der dritten Transaktion aus Abbildung 7.6.*

Funktion mit dem Wert des Zeit-Offsets – also `wait(40 ns)`. Der Prozess wird also weiter ausgeführt, wenn die Simulatorzeit 40 ns beträgt. Dies ist in Abbildung 7.6 und 7.7 gezeigt. In diesem Fall kommt nun zum Tragen, dass das *lokale* Quantum beim Aufruf der `sync()`-Methode neu berechnet wird und zwar als Differenz von nächstem Synchronisationszeitpunkt und der Simulatorzeit, also $T_{lokQuantum} = t_{sync} - t_{sim} = 20$ ns. Mit der dritten Transaktion ist somit der lokale Offset wieder gleich dem lokalen Quantum, wie in Abbildung 7.8 gezeigt, so dass erneut synchronisiert werden muss. Der Prozess wird nun suspendiert bis der Simulator den Zeitpunkt $t = 60$ ns erreicht hat. Dies entspricht wieder einem durch das globale Quantum vorgegebenen Synchronisationszeitpunkt, so dass das lokale Quantum wieder gleich dem globalen Quantum ist.

Anhand des Beispiels kann man erkennen, dass das *globale* Quantum ein bei $t = 0$ ns beginnendes äquidistantes Zeitraster vorgibt, welches zur Berechnung des jeweiligen *lokalen* Quantums dient. Das lokale Quantum kann sich in Abhängigkeit von den Latenzzeiten für einen Prozess immer wieder ändern und die Prozesse eines Modells können zu bestimmten Zeitpunkten unterschiedliche lokale Quantenwerte aufweisen, obwohl das globale Quantum für alle Prozess gleich ist. Das lokale Quantum dient immer als Vergleichswert, um über die Methode `need_sync()` des Quantum Keepers herausfinden zu können, ob wieder synchronisiert werden muss. Synchronisieren heißt dann, den Prozess für die Dauer des Zeit-Offsets zu suspendieren, so dass sich der nächste Simulatorzeitpunkt für *diesen* Prozess aus dem aktuellen Simulatorzeitpunkt plus dem lokalen Zeit-Offset ergibt – dies ist die aktuelle Zeit des entkoppelten Prozesses. Damit wird auch nochmals klar, dass nicht nur die durch das globale Quantum vorgegebenen Synchronisationszeitpunkte zu simulieren sind, sondern gegebenenfalls weitere Simulatorzeitpunkte dazwischen. Ferner ist es auch möglich, dass einzelne Synchronisationszeitpunkte gar nicht zu simulieren sind, wie in unserem Beispiel der Zeitpunkt $t = 30$ ns.

7.1.4   Globales Quantum und Simulationsleistung

Eine wichtige Frage bei der Diskussion des „Loosely-Timed"-Stils ist es, wie die Größe des Quantums die Simulationsleistung beeinflusst. Um diese zu beantworten, benutzen wir ein kleines Testsystem, welches aus einigen Initiatoren und einigen Targets besteht. Der im Listing 7.5 gezeigte Initiator führt in einer Schleife Schreibtransaktionen aus. Die Anzahl der Transaktionen kann über das Symbol CYCLES eingestellt werden und ist im Beispiel auf 10.000.000 eingestellt. Bei jeder Transaktion wird der Wert der Schleifenvariable übertragen. Die Zieladresse ist mit einer Ausnahme immer 0; wenn die Schleifenvariable CYCLES/2 erreicht hat, soll in diesem einen Fall auf die Adresse 4 geschrieben werden. Die Datenlänge ist immer 4; wir übertragen also immer den vollständigen in dataBuf gespeicherten Integer-Wert. Für dieses Beispiel legen wir das Transaktionsobjekt ausnahmsweise als lokale Variable im Prozess an.

Listing 7.5: Initiator mit schreibendem Prozess (Datei k7b2initiator1.h)

```
1   struct Initiator1 : public sc_module {
2     simple_initiator_socket<Initiator1> iSocket;
3     SC_HAS_PROCESS(Initiator1);
4     //Constructor
5     Initiator1(sc_module_name name) : perfMeter(CLOCK_PERIOD) {
6       SC_THREAD(generateTransactions);
7     }
8     void start_of_simulation(){
9       quantumKeeper.reset();
10      cout<<"Initiator1: Global quantum = ";
11      cout<<quantumKeeper.get_global_quantum()<<endl;
12    }
13    void generateTransactions(){
14      tlm_generic_payload t1;
15      unsigned int dataBuf;
16      unsigned int suspendCtr = 0;
17      sc_time delay = quantumKeeper.get_local_time();
18      perfMeter.startMeasurement();
19      for(int i=0; i<CYCLES; i++){
20        dataBuf = i;
21        delay = quantumKeeper.get_local_time();
22        t1.set_command(TLM_WRITE_COMMAND);
23        if(i == CYCLES/2)
24          t1.set_address(4);
25        else
26          t1.set_address(0);
27        t1.set_data_ptr((uchar*)&dataBuf);
28        t1.set_data_length(4);
29        t1.set_response_status(TLM_INCOMPLETE_RESPONSE);
30        iSocket->b_transport(t1, delay);
31        if(t1.is_response_error())
32          SC_REPORT_ERROR("Initiator", "Response error.");
33        quantumKeeper.set(delay);
34        if ( quantumKeeper.need_sync() ){
```

```
35              suspendCtr++;
36              quantumKeeper.sync();
37          }
38      }
39      perfMeter.stopMeasurement();
40      cout<<endl<<"Initiator1: Data buffer = "<<dataBuf<<endl;
41      cout<<"Initiator1: Synchronisations =  "<<suspendCtr<<endl;
42      cout<<"Initiator2: Delta cycles = "<<sc_delta_count()<<endl;
43      sc_stop();
44  }
45  void end_of_simulation(){
46      perfMeter.printSimulationPerformance();
47  }
48  tlm_quantumkeeper quantumKeeper;
49  PerfMeter perfMeter;
50 };
```

Im Initiator `Initiator1` aus Listing 7.5 wird zwar ein Quantum Keeper instanziert, jedoch werden wir das globale Quantum in diesem Beispiel auf dem Toplevel einstellen. Um von der Reihenfolge der Konstruktoraufrufe unabhängig zu sein, rufen wir die `reset()`-Methode des Quantum Keepers wie zuvor besprochen in der Callback-Funktion `start_of_simulation()` auf und geben den Wert auf der Konsole aus. Wir benutzen den Quantum Keeper dann im Prozess `generateTransactions()`, um die Synchronisation durchzuführen – so wie wir dies schon im vorigen Abschnitt dargestellt haben –, wobei wir hier an das Target jeweils den Wert für den lokalen Zeit-Offset übergeben und den Zeit-Offset nach der Transaktion wieder setzen. Dieser Initiator dient auch dazu, um die Performance wieder mit der Klasse `PerfMeter` zu messen und um die Simulation nach Abarbeitung der Schleife mit `sc_stop` abzubrechen. Vorher geben wir noch den letzten Inhalt des Datenpuffers auf der Konsole aus sowie einen Zählerwert, welcher die Anzahl der Synchronisationen zählt, und die Anzahl der Delta-Zyklen.

Listing 7.6: *Initiator mit lesendem Prozess (Ausschnitt, Datei k7b2initiator2.h)*

```
1  struct Initiator2 : public sc_module {
2  ...
3    void start_of_simulation(){
4        quantumKeeper.reset();
5  ...
6    }
7    void generateTransactions(){
8  ...
9      for(int i=0; i<CYCLES; i++){
10       delay = quantumKeeper.get_local_time();
11       t1.set_command(TLM_READ_COMMAND);
12       t1.set_address(4);
13       t1.set_data_ptr((uchar*)&dataBuf);
14       t1.set_data_length(4);
15       t1.set_response_status(TLM_INCOMPLETE_RESPONSE);
16       iSocket->b_transport(t1, delay);
17  ...
```

```
18        quantumKeeper.set(delay);
19        if ( quantumKeeper.need_sync() ){
20          suspendCtr++;
21          quantumKeeper.sync();
22        }
23      }
24      cout<<endl<<"Initiator2: Data buffer = "<<dataBuf<<endl;
25      cout<<"Initiator2: Synchronisations =  "<<suspendCtr<<endl;
26      cout<<"Initiator2: Delta cycles = "<<sc_delta_count()<<endl;
27    }
28    tlm_quantumkeeper quantumKeeper;
29 };
```

Der zweite Initiator `Initiator2` in Listing 7.6 ist ganz ähnlich wie der erste aufgebaut. Er macht die gleiche Anzahl von Transaktionen, wobei er allerdings von der Adresse 4 immer einen Integer-Wert liest. Er gibt am Ende auch wieder den Inhalt des Datenpuffers sowie die Anzahl der Synchronisationen und der Delta-Zyklen aus. Für das Verständnis wichtig ist die Tatsache, dass der `Initiator1` bei `i` = 5.000.000 diesen Wert auf die Adresse 4 schreibt. Wenn der `Initiator2` also korrekt synchronisiert wurde, so müsste er am Ende der Simulation auch diesen Wert gelesen haben, da er ja ständig von dieser Speicherstelle liest. Wir nehmen im Übrigen eine Latenzzeit für das Target von 10 ns an; nach 10.000.000 Transaktionen sind also $T_S = 100$ ms simulierte Zeit vergangen.

Listing 7.7: Target mit zwei Sockets (Ausschnitt, Datei k7b2target.h)

```
1  #define SIZE 12 //Target size in bytes
2  struct Target : public sc_module {
3    simple_target_socket<Target> tSocket1;
4    simple_target_socket<Target> tSocket2;
5    //Constructor
6    Target(sc_module_name name){
7      tSocket1.register_b_transport(this, &Target::transport);
8      tSocket2.register_b_transport(this, &Target::transport);
9      memset(mem, 0, SIZE); //Initialize array
10   }
11   void transport(tlm_generic_payload& tObj, sc_time& delay){
12 ...
13     if(cmd == TLM_WRITE_COMMAND){
14       memcpy(&mem[startAdr], dataPtr, transferLen);
15     }
16     else {
17       memcpy(dataPtr, &mem[startAdr], transferLen);
18     }
19     tObj.set_response_status(TLM_OK_RESPONSE);
20     delay = delay + sc_time(10, SC_NS);
21   }
22 private:
23   uchar mem[SIZE]; //Memory array
24 };
```

Listing 7.8: Toplevel des Simulationsbeispiels (Ausschnitt, Datei k7b2top.h)

```
 1  ...
 2  #define CLOCK_PERIOD 0.00000001 //Clock period in Seconds
 3  #define CYCLES 10000000
 4  ...
 5  struct Toplevel : public sc_module {
 6    Initiator1 *i1;
 7    Initiator2 *i2;
 8    Initiator3 *i3, *i4, *i5, *i6, *i7, *i8, *i9, *i10;
 9    Target    *t1, *t2, *t3, *t4, *t5;
10    tlm_quantumkeeper quantumKeeper;
11    //Constructor
12    Toplevel(sc_module_name name, double quantumVal) {
13      i2 = new Initiator2("i2");
14      i1 = new Initiator1("i1");
15      i3 = new Initiator3("i3");
16      i4 = new Initiator3("i4");
17  ...
18      t1 = new Target("t1");
19      t2 = new Target("t2");
20  ...
21      i1->iSocket.bind(t1->tSocket1);
22      i2->iSocket.bind(t1->tSocket2);
23      i3->iSocket.bind(t2->tSocket1);
24      i4->iSocket.bind(t2->tSocket2);
25  ...
26      quantumKeeper.set_global_quantum(sc_time(quantumVal, SC_NS));
27    }
28  };
```

Beim Target handelt es sich wieder um ein einfaches Modell eines Speichers, welcher allerdings nur ein Feld von 12 Bytes beinhaltet. Die Besonderheit besteht bei diesem Target darin, dass es über zwei Sockets verfügt. An beide Sockets binden wir jeweils die gleiche Methode `transport()` zur Implementierung des `b_transport()`-Interfaces. Wir werden dann im Toplevel die beiden Initiatoren an diese beiden Sockets binden, so dass beide bei ihren Transaktionen die gleiche Interface-Methode aufrufen. Das Target modelliert also einen so genannten „Zweitorspeicher", welcher im Englischen auch als „Dual-Port-Memory" bezeichnet wird. Wie bei einem realen Dual-Port-Memory ist auch hier die Frage zu beantworten, was passiert, wenn beide Initiatoren auf die gleiche Adresse zugreifen? In unserem Modell reduziert sich das Problem auf die Frage, ob `Initiator2` schon auf den neuen von `Initiator1` geschriebenen Wert zugreift oder noch auf den alten. Wenn die Prozesse der beiden Initiatoren im gleichen Delta-Zyklus ausgeführt werden, was in unserem Modell der Fall ist, dann hängt das Ergebnis davon ab, in welcher Reihenfolge der Simulator die Prozesse ausführt. Da dies im Prinzip nicht beeinflusst werden kann, erhalten wir an dieser Stelle ein nicht-deterministisches Verhalten. Weil wir aber in unserem Modell nur einmal in der Mitte der Simulation auf die gleiche Adresse schreiben von der auch gelesen wird, sollten wir bei ausreichender Synchronisationfrequenz den neuen Wert etwas später lesen können. In realen DP-Memories wird der Zugriff auf die gleiche Adresse häufig durch eine „Arbitrationslogik" geregelt; wir verzichten darauf, dies in unserem Modell zu implementieren.

Listing 7.8 zeigt den Toplevel für das Beispiel. Wie schon erwähnt, instanzieren wir auch hier einen Quantum Keeper, dessen einzige Aufgabe es ist, das globale Quantum zu setzen – man hätte dies natürlich auch beispielsweise im `Initiator1` machen können. Um bei der späteren Ausführung des Programms den Wert des globalen Quantums für die Aufnahme einer Messreihe bequem variieren zu können, übergeben wir dessen numerischen Wert über die Kommandozeile des Programms (in der hier nicht abgedruckten Main-Funktion) und dann als Argument `quantumVal` dem Konstruktor des Toplevels. Die Einheit des Quantums sind immer Nanosekunden. Wir instanzieren `Initiator1` und `Initiator2` dynamisch über einen Zeiger und binden die Sockets der beiden Initiatoren in Zeile 21 und 22 von Listing 7.8 an die beiden Sockets des Targets `t1`. Um noch etwas mehr Last für den Simulator zu erzeugen, instanzieren wir noch acht weitere Initiatoren der Klasse `Initiator3` (nicht abgedruckt), welche wir paarweise jeweils wieder über die Sockets mit einer zugehörigen Target-Instanz binden. Diese Initiatoren sind ähnlich aufgebaut wie `Initiator2` und lesen wieder in einer Schleife vom Target, wobei die gleiche Anzahl von Transaktionen entsteht. Da hier beide Initiatoren lesen, ergibt sich dadurch keine wirklich sinnvolle Funktion; es geht nur darum, dass die Prozesse Transaktionen durchführen. In der Summe besteht unser Modell also aus zehn Initiatoren und damit aus zehn Prozessen.

```
Initiator2: Data buffer = 5000000
Initiator2: Synchronisations =  10000000
Initiator2: Delta cycles = 10000000

Initiator1: Data buffer = 9999999
Initiator1: Synchronisations =  10000000
Initiator2: Delta cycles = 10000000
SystemC: simulation stopped by user.

============== Simulation Statistics ==============
Simulator execution time: 119.527 s
Simulated time: 100 ms
Simulated clock frequency: 100 MHz
Simulated clock cycles: 10000000
Simulation performance: 83663.1 Cycles/s
==================================================
```

Abb. 7.9: Ausschnitt aus der Ausgabe des Programms. Globales Quantum = 10 ns.

Da die Zeitkonstante aller Targets gleich 10 ns ist, werden alle Prozesse auch gleichzeitig synchronisiert und damit alle auch immer in den gleichen Delta-Zyklen ausgeführt. Wenn wir das globale Quantum auf den kleinsten sinnvollen Wert von 10 ns setzen, so werden die Prozesse alle 10 ns und damit in jedem Schleifendurchlauf synchronisiert. Die Anzahl der Delta-Zyklen ist somit 10.000.000 für die gesamte Simulation, da wir eine entsprechende Anzahl von Schleifendurchläufen machen. Setzen wir das globale Quantum dagegen auf den größten sinnvollen Wert von 100 ms, was der gesamten simulierten Zeit entspricht, so werden alle Schleifendurchläufe in einem Delta-Zyklus stattfinden und da alle Prozesse im gleichen Delta-Zyklus gerechnet werden, sollte die gesamte Simulation nur aus einem einzigen Delta-Zyklus bestehen.

Abbildung 7.9 zeigt die Ausgabe des Programms für den Fall, dass das globale Quantum zu 10 ns gewählt wurde. Wir können zunächst erkennen, dass der `Initiator2` den Wert 5.000.000 korrekt gelesen hat. Ferner sind tatsächlich 10.000.000 Synchronisationen und ebenso viele Delta-Zyklen durchgeführt worden. Vergleichen wir dies mit der Ausgabe des Programms in Abbildung 7.10 für den Fall, dass das Quantum 100 ms beträgt: Wir können zum einen erkennen, dass nur noch ein Delta-Zyklus ausgeführt wird. Es ist offensichtlich so, dass der Prozess von `Initiator2` in diesem Delta-Zyklus vor dem Prozess von `Initiator1` gerechnet wurde, da er das Speicher-Target und damit eine 0 liest *bevor* der `Initiator1` den Wert 5.000.000 auf die Adresse 4 geschrieben hat. Wir erhalten somit eine fehlerhafte Funktion des Modells. Welcher Prozess als erstes gerechnet wird, kann von der Reihenfolge der Instanzierung der Initiatoren abhängen (so ist es zumindest auf dem Computer des Autors gewesen). Wir haben daher den `Initiator2` vor dem `Initiator1` im Toplevel instanziert, um das Fehlverhalten zu provozieren; vertauscht man die Reihenfolge, so erhält man wieder das korrekte Verhalten. Grundsätzlich müssen wir aber davon ausgehen, dass wir ein fehlerhaftes Verhalten simulieren, da wir bei einem Quantum-Wert von 100 ms nicht häufig genug synchronisieren. Die zu berücksichtigende Zeitkonstante des Systems sind die 50 ms; zu diesem Zeitpunkt schreibt `Initiator1` auf die Adresse von der `Initiator2` liest. Wir müssen also in Abständen synchronisieren, die kleiner als 50 ms sind.

```
Initiator2: Data buffer = 0
Initiator2: Synchronisations =  1
Initiator2: Delta cycles = 1

Initiator1: Data buffer = 9999999
Initiator1: Synchronisations =  1
Initiator2: Delta cycles = 1
SystemC: simulation stopped by user.

============= Simulation Statistics =============
Simulator execution time: 10.2752 s
Simulated time: 100 ms
Simulated clock frequency: 100 MHz
Simulated clock cycles: 10000000
Simulation performance: 973220 Cycles/s
=================================================
```

Abb. 7.10: Ausschnitt aus der Ausgabe des Programms. Globales Quantum = 100 ms

Wenden wir uns nun den Performance-Untersuchungen zu: Zunächst können wir feststellen, dass die Performance, also die Simulationsleistung, von der Anzahl der Prozesse abhängt. In unserem Beispiel können wir dies einfach überprüfen, indem wir die zusätzlichen Initiator-Paare (`Initiator3`) sukzessive auskommentieren und dann die Simulationsleistung jeweils messen. Die Ergebnisse können Tabelle 7.2 entnommen werden und zeigen, dass die Simulationsleistung näherungsweise umgekehrt proportional zur Anzahl der Prozesse ist. Für die weiteren Untersuchungen nehmen wir immer die Variante mit allen 10 Prozessen. Die Messungen wurden im Übrigen wieder auf einem Windows-XP-Rechner mit einer Intel Core2-CPU (T7400, 2,16 Ghz, 2 GB RAM) ermittelt. Bezüglich der Genauigkeit der Messungen gilt das schon in Abschnitt 6.6 Gesagte; insbesondere ist zu berücksichtigen, dass die Messergebnisse eine gewisse Streuung aufweisen, die aber kleiner als 1 % ist.

Anzahl Prozesse	Performance in Zyklen/s	Faktor
2	4.658.000	1
4	2.130.000	2,19
6	1.510.000	3,08
8	1.102.880	4,22
10	878.787	5,3

Tabelle 7.2: *Simulationsleistung in Abhängigkeit von der Anzahl der Prozesse. Größe des Quantums ist jeweils 10 ms.*

Wir haben vorher schon festgestellt, dass in unserem Beispiel die Anzahl der Delta-Zyklen der Anzahl der Synchronisationen entspricht. Da wir über das globale Quantum die Anzahl der Synchronisationen in dem jeweils betrachteten Simulationszeitraum von $T_S = 100$ ms festlegen, legen wir damit auch die Anzahl Δ der Delta-Zyklen fest, die wir somit durch $\Delta = T_S/T_{Quantum} = 100$ ms$/T_{Quantum}$ berechnen können, wenn $T_{Quantum}$ der Wert des globalen Quantums ist. Die Anzahl N der simulierten Taktzyklen ist immer $N = T_S/t_{cycle} = 100$ ms$/10$ ns $= 10.000.000$, wenn wir eine angenommene Taktzykluszeit von $t_{cycle} = 10$ ns und damit eine Taktfrequenz von 100 MHz zu Grunde legen.

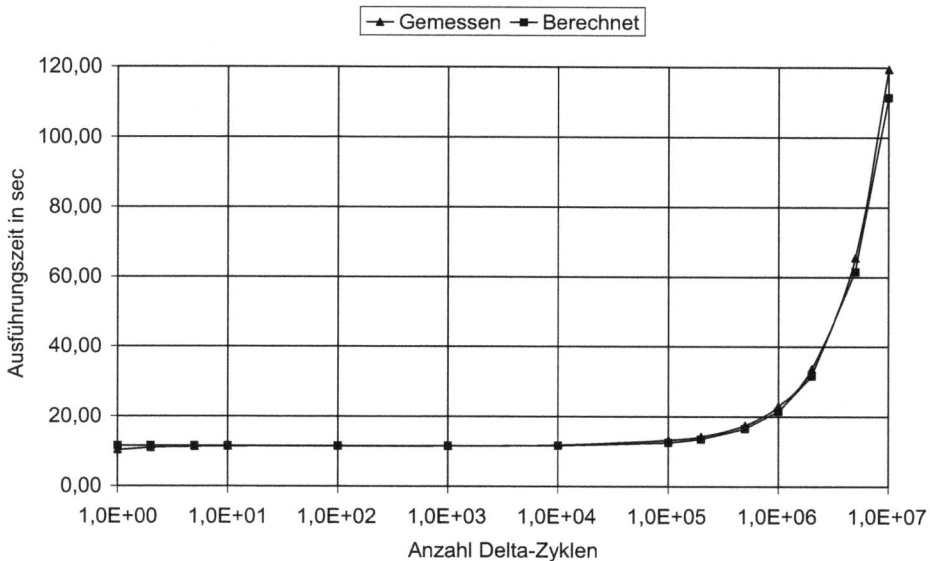

Abb. 7.11: *Ausführungszeit des Simulationsmodells in Abhängigkeit von der Anzahl der Delta-Zyklen. Die Abszisse ist logarithmisch geteilt.*

Betrachten wir zunächst, wie die Ausführungszeit T_A des Simulationsmodells von der Anzahl der Delta-Zyklen abhängt. Abbildung 7.11 zeigt das Ergebnis der Messungen. Wir variieren hier das globale Quantum $T_{Quantum}$ in einem Bereich von 100 ms bis 10 ns, was einer Variation der Anzahl der Delta-Zyklen von 1 bis $10.000.000 = 1 \cdot 10^7$ entspricht. Für $T_{Quantum,min} = 10$ ns und damit eine maximale Anzahl von Delta-Zyklen $\Delta_{max} = 1 \cdot 10^7$ ergibt sich beispielsweise eine gemessene Ausführungszeit von $T_{A,max} = 119{,}53$ s; für $T_{Quantum,max} = 100$ ms und damit $\Delta_{min} = 1$ ergibt sich $T_{A,min} = 10{,}28$ s. Analysiert man die Ergebnisse, so kann man einen linearen Zusammenhang zwischen Δ und T_A vermuten. Man kann die Koeffizienten der linearen Gleichung beispielsweise aus $T_{A,max}$ und $T_{A,min}$ berechnen oder etwas genauer mit Hilfe einer linearen Regressionsanalyse aus den Daten bestimmen und erhält dann einen Zusammenhang nach Gleichung 7.1.

$$T_A = T_\Delta \times \Delta + T_{Prog} = T_\Delta \times S + T_{Prog} = 1 \cdot 10^{-5} \text{ s} \times \Delta + 11{,}546 \text{ s} \quad (7.1)$$

Diese Gleichung wurde in Abbildung 7.11 als „Berechnet" eingetragen und sie nähert den Zusammenhang zwischen Ausführungszeit und der Anzahl der Delta-Zyklen recht gut an. In unserem speziellen Beispiel gilt $\Delta = S$, die Anzahl der Delta-Zyklen entspricht der Anzahl der Synchronisationen. T_{Prog} kann als die reine Ausführungszeit des Programms interpretiert werden, wenn wir keine Delta-Zyklen und damit keine Suspendierungen der Prozesse ausführen. In unserem Beispiel beträgt diese Zeit $T_{Prog} = 11{,}546$ s. T_Δ ist der Zeitaufwand, welcher für eine Synchronisation oder einen Delta-Zyklus benötigt wird; dieser beträgt in unserem Beispiel $T_\Delta = 10$ us.

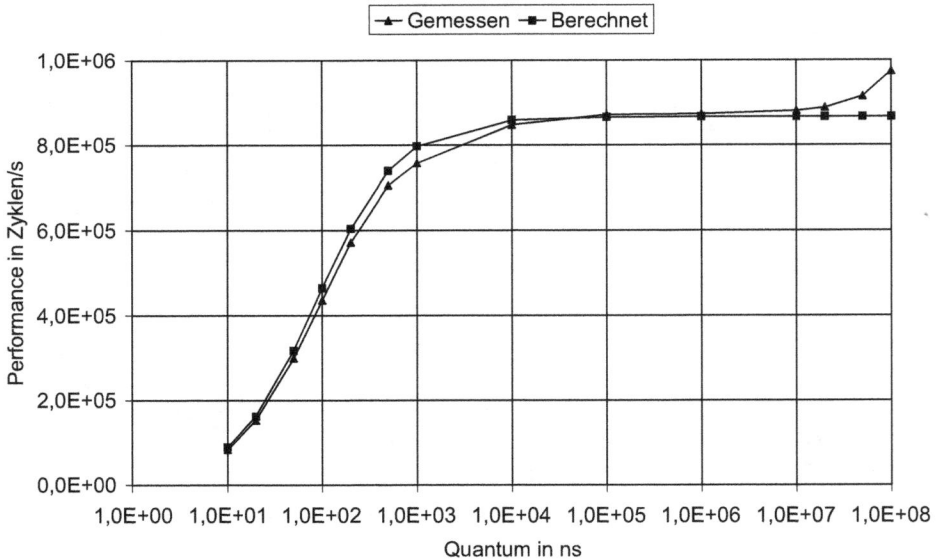

Abb. 7.12: Simulationsleistung in Abhängigkeit vom Wert des globalen Quantums. Die Abszisse ist logarithmisch geteilt.

Die Simulationsleistung P kann – wie wir schon in Abschnitt 1.5 ausgeführt haben – in Abhängigkeit von der Ausführungszeit T_A und der Anzahl N der simulierten Taktzyklen durch $P = N/T_A$ bestimmt werden. Für unser Beispiel gilt dabei $N = 1 \cdot 10^7$. In Abbildung 7.12 sind die Ergebnisse der Messungen für die Simulationsleistung in Abhängigkeit vom Wert des globalen Quantums aufgetragen. Jedem Wert des Quantums kann dabei eine Ausführungszeit T_A zugeordnet werden, da der Wert des globalen Quantums ja die Anzahl der Synchronisationen oder Delta-Zyklen durch $\Delta = S = T_S/T_{Quantum}$ bestimmt und somit ist $T_A = T_\Delta \times T_S/T_{Quantum} + T_{Prog}$. In Abbildung 7.12 wurde auch der berechnete Wert für die Simulationsleistung eingetragen, wobei die Ausführungszeit nach Gleichung 7.1 berechnet wurde.

Aus Abbildung 7.12 kann man nun entnehmen, dass ein Wert für das globale Quantum von $T_{Quantum} > 1 \cdot 10^4$ ns $= 10$ us keine erheblichen Verbesserungen mehr für die Simulationsleistung erbringt. Den Grund hierfür kann man Gleichung 7.1 entnehmen: Bei größeren Werten für das Quantum entstehen $\Delta < 1 \cdot 10^4$ Delta-Zyklen und der Beitrag der Delta-Zyklen an der Ausführungszeit ist damit kleiner als $T_\Delta \times \Delta = 1 \cdot 10^{-5} \times 1 \cdot 10^4 = 0{,}1$ s. Wenn $T_{Quantum} > 10$ us überwiegt also die reine Ausführungszeit T_{Prog} und es ist daher nicht sinnvoll, das globale Quantum größer zu wählen. Andererseits sind die Gewinne bei Werten des Quantums von $T_{Quantum} < 10$ us erheblich: Wenn wir die gemessenen Werte für die Performance für $T_{Quantum} = 10$ ns und für $T_{Quantum} = 10$ us beispielsweise vergleichen, so ergibt dies eine Erhöhung der Simulationsleistung um den Faktor 10!

Abschließend möchten wir noch die gleichen Untersuchungen an einem Systembeispiel mit dem DLX durchführen. Wir nehmen hierzu den DLX-ISS mit dem in Abschnitt 7.1.2 gezeigten „Loosely-Timed"-Wrapper und verbinden ihn gemäß Listing 7.9 mit einem Speicher-Target, welches dem in Abschnitt 6.5.3 besprochenen Modell entspricht. Im Unterschied zum vorangegangenen Beispiel besteht das DLX-Beispiel allerdings nur aus einem einzigen Initiator und damit nur einem Prozess.

Listing 7.9: Toplevel des DLX-Beispiels (Datei k7b1top.h)

```
 1   #include "k7b1Memory.h"
 2   #include "DlxTlmWrapperLT.h"
 3   struct Toplevel : public sc_module {
 4     DlxTlmWrapper *dlx;
 5     Memory        *memory;
 6     Toplevel(sc_module_name name) {
 7       dlx = new DlxTlmWrapper("dlx");
 8       memory = new Memory("memory");
 9
10       dlx->iSocket.bind(memory->targetSocket);
11     }
12   };
```

Zur Messung der Performance in Abhängigkeit vom Wert des Quantums benutzen wir ein Testprogramm für den DLX, welches wir schon in Abschnitt 6.6 benutzt haben. Wir unterstellen wieder eine Taktfrequenz von 100 MHz. Die simulierte Zeit beträgt $T_S = 20{,}97155$ ms, so dass insgesamt 2.097.155 Taktzyklen simuliert werden. Durch die Wahl des Quantums bestimmen wir wieder die Anzahl der Synchronisationen; wenn wir das Quantum zu 10 ns beispielsweise wählen, entsteht die maximale Zahl von 2.097.155 Synchronisationen, was wiederum die gleiche Anzahl an Deltazyklen benötigt. In diesem Fall ergibt sich eine Ausführungszeit von $T_{A,max} = 5{,}35$ s und eine Performance von $P_{min} = 391.985$ Zyklen/s. Um nur noch einen Delta-Zyklus zu erhalten, müssen wir das globale Quantum gleich oder größer der simulierten Zeit wählen, also $T_{Quantum} > T_S$. In diesem Fall beträgt die Ausführungszeit $T_{A,min} = 2{,}8$ s und die Performance ist $P_{max} = 748.006$ Zyklen/s.

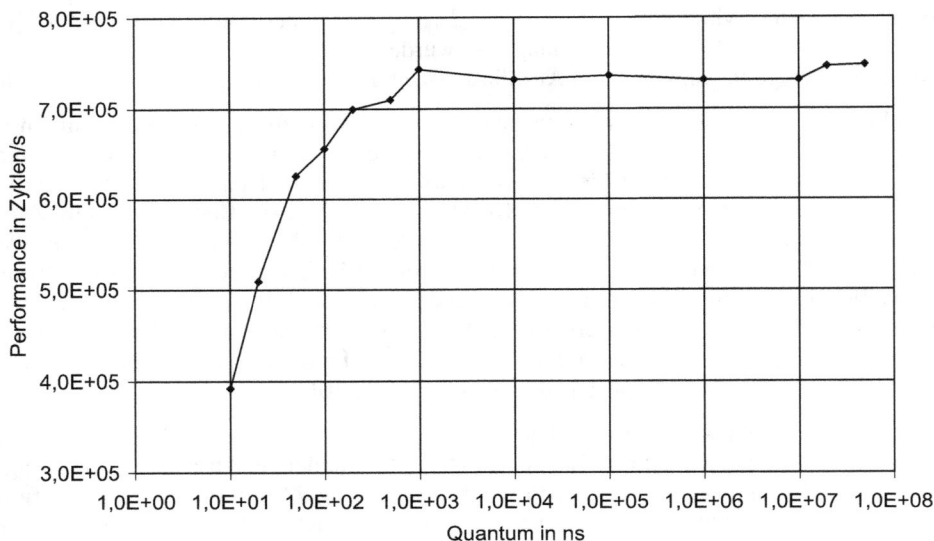

Abb. 7.13: *Simulationsleistung in Abhängigkeit vom Wert des globalen Quantums für das DLX-Beispiel. Die Abszisse ist logarithmisch geteilt.*

Die weiteren Ergebnisse der Messungen können Abbildung 7.13 entnommen werden. Es ergibt sich wieder ein ähnliches Bild wie im vorangegangenen Beispiel: Wenn $T_{Quantum} < 1$ us ist, dann können wir nennenswerte Gewinne durch die zeitliche Entkopplung des Initiators erzielen. Für $T_{Quantum} > 1$ us sind die zusätzlichen Gewinne durch eine weitere Vergrößerung des globalen Quantums vernachlässigbar, da hier die reine Programmausführungszeit im Vordergrund steht. Im Vergleich zum vorangegangenen Beispiel, wo wir einen zehnfachen Gewinn an Simulationsleistung erzielen konnten, fällt im DLX-Beispiel auf, dass die erzielbaren Gewinne deutlich niedriger liegen, nämlich maximal bei einem Faktor 1,9!

Wir können aus den Messungen wieder den Wert für die reine Programmausführungszeit zu $T_{Prog} = 2{,}8$ s und den Wert für die Ausführung eines Delta-Zyklus zu $T_\Delta = 1{,}216 \cdot 10^{-6}$ s bestimmen und damit die Ausführungszeit der Simulation nach Gleichung 7.1 durch $T_A = T_\Delta \times \Delta + T_{Prog} = 1{,}216 \cdot 10^{-6}$ s $\times \Delta + 2{,}8$ s näherungsweise berechnen. Der maximale Anteil an der gesamten Simulationszeit für die Synchronisation ist also $T_\Delta \times \Delta_{max} = 1{,}216 \cdot 10^{-6} \times 2.097.155 = 2{,}55$ s und dies ist ja gerade näherungsweise (bei $T_{A,min}$ kommt ein Delta-Zyklus hinzu) die Differenz $T_{A,max} - T_{A,min} = 5{,}35$ s $- 2{,}8$ s. Mehr als diesen Anteil können wir durch eine zeitliche Entkopplung des Prozesses nicht gewinnen! Der maximal mögliche Performance-Gewinn ergibt sich somit durch $T_{A,max}/T_{A,min} = P_{max}/P_{min} = 1{,}9$. Der zeitliche Aufwand für die Synchronisation *eines* Prozesses ist also mit 1,216 us deutlich geringer im Vergleich zu den 10 us aus dem vorangegangenen Beispiel mit zehn Prozessen und somit fallen die Gewinne durch eine zeitliche Entkopplung auch geringer aus.

Zusammenfassend können wir feststellen, dass für die Wahl des Wertes für das globale Quantum auf der einen Seite die Zeitkonstanten des Systems bekannt sein müssen, so dass nicht durch ein zu großes Quantum das Verhalten des Systems fehlerhaft simuliert wird. Auf der anderen Seite zeigen die Performance-Untersuchungen, dass die mit der zeitlichen Entkopplung erzielbaren Gewinne durch das Verhältnis zwischen der reinen Programmausführungszeit und dem Aufwand für die Prozesssynchronisation bestimmt werden. An den Beispielen war zu sehen, dass die Prozesssynchronisation und die damit notwendige Ausführung von Delta-Zyklen durch den Simulator offensichtlich sehr effizient in der SystemC-Bibliothek implementiert wurde, wobei der Aufwand mit der Anzahl der Prozesse wächst. Dennoch sind wohl in der Regel einige hunderttausend Synchronisationen oder Delta-Zyklen notwendig, bis ein nennenswerter Einfluss im Sekundenbereich auf die Rechenzeit festgestellt werden kann. Das globale Quantum sollte dann in Abhängigkeit von der zu simulierenden Zeit so gewählt werden, dass die Anzahl der Delta-Zyklen oder Synchronisationen unter dieser Grenze bleibt.

7.2   Grundlagen des „Approximately-Timed"-Stils

Der bisher besprochene Modellierungsstil „Loosely-Timed" benutzt das blockierende Transport-Interface durch die `b_transport()`-Methode. Im Vordergrund steht hierbei die Simulationsleistung und der zeitliche Ablauf einer Transaktion wird nur grob durch Anfangszeitpunkt und Endzeitpunkt der Transaktion mit Hilfe der angegebenen Latenzzeiten modelliert. Wenn man den zeitlichen Verlauf der Transaktionen genauer modellieren möchte, so wird hierfür im SystemC-Standard der Modellierungsstil „Approximately-Timed" (AT) vorgeschlagen [21, Seite 418]. Er benutzt das nicht-blockierende Transport-Interface in Form der Methoden `nb_transport_fw()` und `nb_transport_bw()`. Eine Transaktion wird dabei in vier Phasen zerlegt, die den Beginn und das Ende einer *Transaktionsanforderung* (engl.: request) und den Beginn und das Ende einer *Transaktionsantwort* (engl.: response) markieren. Die Transaktionsanforderung würde bei dem in Abschnitt 1.6 erläuterten AMBA-Bussystem der Adressphase entsprechen und die Transaktionsantwort der Datenphase.

Die Transaktionsanforderung wird vom Initiator mit Hilfe der Methode `nb_transport_fw()` auf dem *Vorwärtspfad* initiiert und die Antwort wird in der Regel vom Target auf dem *Rückwärtspfad* unter Benutzung der Methode `nb_transport_bw()` initiiert. Während der „Loosely-Timed"-Stil für die Softwareentwicklung benutzt werden kann, so kann der „Approximately-Timed"-Stil seine Anwendung beispielsweise in der Untersuchung der Leistungsfähigkeit der Bussysteme oder in der Leistungsbewertung der Systemarchitektur und der Untersuchung von Architekturvarianten finden.

Für den AT-Stil ist eine unmittelbare Synchronisation der Komponenten notwendig, so dass man die zeitliche Entkopplung der Prozesse hier nicht benutzen kann; die Simulationsleistung wird geringer sein im Vergleich zum LT-Stil. Des Weiteren sind die Abläufe im Initiator und im Target bei diesem Modellierungsstil deutlich komplizierter als beim LT-Stil. Wir müssen uns daher im Folgenden auch etwas eingehender mit dem Basisprotokoll und dessen Regeln auseinandersetzen. Darüber hinaus sind noch weitere Mechanismen im Zusammenhang mit der Verwaltung von Transaktionsobjekten für den AT-Stil notwendig; diese betreffen das „Memory-

Management" und die „Payload Event Queue". Diese Aspekte werden wir allerdings erst nach der Besprechung des Modellierungsstils diskutieren.

7.2.1   Das Basisprotokoll für den AT-Stil

Sowohl der Modellierungsstil „Loosely-Timed" als auch der „Approximately-Timed"-Stil werden durch das im SystemC-Standard [21] beschriebene *Basisprotokoll* unterstützt. Die dort definierten Regeln beschäftigen sich jedoch in der Hauptsache mit dem AT-Stil, da er um einiges komplizierter ist als der LT-Stil. Wir beschreiben daher an dieser Stelle die wesentlichen Aspekte des Basisprotokolls im Hinblick auf den AT-Stil. Darüber hinaus ist es möglich, das im Standard vorgeschlagene Basisprotokoll für eigene spezifische Protokolle zu erweitern; wir werden allerdings auf diesen Aspekt nicht eingehen und verweisen auf den Standard [21, Seite 494 ff.]. Es wird im Sinne einer maximalen Interoperabilität auch empfohlen, nach Möglichkeit vom Basisprotokoll nicht abzuweichen.

In Abschnitt 6.3.2 und 6.3.3 haben wir schon die beiden nicht-blockierenden Methoden für den Vorwärts- und Rückwärtspfad `nb_transport_fw()` und `nb_transport_bw()` vorgestellt. Im Unterschied zur bislang benutzten `b_transport()`-Methode weisen diese ein weiteres Argument vom Typ der Klasse `PHASE` = `tlm_phase` und einen Rückgabewert vom Aufzählungstyp `tlm_sync_enum` auf:

```
tlm_sync_enum nb_transport_fw(TRANS& trans, PHASE& phase, sc_time& t)
tlm_sync_enum nb_transport_bw(TRANS& trans, PHASE& phase, sc_time& t)
```

Beides zusammen wird benutzt, um das Basisprotokoll für den „Approximately-Timed"-Stil zu implementieren. So wie das Transaktionsobjekt `trans` wird auch das Objekt `phase` per Referenz den Interface-Methoden übergeben. Das Objekt `phase` hat im Wesentlichen die Aufgabe, die vier Phasen und damit den Zustand einer AT-Transaktion zu repräsentieren; wir sprechen im Folgenden daher vom „Phasen-Objekt" oder „Phasen-Argument".

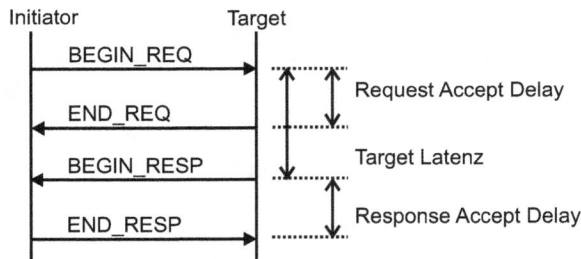

Abb. 7.14: *Die vier Phasen einer AT-Transaktion und ihre zeitlichen Beziehungen (vgl. auch [21, Seite 510]).*

Die vier Phasen werden durch vier Werte dargestellt, die das Phasen-Objekt annehmen kann. Man kann ein Phasen-Objekt dann auf diese Werte vergleichen oder den Wert eines Phasen-Objekts auch über `cout` ausgeben. Die Werte selbst sind als Aufzählungstyp definiert und sind wie folgt zu verstehen: `BEGIN_REQ` (Beginn der Transaktionsanforderung oder des „Requests"), `END_REQ` (Ende der Transaktionsanforderung), `BEGIN_RESP` (Beginn der Transaktionsantwort oder der „Response") und `END_RESP` (Ende der Transaktionsantwort). Abbildung 7.14 zeigt den Ablauf einer AT-Transaktion mit diesen vier Phasen. Das Basisprotokoll gibt dabei die Regeln vor, nach denen AT-Transaktionen durchzuführen sind; TLM-2.0-kompatible Komponenten (Initiator, Interconnect und Target) müssen diese Regeln einhalten. Wir möchten in den nachfolgenden Abschnitten nur auf die wichtigsten Regeln eingehen; für eine vollständige Übersicht des doch recht komplexen Regelwerks für AT-Transaktionen sei auf [21, Seite 502 ff.] verwiesen.

Die Phasen werden mit Hilfe der Transport-Methoden zwischen Initiator und Target gesendet, wobei wir die Rolle des Interconnects bei AT-Transaktionen später besprechen werden. Der Ablauf der Phasen ist immer explizit oder implizit in der Reihenfolge BEGIN_REQ → END_REQ → BEGIN_RESP → END_RESP. Wer welche Phase sendet ist dabei festgelegt: Der Initiator sendet den BEGIN_REQ für eine Transaktion an das Target und erhält in der Folge den END_REQ vom Target. Das Target sendet daraufhin für die gleiche Transaktion den BEGIN_RESP und erhält vom Initiator in der Folge ein END_RESP. Wenn die Phase einer Transaktion durch den Initiator oder das Target verändert wird, so wird dies als *Phasenübergang* bezeichnet (engl.: phase transition). Das Basisprotokoll lässt dabei gewisse Verkürzungen des geschilderten Ablaufs zu, so dass bestimmte Phasenübergänge auch *implizit* vollzogen werden können (vgl. [21, Seite 503 ff.]); wir werden darauf in den folgenden Abschnitten noch eingehen.

Für die Phasenübergänge ist im Standard auch eine zeitliche Ordnung festgelegt; beispielsweise darf ein END_REQ nicht vor dem dazugehörigen BEGIN_RESP kommen. Die zeitliche Reihenfolge wird durch entsprechende Verzögerungszeiten oder Latenzzeiten dargestellt, wie in Abbildung 7.14 gezeigt, die größer oder gleich Null sein müssen. Das „Request Accept Delay" ist die Verzögerungszeit des Targets für die Annahme einer Transaktionsanforderung. Die „Target Latenz" ist die Zeit vom Erhalt des BEGIN_REQ durch den Initiator bis das Target seinerseits den BEGIN_RESP sendet. Das „Response Accept Delay" ist die Verzögerungszeit des Initiators für die Annahme der Transaktionsantwort durch das Target.

Wichtig ist nun, dass bei der AT-Modellierung – im Unterschied zur LT-Modellierung – der „Request" einer Transaktion von der „Response" getrennt wird. Damit wird es möglich, das Pipelining eines Bussystems zu modellieren: Sobald ein „Request" für eine Transaktion abgeschlossen ist, kann ein Initiator den „Request" für die nächste Transaktion senden, ohne auf die „Response" des Targets auf die vorherige Transaktion warten zu müssen. Eine zwingende Ausschlussregel ist es dabei, dass ein Initiator auf den END_REQ des Targets warten muss, bis das nächste BEGIN_REQ gesendet werden darf (engl.: request exclusion rule). Somit ist die minimale Zeit zwischen zwei „Requests" durch die Zeit „Request Accept Delay" bestimmt. Sinngemäß muss ein Target auf das END_RESP durch den Initiator warten, bis der nächste BEGIN_RESP gesendet werden darf (engl.: response exclusion rule). Die minimale Zeit zwischen zwei „Responses" ist somit durch die Zeit „Response Accept Delay" bestimmt.

Die Phasenübergänge BEGIN_REQ → END_REQ und BEGIN_RESP → END_RESP einer Transaktion gehören also immer zusammen und ein Initiator oder ein Target darf nicht fortfahren, bis der „Request" oder die „Response" jeweils abgeschlossen sind. Eine Folge aus dieser Trennung von „Request" und „Response" ist es, dass zu einem Zeitpunkt mehrere Transaktionen aktiv sein können – im Initiator, im Interconnect und auch im Target, welches ja auch Transaktionen von mehreren Initiatoren empfangen kann. Daher wird die Instanzierung und Verwaltung von mehreren Transaktionsobjekten notwendig. Hierzu werden dann so genannte „Memory Manager" und „Payload Event Queues" eingesetzt, auf die wir aber erst später eingehen werden, wenn wir die grundlegenden Mechanismen der AT-Modellierung verstanden haben.

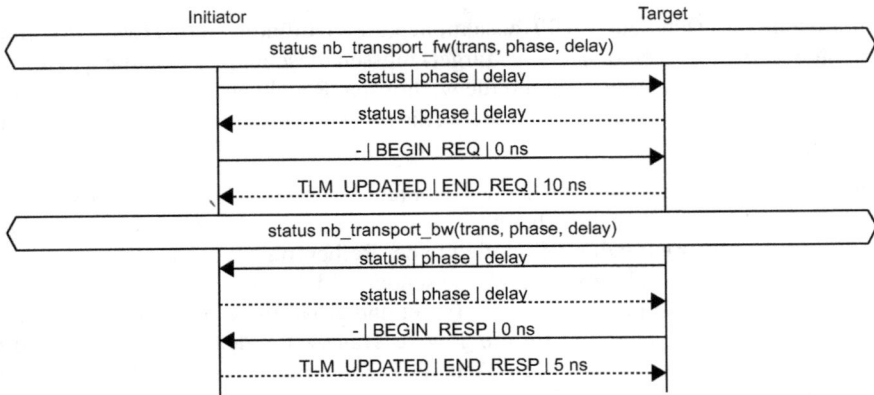

Abb. 7.15: *Notation für die Sequenzdiagramme von AT-Transaktionen, jeweils mit einem Beispiel.*

Wie wir schon erwähnt haben, lässt das Basisprotokoll mehrere Möglichkeiten zu, wie die vier Phasen einer AT-Transaktion durchlaufen werden können. Daher ist für die Abarbeitung in den Komponenten noch der Rückgabewert der Interface-Methoden wichtig, dieser wird als *Status* bezeichnet. Es handelt sich um einen Aufzählungstyp `tlm_sync_enum` welcher über drei Werte verfügt. Der Aufrufer (engl.: caller) der Interface-Methode erhält über den Rückgabewert vom Aufgerufenen (engl.: callee) eine Information, wie dieser die Transaktion behandelt. Wer Aufrufer und Aufgerufener ist, hängt von der verwendeten Transport-Methode ab: Auf dem Vorwärtspfad ist der Initiator der Aufrufer und das Target der Aufgerufene, auf dem Rückwärtspfad ist das Target der Aufrufer und der Initiator der Aufgerufene. Wir werden dies in den folgenden Abschnitten genauer behandeln, die Bedeutung der Rückgabewerte und damit des Status ist jedoch immer wie folgt zu verstehen:

- `TLM_UPDATED`: Der Aufgerufene kann die Anforderung durch die Transport-Methode für einen „Request" (Vorwärtspfad) oder für eine „Response" (Rückwärtspfad) sofort behandeln und benutzt den *Return-Wert* der Transport-Methode für den Übergang in die nächste Phase („Return-Pfad"). Dies bedeutet auch, dass der Aufgerufene die Argumente in aller Regel verändert hat, so dass der Aufrufer diese überprüfen muss. Durch die Benutzung des „Return-Pfades" und dem damit implizierten Phasenübergang kann das Vier-Phasen-Protokoll einfacher abgearbeitet werden (siehe Abschnitt 7.2.2): Ein „Request" oder ein „Response" kann durch den Aufruf *einer* Transport-Methode abgehandelt werden.

- `TLM_ACCEPTED`: Der Aufgerufene akzeptiert den „Request" auf dem Vorwärtspfad (oder die „Response" auf dem Rückwärtspfad) der Transaktion, kann die Anforderung jedoch nicht sofort behandeln. Die Argumente der Transaktion (Transaktionsobjekt, Phasen-Objekt, Delay-Objekt) werden vom Aufgerufenen nicht verändert und die Phase der Transaktion ändert sich nicht. Der Aufgerufene wird etwas später die Transaktion seinerseits durch einen erneuten Aufruf seiner Transport-Methode auf dem *Gegenpfad* fortsetzen (siehe Abschnitt 7.2.3). Bei Verwendung von `TLM_ACCEPTED` ergibt sich für jede Phase ein expliziter Aufruf einer Transport-Methode, so dass die Abarbeitung des Protokolls etwas aufwändiger wird. Der Sinn dieser Variante liegt darin, dass das Target einen

„Request" unterbrechen kann und damit den Initiator davon abhalten kann, den nächsten „Request" zu senden, da dieser die „request exclusion rule" einhalten muss. Dies wird im Englischen auch als „back pressure" bezeichnet. Sinngemäß gilt das Gleiche für die „Response", wobei hier der Initiator das Target zurückhalten kann.

- `TLM_COMPLETED`: Der Aufgerufene signalisiert, dass die Transaktion beendet wurde. Damit ist die Transaktion automatisch in ihrer letzten Phase `END_RESP` angekommen, so dass der Wert des Phasen-Objekts keine Rolle mehr spielt. Dies wird für die so genannte „Early Completion" benutzt (siehe Abschnitt 7.2.4).

Für die Darstellung der Transaktionen mit ihren Phasenübergängen in den nachfolgenden Abschnitten benutzen wir wieder entsprechende Sequenzdiagramme. Um diese übersichtlich zu gestalten, verwenden wir die in Abbildung 7.15 dargestellte Notation (vgl. auch [21]): Der Name der Methode wird am Call-Pfeil (durchgezogen) und am Return-Pfeil (gestrichelt) nicht mehr angegeben. Wenn der Call-Pfeil vom Initiator zum Target geht, so bedeutet dies den Aufruf der `nb_transport_fw()`-Methode. Wenn der Call-Pfeil vom Target zum Initiator geht, so ist es der Aufruf der `nb_transport_bw()`-Methode. An den Pfeilen werden die Werte des Status (nur Return-Wert am Return-Pfeil), des Phasen-Objekts und des Delay-Objekts angegeben, wobei die letzten beiden vom Aufgerufenen verändert werden können, da sie per Referenz übergeben werden.

7.2.2 AT-Transaktionen unter Benutzung des „Return-Pfads"

Wir möchten die Durchführung von Transaktionen mit dem Vier-Phasen-Protokoll zunächst zeigen, in dem wir die einfache Abarbeitung unter Verwendung des „Return-Pfades" benutzen. Das Beispiel besteht wieder aus einem Initiator (Listing 7.10) und einem Target (Listing 7.11), die über einen Toplevel verbunden sind – den Toplevel drucken wir aus Platzgründen nicht ab. Der Initiator beinhaltet einen vereinfachten Socket `iSocket`, an welchem wir die Transport-Methode für den Rückwärtspfad `nb_transport_bw()` registrieren. Der einzige Prozess des Initiators `transactionProcess()` erzeugt eine durch das Symbol `NTRANS` einstellbare Anzahl von Schreibtransaktionen und nachfolgend die gleiche Anzahl von Lesetransaktionen. Die Adresse wird dabei aus der Laufvariablen `i` der **for**-Schleife berechnet: Wir multiplizieren `i` mit 4, da die Datengröße immer 4 Byte beträgt und wir die Daten aufeinander folgend im Target speichern möchten. Um für die nachfolgenden Lesetransaktionen wieder die gleiche Sequenz von Adressen zu erhalten und damit die vorher geschriebenen Daten wieder lesen zu können, führen wir eine Modulo-Division durch `NTRANS`×4 durch, so dass sich die Adressen bei Erreichen dieses Wertes wiederholen. Den Datenpuffer `dataBuf` setzen wir auf einen Zufallswert. Die weiteren Vorbereitungen der Transaktion entsprechen im Wesentlichen dem, was wir schon in den vorangegangenen Beispielen tun mussten, um die Attribute des Transaktionsobjektes auf die entsprechenden Werte zu setzen. Was neu hinzukommt, ist das Setzen des Phasen-Objektes `phase` auf den Wert `BEGIN_REQ` in Zeile 25 von Listing 7.10. Die Zeilen 26 bis 35 dienen dazu, die Schreib- oder Lesetransaktion einzustellen und eine Ausgabe auf der Konsole zu erzeugen. `TSTAMP` ist dabei ein Makro, welches im Toplevel definiert ist und den Zeitstempel auf der Konsole ausgibt.

In Zeile 36 von Listing 7.10 wird dann die Transport-Methode `nb_transport_fw()` auf dem Vorwärtspfad im Target aufgerufen. Wir verfolgen nun den weiteren Ablauf der ersten Transaktion am besten, indem wir zum Quellcode des Targets in Listing 7.11 gehen und auch die

Abbildungen 7.16 und 7.17 zur Erläuterung hinzuziehen. Das Target instanziert wie üblich einen Target-Socket `tSocket`, an welchem nun die Transport-Methode `nb_transport_fw()` registriert wird. Im Unterschied zu den bisherigen Targets, welche mit der `b_transport()`-Methode gearbeitet haben, benötigen wir nun auch im Target einen Prozess (hier der Thread-Prozess `transactionProcess()`). Der Grund liegt darin, dass wir ja nun die Transaktion in mehreren Phasen durchführen und im Target daher auch einen zeitlichen Ablauf durch einen Prozess modellieren müssen.

Listing 7.10: Initiator für das Beispiel (Datei k7b3initiator.h)

```
1   #define RESPONSE_ACCEPT_DELAY 5 //in ns
2   #define NEXT_TRANS_DELAY 5 //in ns
3   #define NTRANS 2 //number of transactions (x 2)
4   struct Initiator : public sc_module {
5     simple_initiator_socket<Initiator> iSocket;
6     SC_HAS_PROCESS(Initiator);
7     //Constructor
8     Initiator(sc_module_name name) {
9       iSocket.register_nb_transport_bw(this,
10        &Initiator::nb_transport_bw);
11      SC_THREAD(transactionProcess);
12    }
13    //Processes
14    void transactionProcess(){
15      for(int i=0; i<NTRANS*2; i++){
16        delay = SC_ZERO_TIME;
17        dataBuf = rand();
18        t1.set_address((i*4)%(NTRANS*4));
19        t1.set_data_ptr((uchar*)&dataBuf);
20        t1.set_byte_enable_ptr(0);
21        t1.set_data_length(4);
22        t1.set_streaming_width(4);
23        t1.set_response_status(TLM_INCOMPLETE_RESPONSE);
24        t1.set_dmi_allowed(false);
25        phase = BEGIN_REQ;
26        TSTAMP<<" | "<<setw(10)<<phase<<" | "<<delay;
27        if(i < NTRANS){
28          t1.set_write();
29          cout<<" | WRITE";
30        }
31        else {
32          t1.set_read();
33          cout<<" | READ";
34        }
35        cout<<" | Addr: "<<t1.get_address()<<endl;
36        status = iSocket->nb_transport_fw(t1, phase, delay);
37        wait(delay);
38        TSTAMP<<" | "<<setw(10)<<phase<<" | "<<delay<<endl;
39        wait(beginOfResponse);
40        if(t1.is_response_error())
```

```
41              SC_REPORT_ERROR("Initiator", "Response error.");
42          wait(NEXT_TRANS_DELAY, SC_NS);
43        }
44      }
45      tlm_sync_enum nb_transport_bw(tlm_generic_payload& tObj,
46              tlm_phase& tPhase, sc_time& tDelay){
47        tPhase = END_RESP;
48        tDelay = tDelay + sc_time(RESPONSE_ACCEPT_DELAY, SC_NS);
49        beginOfResponse.notify(RESPONSE_ACCEPT_DELAY, SC_NS);
50        return TLM_UPDATED;
51      }
52      //Member variables
53      tlm_generic_payload t1;
54      tlm_phase phase;
55      sc_time delay;
56  private:
57      unsigned int dataBuf;
58      tlm_sync_enum status;
59      sc_event beginOfResponse;
60  };
```

Im Unterschied zur bisherigen Vorgehensweise in einer `b_transport()`-Methode bei der LT-Modellierung führen wir nun in der Interface-Methode die Transaktion noch nicht durch, sondern speichern in Zeile 50 die Adresse des Transaktionsobjektes zunächst im Zeiger `tObjPtr`, um später im Prozess `transactionProcess()` auf das Transaktionsobjekt im Initiator zugreifen zu können. In Zeile 51 erhöhen wir das übergebene Delay-Objekt – was in diesem Beispiel den Wert Null aufweist – um die Zeit „Request Accept Delay" (hier 10 ns). Da wir den Wert `TLM_UPDATED` zurückgeben und somit den „Return-Pfad" für den Phasenübergang benutzen, setzen wir das Phasen-Objekt `tPhase` auf den Wert `END_REQ`. Wir signalisieren also dem Initiator, dass das Target den Phasenübergang vorgenommen hat und der „Request" damit abgeschlossen ist. Bevor wir jedoch zum Initator zurückkehren, aktivieren wir noch das Ereignis `beginOfRequest` durch eine Zeit-Notifikation mit der „Target Latenz" (`TARGET_LATENCY`). Der Prozess `transactionProcess()` weist eine dynamische Sensitivität auf dieses Ereignis in Zeile 22 auf, so dass der Prozess ausgeführt wird, wenn der entsprechende Zeitpunkt erreicht ist.

Kehren wir doch zunächst zum Initiator zurück: Wir sind nun nach Ausführung der Methode `nb_transport_fw()` in Zeile 37 von Listing 7.10 angekommen. Nun müssten wir eigentlich den Rückkehrwert der Methode auswerten, um erkennen zu können, wie das Target die Interface-Methode ausgeführt hat – also ob ein Phasenübergang stattgefunden hat oder nicht. Wir machen das in diesem Beispiel der Übersicht halber nicht und verlassen uns darauf, dass das Target in diesem Beispiel immer den „Return"-Pfad benutzt. Unser Initiator ist also noch nicht vollständig interoperabel. Wir synchronisieren den Initiator in Zeile 37 durch eine `wait()`-Funktion um die vom Target gelieferte Zeit „Request Accept Delay". Damit ist der „Request" bei $t = 10$ ns abgeschlossen und mit der Textausgabe von Zeile 38 erhalten wir die Ausgaben der ersten beiden Zeilen von Abbildung 7.16 und stehen im Sequenzdiagramm von Abbildung 7.17 an der entsprechenden Stelle. Nun warten wir im Initiator in Zeile 39, bis das Target sich für die „Response" meldet. Wir benutzen hierzu den gleichen Mechanismus wie im Target und warten auf das Ereignis `beginOfResponse`, welches später mit einer Zeit-Notifikation in der Interface-Methode `nb_transport_bw()` aktiviert wird. Im Prinzip könnten wir an dieser Stelle im Initiator auch weitermachen und den nächsten „Request" senden – das Protokoll würde dies erlauben. Da dies aber das Beispiel etwas verkomplizieren würde, verzichten wir an dieser Stelle darauf.

Listing 7.11: Target für das Beispiel (Datei k7b3target.h)

```
 1  #define SIZE 64 //Target size in words
 2  #define TARGET_LATENCY 20 //in ns
 3  #define REQUEST_ACCEPT_DELAY 10 //in ns
 4  struct Target : public sc_module {
 5    simple_target_socket<Target> tSocket;
 6    SC_HAS_PROCESS(Target);
 7    //Constructor
 8    Target(sc_module_name name){
 9      tSocket.register_nb_transport_fw(this,
10        &Target::nb_transport_fw);
11      SC_THREAD(transactionProcess);
12      memset(mem, 0, SIZE*4); //Initialize array
13    }
14    //Transaction handling process
15    void transactionProcess(){
16      uint64 startAdr;
17      uchar *dataPtr;
18      unsigned int transferLen;
19      tlm_phase phase;
20      sc_time delay;
21      while(1){
22        wait(beginOfRequest);
23        phase = BEGIN_RESP;
24        delay = SC_ZERO_TIME;
25        startAdr = tObjPtr->get_address();
26        dataPtr = tObjPtr->get_data_ptr();
27        transferLen = tObjPtr->get_data_length();
28        if(startAdr > SIZE*4-transferLen) {
29          tObjPtr->set_response_status(TLM_ADDRESS_ERROR_RESPONSE);
30        }
31        else {
32          tObjPtr->set_response_status(TLM_OK_RESPONSE);
33          if(tObjPtr->is_write()){
34            memcpy(&mem[startAdr/4], dataPtr, transferLen);
35          }
36          else {
37            memcpy(dataPtr, &mem[startAdr/4], transferLen);
38          }
39        }
40        TSTAMP<<" | "<<setw(10)<<phase<<" | "<<delay;
41        cout<<" | Data : "<<mem[startAdr/4]<<endl;
42        tSocket->nb_transport_bw(*tObjPtr, phase, delay);
```

```
43              wait(delay);
44              TSTAMP<<" | "<<setw(10)<<phase<<" | "<<delay<<endl;
45          }
46      }
47      //Non-blocking interface method (AT-style)
48      tlm_sync_enum nb_transport_fw(tlm_generic_payload& tObj,
49                  tlm_phase& tPhase , sc_time& tDelay){
50          tObjPtr = &tObj;
51          tDelay = tDelay + sc_time(REQUEST_ACCEPT_DELAY, SC_NS);
52          tPhase = END_REQ;
53          beginOfRequest.notify(TARGET_LATENCY, SC_NS);
54          return TLM_UPDATED;
55      }
56      //Member variables
57      tlm_generic_payload *tObjPtr;
58  private:
59      unsigned int mem[SIZE]; //Integer memory array
60      sc_event beginOfRequest;
61  };
```

```
@     0 s |   BEGIN_REQ | 0 s | WRITE | Addr: 0
@    10 ns |     END_REQ | 10 ns
@    20 ns | BEGIN_RESP | 0 s | Data : 41
@    25 ns |    END_RESP | 5 ns
@    30 ns |   BEGIN_REQ | 0 s | WRITE | Addr: 4
@    40 ns |     END_REQ | 10 ns
@    50 ns | BEGIN_RESP | 0 s | Data : 18467
@    55 ns |    END_RESP | 5 ns
@    60 ns |   BEGIN_REQ | 0 s | READ | Addr: 0
@    70 ns |     END_REQ | 10 ns
@    80 ns | BEGIN_RESP | 0 s | Data : 41
@    85 ns |    END_RESP | 5 ns
@    90 ns |   BEGIN_REQ | 0 s | READ | Addr: 4
@   100 ns |     END_REQ | 10 ns
@   110 ns | BEGIN_RESP | 0 s | Data : 18467
@   115 ns |    END_RESP | 5 ns
```

Abb. 7.16: Ausgabe des Programms.

Gehen wir also zurück zum Target: Dort stehen wir in Zeile 22 im transactionProcess()
und warten auf die Zeit-Notifikation des Ereignisses endOfTransaction (hier: $t = 20$ ns).
An dieser Stelle ist vielleicht schon klar, dass das Zusammenspiel zwischen Initiator und Target nur funktionieren kann, wenn die so modellierte „Target Latenz" in Listing 7.11 größer ist
als die Zeit „Request Accept Delay". Ist die „Target Latenz" kleiner als diese Zeit, so läuft
der Prozess transactionProcess() im Target zu früh los. Der Initiator steht in diesem Fall
noch nicht bei Zeile 39 und kann nicht auf die „Response" des Targets reagieren. In diesem
Fall würde also das Target eine „Response" senden, bevor der „Request" abgeschlossen ist, was
nicht nur unsinnig ist, sondern durch den Standard auch explizit ausgeschlossen wird. Auch
im noch zulässigen Fall der Gleichheit von „Target Latenz" und „Request Accept Delay" kann

es zu Problemen kommen, da beide Prozesse dann möglicherweise im gleichen Deltazyklus ausgeführt werden. Dieses Problem könnte man aber durch eine erneute Suspendierung des Prozesses `transactionProcess()` mit `wait(SC_ZERO_TIME)` direkt nach der Suspendierung von Zeile 22 im Target lösen, so dass der Prozess erst einen Deltazyklus später weiterläuft.

Nun müssen wir im Prozess `transactionProcess()` die Transaktion durchführen und dann die Transaktionsantwort auf dem Rückwärtspfad an den Initiator senden. Dazu setzen wir die Phase auf `BEGIN_RESP` und das Delay-Objekt auf Null und verschaffen uns mit Hilfe des Zeigers `tObjPtr` die notwendigen Attribute des Transaktionsobjektes (Zeile 25 bis 27). Dann überprüfen wir wieder, ob die Transaktion den Speicherbereich überschreitet. Zu beachten ist hier, das wir für das Speicherfeld `mem[SIZE]` kein Byte-Feld benutzen, sondern ein Integer-Feld, so dass jedes Feldelement vier Bytes umfasst. Dies muss bei der Adressierung und Adressberechnung berücksichtigt werden, da es sich bei den vom Transaktionsobjekt gelieferten Adressen ja um Byte-Adressen handelt.

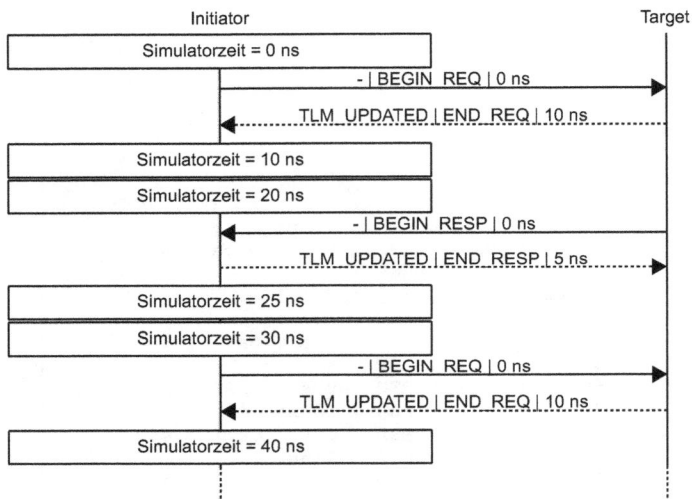

Abb. 7.17: Sequenzdiagramm für die erste Transaktion und den Beginn der zweiten Transaktion des Programms.

Wir führen die Transaktion in den Zeilen 33 bis 38 durch, indem wir die Daten zwischen Initiator und Target entsprechend kopieren. Wenn wir nun daran denken, dass es dem Initiator eigentlich erlaubt ist, in der Zwischenzeit die nächste Transaktion anzufordern, so können wir ein Problem erkennen: Wir benutzen für die Durchführung der Transaktion ja den zuvor gespeicherten Zeiger `tObjPtr` und müssen uns darauf verlassen, dass der Initiator sein Transaktionsobjekt, auf den der Zeiger zeigt, nicht schon für diese nächste Transaktion verwendet. Dieses Problem kann mit einem so genannten „Memory Manager" gelöst werden und das TLM LRM schreibt auch die Benutzung eines solchen für den AT-Stil vor (vgl. [21, Seite 470 ff.]). Wir werden darauf in einem späteren Abschnitt eingehen.

Im Prozess `transactionProcess()` rufen wir in Zeile 42 die `nb_transport_bw()`-Methode am Socket und damit im Initiator auf. Wir übergeben neben dem Phasen- und dem

Delay-Objekt auch den Zeiger auf das Transaktionsobjekt. In diesem Beispiel wird der Zeiger im Initiator nicht benötigt, man könnte aber daran denken, dass man bei mehreren aktiven Transaktionen aufgrund des Zeigerwerts – also der Adresse des Transaktionsobjekts – im Initiator unterscheiden kann, welche Transaktion das Target gerade behandelt.

Verfolgen wir nun die Ausführung der Methode `nb_transport_bw()` im Initiator: Wir setzen die Phase auf `END_RESP` und das Delay-Objekt auf die Zeit „Response Accept Delay". Bevor wir mit `TLM_UPDATED` zum Target zurückkehren, aktivieren wir noch mit einer entsprechenden Zeit-Notifikation das Ereignis `beginOfResponse`, um den Initiator-Prozess nach Ablauf dieser Zeit fortzusetzen. Nach der Rückkehr zum Target synchronisieren wir auch das Target in Zeile 43 um genau die gleiche Zeit, so dass Initiator und Target bei $t = 25$ ns synchronisiert sind. Die Transaktion ist damit abgeschlossen, wie man auch den Abbildungen 7.16 und 7.17 entnehmen kann. Der Target-Prozess warten nun auf die nächste Transaktion, welche vom Initiator nach Ablauf der durch das Symbol `NEXT_TRANS_DELAY` definierten Zeit wieder durch den nächsten „Request" initiiert wird. Die Ausführung aller vier Transaktionen kann Abbildung 7.16 entnommen werden.

7.2.3   AT-Transaktionen unter Benutzung des Gegenpfads

Wir modifizieren nun das Beispiel aus dem vorangegangenen Abschnitt, so dass die Transaktion unter Benutzung des Gegenpfades durchgeführt wird. Die Listings 7.12 und 7.13 zeigen die notwendigen Modifikationen im Initiator und im Target; der nicht gezeigte Code entspricht den Listings 7.10 und 7.11. Der gesamte Ablauf einer Transaktion unter Benutzung des Gegenpfades ist in Abbildung 7.18 zu sehen. Der Unterschied zum „Return-Pfad" aus dem letzten Abschnitt besteht darin, dass der Aufgerufene statt eines `TLM_UPDATED` ein `TLM_ACCEPTED` als „Return-Wert" zurückgibt und die Argumente der Transaktion nicht ändert. Dies bedeutet, dass die Transaktionsanforderung und die Transaktionsantwort jeweils vom Aufgerufenen nicht sofort behandelt wird und der Aufrufer auf Grund der jeweiligen Ausschlussregel nicht weitermachen kann, bis der Aufgerufene seinerseits wieder mittels der entsprechenden Transport-Methode die Anforderung oder die Antwort auf dem *Gegenpfad* beendet. Im TLM-Teil des SystemC-Standards wird dies als „using the backward path" bezeichnet (vgl. [21, Seite 434]). Diese Bezeichnung kann etwas verwirrend sein, da sowohl der Rückwärts- als auch der Vorwärtspfad benutzt wird. Gemeint ist hier, dass die Transaktionsanforderung oder die Transaktionsantwort jeweils auf dem *Gegenpfad* (wir benutzen diesen Begriff als Übersetzung von „backward path") beendet wird, im Unterschied zum vorigen Abschnitt wo diese auf dem „Return-Pfad" beendet wurden und damit der „Request" oder der „Response" in einem Funktionsaufruf behandelt werden konnte. Bei Benutzung des Gegenpfades fordert der Initiator die Transaktion auf dem Vorwärtspfad an und das Target beendet die Transaktionsanforderung auf dem Rückwärtspfad (was dann der Gegenpfad des Vorwärtspfads wäre). Sinngemäß signalisiert das Target anschließend die Transaktionsantwort auf dem Rückwärtspfad und der Initiator beendet die Transaktionsantwort auf dem Vorwärtspfad (als Gegenpfad des Rückwartspfads). Eine Transaktion benötigt somit vier Methodenaufrufe. Wir sprechen im Folgenden besser vom Gegenpfad statt vom „backward path", wenn wir diesen Ablauf meinen.

Wir verfolgen den Ablauf einer Transaktion wieder am besten anhand des Quellcodes von Initiator und Target und starten in Listing 7.12 mit dem Initiator. Die vorbereitenden Aktionen für den „Request" bis zum Aufruf der Methode `nb_transport_fw()` in Zeile 11 entsprechen der Vorgehenweise von Listing 7.10. Gehen wir nun zur Methode `nb_transport_fw()` im

Target in Listing 7.13 ab Zeile 21: Da der Initiator die Methode zweimal aufrufen wird, müssen wir die Phase unterscheiden. Beim ersten Aufruf wird die Phase BEGIN_REQ sein, so dass wir in diesem Fall wieder einen Zeiger auf das Transaktionsobjekt speichern und das Ereignis beginOfRequest, auf welches der Prozess transactionProcess() sensitiv ist, mit einer Zeit-Notifikation aktivieren. Der Wert der Zeit-Notifikation ist REQUEST_ACCEPT_DELAY, was also wieder der im vorigen Abschnitt besprochenen Zeit für die Annahme des „Requests" durch das Target entspricht. Die Phase und das Delay-Objekt wird in der Methode nicht verändert, da wir mit TLM_ACCEPTED zum Initiator zurückkehren. Dieser steht in Zeile 12 und wartet seinerseits auf das Ereignis endOfRequest, welches bei Aufruf der nb_transport_bw()-Methode auf dem Rückwärtspfad durch das Target aktiviert wird.

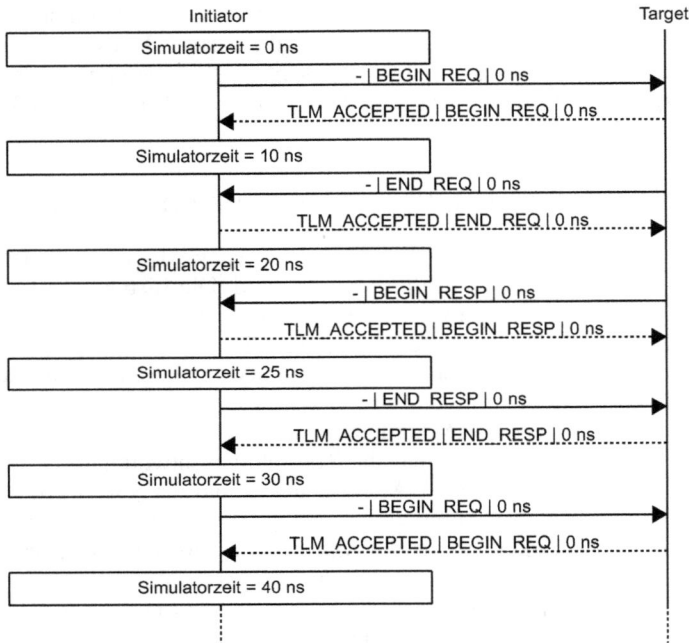

Abb. 7.18: *Sequenzdiagramm für die erste Transaktion und den Beginn der zweiten Transaktion des Programms unter Benutzung des Gegenpfades. Das Phasen- und das Delay-Objekt werden vom Aufgerufenen nicht verändert.*

Das Target steht im Prozess transactionProcess() in Zeile 7 und wartet auf die Aktivierung des Ereignisses beginOfRequest nach Ablauf der Zeit REQUEST_ACCEPT_DELAY. Nun muss das Target die Transaktionsanforderung auf dem Gegenpfad – also hier der Rückwärtspfad – durch Aufruf der Methode nb_transport_bw() in Zeile 11 beenden, wobei die Phase auf END_REQ gesetzt wird. Mit dem Aufruf dieser Methode im Initiator wird das Ereignis endOfRequest mit einer Zeit-Notifikation aktiviert, wobei die durch das Target gelieferte Zeit Null ist, so dass der Initiator-Prozess im gleichen Zeitpunkt ($t = 10$ ns) aber im nächsten Deltazyklus weiterläuft (Delta-Notifikation). Der „Request" ist damit abgeschlossen und der Initiator steht nun bei Zeile 13 und wartet darauf, dass sich das Target für den Beginn der Transaktionsantwort wieder meldet.

Listing 7.12: *Initiator für das Beispiel mit Gegenpfad (Ausschnitt, Datei k7b4initiator.h)*

```
 1   ...
 2   struct Initiator : public sc_module {
 3   ...
 4     void transactionProcess(){
 5       for(int i=0; i<NTRANS*2; i++){
 6         delay = SC_ZERO_TIME;
 7         dataBuf = rand();
 8   ...
 9         phase = BEGIN_REQ;
10   ...
11         status = iSocket->nb_transport_fw(t1, phase, delay);
12         wait(endOfRequest);
13         wait(beginOfResponse);
14         delay = SC_ZERO_TIME;
15         phase = END_RESP;
16         TSTAMP<<" | "<<setw(10)<<phase<<" | "<<delay<<endl;
17         status = iSocket->nb_transport_fw(t1, phase, delay);
18         if(t1.is_response_error())
19           SC_REPORT_ERROR("Initiator", "Response error.");
20         wait(NEXT_TRANS_DELAY, SC_NS);
21       }
22     }
23     tlm_sync_enum nb_transport_bw(tlm_generic_payload& tObj,
24                 tlm_phase& tPhase, sc_time& tDelay){
25       if (tPhase == END_REQ) {
26         endOfRequest.notify(tDelay);
27       }
28       else if (tPhase == BEGIN_RESP) {
29         beginOfResponse.notify(RESPONSE_ACCEPT_DELAY, SC_NS);
30       }
31       return TLM_ACCEPTED;
32     }
33   ...
34   };
```

Nachdem die Target-Latenz abgelaufen ist, wird der Target-Prozess dann ab Zeile 12 weitergeführt. Wir müssen an dieser Stelle für die Suspendierung des Prozesses die Zeit für das „Request Accept Delay" von der Target-Latenz subtrahieren, da wir ja vorher schon diese Zeit gewartet hatten. Das Target setzt nun die Phase auf BEGIN_RESP und führt die notwendigen Aktionen für die Durchführung der Transaktion wieder durch; dies funktioniert wie im vorigen Beispiel und ist im Code in Listing 7.13 nicht gezeigt. Anschließend initiiert das Target die Transaktionsantwort durch Aufruf der Methode nb_transport_bw() in Zeile 16 auf dem Rückwärtspfad.

Im Initiator wird beim Aufruf der Methode nb_transport_bw() das beginOfResponse-Ereignis mit einer Zeit-Notifikation mit der Zeit RESPONSE_ACCEPT_DELAY aktiviert, was wiederum der Zeit für die Annahme der Antwort durch den Initiator entspricht. Dies führt dazu, dass der Initiator-Prozess nach dieser Zeit ab Zeile 13 weiterläuft und der Initiator nun seinerseits die Transaktionsantwort auf dem Vorwärtspfad beenden muss. Hierzu wird in Zeile 17 die Methode nb_transport_fw() mit der Phase END_RESP aufgerufen. Im Target wird hierdurch das Ereignis endOfResponse mit einer Zeit-Notifikation (delay = Null, daher wieder Delta-Notifikation) aktiviert. Der Target-Prozess wird somit fortgeführt und kann von vorne beginnen – er steht wieder in Zeile 7. Damit ist die Transaktion abgeschlossen und der Initiator wartet wieder die Zeit NEXT_TRANS_DELAY ab, bis er die nächste Transaktion startet, so dass der Ablauf bei $t = 30$ ns von vorne beginnen kann. Den gesamten Ablauf zeigt auch das Sequenzdiagramm aus Abbildung 7.18, dem man die vier Methodenaufrufe auf dem Vorwärts- und Rückwärtspfad entnehmen kann. Die Ausgabe des Programms entspricht im Prinzip derjenigen aus Abbildung 7.16 aus dem vorigen Abschnitt, wobei allerdings sämtlich Delay-Zeiten Null sind, so wie das auch im Sequenzdiagramm gezeigt ist. Dies liegt daran, dass das Delay-Objekt vom Aufgerufenen ja nicht verändert wird.

Listing 7.13: Target für das Beispiel mit Gegenpfad (Ausschnitt, Datei k7b4target.h)

```
1    ...
2    struct Target : public sc_module {
3    ...
4      void transactionProcess(){
5    ...
6        while(1){
7          wait(beginOfRequest);
8          phase = END_REQ;
9          delay = SC_ZERO_TIME;
10         TSTAMP<<" | "<<setw(10)<<phase<<" | "<<delay<<endl;
11         status = tSocket->nb_transport_bw(*tObjPtr, phase, delay);
12         wait(TARGET_LATENCY-REQUEST_ACCEPT_DELAY, SC_NS);
13         phase = BEGIN_RESP;
14         delay = SC_ZERO_TIME;
15    ...
16         status = tSocket->nb_transport_bw(*tObjPtr, phase, delay);
17         wait(endOfResponse);
18       }
19     }
20     //Non-blocking interface method (AT-style)
21     tlm_sync_enum nb_transport_fw(tlm_generic_payload& tObj,
22              tlm_phase& tPhase , sc_time& tDelay){
23       if(tPhase == BEGIN_REQ){
24         tObjPtr = &tObj;
25         beginOfRequest.notify(REQUEST_ACCEPT_DELAY, SC_NS);
26       }
27       else if (tPhase == END_RESP){
28         endOfResponse.notify(tDelay);
29       }
30       return TLM_ACCEPTED;
31     }
32    ...
33   };
```

Es bleibt noch zu bemerken, dass man für einen interoperablen Initiator oder ein interoperables Target natürlich nach Rückkehr der Interface-Methoden den Return-Wert abfragen müsste und unterscheiden müsste, ob der „Return-Pfad" oder der Gegenpfad benutzt wird. Wir haben dies aus Gründen der Übersicht für dieses Beispiel nicht berücksichtigt. Der Code funktioniert nur dann korrekt, wenn beide den Gegenpfad benutzen.

7.2.4   Erlaubte Phasenübergänge

Neben den bisher besprochenen beiden Abläufen bei der Ausführung einer Transaktion – Phasenübergänge durch Benutzung des „Return-Pfades" und durch den Gegenpfad – erlaubt der Standard noch bestimmte Abkürzungen in den Phasenübergänge, wobei dann Phasenübergänge nicht mehr explizit zwischen Initiator und Target signalisiert werden, sondern implizit vorgenommen werden. In Abbildung 7.19 sind die gemäß dem SystemC-Standard erlaubten expliziten und impliziten Phasenübergänge eingetragen (vgl. [21, Seite 503 ff.]).

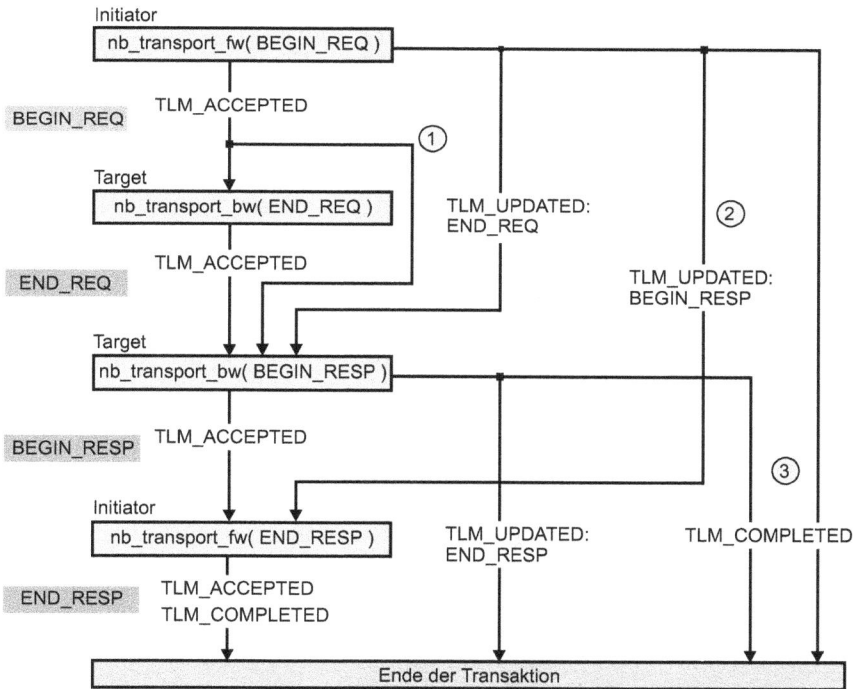

Abb. 7.19: Diagramm für die erlaubten Phasenübergänge bei einer AT-Transaktion (vgl. auch [21, Seite 507]). Die Pfeile markieren die erlaubten Abfolgen von Methodenaufrufen. Am Methodenaufruf ist jeweils angegeben, wer diesen sendet. Im Methodenaufruf wird nur der jeweilige Wert der Phase angegeben, die anderen Argumente sind nicht angegeben. An den Pfeilen ist jeweils der Status (= Rückgabewert) und der Wert der Phase auf dem „Return-Pfad" angegeben. Wenn kein Wert für die Phase angegeben ist, so ist dieser nicht relevant. Die Zahlen markieren die im Text diskutierten Sonderfälle.

Wir können im Diagramm zunächst die beiden bisher besprochenen Abläufe erkennen – also Benutzung des „Return-Pfades" (TLM_UPDATED) und des Gegenpfades (TLM_ACCEPTED). Wie man dem Diagramm des Weiteren entnehmen kann, ist es auch erlaubt, die Transaktionsanforderung auf dem „Return-Pfad" abzuschließen und die Transaktionsantwort auf dem Gegenpfad zu vollenden. Ebenso wäre es möglich, die Transaktionsanforderung auf dem Gegenpfad abzuschließen und die Transaktionsantwort mit dem „Return-Pfad" zu beenden.

Bei den bisher besprochenen Abläufen waren die Phasenübergänge immer explizit in der Reihenfolge BEGIN_REQ → END_REQ → BEGIN_RESP → END_RESP. In Abbildung 7.19 sind nun die ebenfalls zulässigen Sonderfälle gezeigt, wobei bestimmte Phasenübergänge nicht mehr explizit vollzogen werden, sondern implizit ausgeführt werden. Wir besprechen im Folgenden die in der Abbildung mit den Zahlen markierten Fälle.

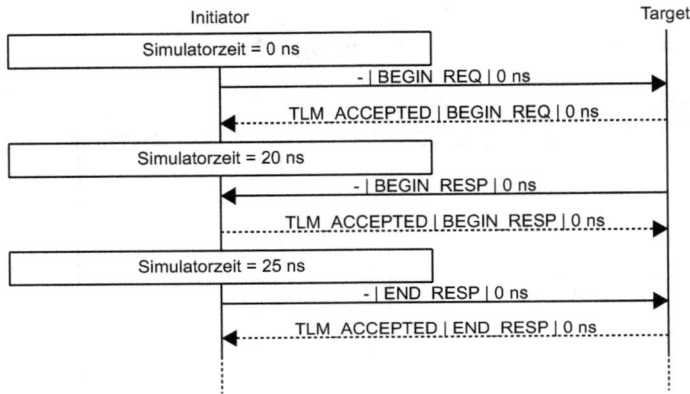

Abb. 7.20: *Sequenzdiagramm für die Beendigung der Transaktionsanforderung durch Präemption.*

Im Fall 1 erlaubt es der Standard, dass ein Target – bei einer vom Initiator erwarteten Antwort des Targets auf dem Gegenpfad – die Transaktionsanforderung nicht mit dem Senden von END_REQ beendet, sondern gleich ein BEGIN_RESP sendet und damit den Beginn der Transaktionsantwort signalisiert. Der Initiator muss daraus schließen, dass damit die Phase END_REQ *implizit* durchlaufen wurde und die Transaktionsanforderung beendet ist. Dieser Vorgang wird im Englischen als „pre-emption" bezeichnet. Der Initator kann nun seinerseits die Transaktionsantwort auf dem „Return-Pfad" oder auf dem Gegenpfad quittieren. Abbildung 7.20 zeigt ein beispielhaftes Sequenzdiagramm, wobei der Initiator die Transaktionsantwort auf dem Gegenpfad abschließt.

Eine weitere Form der Präemption stellt der Fall 2 dar: Es ist auch erlaubt, dass ein Target auf die Transaktionanforderung durch den Initiator auf dem „Return-Pfad" (TLM_UPDATED) statt dem END_REQ ein BEGIN_RESP sendet. Damit wird ebenfalls implizit die Transaktionanforderung abgeschlossen, aber im Unterschied zum Fall 1 auf dem „Return-Pfad". Nun ist es zwingend, dass der Initiator die durch das Target eingeleitete Transaktionsantwort durch das Senden von END_RESP quittiert; dies erfolgt durch den Aufruf der Methode nb_transport_fw() auf dem Gegenpfad. Abbildung 7.21 zeigt auch hierzu wieder ein beispielhaftes Sequenzdiagramm. Das Target muss nun auf dem „Return-Pfad" auch die Target-Latenzzeit mitsenden, damit der Initiator nach dieser Zeit plus seiner eigenen Zeit für die Annahme der Antwort

(RESPONSE_ACCEPT_DELAY) die Methode `nb_transport_fw()` aufruft. Beim letzten Aufruf von `nb_transport_fw()` durch den Initiator kann das Target im Übrigen wahlweise den Status auf TLM_ACCEPTED oder auch auf TLM_COMPLETED setzen, wie man Abbildung 7.19. entnehmen kann.

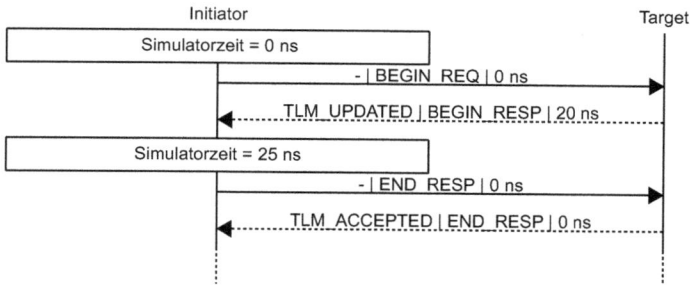

Abb. 7.21: *Sequenzdiagramm für die Beendigung der Transaktionsanforderung durch Präemption auf dem „Return-Pfad".*

Neben der Präemption, und damit dem Vollziehen von impliziten Phasenübergängen, können Transaktionen auch vorzeitig beendet werden (engl.: early completion). Dies ist der Fall 3 in Abbildung 7.19. Hierzu muss der Aufgerufene ein TLM_COMPLETED senden, wobei der Wert der Phase in diesem Fall irrelevant ist. Das Sequenzdiagramm von Abbildung 7.22 zeigt den Fall, in welchem das Target bei der Transaktionsanforderung durch den Initiator sofort ein TLM_COMPLETED sendet. Dies bedeutet für den Initiator, dass die Transaktion damit abgeschlossen ist. Der Initiator darf in diesem Fall kein END_RESP mehr an das Target senden. Ein vorzeitiges Ende einer Transaktion bedeutet nicht automatisch, dass ein Fehler aufgetreten ist. Der Initiator muss nun den Antwort-Status des Transaktionsobjektes überprüfen, um herauszufinden, ob die Transaktion korrekt oder fehlerhaft beendet wurde.

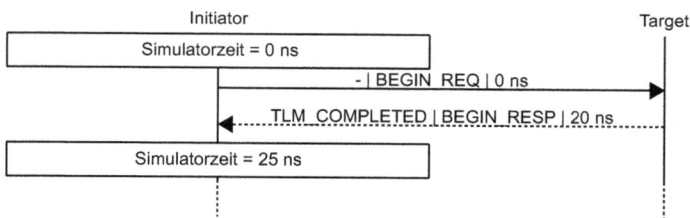

Abb. 7.22: *Sequenzdiagramm für die vorzeitige Beendigung einer Transaktion.*

Ebenso kann auch der Initiator bei der Initiierung der Transaktionsantwort durch das Target ein TLM_COMPLETED signalisieren, dies würde aber dem Senden von END_RESP mit einem TLM_UPDATED entsprechen, wie man ebenfalls Abbildung 7.19 entnehmen kann. Zu beachten ist, dass auch bei der vorzeitigen Beendigung die Ausschlussregeln eingehalten werden müssen. So darf ein Target auf eine Transaktionsanforderung hin kein TLM_COMPLETED senden, wenn die Transaktionsantwort einer vorhergehenden Transaktion noch nicht abgeschlossen ist, beispielsweise, weil der Initiator dafür noch kein END_RESP gesendet hat. Ein TLM_COMPLETED beinhaltet ja auch implizit eine Transaktionsantwort und diese darf erst initiiert werden, wenn eine vorhergehende Transaktion abgeschlossen ist. In diesem Fall kann das Target nur den Abschluss der Transaktionsanforderung quittieren.

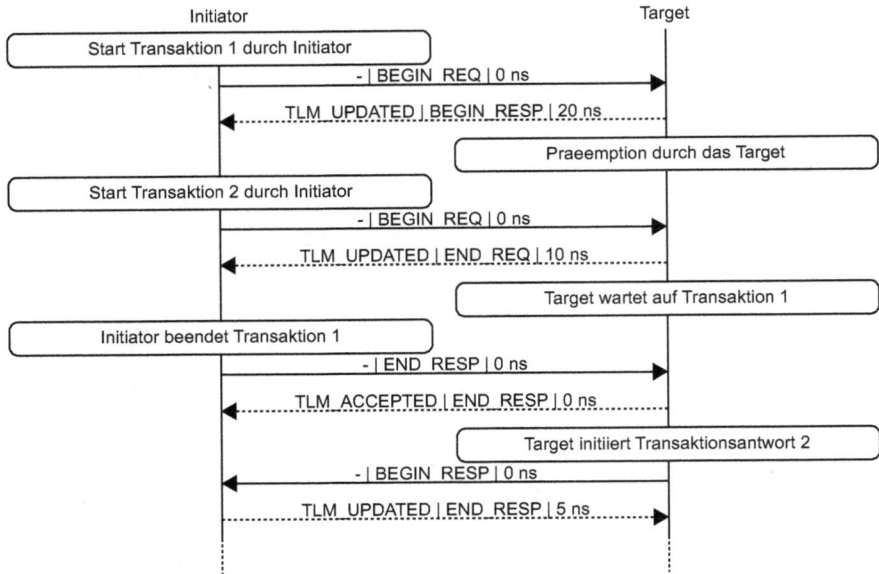

Abb. 7.23: Sequenzdiagramm für zwei verschränkte Transaktionen.

Die Wirkung der Ausschlussregeln möchten wir noch an einem letzten Beispiel im Sequenzdiagramm von Abbildung 7.23 zeigen. Nehmen wir an, der Initiator startet die erste Transaktionsanforderung und das Target quittiert dies durch eine Präemption – beendet somit die Transaktionsanforderung implizit – und wechselt auf dem „Return-Pfad" in die Phase BEGIN_RESP. Wenn wir nun weiter annehmen, dass der Initiator die Transaktionsantwort der ersten Transaktion nicht sofort quittiert, sondern die Anforderung der zweiten Transaktion startet – was er darf, da die Ausschlussregel hierfür erfüllt ist –, so muss das Target nun mit der Transaktionsantwort für die zweite Transaktion warten, da die Ausschlussregel hierfür nicht erfüllt ist: Die Transaktionsantwort für die erste Transaktion muss vom Initiator erst noch quittiert werden. Das Target kann daher nur die Transaktionsanforderung für die zweite Transaktion abschließen (hier auf dem „Return-Pfad") und kann keine Präemption oder vorzeitige Beendigung vornehmen. Erst wenn der Initiator in der Folge die Transaktionsantwort für die erste Transaktion quittiert hat, kann das Target mit der Transaktionsantwort für die zweite Transaktion fortfahren.

7.3   Verwendung eines Memory-Managers für den AT-Stil

Wie wir in den vorangegangenen Abschnitten gesehen haben, findet beim AT-Stil eine Trennung von Transaktionsanforderung („Request") und Transaktionsantwort („Response") statt. Ferner ist es für einen Initiator möglich, mehrere „Requests" zu senden, obwohl die „Responses" für die vorhergehenden „Requests" noch nicht vorliegen. Ein Target muss sich allerdings darauf verlassen können, dass das Transaktionsobjekt zu einer Transaktion, für die die „Response" bearbeitet werden soll, noch gültig ist. Wenn zu einem bestimmten Zeitpunkt mehrere Transaktionen aktiv sind – beispielsweise um das Pipelining eines Busses zu modellieren – so werden mehrere Transaktionsobjekte benötigt und es wird insbesondere ein Verriegelungsmechanismus benötigt, der die Gültigkeit eines Transaktionsobjektes sicherstellt.

Ein weiteres Problem im Zusammenhang mit Transaktionsobjekten besteht darin, dass das (dynamische) Erzeugen von Transaktionsobjekten während der Laufzeit des Programms rechenzeitintensiv ist. Somit muss ein für eine bestimmte Transaktion benutztes und verriegeltes Transaktionsobjekt auch wieder freigegeben werden können, wenn es nicht mehr benötigt wird – anderenfalls müsste man ständig neue Transaktionsobjekte erzeugen. Diese Probleme werden durch einen so genannten „Memory Manager" gelöst und der SystemC-Standard [21] schreibt die Benutzung eines Memory Managers für den AT-Stil auch vor. Für den LT-Stil ist ein Memory Manager in der Regel nicht notwendig, da die Transaktionen ja durch den Aufruf der Interface-Methode `b_transport()` in einem Schritt abgeschlossen werden und keine Trennung in „Request" und „Response" stattfindet.

Listing 7.14: Header-Datei für den Memory Manager (Datei memorymanager.h)

```
1   #ifndef MEMORYMANAGER_H
2   #define MEMORYMANAGER_H
3   #include "tlm.h"
4   using namespace tlm;
5   #define POOLSIZE 4
6   struct MemoryManager: public tlm_mm_interface {
7       //Constructor and destructor
8       MemoryManager();
9       ~MemoryManager();
10      //Methods
11      tlm_generic_payload* allocate();
12      void free(tlm_generic_payload*);
13  private:
14      tlm_generic_payload *freePayloadPool[POOLSIZE];
15      int poolIndex;
16  };
17  #endif
```

Ein Memory Manager muss vom Anwender selbst geschrieben werden; die TLM-Bibliothek bietet keinen vorgefertigten Memory Manager an. Die Klasse für den Memory Manager muss von der abstrakten Basisklasse `tlm_mm_interface` abgeleitet werden und die rein virtuelle Methode `free()` dieser Klasse *muss* vom Memory Manager überschrieben werden. Der Memory Manager hat im Grunde zwei Aufgaben: Er erzeugt zum einen neue Transaktionsobjekte (typischerweise mit einer Methode `allocate()`) und über die Methode `free()` können schon erzeugte und nicht mehr benötigte Transaktionsobjekte in einen „Pool" von freien Transaktionsobjekten eingefügt werden, so dass sie vom Memory Manager bei der Anforderung von Transaktionsobjekten mit `allocate()` wiederverwendet werden können. Des Weiteren verfügt das Transaktionsobjekt über einen so genannten „Referenzenzähler" (engl.: reference count), um ein Transaktionsobjekt zu verriegeln und wieder freizugeben; dieser kann aber nur benutzt wer-

den, wenn ein Memory Manager vorhanden ist (vgl. [21, Seite 470 ff.]). Der Referenzenzähler
wird über die Methoden `acquire()` und `release()` des Transaktionsobjektes angesprochen.

Listing 7.15: *Implementierungs-Datei für den Memory Manager (Datei memorymanager.cpp)*

```
1   #include "memorymanager.h"
2   MemoryManager::MemoryManager() {
3     for(int i = 0; i<POOLSIZE; i++) {
4       freePayloadPool[i] = 0;
5       poolIndex = -1;
6     }
7   }
8   MemoryManager::~MemoryManager() {
9     for(int i = 0; i<POOLSIZE; i++) {
10      if(freePayloadPool[i] != 0)
11        delete freePayloadPool[i];
12    }
13  }
14  tlm_generic_payload* MemoryManager::allocate() {
15    tlm_generic_payload *tObjPtr;
16    if( poolIndex < 0) { //No free elements in the pool
17      tObjPtr = new tlm_generic_payload();
18      tObjPtr->set_mm(this);
19      return tObjPtr;
20    }
21    else { //Release a free element from the pool
22      tObjPtr = freePayloadPool[poolIndex];
23      freePayloadPool[poolIndex] = 0;
24      poolIndex--;
25      return tObjPtr;
26    }
27  }
28  void MemoryManager::free(tlm_generic_payload *tObjPtr) {
29    poolIndex++;
30    if( poolIndex == POOLSIZE )
31      SC_REPORT_FATAL("Memory Manager", "Pool size exceeded.");
32    freePayloadPool[poolIndex] = tObjPtr;
33  }
```

Wir stellen im Folgenden einen einfachen Memory Manager (Klasse `MemoryManager`) und
seine Verwendung vor. In Listing 7.14 ist die Header-Datei zu sehen: Neben dem Konstruktor
und dem Destruktor verfügt die Klasse `MemoryManager` über die beiden Methoden `free()`
und `allocate()`. Der eigentliche „Payload-Pool" wird durch ein Feld von Zeigern vom Typ
`tlm_generic_payload` implementiert, wobei die Feldgröße über das Symbol `POOLSIZE` statisch vorgegeben wird. Jedes Feldelement kann dann später auf ein Transaktionsobjekt zeigen,
indem wir die Adresse des Objektes darin speichern. Die Member-Variable `poolIndex` wird
benötigt, um auf einzelne Feld-Elemente des Pools zugreifen zu können. Der Nachteil dieses
einfachen Memory Managers besteht darin, dass die Pool-Größe statisch ist und damit die maximale Anzahl von damit zu verwaltenden Transaktionsobjekten begrenzt ist. Für die Beispiele

in diesem Buch ist dies aber völlig ausreichend. Ein etwas elegantere Lösung wäre mittels einer verketteten Liste zu realisieren und man findet beispielsweise bei Doulos [17] eine solche Lösung.

Im Konstruktor des Memory Managers (Listing 7.15) wird das Feld `freePayloadPool` zunächst mit Nullen initialisiert. Wenn eine Null im Feldelement steht, so bedeutet dies, dass dieses Element auf kein freies Transaktionsobjekt zeigt und somit in der Lage ist, einen solchen Zeiger aufzunehmen. Den Index `poolIndex` initialisieren wir mit `-1`, woran wir erkennen können, dass keine freien Transaktionsobjekte im Pool sind. In diesem Fall muss der Memory Manager neue Transaktionsobjekte erzeugen, was zu Beginn der Fall sein wird.

Der Memory Manager wird im Initiator in Listing 7.16 dynamisch instanziert. Das Beispiel verfügt nicht über die normale Initiator-Funktionalität – es ist beispielsweise kein Socket vorhanden – und soll nur die Verwendung des Memory Managers demonstrieren. Kehren wir zurück zum Memory Manager und der Methode `allocate()`: Wie schon erwähnt wurde, ist am Anfang der `poolIndex = -1` und es sind keine freien Transaktionsobjekte im Pool. Wird die Methode `allocate()` das erste Mal aufgerufen, um ein Transaktionsobjekt anzufordern, – wie in Zeile 20 von Listing 7.16 – so erzeugen wir in Zeile 17 ein *neues* Transaktionsobjekt. Dies muss zwingend dynamisch – also auf dem „Heap" – erzeugt werden. Wichtig ist nun, dass wir dem erzeugten Transaktionsobjekt den Memory Manager zuordnen. Dies wird mit der Methode `set_mm()` des Transaktionsobjektes bewerkstelligt, wobei wir als Argument den **this**-Zeiger übergeben – also den Zeiger auf die Instanz des Memory Managers (Der Memory Manager kann im Übrigen auch über den überladenen Konstruktor des Transaktionsobjektes gesetzt werden). Somit verfügt dieses Transaktionsobjekt über einen Memory Manager und es kann in der Folge der Referenzenzähler benutzt werden. Ferner kann man mit der Methode `has_mm()` abfragen, ob ein Transaktionsobjekt über einen Memory Manager verfügt – sie liefert dann ein **true** zurück.

Wenn wir also im Initiator in Zeile 20 ein Transaktionsobjekt anfordern, so wird dies vom Memory Manager erzeugt und er liefert die Adresse des Objektes zurück. Die Ausgabe des Programms in Abbildung 7.25 zeigt, dass die Adresse des ersten Transaktionsobjektes `00349050` ist. In einem normalen Initiator würden wir nun die Attribute des Transaktionsobjektes setzen und es dann für eine Transaktion einsetzen. Zuvor muss jedoch der schon angesprochene Referenzenzähler des Transaktionsobjektes mit Hilfe der Methode `acquire()` von 0 auf 1 erhöht werden. Der Referenzenzähler ist eine Member-Variable des Transaktionsobjekts. Ist er von Null verschieden, so bedeutet dies, dass das Transaktionsobjekt gerade in einer Transaktion verwendet wird. Das Interconnect und das Target erhöhen diesen Zähler typischerweise weiter, so dass man am Wert auch erkennen kann, wie viele Komponenten das Transaktionsobjekt referenzieren. Das Gegenstück zu `acquire()` ist `release()`: Diese Methode dekrementiert den Referenzenzähler und wenn dieser Null ist, so wird automatisch die Methode `free()` des mit dem Transaktionsobjektes verbundenen Memory Managers aufgerufen – das Transaktionsobjekt ist frei und kann im Pool verwaltet werden. Der Methode `free()` wird dabei als Argument der Zeiger auf das Transaktionsobjekt – also wiederum dessen Adresse – übergeben. Die Funktionsweise der Methoden und des Referenzenzählers können im Übrigen relativ gut dem Quellcode des Transaktionsobjektes aus der TLM-Bibliothek entnommen werden (Datei `tlm_gp.h` im Verzeichnis `\include\tlm\tlm_h\tlm_generic_payload`). Aus der Diskussion wird auch klar, dass die Anzahl der `acquire()`-Aufrufe im Rahmen einer Transaktion auch eine entsprechende Anzahl von `release()`-Aufrufen nach sich ziehen muss, damit das

Transaktionsobjekt wieder frei ist. Den Wert des Referenzenzählers eines Transaktionsobjektes kann man im Übrigen mit der Methode `get_ref_count()` abfragen.

In unserem Beispiel erzeugen wir also vier Transaktionsobjekte mit den zugehörigen Adressen, welche man Abbildung 7.25 entnehmen kann. Wir benutzen im Initiator ein Zeigerfeld `tP`, um mit den Transaktionsobjekten arbeiten zu können. Ab Zeile 33 in Listing 7.16 dekrementieren wir für jedes Objekt den Referenzenzähler und da er nun Null ist, wird jeweils die Methode `free()` unseres Memory Managers aufgerufen, welche wir uns nun als nächstes ansehen. Wir erhalten als Argument also die Adresse des Transaktionsobjektes, welche im Pool gespeichert werden soll. Der `poolIndex` muss zunächst inkrementiert werden, damit er auf den nächsten freien Platz zeigt. Wenn der Index die Feldgrenze übersteigt, so erzeugen wir mit dem Report-Handler eine Fehlermeldung, worauf das Programm abgebrochen wird. Schließlich speichern wir in Zeile 32 die Adresse des freien Transaktionsobjektes im Feldelement. Nachdem wir im Initiator alle vier Transaktionsobjekte mit `release()` entriegelt haben, sieht der Pool des Memory Managers wie in Abbildung 7.24 aus – er verfügt also nun über vier Transaktionsobjekte, welche für weitere Transaktionen wieder verwendet werden können.

Listing 7.16: Initiator-Beispiel mit Memory Manager (Datei k7b5initiator.h)

```
1  #include <iostream>
2  #include <iomanip>
3  using namespace std;
4  #include <systemc>
5  using namespace sc_core;
6  using namespace sc_dt;
7  #include "tlm.h"
8  using namespace tlm;
9  #include "memorymanager.h"
10 struct Initiator : public sc_module {
11   SC_HAS_PROCESS(Initiator);
12   //Constructor and destructor
13   Initiator(sc_module_name name) {
14     SC_THREAD(transactionProcess);
15     initiatorMemManager = new MemoryManager();
16   }
17   ~Initiator(){delete initiatorMemManager;}
18   //Process
19   void transactionProcess(){
20       tP[0] = initiatorMemManager->allocate();
21       cout <<"Allocated transaction object: "<<hex<<tP[0]<<endl;
22       tP[0]->acquire();
23       tP[1] = initiatorMemManager->allocate();
24       cout <<"Allocated transaction object: "<<hex<<tP[1]<<endl;
25       tP[1]->acquire();
26       tP[2] = initiatorMemManager->allocate();
27       cout <<"Allocated transaction object: "<<hex<<tP[2]<<endl;
28       tP[2]->acquire();
29       tP[3] = initiatorMemManager->allocate();
30       cout <<"Allocated transaction object: "<<hex<<tP[3]<<endl;
31       tP[3]->acquire();
```

```
32
33          tP[0]->release();
34          cout <<"Returned transaction object: "<<hex<<tP[0]<<endl;
35          tP[1]->release();
36          cout <<"Returned transaction object: "<<hex<<tP[1]<<endl;
37          tP[2]->release();
38          cout <<"Returned transaction object: "<<hex<<tP[2]<<endl;
39          tP[3]->release();
40          cout <<"Returned transaction object: "<<hex<<tP[3]<<endl;
41
42          tP[0] = initiatorMemManager->allocate();
43          cout <<"Allocated transaction object: "<<hex<<tP[0]<<endl;
44          tP[0]->acquire();
45          tP[1] = initiatorMemManager->allocate();
46          cout <<"Allocated transaction object: "<<hex<<tP[1]<<endl;
47          tP[1]->acquire();
48      }
49      tlm_generic_payload *tP[4];
50  private:
51      MemoryManager *initiatorMemManager;
52  };
```

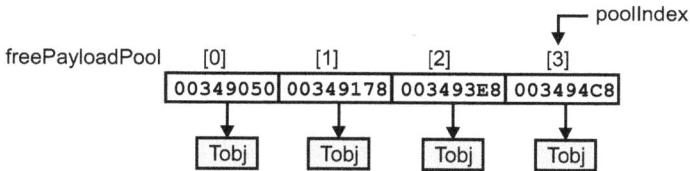

Abb. 7.24: *Zustand des Payload-Pools nach Zeile 39 von Listing K7L16. Adresswerte sind hexadezimal angegeben. Der Bezeichner „Tobj" stellt ein Transaktionsobjekt dar.*

```
Allocated transaction object: 00349050
Allocated transaction object: 00349178
Allocated transaction object: 003493E8
Allocated transaction object: 003494C8
Returned transaction object: 00349050
Returned transaction object: 00349178
Returned transaction object: 003493E8
Returned transaction object: 003494C8
Allocated transaction object: 003494C8
Allocated transaction object: 003493E8
```

Abb. 7.25: *Ausgabe des Programms von Listing 7.16.*

Sehen wir uns daher an, was passiert, wenn nun weitere Transaktionsobjekte angefordert werden – im Initiator in den Zeilen 42 und 45. Beim Aufruf der Methode allocate() im Memory

Manager ist nun der `poolIndex` größer als −1 und somit sind freie Transaktionsobjekte vorhanden. Wir nehmen die im entsprechenden Feldelement gespeicherte Adresse des Transaktionsobjektes und weisen diese `tObjPtr` zu. Beim Aufruf von Zeile 42 im Initiator ist `poolIndex` = 3 und damit ist die Adresse des Transaktionsobjektes `003494C8`. Wir können anhand der Ausgabe des Programms in Abbildung 7.25 nachvollziehen, dass das Objekt mit dieser Adresse tatsächlich zurückgegeben wird. Nach dem nächsten `allocate()`-Aufruf sieht der Payload-Pool wie in Abbildung 7.26 gezeigt aus. Der Wert des Feldelements wird jeweils wieder auf Null gesetzt und der `poolIndex` dekrementiert. Man müsste natürlich die beiden Transaktionsobjekte, die wir zuletzt aus dem Pool geholt hatten, später wieder mit `release()` in den Pool bringen, dies ist im Quellcode des Initiators weggelassen worden.

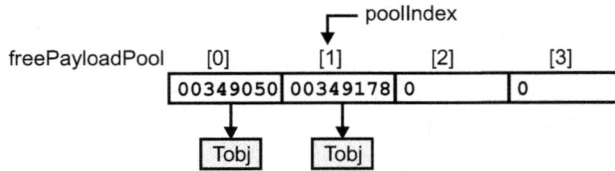

Abb. 7.26: *Zustand des Payload-Pools nach Zeile 45 von Listing K7L16. Adresswerte sind hexadezimal angegeben.*

Da die Transaktionsobjekte vom Memory Manager dynamisch erzeugt werden, sollte man im Destruktor die Objekte auch wieder zerstören. Dies zeigt Listing 7.15 in den Zeilen 8 bis 13, wobei geprüft wird, ob am ensprechenden Index überhaupt der Zeiger auf ein Transaktionsobjekt gespeichert ist. Zu bemerken ist noch, dass die Transaktionsobjekte nur unter Kontrolle des Memory Managers sind, wenn sie mit `release()` – also mit `free()`, wenn der Referenzzähler gleich Null ist – in den Pool gebracht wurden und damit ihre Adresse in der Liste gespeichert ist. Wenn dies am Ende unterbleibt – so wie in unserem Beispiel bei den Objekten mit den Adressen `003494C8` und `003493E8` –, so können sie auch nicht zerstört werden. Man könnte den Memory Manager etwas aufwändiger gestalten und auch eine Liste der ausgegebenen oder neu erzeugten Transaktionsobjekte führen und diese am Ende im Destruktor ebenfalls zerstören. Ferner muss noch bemerkt werden, dass die Attribute von wieder zu verwendenden Transaktionsobjekten im Pool noch die alten Werte der vorhergehenden Transaktion tragen. Daher sollten alle Attribute bei der Wiederverwendung auch neu gesetzt werden.

Listing 7.17: *Initiator mit Memory Manager (Ausschnitt, Datei k7b6initiator.h)*

```
 1   ...
 2   struct Initiator : public sc_module {
 3   ...
 4     void transactionProcess(){
 5       for(int i=0; i<NTRANS*2; i++){
 6   ...
 7         tObjPtr = initiatorMemManager.allocate();
 8         tObjPtr->acquire();
 9   ...
10         status = iSocket->nb_transport_fw(*tObjPtr, phase, delay);
11         wait(endOfRequest);
12         wait(beginOfResponse);
```

```
13   ...
14           status = iSocket->nb_transport_fw(*tObjPtr, phase, delay);
15   ...
16           tObjPtr->release();
17           wait(NEXT_TRANS_DELAY, SC_NS);
18         }
19       }
20     tlm_sync_enum nb_transport_bw(tlm_generic_payload& tObj,
21               tlm_phase& tPhase, sc_time& tDelay){
22   ...
23       }
24     //Member variables
25     tlm_generic_payload *tObjPtr;
26   ...
27   private:
28     MemoryManager initiatorMemManager;
29   ...
30   };
```

Listing 7.18: Target benutzt Referenzenzähler (Ausschnitt, Datei k7b6target.h)

```
1    ...
2    struct Target : public sc_module {
3    ...
4      void transactionProcess(){
5    ...
6      }
7      //Non-blocking interface method (AT-style)
8      tlm_sync_enum nb_transport_fw(tlm_generic_payload& tObj,
9              tlm_phase& tPhase , sc_time& tDelay){
10     if(tPhase == BEGIN_REQ){
11       tObjPtr = &tObj;
12       beginOfRequest.notify(REQUEST_ACCEPT_DELAY, SC_NS);
13       tObjPtr->acquire();
14     }
15     else if (tPhase == END_RESP){
16       endOfResponse.notify(tDelay);
17       tObjPtr->release();
18     }
19     return TLM_ACCEPTED;
20   }
21   ...
22   };
```

Abschließend möchten wir anhand des Beispiels aus Abschnitt 7.2.3 (AT-Transaktion mit Gegenpfad) die Verwendung des Memory Managers und des Referenzenzählers nochmals zeigen. Die Listings 7.17 und 7.18 zeigen die notwendigen Änderungen gegenüber dem Quellcode für den Initiator und das Target aus Abschnitt 7.2.3. Im Initiator instanzieren wir den Memory Manager in Zeile 28 (hier statisch und nicht dynamisch, wie im vorigen Beispiel). Für das

Transaktionsobjekt wird nun ein Zeiger `tObjPtr` angelegt, da der Memory Manager ja das Transaktionsobjekt erzeugt und dessen Adresse zurückliefert; das Transaktionsobjekt wird also nicht als Member-Variable des Initiators angelegt, wie in Abschnitt 7.2.3.

In Zeile 7 von Listing 7.17 fordern wir vom Memory Manager ein Transaktionsobjekt an. Beim ersten Durchlauf durch die Schleife des Prozesses `transactionProcess()` – und damit bei der ersten Transaktion – wird der Memory Manager ein *neues* Transaktionsobjekt erzeugen (Zeile 17 in Listing 7.15). Bei jeder weiteren Transaktion wird der Memory Manager das zuvor mit `release()` wieder in den „Payload Pool" gebrachte Transaktionsobjekt wieder verwenden und kein neues erzeugen. Für den weiteren Verlauf einer Transaktion ist das Setzen und Rücksetzen des Referenzenzählers mit den Methoden `acquire()` und `release()` wichtig; die restlichen Vorgänge entsprechen dem in Abschnitt 7.2.3 erläuterten.

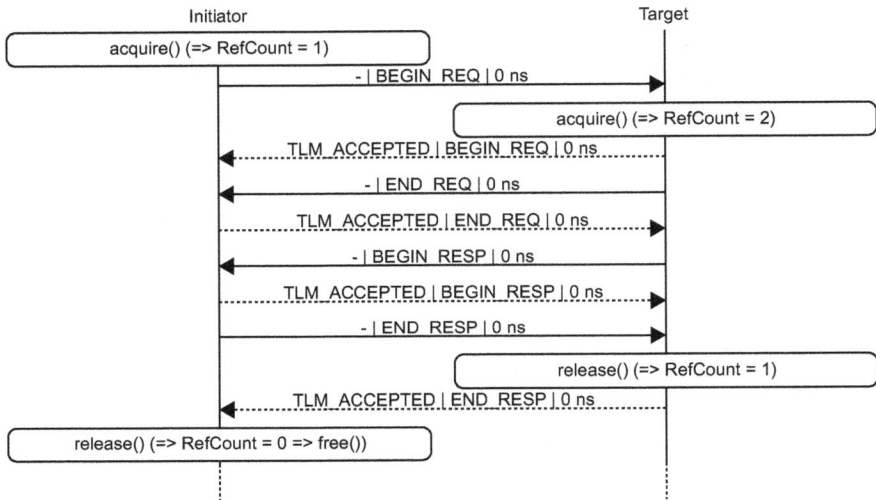

Abb. 7.27: Sequenzdiagramm für das Beispiel mit Referenzenzähler.

Abbildung 7.27 zeigt das Sequenzdiagramm für eine Transaktion des Initiator-Target-Beispiels mit den entsprechenden Aufrufen der Methoden `acquire()` und `release()` und dem Wert des Referenzenzählers des Transaktionsobjektes. Im Initiator wird der Referenzenzähler des Transaktionsobjektes in Zeile 8 von 0 auf 1 erhöht und damit ist das Transaktionsobjekt verriegelt. Anschließend erfolgt eine weitere Erhöhung des Zählers auf den Wert 2 im Target in der Methode `nb_transport_fw()` in Zeile 13. Selbst wenn nun also der Initiator durch `release()` den Zähler wieder um 1 dekrementieren würde, wäre das Transaktionsobjekt immer noch nicht frei, da das Target sein `release()` noch nicht ausgeführt hat. Im Target sind nun mehrere Stellen denkbar, wo die Methode `release()` ausgeführt werden kann. Man könnte dies beispielsweise im Prozess `transactionProcess()` tun, nachdem die Kopiervorgänge zwischen Target und Initiator abgeschlossen wurden, da das Transaktionsobjekt dann eigentlich nicht mehr benötigt wird. Im Beispiel von Listing 7.18 führen wir die Methode `release()` beim letzen Aufruf der Methode `nb_transport_fw()` in Zeile 17 aus. Der Initiator führt die `release()`-Methode in der Folge in Zeile 16 aus – also nach Rückkehr der Methode `nb_transport_fw()` und damit dem Abschluss der Transaktion. Der Wert des Referenzenzählers beträgt nun wieder 0 und damit wird die Methode `free()` des Memory Managers aufgerufen, welche das Transaktionsobjekt in den Pool zurückbringt – die nächste Transaktion kann beginnen.

Wie wir schon ewähnt haben, muss die Anzahl der `release()`-Aufrufe der Anzahl der Aufrufe von `acquire()` entsprechen. Wenn eine Komponente (Initiator, Interconnect, Target) also ein Transaktionsobjekt mit `acquire()` verriegelt, um später wieder darauf zugreifen zu können, so muss sie es auch zwingend mit `release()` wieder entriegeln, wenn die Komponente das Transaktionsobjekt nicht mehr benötigt. Wenn eine Komponente ein Transaktionsobjekt nicht mit `acquire()` verriegelt, so kann sie auch nicht davon ausgehen, dass dieses nach Aufrufen von Interface-Methoden oder dem Weiterführen eines Prozesses nach einer Suspendierung noch gültig ist.

7.4   Zeit-Annotationen und „Payload Event Queues"

In den bisherigen AT-Transaktionen war der Wert für das Zeit-Objekt `delay` beim Aufruf der Interface-Methoden (beispielsweise `nb_transport_fw(tObj, phase, delay)`) in der Regel immer Null. Wenn diese Zeit von Null verschieden ist, so „annotiert" der Aufrufer eine Zeit an die Interface-Methode (engl.: timing annotation). Im Standard [21, Seite 437] ist dieser Fall so geregelt, dass der Aufgerufene sich so verhalten soll, als ob der Methodenaufruf zu dem entsprechend späteren Zeitpunkt stattfinden würde. Dieser Zeitpunkt ist definiert als Summe von Simulatorzeit – also die Zeit, zu welcher der Methodenaufruf tatsächlich stattfindet (`sc_time_stamp()`) – plus der durch `delay` annotierten zusätzlichen Zeit. Um dies in möglichst einfacher Weise handhaben zu können, bietet die TLM-Bibliothek im Rahmen der „Utilities" die so genannten „Payload Event Queues" (PEQ) an – also Warteschlangen für die Transaktionsobjekte, die über Ereignisse gesteuert werden. Es handelt sich dabei um zwei Varianten – `peq_with_get` und `peq_with_cb_and_phase` – die als entsprechende Klassen vorliegen; wir werden im Folgenden stellvertretend die Klasse `peq_with_cb_and_phase` besprechen. Im Unterschied zur Klasse `peq_with_get` kann man ihr nicht nur das Transaktionsobjekt übergeben, sondern auch das Phasen-Argument. Ferner wird nach der durch `delay` definierten Zeit eine so genannte Callback-Methode aufgerufen, die vom Benutzer selbst geschrieben werden muss.

Bevor wir den Einsatz einer PEQ anhand eines Beispiels zeigen, möchten wir zunächst deren grundsätzliche Funktion besprechen. Eine PEQ wird in einem Modul, also einem Initiator oder einem Target, instanziert. Bei der Instanzierung wird dem Konstruktor der PEQ eine Callback-Methode zur Registrierung in der PEQ übergeben. Diese Callback-Methode befindet sich üblicherweise im gleichen Modul und wird vom Anwender geschrieben. Das Einspeichern eines Transaktionsobjektes erfolgt mit der Methode `notify()` der PEQ, wie in Abbildung 7.28 zu sehen ist. Als Argument wird eine Referenz auf ein Transaktionsobjekt sowie die zugehörige Phase übergeben. Das dritte Argument ist ein Zeit-Objekt, wobei es sich hierbei um die oben angesprochene annotierte Zeit handelt.

Die PEQ ist intern so implementiert, dass durch das Einspeichern des Transaktionsobjektes eine Zeit-Notifikation mit der durch das übergebene Zeit-Objekt definierten Zeit erzeugt wird. Ist diese Zeit abgelaufen, so wird in der PEQ ein Method-Prozess ausgeführt, welcher wiederum die registrierte Callback-Methode aufruft. Wenn also das Transaktionsobjekt `t1` zum Simulator-

Zeitpunkt $T1$ mit der annotierten Zeit $d1$ in die PEQ aus Abbildung 7.28 eingebracht wurde, so wird zum Zeitpunkt $t = T1 + d1$ die Callback-Methode `peqCB()` ausgeführt. Der Callback-Methode wird dabei die Referenz auf das eingespeicherte Transaktionsobjekt und die Phase übergeben. Die Callback-Methode muss im Übrigen nicht-blockierend sein – also kein Aufruf von `wait()`-Funktionen –, da sie in der PEQ von einem Method-Prozess aufgerufen wird.

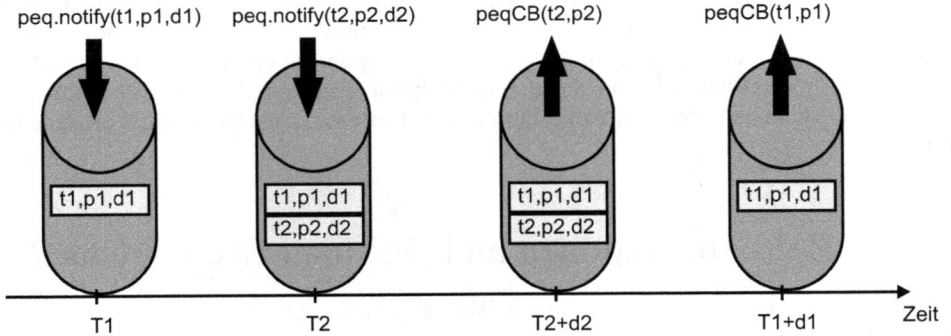

Abb. 7.28: *Funktionsweise einer „Payload Event Queue". `t1` und `t2` bezeichnen jeweils ein Transaktionsobjekt, `p1` und `p2` bezeichnen ein Phasenobjekt und `d1` und `d2` jeweils ein Zeitobjekt. `peqCB()` sei die für die PEQ registrierte Callback-Methode.*

Eine PEQ kann beliebig viele Transaktionsobjekte beinhalten und die Reihenfolge, in welcher sie eingespeichert wurden, beeinflusst nicht die Reihenfolge der Callback-Aufrufe – allerdings wird immer die gleiche Callback-Methode aufgerufen. Wann der Aufruf einer Callback-Methode mit dem entsprechenden Transaktionsobjekt und der Phase erfolgt, ist einzig und allein durch die obige Regel bestimmt. Abbildung 7.28 zeigt den Fall des späteren Einspeicherns eines zweiten Transaktionsobjektes `t2` zum Zeitpunkt $T2$ mit der Delay-Zeit $d2$. Offensichtlich gilt dabei $T2 + d2 < T1 + d1$, so dass die Callback-Methode mit dem Transaktionsobjekt `t2` noch vor derjenigen mit dem Transaktionsobjekt `t1` aufgerufen wird. Wenn mehrere Transaktionsobjekte zufälligerweise zum gleichen Zeitpunkt die PEQ „verlassen" sollen – also die Callback-Methode jeweils aufgerufen werden soll –, dann wird die Callback-Methode für jedes dieser Transaktionsobjekte im gleichen Delta-Zyklus in diesem Zeitpunkt ausgeführt und zwar dann in der Reihenfolge, in welcher sie eingespeichert wurden. Wenn die Callback-Methode ausgeführt wurde, wird der Eintrag für das zugehörige Transaktionsobjekt aus der PEQ entfernt.

Mit einer PEQ kann nicht nur das am Anfang dieses Abschnitts geschilderte Problem der Zeit-Annotation beim Aufruf der Interface-Methode für den Anwender einfach gelöst werden, sondern die PEQ kann auch benutzt werden, um die auf dem „Return"-Pfad gelieferten Zeiten korrekt zu verarbeiten. Es empfiehlt sich also, PEQs generell in der AT-Modellierung zu benutzen, da hierdurch die Implementierung des doch recht komplexen Zeitverhaltens von AT-Modellen erleichtert wird. Wir möchten im Folgenden die Verwendung von PEQs anhand des Beispiels aus dem vorigen Abschnitt (siehe auch Abschnitt 7.2.3, Transaktionen mit Gegenpfad) zeigen, welches wir nun nochmals umschreiben, so dass Initiator und Target jeweils eine PEQ benutzen und der Initiator einen Memory Manager. Wir verändern auch das Zeitverhalten etwas, so dass der Initiator mit dem Senden der nächsten Transaktionsanforderung nicht mehr wartet, bis die zugehörige Transaktionsantwort vorliegt. Wie wir noch sehen werden, können wir damit ein „Pipelining" der Transaktionen modellieren, wie es in On-Chip-Bussystemen häufig verwendet wird (beispielsweise im AMBA-Bussystem [4]).

Es sei an dieser Stelle bemerkt, dass auch dieses Beispiel nur Transaktionen auf dem Gegenpfad zulässt. Initiator und Target sind also nicht vollständig kompatibel mit allen in Abschnitt 7.2.4 gezeigten möglichen Phasenübergängen. Um dies zu implementieren, müsste man den Code erweitern, worauf wir hier aus Übersichts- und Platzgründen verzichten. Ferner implementiert auch dieses Beispiel durch die Verwendung der vereinfachten Sockets nur die nicht-blockierenden Interface-Methoden. Wird am Target beispielsweise versucht, die blockierende Interface-Methode `b_transport()` aufzurufen, so wird dies in einen Aufruf der nicht-blockierenden Methode `nb_transport_fw()` konvertiert (siehe [21, Seite 521 ff.]). Um also einen Initiator oder ein Target zu schreiben, welches das komplette AT- und LT-Protokoll implementiert und damit vollständig interoperabel ist, wäre noch einiges mehr an Code erforderlich, was wir im Rahmen dieses Buches nicht leisten können. Für den Test der entwickelten Modelle empfiehlt es sich im Übrigen, ein TLM-Protokoll-Analyse-Modul zu benutzen, welches möglicherweise vorhandene Verletzungen des TLM-Protokolls anzeigen kann. Von der Doulos-Website [17] ist beispielsweise ein „TLM-2.0 Base Protocol Checker" erhältlich, welchen wir auch für die Verifikation des nachfolgenden Beispiels benutzt haben. Der „Protocol Checker", welcher im Beispiel zwischen Initiator und Target eingebaut wird, prüft allerdings nur, ob die Transaktionen dem Standard entsprechend durchgeführt werden; er prüft nicht, ob ein Modul vollständig interoperabel ist.

Für die Besprechung und das Verständnis des Beispiels aus den Listings 7.19 (Initiator) und 7.20 (Target) ziehen wir die Abbildungen 7.29, 7.30 und 7.31 hinzu, welche das Ergebnis der Simulation als Programmausgabe, als Sequenzdiagramm und in einer Ansicht als Timing-Digramm zeigt – letzteres wäre die übliche Ansicht bei der Dokumentation eines Busprotokolls (vgl. [4]). Im Initiator benutzen wir, wie im vorigen Abschnitt, wieder einen Memory Manager `initiatorMemManager` zur Verwaltung der Transaktionsobjekte. Da wir nun aber ein Pipelining des Bussystems modellieren möchten, werden wir tatsächlich pro Zeitschritt zwei aktive Transaktionsobjekte haben. In diesem Fall ist nun darauf zu achten, dass der Datenpuffer `dataBuf`, wie er den bisherigen Beispielen zur AT-Modellierung benutzt wurde, nicht gleichzeitig für zwei aktive Transaktionsobjekte benutzt werden kann. In diesem Fall würde der erwähnte „Protocol Checker" eine Fehlermeldung erzeugen und die Simulation abbrechen. Wir lösen das Problem durch ein Pufferfeld `dataBuf[BUFFERSIZE]` in Listing 7.19, wobei wir das jeweilige Element in Zeile 17 auswählen, indem wir den Rest der ganzzahligen Division (Modulo) des Schleifenindex durch die Puffergröße als Index für das Feld nehmen. Da wir pro Zeitschritt in unserem Beispiel nicht mehr als zwei aktive Transaktionsobjekte haben werden, genügt eine Puffergröße von zwei Elementen.

Die „Payload Event Queue" wird im Initiator in Zeile 53 instanziert. Es handelt sich bei der PEQ um eine Template-Klasse, der man den Klassennamen des Moduls übergibt, in welcher die PEQ instanziert wird. Ferner muss beim Aufruf des Konstruktors der PEQ in der Initialisierungsliste des Modul-Konstruktors in Zeile 6 von Listing 7.19 als erstes Argument der **this**-Zeiger auf das Modul übergeben werden und als zweites Argument die Adresse der Callback-Methode – damit ist die Methode in der PEQ „registriert". Der Einbau der PEQ für das Target erfolgt in Listing 7.20 in der gleichen Art und Weise.

Wir besprechen die Funktionsweise der PEQs von Initiator und Target indem wir den Ablauf der ersten beiden Transaktionen und die damit verbundenen Interface-Methodenaufrufe mit Hilfe der Quellcodes und der Abbildungen nachvollziehen. Beginnen wir zum Zeitpunkt $t = 0$ sec: Wie man dem Sequenzdiagramm aus Abbildung 7.30 entnehmen kann, sendet der Initiator den Beginn der Request-Phase für die erste Transaktion mit Hilfe der Methode nb_transport_fw() in Zeile 22. Aus Abbildung 7.29 ist ersichtlich, dass es sich um einen Schreibzugriff auf die Adresse 0 im Target handelt. Ferner ist erkennbar, dass der Memory Manager hierfür ein Transaktionsobjekt mit der Adresse 0003E568 (hexadezimal) bereitgestellt hat.

Listing 7.19: Initiator mit PEQ und Memory Manager (Ausschnitt, Datei k7b7initiator.h)

```
 1   ...
 2   #define BUFFERSIZE 2
 3   struct Initiator : public sc_module {
 4   ...
 5     Initiator(sc_module_name name) :
 6       payloadEventQueue(this, &Initiator::peqCallback) {
 7   ...
 8     }
 9     //Processes
10     void generateRequests(){
11       tlm_phase phase;
12       sc_time delay = SC_ZERO_TIME;
13       for(int i=0; i<NTRANS*2; i++){
14         activeTObj = initiatorMemManager.allocate();
15         activeTObj->acquire();
16         activeTObj->set_address((i*4)%(NTRANS*4));
17         activeTObj->set_data_ptr((uchar*)&dataBuf[i%BUFFERSIZE]);
18   ...
19         dataBuf[i%BUFFERSIZE] = rand();
20         phase = BEGIN_REQ;
21   ...
22         status = iSocket->nb_transport_fw(*activeTObj,phase,delay);
23         if(status != TLM_ACCEPTED)
24           SC_REPORT_FATAL("Initiator", "Only 4-phase protocol.");
25         wait(endOfRequest);
26         wait(NEXT_TRANS_DELAY, SC_NS);
27       }
28     }
29     tlm_sync_enum nb_transport_bw(tlm_generic_payload& tObj,
30             tlm_phase& bwPhase, sc_time& bwDelay){
31       payloadEventQueue.notify(tObj, bwPhase, bwDelay);
32       return TLM_ACCEPTED;
33     }
34     void peqCallback(tlm_generic_payload& tObj,
35       const tlm_phase& peqPhase) {
36       tlm_phase fwPhase;
37       sc_time fwDelay(RESPONSE_ACCEPT_DELAY, SC_NS);
```

```
38        if(peqPhase == END_REQ) {
39          TSTAMP<<" |"<<setw(10)<<peqPhase<<"|TObj: "<<&tObj<<endl;
40          endOfRequest.notify();
41        }
42        if (peqPhase == BEGIN_RESP) {
43          if(tObj.is_response_error())
44            SC_REPORT_ERROR("Initiator", "Response error.");
45          fwPhase = END_RESP;
46          iSocket->nb_transport_fw(tObj, fwPhase, fwDelay);
47          tObj.release();
48        }
49      }
50      //Member variables
51      tlm_generic_payload *activeTObj;
52    private:
53      peq_with_cb_and_phase<Initiator> payloadEventQueue;
54      MemoryManager initiatorMemManager;
55      unsigned int dataBuf[BUFFERSIZE];
56      tlm_sync_enum status;
57      sc_event beginOfResponse, endOfRequest;
58    };
```

Wir prüfen im Übrigen nach der Rückkehr der Interface-Methode nur, dass der zurückgelieferte Status immer TLM_ACCEPTED ist und lassen damit andere Phasenübergänge als die Benutzung des Gegenpfades nicht zu. Im Falle, dass man beispielsweise den Phasenübergang durch den „Return"-Pfad behandeln möchte – wenn TLM_UPDATED als Status geliefert wird –, so könnte man an dieser Stelle die Transaktion ebenso der PEQ übergeben und die gleiche Callback-Methode benutzen, wie in unserem Beispiel für den Gegenpfad. Wichtig ist auch noch die Tatsache, dass der Prozess generateRequests() des Initiators nach dem Senden des Requests in Zeile 25 steht und dort auf das Ereignis endOfRequest wartet.

Sehen wir uns nun an, was der Aufruf der Interface-Methode im Target bewirkt: In Zeile 25 von Listing 7.20 wird das Transaktionsobjekt tObj zusammen mit der Phase fwPhase mit Hilfe der notify()-Methode in der Target-PEQ payloadEventQueue eingespeichert. Das Zeitobjekt fwDelay wurde vom Initiator auf Null gesetzt. Gemäß der oben besprochenen Funktionsweise der PEQ ist damit der Wert für die Zeit-Notifikation ebenfalls Null und es handelt sich faktisch um eine Delta-Notifikation. Die Callback-Methode peqCallback() wird in diesem Fall also im gleichen Zeitpunkt, aber im nächsten Delta-Zyklus ausgeführt (was man mit Hilfe der Funktion sc_delta_count() nachprüfen kann). Die Funktion der nb_transport_fw()-Methode beschränkt sich also nunmehr darauf, die Transaktion in die PEQ einzuspeichern; gleiches gilt auch im Initiator für die Methode nb_transport_bw(). Die übergebene Zeit fwDelay (im Initiator bwDelay) bestimmt, zu welchem Zeitpunkt die Callback-Methode ausgeführt wird und dies kann auch der gleiche Zeitpunkt sein.

Wenden wir uns als nächstes der Callback-Methode im Target zu: Beim Aufruf der Methode durch die PEQ wird dieser als Argument eine Referenz auf das entsprechende Transaktionsobjekt übergeben und eine Referenz auf das Phasenobjekt (dies muss eine const-Referenz sein!). Wir müssen nun den Wert der Phase überprüfen, um zu entscheiden, welche Aktionen ausgeführt werden müssen. Da die Target-PEQ über die `nb_transport_fw()`-Methode bedient wird, kann es sich nur um die beiden Werte `BEGIN_REQ` und `END_RESP` handeln. Im Prinzip sollte man an dieser Stelle überprüfen, dass keine anderen Werte vom Initiator gesendet wurden, was wir aber aus Gründen der Übersicht im Beispiel weglassen. Wir führen zunächst in Zeile 33 des Targets ein `acquire()` auf dem Transaktionsobjekt aus und verriegeln es damit. Bei der ersten Transaktion wird der Zeiger `activeTObj` Null sein, so dass die Zeilen 35 bis 38 ausgeführt werden: Zunächst speichern wir die Adresse des Transaktionsobjektes im Zeiger `activeTObj` ab und senden mit der Methode `nb_transport_bw()` das Ende des Requests (`END_REQ`) an den Initiator. Ferner erzeugen wir mit Hilfe des Ereignisses `beginOfResponse` eine Zeit-Notifikation, mit welcher der Prozess `executeResponse()` im Target aktiviert wird. Dies wird allerdings erst nach der durch das Symbol `TARGET_LATENCY` definierten Latenzzeit von 20 ns erfolgen.

Listing 7.20: Target mit PEQ (Ausschnitt, Datei k7b7target.h)

```
 1  ...
 2  struct Target : public sc_module {
 3  ...
 4    Target(sc_module_name name) :
 5      payloadEventQueue(this, &Target::peqCallback) {
 6  ...
 7    }
 8    void executeResponse(){
 9      tlm_phase phase = BEGIN_RESP;
10      sc_time delay = SC_ZERO_TIME;
11  ...
12      while(1) {
13        wait(beginOfResponse);
14        startAdr = activeTObj->get_address();
15        dataPtr = activeTObj->get_data_ptr();
16        transferLen = activeTObj->get_data_length();
17  ...
18        status = tSocket->nb_transport_bw(*activeTObj,phase,delay);
19        if (status != TLM_ACCEPTED)
20          SC_REPORT_FATAL("Target", "Only 4-phase protocol.");
21      }
22    }
23    tlm_sync_enum nb_transport_fw(tlm_generic_payload& tObj,
24            tlm_phase& fwPhase , sc_time& fwDelay){
25      payloadEventQueue.notify(tObj, fwPhase, fwDelay);
26      return TLM_ACCEPTED;
27    }
28    void peqCallback(tlm_generic_payload& tObj,
29      const tlm_phase& peqPhase) {
30      tlm_phase bwPhase;
31      sc_time bwDelay(REQUEST_ACCEPT_DELAY, SC_NS);
32      if(peqPhase == BEGIN_REQ) {
33        tObj.acquire();
34        if(activeTObj == 0) { //no response in progress
```

```
35      bwPhase = END_REQ;
36      activeTObj = &tObj;
37      tSocket->nb_transport_bw(*activeTObj, bwPhase, bwDelay);
38      beginOfResponse.notify(TARGET_LATENCY, SC_NS);
39    }
40    else { //response already in progress
41      pendingTObj = &tObj;
42    }
43  }
44  if (peqPhase == END_RESP) {
45    TSTAMP<<" |"<<setw(10)<<peqPhase<<"|TObj: "<<&tObj<<endl;
46    activeTObj->release();
47    activeTObj = 0;
48    if (pendingTObj){//send end request
49      activeTObj = pendingTObj;
50      pendingTObj = 0;
51      bwPhase = END_REQ;
52      bwDelay = SC_ZERO_TIME;
53      tSocket->nb_transport_bw(*activeTObj, bwPhase, bwDelay);
54      beginOfResponse.notify(SC_ZERO_TIME);
55    }
56  }
57  }
58 private:
59   tlm_generic_payload *activeTObj, *pendingTObj;
60   peq_with_cb_and_phase<Target> payloadEventQueue;
61   unsigned int mem[SIZE];
62   sc_event beginOfResponse;
63   bool activeResponse;
64 };
```

```
@     0 s  |  BEGIN_REQ|TObj: 0003E568|WR|A: 0
@    10 ns |    END_REQ|TObj: 0003E568
@    10 ns |  BEGIN_REQ|TObj: 0003EBC0|WR|A: 4
@    20 ns |BEGIN_RESP|TObj: 0003E568|WR|A: 0|D: 41
@    30 ns |   END_RESP|TObj: 0003E568
@    30 ns |    END_REQ|TObj: 0003EBC0
@    30 ns |BEGIN_RESP|TObj: 0003EBC0|WR|A: 4|D: 18467
@    30 ns |  BEGIN_REQ|TObj: 0003E568|RD|A: 0
@    40 ns |   END_RESP|TObj: 0003EBC0
@    40 ns |    END_REQ|TObj: 0003E568
@    40 ns |BEGIN_RESP|TObj: 0003E568|RD|A: 0|D: 41
@    40 ns |  BEGIN_REQ|TObj: 0003EBC0|RD|A: 4
@    50 ns |   END_RESP|TObj: 0003E568
@    50 ns |    END_REQ|TObj: 0003EBC0
@    50 ns |BEGIN_RESP|TObj: 0003EBC0|RD|A: 4|D: 18467
@    60 ns |   END_RESP|TObj: 0003EBC0
```

Abb. 7.29: Ausgabe des Programms.

Nun sollten wir verfolgen, was der Aufruf der `nb_transport_bw()`-Methode vom Target zum Initiator bewirkt. Zunächst muss festgestellt werden, dass wir ein von Null verschiedenes Zeit-Objekt `bwDelay` übergeben; dieses wurde durch das Symbol `REQUEST_ACCEPT_DELAY` auf 10 ns gesetzt. Im Initiator wird hierdurch eine Zeit-Notifikation von 10 ns für die Initiator-PEQ erzeugt und somit die Callback-Methode des Initiators `peqCallback` nach Ablauf dieser Zeit aufgerufen. Wir sind somit beim Zeitpunkt $t = 10$ ns im Sequenzdiagramm angelangt. Beim nun folgenden Aufruf der Callback-Methode des Initiators ist die Phase vom Target auf `END_REQ` gesetzt worden, so dass die Zeilen 39 und 40 zur Ausführung kommen, in welchen wir die Konsolenausgabe erzeugen und das Ereignis `endOfRequest` auslösen, und somit der Prozess `generateRequests()` weiterlaufen kann.

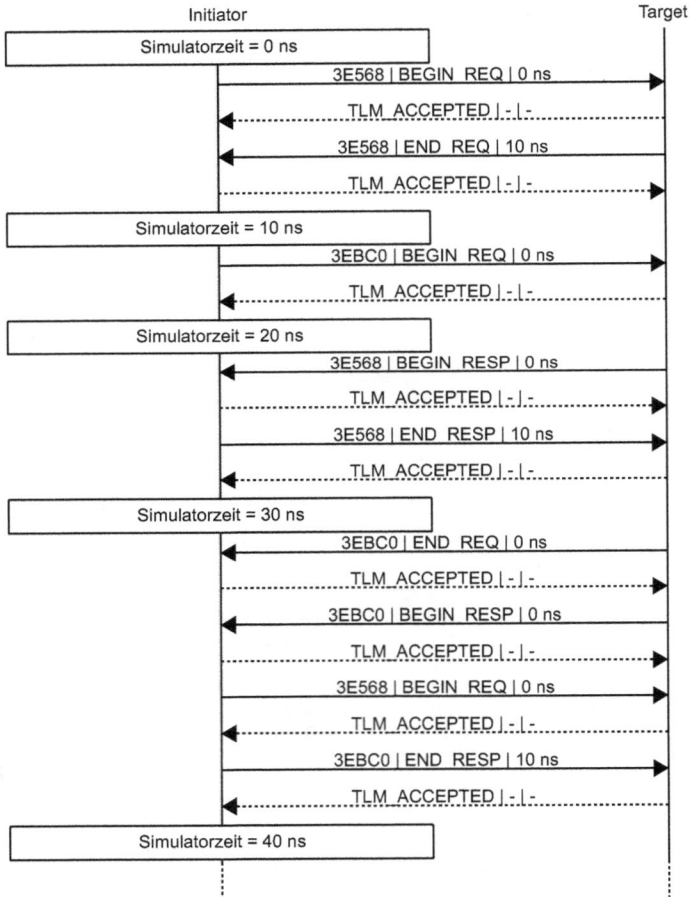

Abb. 7.30: *Sequenzdiagramm für das Beispiel bis zum Zeitpunkt 30 ns. An den Pfeilen der Transaktionen sind zusätzlich zur besseren Zuordnung die Adresse des für die Transaktion verwendeten Transaktionsobjektes angezeigt (führende Nullen weggelassen). Auf dem Return-Pfad wird nur der Status angezeigt.*

Wie schon bei der Callback-Methode des Targets gezeigt wurde, kann das Target nur die beiden Werte `END_REQ` und `BEGIN_RESP` senden, die wir in der Callback-Methode des Initiators für die Auswahl verwenden. Die beiden anderen Werte wären ungültig, was man sicherheitshalber noch prüfen sollte und im Beispiel-Code wieder weggelassen wurde. Dass der Initiator-Prozess erst weiterlaufen kann, wenn das Ereignis `endOfRequest` durch das `END_REQ` des Targets ausgelöst wird, stellt die vom Standard verlangte Ausschlussregel „request exclusion rule" sicher: Der nächste „Request" kann erst gesendet werden, wenn der vorherige „Request" abgeschlossen ist.

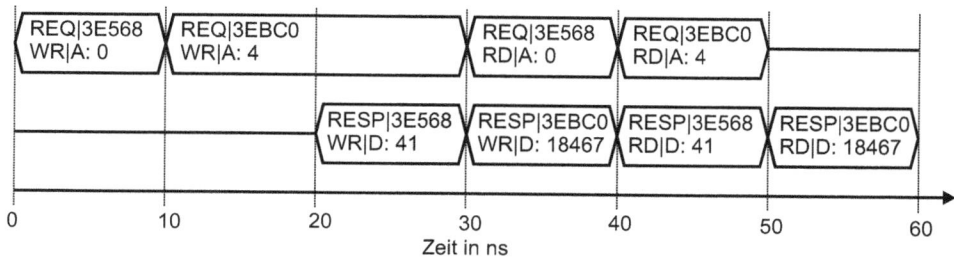

Abb. 7.31: *Timing-Diagramm für das Beispiel. Das Diagramm zeigt im oberen Teil die Requests für die Transaktionen, wobei die Adresse des Transaktionsobjekts sowie die Transaktionsart (WR: Write, RD: Read) und die Adresse angezeigt wird. Im unteren Teil sind die zugehörigen Responses zu sehen, wobei statt der Adresse nun das übertragene Datum angezeigt wird.*

Nach einer durch das Symbol `NEXT_TRANS_DELAY` definierten Wartezeit, welche im Beispiel 0 ns beträgt, erzeugt der Initiator nun die nächste Transaktionsanforderung. Im Beispiel ist dies eine Schreibtransaktion auf die Adresse 4 im Target. Hierzu ruft der Initiator die Methode `nb_transport_fw()` wieder mit `delay` = 0 auf. Allerdings wird vom Memory Manager hierfür ein neues Transaktionsobjekt mit der Adresse 0003EBC0 erzeugt, da das alte Transaktionsobjekt 0003E568 noch in Gebrauch ist. Im Target wird wieder eine Delta-Notifikation für die Target-PEQ erzeugt, so dass die Callback-Methode wieder im gleichen Zeitpunkt ($t = 10$ ns) aber dem nächsten Delta-Zyklus aufgerufen wird. Nun ist zwar die Phase wieder `BEGIN_REQ`, allerdings ist der Zeiger `activeTObj` von Null verschieden, da wir diesen beim ersten Request ja geladen hatten. Da das Target noch keine „Response" für den ersten „Request" gesendet hat, wird nun vom Target auf den zweiten `BEGIN_REQ` des Initiators kein `END_REQ` gesendet. Somit kann der Initiator keine weiteren „Requests" senden und muss warten, bis das Target später das zugehörige `END_REQ` sendet. Wir müssen uns allerdings merken, dass noch ein weiterer „Request" vorliegt und speichern hierzu die Adresse des zugehörigen Transaktionsobjekts im Zeiger `pendingTObj` ab (Zeile 41 in Listing 7.20); ansonsten nehmen wir keine weiteren Aktionen vor. Der weitere Fortgang wird nun durch das Target bestimmt: Erst wenn das Target die erste „Response" sendet, kann auch der Initiator mit den „Requests" fortfahren. Man kann dies insbesondere gut im Timing-Diagramm von Abbildung 7.31 erkennen: Da die Latenzzeit des Targets 20 ns beträgt, erfolgt erst zu diesem Zeitpunkt der Anfang der „Response". Dies entspricht dem Einfügen von so genannten „wait states" im Busprotokoll durch das Target (vgl. AMBA-Protokoll [4]).

Das Senden der „Response" erfolgt durch den Target-Prozess `executeResponse()`, welcher durch das Ereignis `beginOfResponse` „getriggert" wird. Dieses Ereignis hatten wir ja beim ersten „Request" mit einer Zeit-Notifikation mit 20 ns versehen. Somit läuft der Prozess bei $t = 20$ ns ab der Zeile 13 weiter. Da wir beim ersten „Request" die Adresse des ersten Objektes (0003E568) im Zeiger `activeTObj` gespeichert hatten, können wir mit ihm auf das erste Transaktionsobjekt zugreifen und die Transaktion, wie in den Beispielen zuvor, ausführen. Abschließend senden wir in Zeile 18 dann `BEGIN_RESP` an den Initiator und zwar mit `delay = 0`. Dies erzeugt somit eine Delta-Notifikation für die Initiator-PEQ, so dass ebenfalls bei $t = 20$ ns die Callback-Methode des Initiators aufgerufen wird. Dort werten wir ab Zeile 43 zunächst den Antwort-Status des Transaktionsobjektes aus, senden dann `END_RESP` an das Target und entriegeln das Transaktionsobjekt. Wie der Leser möglicherweise bemerkt, prüfen wir den Rückkehrwert – also den Status – der Methode `nb_transport_fw()` an dieser Stelle nicht. Dies ist im Grunde genommen auch nicht notwendig, da die Transaktion für den Initiator mit dem Senden von `END_RESP` abgeschlossen ist. Gemäß dem Diagramm von Abbildung 7.19 könnte das Target ein `TLM_ACCEPTED` oder ein `TLM_COMPLETED` als gültige Werte zurückgeben. Ebenso prüfen wir beim Senden von `END_REQ` in der Callback-Methode des Targets nicht den Status. Dieser darf gemäß dem Diagramm für die erlaubten Phasenübergänge nur `TLM_ACCEPTED` sein. Man könnte natürlich im Sinne einer Erkennung von Protokollfehlern falsche Statuswerte prüfen, was wir aber aus Platzgründen nicht tun.

Verfolgen wir nun den Aufruf der `nb_transport_fw()`-Methode vom Initiator zum Target: Das `END_RESP` wurde mit einer von Null verschiedenen Zeit `fwDelay` durch den Initiator gesendet. Diese Zeit ist die „Response Accept Delay" des Initiators (siehe Abbildung 7.14) und beträgt im Beispiel 10 ns. Somit wird die Target-PEQ die Callback-Methode bei $t = 30$ ns wieder aufrufen – nun mit der Phase `END_RESP`, so dass der Code ab Zeile 45 in Listing 7.20 ausgeführt wird. Zunächst entriegeln wir das Transaktionsobjekt, so dass nun, da es zweimal entriegelt wurde, die `free()`-Methode des Memory Managers aufgerufen wird und das Transaktionsobjekt in dessen Pool gespeichert wird und wieder verwendet werden kann. Ferner setzen wir den Zeiger `activeTObj` wieder auf Null. Zu prüfen ist noch, ob ein weiteres Transaktionsobjekt auf den `END_REQ` wartet (`pendingTObj` $\neq 0$), was in unserem Beispiel der Fall ist. Nun müssen wir im Wesentlichen zwei Dinge tun: Dem Initiator den `END_REQ` senden und die „Response" des Targets wieder durch das Ereignis `beginOfResponse` anstoßen. Wir nehmen nun beispielhaft an, dass die „Request Accept Delay" und die Latenzzeit in diesem Fall gleich Null sind, da der „Request" schon vorher vom Initiator gesendet wurde. Dies ist aber nur eine Annahme und das Beispiel funktioniert auch, wenn wir hier Zeiten angeben, die größer Null sind. Da wir diese Zeiten zu Null setzen, erfolgen nun mehrere Interface-Methodenaufrufe im gleichen Zeitpunkt $t = 30$ ns, aber zu verschiedenen Delta-Zyklen. Dies kann man am besten mit Hilfe des Sequenzdiagramms verfolgen.

Zunächst wird `END_REQ` für die zweite Transaktion an den Initiator gesendet und anschließend der Prozess `executeResponse()` mit einer Delta-Notifikation „getriggert", so dass dieser wiederum die zweite Transaktion ausführt und das `BEGIN_RESP` an den Initiator sendet. Gleichzeitig, das heißt im Prinzip in den gleichen Delta-Zyklen, wurde durch das `END_REQ` der Initiator-Prozess „entsperrt" und dieser kann das nächste `BEGIN_REQ` für die dritte Transaktion senden (hier wird das erste Transaktionsobjekt 0003E568 wieder verwendet). Ferner sendet der Initiator noch das `END_RESP` für die zweite Transaktion, allerdings mit einem `delay` von 10 ns, so dass dies erst zum Zeitpunkt $t = 40$ ns zum Tragen kommt. Zu diesem Zeitpunkt wird nun der „Request" der dritten Transaktion und die „Response" der zweiten Transaktion abgeschlossen. Ferner startet der „Request" für die vierte und letzte Transaktion und die „Response" der dritten Transaktion. Die „Response" für die vierte Transaktion wird bei $t = 60$ ns abgeschlossen und damit ist die Simulation beendet. Es sei noch bemerkt, dass durch den Code des Targets – speziell das Zusammenspiel von Callback-Methode und Target-Prozess – sichergestellt ist, dass keine neue „Response" gestartet wird, bevor die vorhergehende nicht beendet wurde; dies entspricht der Aussschlussregel „response exclusion rule".

Vergleichen wir nun abschließend den zeitlichen Ablauf der Transaktionen in unserem Modell nochmals mit dem in Kapitel 1 besprochenen AMBA-AHB-Busprotokoll: Der in Abbildung 7.31 gezeigte „Request" für eine Transaktion würde der Adressphase des AHB-Protokolls entsprechen. In dieser Phase wird mit Hilfe des Transaktionsobjektes die Adresse übermittelt und es werden zusätzliche Steuer-Informationen wie Schreiben/Lesen, Datenlänge und dergleichen übermittelt. Ferner werden bei einer Schreib-Transaktion auch schon die Daten im Datenpuffer bereitgestellt. Das AHB-Protokoll verlangt die zu schreibenden Daten allerdings erst in der nachfolgenden Datenphase. Der Beginn der „Response" des Targets markiert bei einer Lese-Transaktion die Gültigkeit der durch den Initiator zu lesenden Daten im Target oder bei einer Schreib-Transaktion, dass das Target die Daten aus dem Datenpuffer entnommen hat. Daher senden wir BEGIN_RESP erst nachdem wir die Transaktion im Target durch das Kopieren der Daten zwischen dem Datenpuffer im Initiator und dem Datenfeld im Target durchgeführt haben. Wie wir schon erwähnt haben, kann das Target den Beginn der „Response" verzögern, was dem Einfügen von „wait states" – also Wartezyklen – im AHB-Protokoll entspräche. In diesem Fall wird von unserem Modell auch die „Request"-Phase – oder im AHB-Protokoll die Adressphase – der nächsten Transaktion durch das Zurückhalten des END_REQ solange verzögert, bis die „Response"-Phase der vorhergehenden Transaktion beendet wurde. Wenn wir also Abbildung 7.31 mit den Erläuterungen aus Kapitel 1 zum AHB-Protokoll vergleichen, so kann der prinzipielle zeitliche Ablauf des Bus-Pipelinings korrekt durch ein SystemC-TLM-Modell im AT-Stil modelliert werden. Die Modellierung des Pipelinings wäre mit einem LT-Modell nicht möglich, da eine Transaktion durch die Verwendung der b_transport()-Interface-Methode immer in einem Schritt abgeschlossen wird und keine Aufteilung in „Request" und „Response" möglich ist. Es bleibt noch zu bemerken, dass man für eine vollständige Modellierung des Multi-Master-AHB-Protokolls noch einiges an Implementierungsarbeit leisten müsste und hier durch die Multi-Master-Fähigkeit des Busses auch eine ganze Reihe von speziellen Fällen, beispielsweise auch durch Verwendung der „Extensions" (vgl. [21, Seite 494 ff.]), zu behandeln wäre; eine Darstellung einer solchen vollständigen Modellierung eines Bussystems würde aber den Rahmen des Buches sprengen.

7.5   Die Funktion des Interconnects bei AT-Transaktionen

In den bisherigen Beispielen zur AT-Modellierung hatten wir auf ein Interconnect-Modul verzichtet. Wir möchten nun abschließend noch ein Beispiel mit einem Interconnect-Modul vorstellen und anhand des Beispiels diskutieren, auf was bei einem Interconnect-Modul im Zusammenhang mit AT-Transaktionen zu achten ist. Für dieses Beispiel verbinden wir den Initiator aus dem vorangegangenen Abschnitt mit zwei Instanzen des Targets (ebenfalls das Target-Beispiel aus dem vorangegangenen Abschnitt). Für die Verbindung des Initiators mit den beiden Targets benutzen wir einen Router; Listing 7.21 zeigt den Code für den Toplevel. Wie schon im vorangegangenen Abschnitt erwähnt, benutzen wir den Doulos-Protokoll-Checker, um Verletzungen des AT-Protokolls zu entdecken. Zwischen den Verbindungen von Target und Router sowie zwischen dem Router und jedem Target wird ein Protokoll-Checker instanziert. Die Prokoll-Checker können im Übrigen durch bedingte Kompilation (Symbol PROTOCOL_CHECK) wahlweise instanziert werden. Auch für dieses Beispiel beschränken wir uns darauf, nur das AT-Protokoll unter Benutzung des Gegenpfades zu implementieren.

Listing 7.21: Toplevel (Ausschnitt, Datei k7b8top.h)

```
 1   ...
 2   #define SIZE 2 //Target size in words
 3   #define NO_OF_TARGETS 2
 4   #define PROTOCOL_CHECK TRUE
 5   #define TSTAMP cout <<"@ "<<setw(6)<<sc_time_stamp()
 6   #include "tlm2_base_protocol_checker.h"
 7   #include "memorymanager.h"
 8   #include "k7b8initiator.h"
 9   #include "k7b8target.h"
10   #include "k7b8router.h"
11   struct Toplevel : public sc_module {
12      Initiator *i1;
13      Target    *t1, *t2;
14      Router    *r1;
15      tlm2_base_protocol_checker<> *c1, *c2, *c3;
16      //Constructor
17      Toplevel(sc_module_name name) {
18         i1 = new Initiator("i1");
19         t1 = new Target("t1");
20         t2 = new Target("t2");
21         r1 = new Router("r1");
22   #if PROTOCOL_CHECK
23         c1 = new tlm2_base_protocol_checker<>("c1");
24         c2 = new tlm2_base_protocol_checker<>("c2");
25         c3 = new tlm2_base_protocol_checker<>("c3");
26         i1->iSocket.bind(c1->target_socket);
27         c1->initiator_socket.bind(r1->tSocket);
28         r1->iSocket[0].bind(c2->target_socket);
29         r1->iSocket[1].bind(c3->target_socket);
30         c2->initiator_socket.bind(t1->tSocket);
31         c3->initiator_socket.bind(t2->tSocket);
32   #else
33         i1->iSocket.bind(r1->tSocket);
34         r1->iSocket[0].bind(t1->tSocket);
35         r1->iSocket[1].bind(t2->tSocket);
36   #endif
37      }
38   };
```

Die Targets werden so eingestellt, dass sie jeweils nur einen Speicherbereich von zwei Worten (zu je 4 Byte) implementieren. Der Initiator erzeugt vier Schreibtransaktionen für vier aufeinander folgende Speicheradressen, beginnend bei der Adresse Null. Somit werden erst die beiden Worte des ersten Targets beschrieben und danach die beiden Worte des zweiten Targets. Anschließend werden wieder vier Lesetransaktionen erzeugt, so dass alle Speicheradressen wieder zurückgelesen werden.

Listing 7.22: AT-Router (Datei k7b8router.h)

```
 1  struct Router : public sc_module {
 2    simple_initiator_socket_tagged<Router> iSocket[NO_OF_TARGETS];
 3    simple_target_socket<Router> tSocket;
 4    //Constructor
 5    Router(sc_module_name name) {
 6      for(int i = 0; i<NO_OF_TARGETS; i++) {
 7        iSocket[i].register_nb_transport_bw(this,
 8          &Router::nb_transport_bw, i); //Tagged Socket
 9      }
10      tSocket.register_nb_transport_fw(this,
11        &Router::nb_transport_fw);
12    }
13    tlm_sync_enum nb_transport_fw( tlm_generic_payload& tObj,
14                    tlm_phase& phase, sc_time& delay ) {
15      unsigned int index;
16      index = unsigned int(tObj.get_address() / (SIZE*4));
17      sc_assert(index < NO_OF_TARGETS);
18      tObj.set_address(tObj.get_address()-uint64(index*SIZE*4));
19      return iSocket[index]->
20          nb_transport_fw(tObj, phase, delay);
21    }
22    tlm_sync_enum nb_transport_bw(int socketId,
23      tlm_generic_payload& tObj,tlm_phase& phase,sc_time& delay){
24      uint64 address = 0;
25      if(phase == BEGIN_RESP) { //Reconstruct address
26        address = tObj.get_address();
27        address = address + uint64(socketId*SIZE*4);
28        tObj.set_address(address);
29      }
30      return tSocket->nb_transport_bw(tObj, phase, delay);
31    }
32  };
```

Der Router aus Listing 7.22 instanziert einen vereinfachten Target-Socket tSocket für die Verbindung zum Initiator (oder dem Protokoll-Checker), so dass wir wieder nicht alle Interface-Methoden implementieren müssen. Die Methode nb_transport_fw() wird als Interface-Methode an diesem Socket in Zeile 10 registriert. Für die Initiator-Sockets benutzen wir allerdings einen anderen Socket-Typ. Es handelt sich dabei um einen so genannten „tagged simple socket" (vgl. [21, Seite 529 ff.] – also einen vereinfachten Socket, der mit einer Markierung versehen ist. Er funktioniert ganz ähnlich, wie der bisher verwendete vereinfachte Socket, was die Registrierung der Interface-Methode nb_transport_bw() angeht. Der Unterschied besteht darin, dass der Interface-Methode ein „Tag" (dt.: Etikett oder Anhänger) übergeben wird, welche den Socket identifiziert, über welchen die Methode aufgerufen wird. Somit können wir die gleiche Methode `nb_transport_bw)()` für die beiden Initiator-Sockets `iSocket[0]` und `iSocket[1]` registrieren und trotzdem herausfinden, an welchem der beiden Sockets die Interface-Methode aufgerufen wurde. Anderenfalls müsste man für jeden Socket eine eigene Interface-Methode schreiben, was aufwändiger wäre. Wir benötigen diese Identifikation im Rahmen der AT-Modellierung, wie wir weiter unten noch sehen werden.

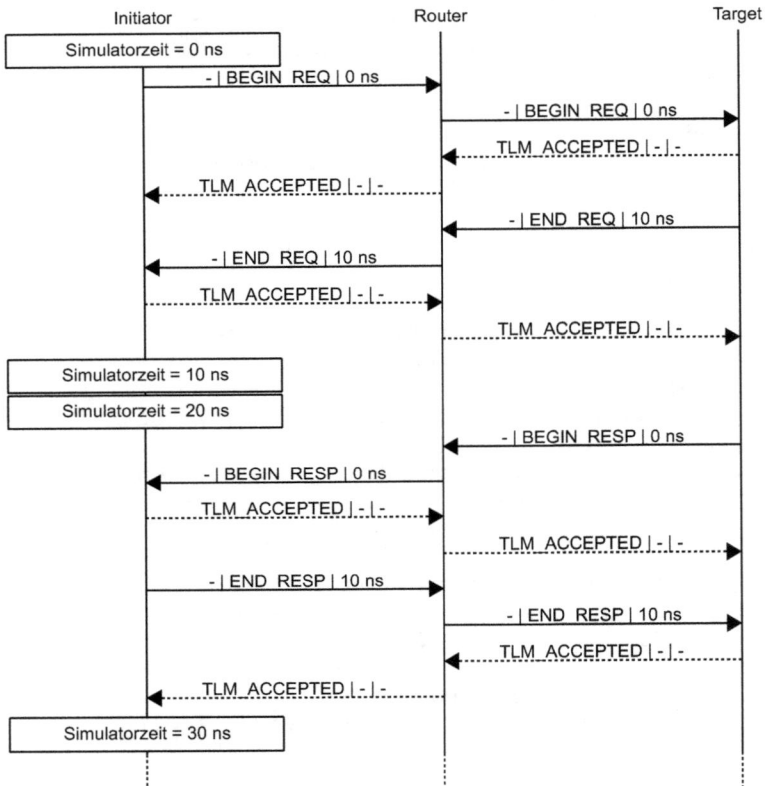

Abb. 7.32: *Sequenzdiagramm für die erste Transaktion des Beispiels.*

Die Interface-Methode – also in unserem Beispiel `nb_transport_bw()` – für einen Socket mit „Tag" weist als erstes Argument das „Tag" auf, welches vom Datentyp **int** ist. Es handelt sich im Beispiel um das Argument `socketId`, welches bei der Registrierung der Methode dann mit einem Wert belegt werden muss. Um möglichst einfach weitere Targets hinzufügen zu können, registrieren wir die Methode `nb_transport_bw()` in der **for**-Schleife von Zeile 6 bis 9 von Listing 7.22 an den beiden Initiator-Sockets. Der Registrierungs-Methode wird dabei als drittes Argument der Wert des „Tags" übergeben, also in diesem Fall der Index des Sockets. Wird nun die Interface-Methode `nb_transport_bw()` an dem jeweiligen Socket aufgerufen, so wird der Interface-Methode der Index des Sockets übergeben. Dass wir hier den Index des Sockets benutzen ist sinnvoll, wie wir später noch sehen werden, aber es ist nicht zwingend.

Man kann jeden beliebigen Wert einer Interface-Methode bei der Registrierung am Socket als „Tag" zuordnen, solange dieser vom Typ `int` ist und sich alle „Tags" der verschiedenen Sockets unterscheiden.

Verfolgen wir nun anhand der Abbildungen 7.32 den Ablauf der ersten Transaktion. Im Unterschied zum Beispiel aus dem vorangegangenen Abschnitt setzen wir die Zeit, bis der Initiator die nächste Transaktion startet, auf einen Wert von `NEXT_TRANS_DELAY` = 40 ns. Dies führt dazu, dass die Transaktionen nicht mehr verschränkt werden und damit kein Pipelining mehr simuliert wird. Obgleich das Beispiel auch mit Pipelining funktioniert (`NEXT_TRANS_DELAY` = 0 ns), erhalten wir durch den Verzicht darauf etwas mehr Übersicht bei der Besprechung. Der Initiator ruft als erstes die Methode `nb_transport_fw()` am Router auf dem Vorwärtspfad auf. Wie schon anhand der Beispiele in Kapitel 6 gezeigt wurde, müssen wir im Router nun herausfinden, an welches Target der Methodenaufruf weitergeleitet werden soll. Dies entspricht im realen Bussystem der Dekodierung der Adresse und wir nehmen diese Dekodierung analog zu den Beispielen aus Kapitel 6 so vor, indem wir den Socket-Index in der Variablen `index` in Zeile 16 von Listing 7.22 berechnen. Dabei ist zu beachten, dass wir nun mit `SIZE` die Größe der Targets in Worten (4 Byte) angeben, die im Transaktionsobjekt gespeicherte Adresse aber eine Byte-Adresse ist und wir somit `SIZE` immer mit 4 multiplizieren müssen. Entscheidend ist, dass wir die Adresse im Transaktionsobjekt in Zeile 18 wieder modifizieren und ihr die Adresse im lokalen Adressbereich des Targets zuweisen (siehe Abschnitt 6.1.1). Anschließend rufen wir die Methode `nb_transport_fw()` am entsprechend indizierten Socket und damit dem damit gebundenen Target auf; somit ist der Beginn des „Requests" am Target angekommen. Das Target wird nun wieder mit `TLM_ACCEPTED` als Return-Wert antworten und damit dem Initiator signalisieren, dass die Antwort des Targets später auf dem Gegenpfad erfolgen wird.

```
@     0 s | BEGIN_REQ|TObj: 0003B930|WR|A: 0
@    10 ns |    END_REQ|TObj: 0003B930
@    20 ns |BEGIN_RESP|TObj: 0003B930|WR|local A: 0|D: 41
@    30 ns |    END_REQ|TObj: 0003B930
@    50 ns | BEGIN_REQ|TObj: 0003B930|WR|A: 4
@    60 ns |    END_REQ|TObj: 0003B930
@    70 ns |BEGIN_RESP|TObj: 0003B930|WR|local A: 4|D: 18467
@    80 ns |   END_RESP|TObj: 0003B930
@   100 ns | BEGIN_REQ|TObj: 0003B930|WR|A: 8
@   110 ns |    END_REQ|TObj: 0003B930
@   120 ns |BEGIN_RESP|TObj: 0003B930|WR|local A: 0|D: 6334
@   130 ns |   END_RESP|TObj: 0003B930
@   150 ns | BEGIN_REQ|TObj: 0003B930|WR|A: 12
@   160 ns |    END_REQ|TObj: 0003B930
@   170 ns |BEGIN_RESP|TObj: 0003B930|WR|local A: 4|D: 26500
@   180 ns |   END_RESP|TObj: 0003B930
```

Abb. 7.33: *Ausgabe des Programms für die ersten vier Transaktionen. Bei der Adresse „`local A`" handelt es sich um die dekodierte, lokale Adresse im jeweiligen Target.*

Wie wir schon in den vorangegangenen Abschnitten besprochen haben und wie die Abbildungen 7.32 und 7.33 zeigen, muss nun das Target das `END_REQ` senden, die Transaktion durch Kopieren der Daten durchführen und dann das `BEGIN_RESP` senden. Schließlich muss der Initiator die Transaktion durch `END_RESP` wieder abschließen. Das Target ruft jeweils über seinen Socket und den Router-Socket `iSocket[i]` die Methode `nb_transport_bw()` im Router auf. Im Prinzip kann der Router dies einfach an den Initiator weiterleiten, indem er die Interface-Methode über seinen Target-Socket im Initiator aufruft. Es gibt dabei allerdings ein Problem: Um die Transaktion mit `END_RESP` abzuschließen, muss der Initiator nochmals die Methode `nb_transport_fw()` im Target aufrufen. Allerdings haben wir ja schon beim ersten Aufruf dieser Methode beim `BEGIN_REQ` die Adresse im zugehörigen Transaktionsobjekt verändert (es wird im Übrigen nur ein Transaktionsobjekt verwendet, da kein Pipelining entsteht), um sie auf den lokalen Adressbereich abzubilden. Sendet der Initiator nun das `END_RESP` so wird ja wieder die Adressdekodierung in der Methode `nb_transport_fw()` durchgeführt, in diesem Fall allerdings mit der schon veränderten Adresse. Dies führt dazu, dass bei den Transaktionen für das zweite Target fälschlicherweise der Socket mit dem Index 0 ausgewählt wird – und damit das erste Target. Wir können dies anhand von Abbildung 7.33 sehen: Bei der dritten Transaktion, die bei $t = 100$ ns gestartet wird, wird die (globale) Adresse 8 vom Initiator benutzt, welche beim `BEGIN_REQ` in die lokale Adresse 0 vom Router umgesetzt wird und damit das zweite Target angesprochen wird. Beim nachfolgenden `END_RESP` des Initiators wäre die Adresse nun 0 und damit würde fälschlicherweise das erste Target vom Router ausgewählt. Wir müssen also beim `END_RESP` des Initiators berücksichtigen, dass die Adressumsetzung schon erfolgt ist.

Es gibt sicher verschiedene Möglichkeiten, das Problem zu lösen; wir lösen es dadurch, dass wir beim `BEGIN_RESP` die Adresse im Transaktionsobjekt wieder auf den ursprünglichen Wert zurücksetzen und somit bei der erneuten Adressdekodierung während des `END_RESP` wieder das korrekte Target angesprochen wird. Diese Lösung verlässt sich im Router darauf, dass beim Senden des `BEGIN_RESP` durch das Target die Transaktion im Target auch schon durchgeführt wurde – also die Daten schon zwischen Initiator und Target kopiert wurden. Wäre dies nicht der Fall und würde das Target die Daten erst danach kopieren, wäre im Transaktionsobjekt nicht mehr die dekodierte, lokale Adresse vorhanden. Das Zurücksetzen der Adresse auf den ursprünglichen Wert erreichen wir mit Hilfe des „Tags" `socketId` des Sockets: Die `socketId` der Methode `nb_transport_bw()` entspricht dem in der Methode `nb_transport_fw()` berechneten Index `index`, so dass wir die Differenz `socketId*SIZE*4`, die wir dort von der globalen Adresse subtrahiert haben, wieder zur lokalen Adresse hinzu addieren, um wieder die globale Adresse zu erhalten (Zeile 27 von Listing 7.22). Dies wird nur durchgeführt, wenn die Phase gleich `BEGIN_RESP` ist; ist die Phase gleich `END_REQ` dürfen wir die Rücktransformation der Adresse noch nicht durchführen, da zu diesem Zeitpunkt die Daten noch nicht zwischen Initiator und Target kopiert wurden. Das Problem besteht im Grunde auch nur bei Benutzung des Gegenpfades; wird der „Return"-Pfad für die „Response" benutzt, so muss der Initiator selbst keinen Methodenaufruf mehr durchführen. In der LT-Modellierung stellt sich dieses Problem im Übrigen überhaupt nicht, da dort mit Hilfe der `b_transport()`-Methode eine Transaktion durch einen einzigen Methodenaufruf ausgeführt wird.

Wenn sich Interconnect-Komponenten zwischen Initiator und Target befinden, so muss die Reihenfolge der Phasenübergänge zwischen den einzelnen Komponenten – also bei den „Hops" zwischen den Komponenten – noch genauer betrachtet werden. Der Standard (vgl. [21, Seite 511 f.]) schreibt für die Phase `BEGIN_REQ` vor, dass dieser Phasenübergang beim Initiator startet und dann über die Interconnect-Komponenten bis zum Target (dies wird als „downstream" bezeichnet) propagiert wird. Es ist somit nicht erlaubt, dass beispielsweise eine Interconnect-Komponente ein `BEGIN_REQ` an das Target sendet, bevor der Initiator das `BEGIN_REQ` gesendet hat. Dies wird als *Kausalität* der Phasenübergänge bezeichnet. In gleicher Weise muss auch das Senden des `BEGIN_RESP` kausal sein, was bedeutet, dass dies vom Target über die Interconnect-

Komponenten zum Initiator propagiert werden muss („upstream"). Diese Kausalität muss für END_REQ und END_RESP allerdings nicht notwendigerweise eingehalten werden – obwohl dies in unserem Beispiel der Fall war. Es wäre also prinzipiell erlaubt, dass das Interconnect ein END_REQ an den Initiator sendet, bevor es das END_REQ vom Target erhalten hat, wie Abbildung 7.34 zeigt. Gleiches gilt auch für END_RESP: Dem Interconnect wäre es erlaubt, dem Target END_RESP zu senden, bevor es diesen Phasenübergang vom Initiator erhalten hat. END_REQ und END_RESP sind vom Standard in erster Linie für die Ablaufsteuerung von benachbarten Komponenten gedacht.

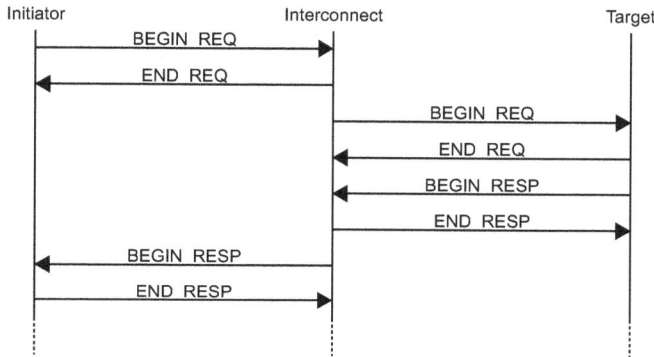

Abb. 7.34: *Kausalität des AT-Modellierungsstils.*

Im Vergleich zu unserem Router-Beispiel kann eine Interconnect-Komponente auch deutlich komplexere Funktionen beinhalten, beispielsweise eine Multi-Master-Funktionalität für mehrere Initiatoren mit einer Arbitrierung (siehe beispielsweise AMBA-AHB [4]). Das Basis-Protokoll des TLM-Standards erlaubt es in diesem Fall, dass Transaktionen, die über *verschiedene* Sockets vom Interconnect (oder auch von einem Target) erhalten werden, in einer beliebigen Reihenfolge weitergeleitet werden können, beispielsweise um eine prioritätsgesteuerte Arbitrierung zu implementieren. Der Standard verlangt allerdings, dass die Transaktionen eines Initiators beim Target in der Reihenfolge ankommen, in welcher sie vom Initiator gesendet wurden. Die Implementierung einer komplexeren Interconnect-Funktionalität wird durch den AT-Stil noch weiter verkompliziert, da auch vom Interconnect die Regeln des TLM-Basis-Protokolls einzuhalten sind, beispielsweise die Ausschlussregeln für „Request" und „Response". Ferner sind auch die verschiedenen erlaubten Phasenübergänge auf dem „Return"- oder Gegenpfad zu berücksichtigen, verbunden mit den Möglichkeiten, eine Transaktion mit TLM_COMPLETED vorzeitig zu beenden, wie in Abschnitt 7.2.4 beschrieben. So wird es auch im Interconnect dann notwendig sein, Transaktionsobjekte zwischenzuspeichern und damit auch mit acquire() und release() zu verriegeln und wieder zu entriegeln. Die Implementierung eines interoperablen Bussystems, welches eine Multi-Master-Funktionalität implementiert und sowohl den LT- als auch den AT-Stil unterstützt, stellt eine Herausforderung dar und kann im Rahmen dieses Buches nicht beschrieben werden. Wir haben uns in diesem Kapitel bewusst auf einfache Beispiele beschränkt, um die grundsätzlichen Zusammenhänge zu erläutern. Für die Codierung von komplexeren Beispielen für den AT-Stil sei der Leser auf den SystemC-Standard [21] verwiesen und auch insbesondere auf die Website von Doulos [17], auf welcher auch viele Beispiele zur AT- und LT-Modellierung vorhanden sind.

7.6   Kontrollfragen und Übungsaufgaben

Aufgabe 7.1:
Erläutern Sie die Grundidee der „zeitlichen Entkopplung" von SystemC-Prozessen und welche
Probleme sich hierdurch ergeben können.

Aufgabe 7.2:
Was versteht man unter der „Simulatorzeit" eines entkoppelten Prozesses?

Aufgabe 7.3:
Was versteht man unter der aktuellen oder effektiven lokalen Zeit eines entkoppelten Prozesses?

Aufgabe 7.4:
Welche Funktion hat das globale Quantum in einem SystemC-Modell und was versteht man
unter dem lokalen Quantum?

Aufgabe 7.5:
Welche Funktionen stellt der so genannte „Quantum Keeper" in einem Prozess im Wesentlichen zur Verfügung? Erläutern Sie mit einem Code-Beispiel, wie man mit Hilfe des „Quantum
Keeper" einen Prozess zeitlich entkoppelt und synchronisiert (nur Code-Fragment, welches die
notwendigen Codezeilen zeigt).

Aufgabe 7.6:
Weshalb sollte man die Methode `reset()` des „Quantum Keepers" in der Callback-Methode
`start_of_simulation()` eines Moduls aufrufen und nicht im Konstruktor des Moduls?

Aufgabe 7.7:
Implementieren Sie ein TLM-Modell nach dem Loosely-Timed-Stil für ein System bestehend
aus einem Initiator, einem Bus sowie zwei Targets. Ein Target soll ein Speichermodell sein und
ein weiteres Target soll ein Timer-Modul sein. Orientieren Sie sich beim Aufbau an Aufgabe 14
aus Kapitel 6; sehen Sie ebenfalls einen Adressraum von 32 Byte für die beiden Targets jeweils
vor. Instanzieren Sie im Initiator-Modul einen „Quantum Keeper", mit welchem Sie das globale Quantum setzen und die Synchronisation des Initiator-Prozesses steuern. Der Timer soll
über zwei Steuerregister an den lokalen Adressen 0 und 1 verfügen, welche nur schreibbar sind
(Geben Sie eine Fehlermeldung aus, falls von den Registern gelesen wird oder andere Adressen angesprochen werden). Auf die Adresse 0 (Register 0) kann der Zählwert für den Timer
geschrieben werden. Wenn auf die Adresse 1 (Register 1) geschrieben wird, so soll der Timer
anfangen zu zählen (Das geschriebene Datum ist irrelevant). Der Timer soll einmal mit jedem
„Taktzyklus" inkrementieren und die in Register 0 übergebene Anzahl von Zyklen zählen; wenn
diese Anzahl erreicht ist, so liegt ein „Überlauf" vor. Ein Taktzyklus soll 10 ns entsprechen (wir
nehmen also einen Takt von 100 MHz an). Da der Startwert als **unsigned char** übergeben
wird, können also maximal 256 Zyklen bis zu einem Überlauf gezählt werden. Modellieren Sie
den Timer möglichst abstrakt durch einen Prozess, welcher mittels dynamischer Sensitivität
(Ereignis) beim Schreiben auf Register 0 getriggert wird. Benutzen Sie keinen Takt, wie es für
die RTL-Modellierung üblich wäre. Sehen Sie für den Timer und seinen Prozess ebenfalls einen
„Quantum Keeper" vor. Das Inkrementieren um die Anzahl der „Takte" modellieren Sie, indem
Sie den lokalen Zeit-Offset entsprechend setzen und den Timer-Prozess über den „Quantum
Keeper" synchronisieren. Beim Überlauf des Timers soll ein „Interrupt" für den Initiator er-
zeugt werden. Modellieren Sie den Interrupt, indem Sie ein Interface mit der Interface-Methode
void `sendIRQ(uchar intNr)` anlegen; `intNr` ist dabei die Interrupt-Nummer. Senden Sie

über einen entsprechenden Timer-Port diese Methode an den Initiator, wobei der Timer die Interrupt-Nummer 1 hat. Im Initiator setzen Sie bei Aufruf dieser Methode ein Interrupt-Flag. Um den Timer zu testen, programmieren Sie im Initiator-Prozess eine Schleife, in welcher Sie zyklisch ständig auf das Speicher-Modul einen beliebigen Wert schreiben (wobei der „Quantum Keeper" jedes Mal auf eine notwendige Synchronisation abgefragt wird) und das Interrupt-Flag abfragen, ob ein Interrupt vorliegt. Geben Sie im Timer und im Initiator jeweils Textmeldungen auf der Konsole aus, wenn der Timer gestartet wurde, wenn der Timer übergelaufen ist und wenn der Interrupt in der Hauptschleife erkannt wurde. In jeder Textmeldung geben Sie die Simulatorzeit, die aktuelle Zeit und den Delta-Zyklus aus. Setzen Sie zunächst das globale Quantum auf 10 ns und verifizieren Sie das erwartete Verhalten des Systems mit dem Timer. Vergrößern Sie dann das globale Quantum und vollziehen Sie die Veränderungen im zeitlichen Verhalten nach.

Aufgabe 7.8:
Was unterscheidet den „Approximately-Timed"-Stil im Wesentlichen vom „Loosely-Timed"-Stil und was kann damit erreicht werden?

Aufgabe 7.9:
Erläutern Sie die Bedeutung der vier Phasen des Basisprotokolls im Approximately-Stil. Wie werden diese Phasen zwischen Initiator und Target signalisiert und wer signalisiert welche Phase?

Aufgabe 7.10:
Erläutern Sie die beiden Ausschlussregeln des AT-Protokolls.

Aufgabe 7.11:
Angenommen ein Initiator erhält auf das Senden von `nb_transport_fw(BEGIN_REQ)` vom Target eine Return-Wert `TLM_ACCEPTED`. Was bedeutet dies und mit welchen Antworten des Targets muss der Initiator rechnen?

Aufgabe 7.12:
Was versteht man unter „Early Completion" im Zusammenhang mit AT-Transaktionen?

Aufgabe 7.13:
Was wird durch einen „Memory Manager" ermöglicht?

Aufgabe 7.14:
Erläutern Sie den Mechanismus der „Payload Event Queue".

Aufgabe 7.15:
Erweitern Sie das Initiator-Target-Beispiel aus Abschnitt 7.4 so, dass das Target und der Initiator sowohl Transaktionen auf dem Gegenpfad als auch Transaktionen auf dem Return-Pfad verarbeiten können. Berücksichtigen Sie auch die in Abbildung 7.19 gezeigten Sonderfälle. Testen Sie Ihren Code, indem Sie die verschiedenen Anwort-Möglichkeiten im Initiator und Target einstellen. Benutzen Sie nach Möglichkeit den Doulos-Protokoll-Checker.

A   Anhang

A.1 Kodierstil für die Quellcode-Beispiele des Buchs

Bei der Formatierung der Quellcode-Beispiele in diesem Buch halten wir uns an einige einfache Formatierungsregeln wie sie in [10] beschrieben sind. Wir fassen diese im folgenden kurz zusammen; für eine ausführliche Begründung und Diskussion sei auf [10] verwiesen.

- Schlüsselworte werden klein geschrieben und sind in der Regel fettgedruckt.
- Für die Dateiendungen gilt folgendes:
  - Header-Datei: Endung „.h"
  - Implementierungsdatei: Endung „.cpp"
- Die öffnende Klammer (z.B. Klasse, Funktion, Schleife, Auswahl) steht in der gleichen Zeile, wie die zugehörige Deklaration.
- Bezeichner:
  - Klassen: Der erste Buchstabe des Bezeichners wird groß geschrieben, weitere Namensteile bei zusammengesetzten Namen werden über Großbuchstaben abgetrennt (z.B. `DiesIstEineKlasse`).
  - Methoden und Variablen: Hier wird der erste Buchstabe klein geschrieben, weitere Namensteile über Großbuchstaben abgetrennt. (z.B. `diesIstEineVariable`, `diesIstEineFunktion`).
  - Symbole, die über **#define**-Direktive angegeben werden, werden groß geschrieben (z.B. `INITIALISIERUNGSWERT`).

Diese Regeln für die Bezeichner von Klassen, Variablen und Funktionen werden von der SystemC-Bibliothek nicht verwendet. Dort werden Bezeichner grundsätzlich klein geschrieben und die Namensteile durch einen Unterstrich abgetrennt. An den Stellen in den Quellcodes des Buches, wo Elemente der SystemC-Bibliothek benutzt wurden (also in der Mehrzahl der Quellen), waren wir natürlich gezwungen diese Namenskonvention zu benutzen. Hierdurch kann in den Quellcodes aber auch klar erkannt werden, was aus den SystemC-Bibliothek kommt und was selbst geschrieben wurde. Für die Bezeichner und auch etwaige Kommentare haben wir die englische Sprache benutzt.

Die Quellcode-Dokumentation der Beispiele ist eher spärlich und entspricht daher nicht unbedingt der Art und Weise, wie man bei der Erstellung von Software vorgehen sollte. Da wir aber den Quellcode im Fließtext jeweils erläutert haben, haben wir auf eine ausführliche Quellcode-Kommentierung verzichtet. Um den Abdruck der Quellcodes möglichst kompakt zu gestalten haben wir auch auf einige weitere Dinge verzichtet, die man normalerweise bei der Entwicklung von C++-Programmen macht (siehe z.B. [10]). So haben wir in der Regel mit der **using**-Direktive Namensräume geöffnet, um auf die Angabe der Namensräume durch den „Scope"-Operator bei jeder Variablen, Methode oder Klasse verzichten zu können. Einige Quellcodes wurden gekürzt oder es wurden die Standard-Includes, wie z.B. `iostream`, nicht abgedruckt. Sämtliche Quellcodes wurden jedoch in Visual-Studio-Projekten vom Autor getestet. Die vollständigen Quellen zu diesem Buch, inklusive der Lösungen für die Übungsaufgaben können vom Autor oder über den Verlag bezogen werden.

A.2 SystemC mit Microsoft „Visual Studio 2008"

Die nachfolgende Anleitung bezieht sich auf die Installation der SystemC- und SystemC-TLM-Bibliotheken, in der Version wie sie im Juni 2012 von Accellera [1] verfügbar waren (SystemC Release 2.2 und TLM Release 2.0.1), für Visual Studio 2008, welches vom Autor für die Entwicklung der Beispiele in diesem Buch unter Windows XP und Windows 7 benutzt wurde. Die Installation sollte auch für neuere Versionen von Visual Studio möglich sein.

A.2.1 Installation der SystemC-Bibliothek

Für die Installation der SystemC-Bibliothek laden Sie die Datei „systemc-2.2.0.tgz" von der Accellera-Website [1] herunter und entpacken Sie die Datei auf Ihrem Rechner, z.B. unter: „C:\Programme\SystemC".

Um die SystemC-Core-Bibliothek kompilieren zu können, muss zunächst die „Systemvariable" „SYSTEMC" im Windows-Betriebssystem gesetzt werden. Unter Windows 7 rufen Sie mit „Start→Systemsteuerung→System und Sicherheit→System"

auf der linken Seite „Erweiterte Systemeinstellungen" auf (Hierzu benötigen Sie Administrator-Rechte). Sie finden dort unter dem Reiter „Erweitert" ganz unten die „Umgebungsvariablen". Legen Sie dort unter den „Systemvariablen" mit „Neu" die Variable „SYSTEMC" an und setzen Sie die Variable auf den Wert:

„C:\Programme\SystemC\systemc-2.2.0\msvc71"

Wenn Sie die Bibliotheken an anderer Stelle entpackt haben, müssen Sie den Pfad gegebenenfalls anpassen.

Um die Installation abzuschließen, müssen Sie die SystemC-Core-Bibliothek kompilieren. Öffnen Sie hierzu das „Visual Studio"-Projekt

„C:\Programme\SystemC\systemc-2.2.0\msvc71\SystemC.vproj"

Das Projekt wird nun automatisch in die neue Version für „Visual Studio 2008" konvertiert. Kompilieren Sie dann die Bibliothek durch „Erstellen→ Projektmappe erstellen" (oder durch Taste F7) für die Debug- und die Release-Konfiguration. Bei der Kompilation werden vermutlich eine ganze Reihe von Warnungen entstehen (die meisten beziehen sich auf die Funktion `sprintf`), die aber unkritisch sind.

A.2.2 Anlegen eines SystemC-Projektes in Visual Studio

Legen Sie in Visual Studio mit „Datei→Neu→Projekt" ein neues Projekt an. Wählen Sie als Projekttyp „Visual C++→Win32" und dort die Projektvorlage „Win32-Konsolenanwendung" aus. Wählen Sie als Speicherort ein Arbeitsverzeichnis aus und geben Sie dem Projekt einen Namen. Der Schalter „Projektmappenverzeichnis erstellen" sollte nicht aktiviert sein. Bestätigen Sie die Einstellungen mit „OK". Im sich nun öffnenden „Win32-Anwendungs-Assistent" klicken Sie bitte auf „Weiter". Im nächsten Fenster wählen Sie bitte unter „Zusätzliche Optionen" die Option „Leeres Projekt" aus und klicken dann auf „Fertigstellen".

Fügen Sie als nächstes die Quelldateien hinzu oder legen Sie neue Quelldateien an. Bevor die Quelldateien kompiliert werden können, müssen einige Projekteinstellungen vorgenommen werden. Wählen Sie hierzu im Projektmappen-Explorer mit der Maus das Projekt aus und rufen Sie mit „Alt+F7" die Eigenschaftsseite des Projektes auf. Nehmen Sie dann die nachfolgenden Einstellungen vor. Die Einstellungen gelten für die Debug-Version. Wenn Sie die

Release-Version erzeugen möchten, müssen Sie an einigen Stellen die in eckigen Klammern angegebenen Werte eintragen.

- „Konfigurationseigenschaften→C/C++→Allgemein
  →Zusätzliche Includeverzeichnisse“:
  Fügen Sie hier das Include-Verzeichnis „$(SYSTEMC)\..\src“ für SystemC hinzu. Wenn Sie TLM-Modelle kompilieren möchten, müssen Sie hier noch das Verzeichnis „C:\Programme\SystemC\TLM- 2.0.1\TLM-2009-07-15\include\tlm“ hinzufügen (Pfad ggf. anpassen).

- „Konfigurationseigenschaften→C/C++→Allgemein→Warnstufe“:
  Die Warnstufe sollte auf „Level 2“ gesetzt sein.

- „Konfigurationseigenschaften→C/C++→Allgemein
  →Nach 64-Bit Portabilitätproblemen suchen“: „NEIN“

- „Konfigurationseigenschaften→C/C++→Codegenerierung
  → Laufzeitbibliothek“: „Multithreaded-Debug (/MTd)“ [Multithreaded (/MT)]

- „Konfigurationseigenschaften→C/C++→Sprache→Laufzeittypinfo aktivieren“: JA

- „Konfigurationseigenschaften→C/C++→Befehlszeile→Zusätzliche Optionen“:
  Tragen Sie hier „/vmg“ ein.

- „Konfigurationseigenschaften→Linker→Allgemein
  →Zusätzliche Bibliotheksverzeichnisse“: Tragen Sie hier „$(SYSTEMC)\SystemC\Debug“ ein [$(SYSTEMC)\SystemC\Release].

- „Konfigurationseigenschaften→Linker→Eingabe→Zusätzliche Abhängigkeiten“:
  Tragen Sie hier „systemc.lib“ ein.

Nun können Sie die Quellcodes des gesamten Projektes kompilieren und das ausführbare Programm mit „Erstellen→Projektmappe erstellen“ erzeugen. Wenn Sie sich die Arbeit für das Anlegen von weiteren Projekten erleichtern möchten, können Sie in Visual Studio so genannte „Eigenschaftsblätter“ anlegen, in welchen die Einstellungen eines Projektes gespeichert werden können und in neuen Projekten wieder geladen werden können.

Bei Verwendung der SystemC-Bibliotheken erzeugt Visual Studio Warnungen durch „unsichere Funktionen“ (zB. sprintf). Diese können folgendermaßen ausgeschaltet werden:
#define _CRT_SECURE_NO_WARNINGS im Quellcode
oder in den Projekteinstellungen unter
C/C++→Präprozessor→Präprozessordefinitionen
dies eintragen. Anderenfalls kann man auch den „Warning Level“ auf 2 setzen, um diese Warnungen zu unterdrücken.

A.2.3   Hinweis zur neuesten Release 2.3 der SystemC-Bibliothek

Während der Fertigstellung des Buches, im Juli 2012, wurde von Accellera die neueste Release 2.3 der SystemC-Bibliothek veröffentlicht. Eine wesentliche Änderung besteht darin, dass die

TLM-Bibliothek nun in die SystemC-Bibliothek integriert ist. Es muss also nur noch die Datei „systemc-2.3.0.tgz" heruntergeladen und entpackt werden. An der Installation der SystemC-Bibliothek hat sich nichts geändert, so dass diese sinngemäß zur vorigen Anleitung durchgeführt werden kann. Das „Visual Studio"-Projekt befindet sich nun unter: „\systemc-2.3.0\msvc80"

Neu ist beim Anlegen eines Projektes, dass kein gesondertes Include-Verzeichnis für TLM-2.0 mehr angegeben werden muss, da die TLM-2.0-Include-Dateien im SystemC-Include-Verzeichnis enthalten sind. Alle anderen Projekteinstellungen können, wie zuvor angegeben, beibehalten werden.

Leider war es dem Autor nicht mehr möglich, alle Beispiele des Buches mit der neuen SystemC-Bibliothek 2.3 zu testen. Getestet wurde stellvertretend ein SystemC-Beispiel aus Kapitel 3 und zwei TLM-Beispiele aus Kapitel 6 und 7, wobei die Beispiele mit der neuen Bibliothek problemlos kompiliert und ausgeführt werden konnten. Die Buch-Beispiele sollten somit auch ohne Änderungen mit der neuen Version 2.3 der SystemC-Bibliothek funktionieren.

A.3 Debugger-Funktionen des DLX-ISS

Nachfolgend sind die Kommandos des in den Kapiteln 6 und 7 verwendeten DLX-Instruktionssatzsimulators aufgelistet, die bei Ausführung eines SystemC-Programms, welches den DLX enthält, auf der Konsole eingegeben werden können. Der Quellcode für den DLX-ISS ist in den vom Autor oder dem Verlag erhältlichen Quellcode-Paket enthalten. Ferner werden noch die Assembler-Tools benötigt, um die zu ladenden Hex-Dateien für das DLX-Programm zu erzeugen. Diese können unter [34] bezogen werden.

- load: Kompletter Speicher löschen und DLX-Programm laden (Datei muss „dlx.hex" heißen)

- run: Programm starten und (weiter) laufen lassen bis zum Ende oder einem Breakpoint.

- step: Ausführen des Programms im Einzelschritt-Modus.

- break address: Breakpoint auf Adresse „address" setzen.

- view regs: Registerinhalte anzeigen.

- view memory address: 32 Byte Speicherinhalte anzeigen ab Adresse.

- quit: Simulator verlassen.

- clear: Register inkl. PC (Programmzähler) rücksetzen.

Es genügen die ersten Buchstaben der Kommandos, z.B. „v m 1000" bedeutet: Zeige Speicherinhalt ab Adresse 1000. Um Registerinhalte anzuzeigen gibt man „v r" ein.

Quellenverzeichnis

[1] Accellera Systems Initiative. http://www.accellera.org.

[2] Agility Design Solutions Inc. *Handel-C Language Reference Guide*. 2007.

[3] Altera Corporation. http://www.altera.com.

[4] ARM Limited. *AMBA Specification*. Rev. 2.0, 1999.

[5] ARM Ltd. http://www.arm.com.

[6] Bjarne Stroustrup. *The C++ Programming Language*. Addison-Wesley, 2000.

[7] Boost C++Libraries. http://www.boost.org.

[8] Brian Bailey, Felice Balarin, Michael McNamara, Guy Mosenson, Michael Stellfox und Yosinori Watanabe. *TLM-Driven Design and Verification Methodology*. Cadence Design Systems, 2010.

[9] Brian Bailey, Grant Martin und Andrew Piziali. *ESL Design and Verification*. Morgan Kaufmann Publishers, 2007.

[10] Bruce Eckel. *Thinking in C++*. 2nd edition, 2000. E-Book, kostenfrei erhältlich unter: http://mindview.net/Books/TICPP/ThinkingInCPP2e.html.

[11] Carbon Design Systems. http://www.carbondesignsystems.com/.

[12] D. Gajski und L. Cai. *Transaction Level Modeling: An Overview*. CODES+ISSS'O3, Newport Beach, Califomia, USA, 2003.

[13] D. Gajski und R. Kuhn. *Guest Editor's Introduction: New VLSI Tools*. IEEE Computer, Jg. 16, H. 12, 1983.

[14] Daniel Gajski, Jianwen Zhu, Rainer Dömer, Andreas Gerstlauer und Shuqing Zhao. *SpecC: Specification Language and Methodology*. Kluwer Academic Publishers, 2000.

[15] David C. Black, Jack Donovan, Bill Bunton und Anna Keist. *SystemC: From the Ground Up*. Springer, 2008. 2. Auflage.

[16] Doulos Ltd. *SystemC Golden Reference Guide*. Version 3.1, 2006.

[17] Doulos Website. http://www.doulos.com.

[18] Frank Kesel und Ruben Bartholomä. *Entwurf von digitalen Schaltungen und Systemen mit HDLs und FPGAs*. Oldenbourg Verlag München, 2009. 2. Auflage.

[19] GTKWave. http://gtkwave.sourceforge.net/.

[20] Herbert Schildt. *Teach Yourself C++*. McGraw-Hill, 1998.

[21] IEEE. *IEEE Standard for Standard SystemC Language Reference Manual*. IEEE Std 1666-2011, 2012.

[22] IEEE. *IEEE Standard for Verilog Hardware Description Language*. IEEE Std 1364-2005, 2005.

[23] IEEE. *IEEE Standard SystemC Language Reference Manual*. IEEE Std 1666-2005, 2006.

[24] IEEE. *IEEE Standard VHDL Language Reference Manual*. IEEE Std 1076-2008, 2008.

[25] Jesse Liberty. *C++ in 21 Tagen*. Markt+Technik Verlag, 2005. Auch als E-Book erhältlich unter http://www.mut.de.

[26] John Aynsley. *Here's Exactly What You Can Do with the New SystemC Standard!* http://www.doulos.com, 2006.

[27] J.P. Elliot. *Understanding Behavioral Synthesis*. Kluwer Academic Pub., 2000.

[28] Jürgen Teich. *Digitale Hardware/Software – Systeme, Synthese und Optimierung*. Springer Verlag, 1997.

[29] Mentor Graphics. http://www.mentor.com.

[30] Michael Fingeroff. *High-Level Synthesis Bluebook*. Xlibris Corp., 2010.

[31] Open Virtual Platforms (OVP). http://www.ovpworld.org/.

[32] OSCI. *SystemC User Guide*. Version 2.0, 2002.

[33] Patty Sailer, David R. Kaeli und Philip M. Sailer . *The DLX Instruction Set Architecture Handbook*. Morgan Kaufmann Publishers, 1996.

[34] Peter Ashenden und David Knight. *DLX Tools Guide*. kostenfrei erhältlich unter: http://www.ashenden.com.au/DG2E/DG2E-DLX-material.html.

[35] R. Walker und D. Thomas. *A Model for Design Representation and Synthesis*. Proc. Design Automation Conference, 1985.

[36] Randy Yates. *Fixed-Point Arithmetic: An Introduction*. Digital Signal Labs, 2009. http://www.digitalsignallabs.com/fp.pdf.

[37] S. Liao, S. Tijang und R. Gupta. *An Efficient Implementation of Reactivity forModeling Hardware in the Scenic Design Environment*. Proc. Design Automation Conference, 1997.

[38] Semiconductor Technology Academic Research Center. *Transaction-Level Modeling Guide*. Second Edition, 2008.

[39] Synapticad. http://www.syncad.com.

[40] Synopsys. http://www.synopsys.com.

[41] The MathWorks Inc. http://www.mathworks.com/.

[42] Thomas Flik. *Mikroprozessortechnik und Rechnerstrukturen*. Springer Verlag, 2005. 7. Auflage.

[43] Thorsten Grötker, Stan Liao, Grant Martin und Stuart Swan. *System Design with SystemC*. Kluwer Academic Publishers, 2002.

[44] Xilinx Inc. http://www.xilinx.com.

Formelzeichen und Abkürzungen

f_c	Taktfrequenz
f_{sim}	Simulationsfrequenz
N	Anzahl der simulierten Taktzyklen
P	Simulationsleistung
T_A	Ausführungzeit der Simulation
T_S	Modellzeit oder simulierte Zeit
C++	Programmiersprache C++
ADT	Abstrakter Datentyp
AHB	Advanced High-performance Bus
ALU	Arithmetic Logic Unit
AMBA	Advanced Microcontroller Bus Architecture
APB	Advanced Peripheral Bus
API	Application Programming Interface
ARM	Advanced RISC Machines
ASB	Advanced System Bus
ASIC	Application-Specific Integrated Circuit
AT	Approximately-Timed
AXI	Advanced eXtensible Interface
C	Programmiersprache C
CAN	Controller Area Network
cps	cycles-per-second, Anzahl der simulierten Taktzyklen pro Sekunde Ausführungszeit
DLX	Mikroprozessor von Hennessy/Patterson
DMA	Direct Memory Access

DRAM Dynamic Random Access Memory

DVD   Digital Versatile Disc

EDA   Electronic Design Automation

ESL   Electronic System Level

FIFO   First In, First Out

FPGA   Field-Programmable Gate Array

GCC   GNU Compiler Collection

GNU   'GNU's Not Unix' (rekursives Akronym), GNU-Projekt

GSM   Global System for Mobile Communications

HDL   Hardware Description Language

HLS   High-Level Synthesis

HW   Hardware

IC   Integrated Circuit

IEEE   Institute of Electrical and Electronics Engineers

IMC   Interface Method Call

IP   Intellectual Property

ISS   Instruction Set Simulator (dt.: Instruktionssatzsimulator)

ITU   International Telecommunication Union

LRM   Language Reference Manual

LT   Loosely-Timed

MATLAB MATrix LABoratory

MIPS   Microprocessor without Interlocked Pipeline Stages

MOS   Metal Oxide Semiconductor

MP3   MPEG-2 Audio Layer III

MSC   Message Sequence Chart

OOP   Objektorientierte Programmierung

OSCI   Open SystemC Initiative

PC   Personal Computer

PCI   Peripheral Component Interconnect

PEQ   Payload Event Queue

PIO   Parallel Input/Output

PLA   Programmable Logic Array

PWM   Pulse Width Modulation

RISC   Reduced Instruction Set Computer

RT   Register-Transfer

RTL   Register-Transfer-Level

RTOS   Real-Time Operating System

SOC   System-on-Chip

SW   Software

SysML Systems Modeling Language

TLM   Transaction Level Modeling

TTL   Transistor-Transistor-Logik

UML   Unified Modeling Language

UMTS   Universal Mobile Telecommunications System

USB   Universal Serial Bus

VCD   Value Change Dump (Trace-Format)

VHDL   VHSIC Hardware Description Language

VHSIC   Very High Speed Integrated Circuit

WLAN   Wireless Local Area Network

Sachregister